应用型高等学校“十三五”规划教材

通信原理基础教程

主　编　羊梅君

副主编　谢永红　聂　茹　许癸驹

华中科技大学出版社

中国·武汉

内 容 简 介

本书系统地阐述了通信系统的基本组成、基本原理、基本分析方法和基本实现方法，主要内容包括模拟通信和数字通信，侧重于数字通信。

全书共分 9 章，内容包括绪论、随机信号分析、信道、模拟调制系统、模拟信号的数字传输、数字信号的基带传输、基本的数字调制系统、信道编码与差错控制、同步原理。

本书可以作为通信工程、电子信息工程及计算机网络等相关专业本科生的教材，也可以作为从事相关专业的工程技术人员的参考书。

本书配有免费的电子课件。

图书在版编目(CIP)数据

通信原理基础教程/羊梅君主编. —武汉：华中科技大学出版社，2019.1（2023.8 重印）
ISBN 978-7-5680-4929-0

Ⅰ.①通… Ⅱ.①羊… Ⅲ.①通信原理 Ⅳ.①TN911

中国版本图书馆 CIP 数据核字(2019)第 007998 号

通信原理基础教程
Tongxin Yuanli Jichu Jiaocheng

羊梅君　主编

策划编辑：范　莹
责任编辑：刘艳花
封面设计：原色设计
责任校对：李　琴
责任监印：赵　月
出版发行：华中科技大学出版社(中国·武汉)　　电话：(027)81321913
武汉市东湖新技术开发区华工科技园　　邮编：430223
录　　排：武汉市洪山区佳年华文印部
印　　刷：武汉邮科印务有限公司
开　　本：787mm×1092mm　1/16
印　　张：15.5
字　　数：392 千字
版　　次：2023 年 8 月第 1 版第 3 次印刷
定　　价：39.80 元

前　言

本书是应用型高等学校"十三五"规划教材之一，是依据教育部高等学校电子电气基础课程教学指导分委员会的"电子电气基础课程教学基本要求"为应用型本科学生编写的，本书可以作为通信工程、电子信息工程及计算机网络等相关专业本科生的教材，也可以作为从事相关专业的工程技术人员的参考书。

本书充分考虑了应用型本科教学的特点，以"控制篇幅，精选内容，突出重点，联系实际"为编写指导思想，在内容的选取上突出基础性、针对性和实用性，力求做到既能适应当前通信发展的现状，又能较好地跟踪未来通信发展的新动向。在内容阐述上，重点阐述通信系统的基本组成、基本原理、基本分析方法和基本实现方法，内容循序渐进，层次分明。除必要的数学分析之外，尽量避免烦琐的数学推导，强调物理概念，突出重点，力求做到深入浅出、条理清楚、通俗易懂、便于教学。

全书共 9 章，第 1 章为绪论，主要介绍了通信系统的基本概念、基本组成及其主要的性能指标；第 2 章为随机信号分析，内容包括随机变量、随机过程的分析，以及随机信号通过线性系统的分析；第 3 章为信道，介绍了恒参信道和随参信道的基本特征以及它们对信号传输的影响，同时还介绍了信道中噪声的特点和信道容量的基本概念；第 4 章为模拟调制系统，从时域和频域的角度阐述了各种模拟调制解调技术的基本原理和实现方法，并分析了各种调制解调技术的抗噪声性能，最后介绍了频分复用技术；第 5 章为模拟信号的数字传输，阐述了脉冲编码调制的原理及实现方法，介绍了差分脉冲编码调制、增量调制和时分复用技术；第 6 章为数字信号的基带传输，阐述了数字信号基带传输系统的原理和模型，讨论了系统无码间干扰的条件，介绍了眼图和时域均衡技术；第 7 章为基本的数字调制系统，阐述了各种二进制数字调制解调技术的原理、实现方法和抗噪声性能，介绍了各种多进制数字调制系统；第 8 章为信道编码与差错控制，阐述了纠错编码的基本原理，重点讨论了线性分组码、循环码的编译码原理及纠错性能；第 9 章为同步原理，讨论了载波同步、位同步和群同步的基本概念、实现方法和主要性能指标。

随着当今科学技术的高速发展，计算机仿真技术呈现出越来越强大的活力，它降低了科学研究的成本和风险、加速了科研成果向生产力的转化，已成为科学研究中必不可少的实用技术，是解决工程实际问题的重要手段。MATLAB/Simulink 是大量计算机仿真软件中功能最强大的仿真软件之一，在电子信息科学领域有着极为广泛的应用。因此，本书在第 1 章以及第 3～9 章中都加入了基于 MATLAB/Simulink 的计算机仿真的内容。

本书由华南理工大学广州学院的羊梅君担任主编，负责全书的结构设计、理论部分内容的编写和定稿工作，书中加入的有关基于 MATLAB/Simulink 的计算机仿真内容由华南理工大学广州学院的谢永红、聂茹编写，谢永红编写了 1.6、3.7、4.7、8.6、9.4 等章节，聂茹编写了

5.7、6.6、7.7等章节。在本书的编写过程中，作者参考了一些相关的著作、文献，在此对这些著作、文献的作者一并表示感谢。此外，作者还要感谢华中科技大学出版社对本书出版给予的支持，感谢范莹编辑对本书出版所付出的辛勤努力。

由于编者水平有限，书中难免存在疏漏之处，敬请各位读者批评指正。

编　者

2019年1月

目　录

第1章　绪　　论

通信就是信息的传输和交换。通信原理是一门研究信息传输基本原理的课程；其研究对象是通信系统；其研究目的是利用尽可能少的通信资源获得尽可能高的通信质量；其研究方法是将实际通信系统抽象成数学模型，采用数学分析和计算机模拟的方法对其进行研究，从而得到系统性能与系统参数之间的关系。通信系统的研究包括系统分析和系统设计，系统分析指的是在给定系统参数的情况下估算系统的性能，系统设计指的是在给定系统性能要求的情况下设计和优化系统的参数。当系统的数学模型比较复杂，用数学分析方法难以获得系统性能与系统参数之间的定量关系时，可以采用计算机模拟仿真（如用 MATLAB 软件仿真）的方法获得这些参数之间的关系，以达到优化通信系统的目的。

随着当今科学技术的高速发展，计算机仿真技术呈现出越来越强大的活力，它可以减少科学研究的成本和风险、加速科研成果向生产力的转化，已成为科学研究中必不可少的实用技术，是解决工程实际问题的重要手段。MATLAB/Simulink 是大量计算机仿真软件中功能最强大的仿真软件之一，MATLAB/Simulink 能够进行动态系统建模、仿真和综合分析，可以处理离散、连续和混合系统，不仅支持线性系统仿真，还支持非线性系统仿真，在电子信息科学领域有着极为广泛的应用，因此，本书在很多章节中都介绍了有关 MATLAB 软件仿真的内容。

本章主要介绍了信息的度量、通信系统的基本组成、通信系统的分类、通信系统的性能指标等基本概念，以便读者在系统学习各章节之前，对本课程的内容有一个初步的了解。此外，还介绍了 MATLAB/Simulink 系统建模与仿真的基础知识，为读者学习后续章节中有关计算机仿真的内容打下基础。

1.1　消息、信号与信息

在日常生活中，经常会用到消息、信号和信息这三个名词，在不少场合会将它们互相替换而不加以区分。严格来说，它们的含义是不一样的，在这里有必要对它们之间的区别和联系进行说明。

消息（message）是通信系统所传输的具体对象，是对人或事物情况的报道，其表现形式有语言、文字、图形、图像等。

信号（signal）是消息的载体，消息必须转换成信号才能在通信系统中传输和交换。尽管目前已经广泛地利用光信号来实现通信，但整体而言还是以电信号传输为主，所以目前的通信仍然被人们称为电信，即借助电信号来实现信息的传输和交换。

虽然通信系统中传输的是消息，但是通信的目的却是传输信息（information）。那么消息与信息究竟有什么区别呢？信息是指消息中所含有的对接收者有意义的或有效的内容，即接收者原来不知而待知的内容。消息是信息的载体，信息通过消息表达出来。不同形式的消息可以含有相同的信息，相同的信息可以通过不同的消息来表达。例如，在传输有关天气预报的信息时，既可用语音，也可用文字，两者的表现形式不同，却可以含有同样的信息。

1.1.1 信息的度量

在通信中，对于消息的接收者而言，某些消息比另外一些消息含有更多的信息。例如，发布天气预报“明天的降雨量将有 1 mm”与“明天的降雨量将有 1 m”相比较，在接收者看来，前一消息所表达的事件很可能发生，不足为奇，但后一消息所表达的事件发生的可能性很小，听后使人惊奇。由于消息所表达的事件越不可能发生，越使人感到意外，则消息所含有的信息量越大，所以接收者从后一消息中获得的信息量更大。也就是说，消息中含有的信息量与消息所表达的事件发生的可能性有关，即与事件发生的概率有关。事件发生的概率越大，则给接收者带来的信息量越小，如果事件的发生是必然的（概率为 1），例如“明早太阳将从东方升起”，则该消息含有的信息量为 0。

假设 $P(x)$ 是某一消息所表达的事件发生的概率，则该消息中所含有的信息量 I 是 $P(x)$ 的函数，即 $I=I[P(x)]$，信息量的计算公式为

$$I(x)=\log_2 \frac{1}{P(x)}=-\log_2 P(x) \tag{1-1}$$

由式(1-1)可知，$P(x)$ 越小，I 越大，$P(x)$ 越大，I 越小。当 $P(x)=1$ 时，$I=0$，此时信息量为 0；而当 $P(x)=0$ 时，$I=\infty$。

信息量的单位与对数的底数有关。底数为 2 时，信息量的单位为比特(bit)；底数为 e 时，信息量的单位为奈特(nit)；底数为 10 时，信息量的单位为哈特(hart)。通常使用的信息量的单位为比特。

设信源是由 M 个符号 $x_1,x_2,\cdots,x_M$ 组成的集合，每个符号的出现是相互独立的，它们出现的概率分别为 $P(x_1),P(x_2),\cdots,P(x_M)$，则第 i 个符号 x_i 出现的概率为 $P(x_i)$，它含有的信息量为

$$I(x_i)=\log_2 \frac{1}{P(x_i)}=-\log_2 P(x_i)$$

而信源所含的总信息量是 M 个符号所含的信息量之和，即信息具有可加性，信源的总信息量为

$$I[P(x_1)P(x_2)\cdots P(x_M)]=I[P(x_1)]+I[P(x_2)]+\cdots+I[P(x_M)] \tag{1-2}$$

如果离散信源中的 M 个符号等概率出现，当 $M=2$ 时，$P(x_1)=P(x_2)=1/2$，则 $I[P(x_1)]=I[P(x_2)]=1$，即信源中每个符号包含的信息量为 1 bit。同理可得，当 $M=4$ 时，信源中每个符号包含的信息量为 2 bit。由此也可以推导出，当信源中的 $M=2^k$ 个符号等概率出现时，每个符号包含的信息量为 k bit。

1.1.2 平均信息量(熵)的概念

一般来说，信源各符号出现的概率是不相等的，此时各符号所含的信息量也不同。若各符号的出现统计独立，则该信源每个符号所含信息量的统计平均值，即平均信息量为

$$H(s)=\sum_{i=1}^{M}P(x_i)I(x_i)=-\sum_{i=1}^{M}P(x_i)\log_2^{P(x_i)} \tag{1-3}$$

由于平均信息量 $H(s)$ 同热力学中的熵形式相似，因此又称它为信源的熵，$H(s)$ 具有如下性质。

(1) $H(s)$ 的物理概念是信源中每个符号的平均信息量，单位为 bit/sym(sym 指符号)。

(2) $H(s)$ 是非负的。

(3) 当信源中各符号等概率出现时，$H(s)$ 具有最大值 $H_{\max}(s)$，即

$$H_{\max}(s) = \sum_{i=1}^{M} P(x_i) I(x_i) = \log_2 M \tag{1-4}$$

【例 1-1】 某信源由 0、1、2、3 四个符号组成，各符号出现的概率分别为 3/8、1/4、1/4、1/8，且每个符号的出现都是独立的。试求某消息

201020130213001203210100321010023102002010312032100120210

所含的信息量。

解 此消息中，0 出现 23 次，1 出现 14 次，2 出现 13 次，3 出现 7 次，共有 57 个符号，所以该消息的平均信息量为

$$I = 23\log_2 \frac{8}{3} + 14\log_2 4 + 13\log_2 4 + 7\log_2 8 = 107.55\ (\text{bit})$$

若用熵的概念来计算，由式(1-3)得

$$H(s) = -\frac{3}{8}\log_2 \frac{3}{8} - \frac{2}{4}\log_2 \frac{1}{4} - \frac{1}{8}\log_2 \frac{1}{8} = 1.906\ (\text{bit/sym})$$

则该消息所含的信息量为

$$I = 57 \times 1.906 = 108.642\ (\text{bit})$$

可知，尽管两种算法的结果有一定误差，用平均信息量来计算比较方便，而且随着消息序列长度的增加，两种计算结果的误差将趋近于零。

以上介绍了离散信源所含信息量的度量方法。对于连续信源，信息论中有一个重要的结论，就是任何形式的待传信息都可以用二进制形式表示而不失其主要内容，因此，以上信息量的定义和计算同样适用于连续信源。连续信源的信息量也可用概率密度来描述，有兴趣的读者可参考有关信息论的专著。

1.2 通信系统的组成

通信的目的是传输信息，把实现信息传输所需的一切技术设备和传输媒质的总和称为通信系统。在实际中，使用的各类通信系统虽然其表现形式各异，但都具有一定的共性，这些共性可以抽象概括为通信系统模型。

1.2.1 通信系统的一般模型

对于基本的点对点通信系统，可以用图 1-1 所示的一般模型来描述。

信源的作用是将消息转换成随时间变化的原始电信号，原始电信号通常又称基带信号。常用的信源有电话机的话筒、摄像机、传真机和计算机等。

发送设备的基本功能是将信源和信道匹配起来，即将信源产生的原始电信号变换为适合

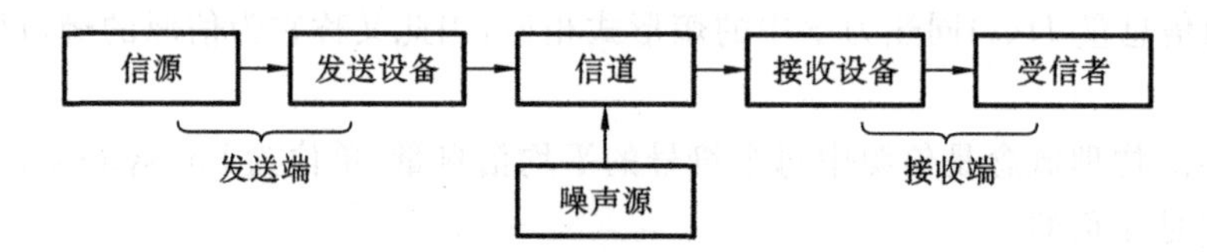

图 1-1　通信系统的一般模型

在信道中传输的信号形式。发送设备一般由调制器、滤波器和放大器等单元组成。在数字通信系统中，发送设备还包含加密器和编码器等。

信道是信号传输的通道，可以是有线的，也可以是无线的。如双绞线、同轴电缆、光缆等是有线信道，中长波、短波、微波中继及卫星中继等是无线信道。

噪声源是信道中的所有噪声以及分散在通信系统中其他各处噪声的集合。噪声主要来源于热噪声、外部的干扰（如雷电干扰、宇宙辐射、邻近通信系统的干扰等），以及由于信道特性不理想使得信号失真而产生的干扰。为了方便分析，通常将各种噪声抽象为一个噪声源并集中在信道上加入。

接收设备的基本功能是完成发送设备的反变换，如解调、解密、译码等。接收设备的主要任务是从接收到的带有干扰的信号中正确恢复出相应的原始电信号。

受信者又称信宿，其作用是将接收设备恢复出的原始电信号转换成相应的消息。

通信系统的一般模型反映了通信系统的共性。根据所要研究的对象及所关心的问题的不同，应使用不同形式的较具体的通信系统模型。通信原理就是围绕通信系统的模型展开讨论的。

1.2.2　模拟通信与数字通信系统模型

通信系统为了实现消息的传递，首先要将消息转换为相应的电信号（以下简称信号）。通常这些信号是以它的某个参量（如振幅、频率、相位等）的变化来表示消息的。按照信号参量取值方式的不同，可将信号分为模拟信号和数字信号。

消息是被载荷在信号的某一参量上的，即该参量是携带着消息的，如果该参量的取值是连续的或取无穷多个值的，则该信号称为模拟信号；如果该参量的取值是离散的，则该信号称为数字信号。可见，区别数字信号与模拟信号的准绳，是看其携带消息的参量的取值是连续的还是离散的，而不是看时间。数字信号的波形在时间上可以是连续的，而模拟信号的波形在时间上可以是离散的。

根据通信系统所传输的是模拟信号还是数字信号，可以相应地把通信系统分成模拟通信系统和数字通信系统，下面分别对这两种系统加以介绍。

1. 模拟通信系统模型

若通信系统中传输的信号是模拟信号，则称该系统为模拟通信系统。模拟通信系统的模型如图 1-2 所示。

在发送端，信源将消息转换成模拟基带信号（原始电信号）。基带信号通常具有很低的频谱分量，如语音信号为 300～3400 Hz，图像信号为 0～6 MHz，一般不宜直接传输，因此，常常需要对基带信号进行转换，由调制器将基带信号转换为适合信道传输的已调信号。已调信号常被称为频带信号，其频谱具有带通形式且中心频率远离零频，适合在信道中传输。

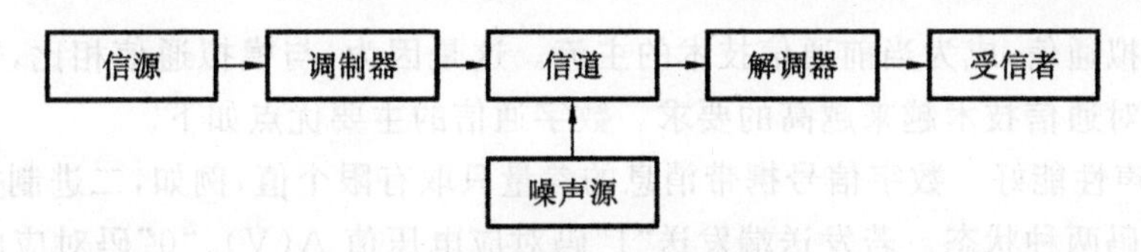

图 1-2 模拟通信系统模型

在接收端，解调器对接收到的频带信号进行解调，恢复出基带信号，再由受信者将其转换成消息。

需要注意的是，在实际的通信系统中，信号的发送和接收还应包括滤波、放大、天线辐射、控制等过程，这些都简化到了调制器和解调器装置中。

2. 数字通信系统模型

若通信系统中传输的信号是数字信号，则称该系统为数字通信系统。数字通信系统的模型如图 1-3 所示。

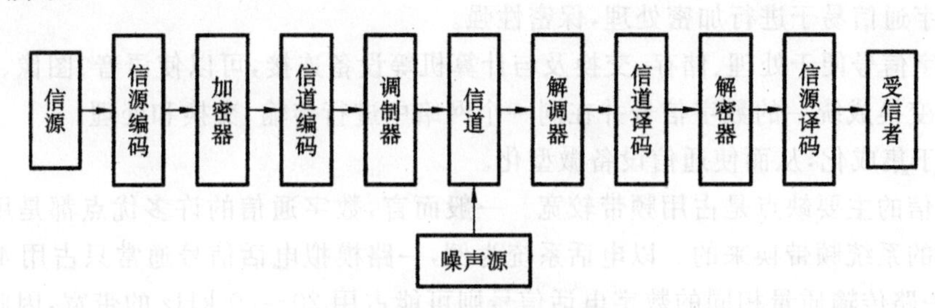

图 1-3 数字通信系统模型

与图 1-2 所示的模拟通信系统模型相比较，数字通信系统模型不仅包括调制解调过程，还包括信源编(译)码、加(解)密、信道编(译)码等。

在数字通信系统中，信源的输出可以是模拟基带信号，也可以是数字基带信号。所以信源编码有两个主要任务：第一，若信源输出的是模拟基带信号，则信源编码将包括模/数转换功能，即把模拟基带信号转换为数字基带信号；第二，实现压缩编码，减小数字基带信号的冗余度，提高传输速率。而信源译码则完成信源编码的逆过程，即解压缩和数/模转换。

在某些数字通信系统中，可以根据需要对所传输的信号进行加密编码。通常采用的方法是，在发送端由加密器将数字信号序列人为地按照一定规律进行扰乱，在接收端再由解密器按照约定的扰乱规律进行解码，恢复出原来的数字信号序列。

信道编码的任务是提高信号传输的可靠性，其主要做法是在数字信号序列中按一定的规则附加一些监督码元，使接收端能根据相应的规则进行检错和纠错。信道译码是信道编码的逆过程，其功能是对所接收的信号进行检错和纠错之后，去掉之前附加上的监督码元，恢复出原来的数字信号序列。

同步是数字通信系统中不可缺少的组成部分。数字通信系统是一个接一个按节拍传输数字信号单元(码元)的，因此，发送端和接收端之间需要有共同的时间标准，以便接收端准确知道接收的每个数字信号单元(码元)的起止时间，从而按照与发送端相同的节拍接收信号。若系统没有同步或失去同步，则接收端将无法正确辨识接收信号中所包含的消息。

3. 数字通信的特点

目前数字通信的发展十分迅速，在整个通信领域中所占的比重日益增长，在大多数通信系统中已替代模拟通信，成为当前通信技术的主流。这是因为，与模拟通信相比，数字通信更能适应现代社会对通信技术越来越高的要求。数字通信的主要优点如下。

(1) 抗噪声性能好。数字信号携带消息的参量只取有限个值，例如，二进制数字信号就只有“1”码和“0”码两种状态。若发送端发送“1”码对应电压值 A(V)、“0”码对应电压值 0(V)，信号经过信道传输后，则叠加噪声的影响会导致波形出现失真。当接收端对接收信号进行抽样判决时，只要在抽样时刻噪声的影响不足以导致信号取值超过判决门限(这里为 A/2)，则接收端仍可以正确地再生“1”“0”码的波形，完全消除噪声的影响。而模拟信号携带消息的参量是连续取值的，一旦叠加上噪声，即使噪声很小，其影响也无法消除。

(2) 接力通信时无噪声积累。在接力通信系统中，模拟信号每经过一个中继站都有噪声积累，通信质量逐渐下降。而数字信号每经过一个中继站都会再生一次原始信号，只要噪声的影响不使判决出错，就没有噪声积累。

(3) 差错可控。数字通信中可以采用纠错编码等技术，使信号传输出错的概率降低。

(4) 数字通信易于进行加密处理，保密性强。

(5) 数字信号便于处理、储存、交换及与计算机等设备连接，可以使语音、图像、文字、数据等多种业务变换成统一的数字信号并在同一个网络中进行传输、交换和处理。

(6) 易于集成化，从而使通信设备微型化。

数字通信的主要缺点是占用频带较宽。一般而言，数字通信的许多优点都是用比模拟通信占用更宽的系统频带换来的。以电话系统为例，一路模拟电话信号通常只占用 4 kHz 左右的带宽，而一路传输质量相同的数字电话信号则可能占用 20～60 kHz 的带宽，因此数字通信的频带利用率不高。如 PSNT(公众业务电话网)中采用的是 PCM 编码，每路话音信号编码后的信息速率为 64 kbit/s，相应的传输带宽约为 64 kHz。在系统传输带宽紧张的情况下，数字通信的这一缺点显得尤为突出。此外，由于数字通信对同步的要求高，在通信中要求发送端和接收端保持严格同步，因此数字通信系统的设备一般比模拟通信系统的复杂。

目前，随着新的宽带传输信道(如光导纤维)的采用，以及窄带调制技术、编码压缩技术和超大规模集成电路的发展，数字通信的这些缺点已经弱化。

1.3 通信系统的分类及通信方式

1.3.1 通信系统的分类

通信系统可以从不同角度进行分类，下面介绍几种较常见的分类方法。

1. 按传输媒质分类

按传输信号媒质的不同，通信系统可分为有线和无线两大类。有线通信系统是用导线作为媒质来完成通信的，如架空明线、双绞线、同轴电缆、光纤等，无线通信系统是依靠电磁波在空间传播来完成通信的，如微波中继传播、卫星中继传播等。

2. 按信号的特征分类

按照通信系统中传输的是模拟信号还是数字信号，可以相应地把通信系统分为模拟通信系统和数字通信系统。

3. 按通信业务分类

按通信业务类型的不同，通信系统可以分为电报通信系统、电话通信系统、数据通信系统和图像通信系统等。

4. 按调制方式分类

按信道中传输的信号是否经过调制，通信系统分为基带传输系统和频带传输系统。基带传输是将没有经过调制的信号直接传输，频带传输是对基带信号进行调制后再将其送到信道中传输。各种常用的调制方式将在第 3 章和第 5 章中详细介绍。

5. 按工作频段分类

按照通信设备工作频率的不同，通信系统可分为长波通信、中波通信、短波通信、超短波通信、微波通信、远红外通信等。表 1-1 中列出了通信中使用的通信频段、常用传输媒质及主要用途。

表 1-1 通信频段、常用传输媒质及主要用途

频率范围	波长	名称与符号	传输媒质	主要用途
3 Hz～30 kHz	10^4～10^8 m	甚低频（VLF）	有线线对、长波无线电	音频电话、岸与潜艇通信、超远距离导航
30～300 kHz	10^3～10^4 m	低频（LF）	有线线对、长波无线电	电力线通信、地下岩层通信、远距离导航
300 kHz～3 MHz	10^2～10^3 m	中频（MF）	同轴电缆、中波无线电	调幅广播、业余无线电、船用通信、中距离导航
3～30 MHz	10～10^2 m	高频（HF）	同轴电缆、短波无线电	短波广播、移动无线电话、军用无线电通信、业余无线电
30～300 MHz	1～10 m	甚高频（VHF）	同轴电缆、米波无线电	调频广播、电视、雷达、军用无线电通信
300 MHz～3 GHz	0.1～1 m	特高频（UHF）	波导、分米波无线电	陆地移动通信、电视、超短波电台及对讲机
3～30 GHz	1～10 cm	超高频（SHF）	波导、厘米波无线电	微波视距接力、卫星和空间通信、雷达
30～300 GHz	1～10 mm	极高频（EHF）	波导、毫米波无线电	微波视距接力、雷达、射电天文学
1×10^5～1×10^6 GHz	3×10^{-7}～3×10^{-6} m	紫外、可见光或红外	光纤、激光空间传播	光通信

6. 按传输信号的复用方式分类

传送多路信号有三种基本的复用方式，即频分复用、时分复用和码分复用。频分复用是用频谱搬移的方法使不同的信号占据不同的频率范围，常在传统的模拟通信中采用；时分复用是用脉冲调制的方法使不同的信号占据不同的时间区间，大多用于数字通信；而码分复用则是用一组正交的脉冲序列分别携带不同的信号，主要应用于扩频通信系统。

1.3.2 通信方式

对于点与点之间的通信，按消息传输的方向与时间的关系，可将通信方式分为单工通信、半双工通信及全双工通信三种。

单工通信是指消息只能单方向传输的工作方式，如图 1-4(a)所示。单工通信的例子很多，如广播、遥控、无线寻呼等。

半双工通信是指通信双方都能收发消息，但不能同时收发消息的工作方式，如图 1-4(b)所示。无线对讲机就是这种通信方式的典型例子。

全双工通信是指通信双方可以同时收发消息的工作方式，如图 1-4(c)所示。普通电话就是一种常见的全双工通信方式。

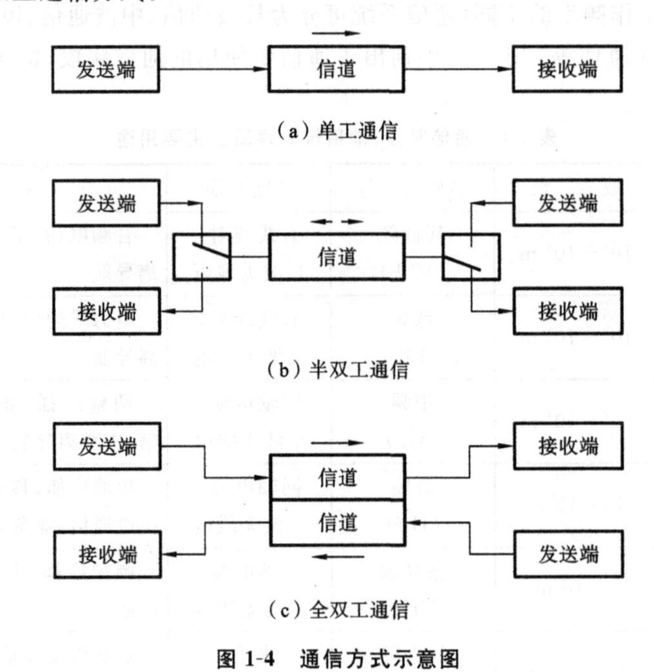

图 1-4 通信方式示意图

1.4 通信系统的性能指标

衡量和评价一个通信系统的好坏，必然要涉及系统的性能指标。通信系统的性能指标归纳起来有以下几个方面。

(1) 有效性：通信系统传输信息的“速率”问题，即快慢问题。

(2) 可靠性：通信系统传输信息的“质量”问题，即好坏问题。

(3) 适应性：通信系统适用的环境条件。

(4) 经济性：通信系统的成本问题。

(5) 保密性：通信系统对所传信号采取的加密措施，这点对军用系统尤为重要。

(6) 标准性：通信系统的接口、各种结构和协议是否符合国家、国际标准。

(7) 维修性:通信系统是否维修方便。

(8) 工艺性:通信系统的各种工艺要求。

通信的主要任务是快速、准确地传输信息,因此,从研究信息传输的角度来说,有效性和可靠性是通信系统最主要的性能指标。在实际通信系统中,有效性和可靠性这两个指标经常是矛盾的,要提高系统的有效性,就得降低其可靠性,反之亦然,因此,在设计通信系统时,两者应统筹考虑。在满足一定可靠性的条件下,尽量提高传输速率,即有效性;或在维持一定有效性的条件下,尽量提高系统的可靠性。

1.4.1 模拟通信系统的性能指标

1. 有效性指标

模拟通信系统的有效性指标用所传信号的有效传输带宽来衡量,有效传输带宽越窄,有效性越好。

信号的有效传输带宽与通信系统所采用的调制方式有关,同样的信号用不同的方式调制得到的有效传输带宽是不一样的,如传输一路模拟电话信号,单边带调制信号只需要4 kHz 带宽,而标准调幅信号则需要 8 kHz 带宽,因此,在一定频带内传输单边带调制信号的路数比传输标准调幅信号多一倍。显然,单边带调制系统的有效性比标准调幅系统的要好。

2. 可靠性指标

模拟通信系统的可靠性指标用整个通信系统的输出信噪比来衡量。信噪比是信号的平均功率 S 与噪声的平均功率 N 的比值。信噪比越高,说明噪声对信号的影响越小,系统的通信质量就越好。输出信噪比一方面与信道内噪声的大小和信号的功率有关,同时又和调制方式有很大关系,如调频系统的可靠性往往比调幅系统的要好。

1.4.2 数字通信系统的性能指标

1. 有效性指标

数字通信系统的有效性指标通常用传输速率和频带利用率来衡量。

1) 传输速率

传输速率有两种表示方法:码元传输速率 R_B 和信息传输速率 R_b。

(1) 码元传输速率 R_B。

数字信号由码元组成,码元传输速率又称码元速率或传码率,其定义为单位时间(每秒)内传输码元的数目,单位为波特(Baud),常用符号“B”表示。例如,若 1 秒内传输 3600 个码元,则码元速率为 3600 B,实际中也采用码元/秒作为码元速率的单位。

数字信号有二进制和多进制之分,码元速率仅表征单位时间内传输码元的数目,而没有限定这时的码元是何种进制。若已知一个码元的持续时间(码元宽度)为 T_B(单位为 s),则有

$$R_B=\frac{1}{T_B} \tag{1-5}$$

(2) 信息传输速率 R_b。

信息传输速率又称信息速率、传信率、比特率等。它表示单位时间(每秒)内传输的信息

量，单位是比特/秒，记为 bit/s。

例如，设某系统 1 秒内传输 3600 个码元，即码元速率为 3600 Baud，若信源的平均信息量为 1 bit，则系统的信息速率为 3600 bit/s；若平均信息量为 1.5 bit，则系统的信息速率为 5400 bit/s。可见，在码元速率相同的情况下，如果信源的平均信息量不同，则系统的信息速率也不一样。

(3) R_B 与 R_b 的关系。

信息速率 R_B 和码元速率 R_b 有如下确定关系，即

$$R_b = H(s) R_B \tag{1-6}$$

式中，$H(s)$为信源的平均信息量。

由式(1-3)和式(1-4)可知，在 M 进制下，若 M 个符号等概率传输，则信源的熵有最大值 $\log_2 M$，此时信息速率也达到最大，即

$$R_b = R_B \log_2 M \tag{1-7}$$

【例 1-2】 某信源符号集由 A、B、C、D、E 组成，且各符号的出现是相互独立的，每一个符号出现的概率分别为 1/4、1/8、1/8、3/16、5/16，系统码元速率为 1200 B，求 1 小时系统传输的信息量。

解 该信源的平均信息量为

$$H(s) = \frac{1}{4}\log_2 4 + \frac{2}{8}\log_2 8 + \frac{3}{16}\log_2 \frac{16}{3} + \frac{5}{16}\log_2 \frac{16}{5} = 1.394\ (\text{bit/sym})$$

$$R_b = H(s) R_B = 1.394 \times 1200 = 1672.8\ (\text{bit/s})$$

由此得到 1 小时系统传输的信息量为

$$I = 1672.8 \times 3600 = 6022080\ (\text{bit})$$

【例 1-3】 某二进制系统 1 分钟传送了 72000 bit 信息，问：

(1) 其信息速率和码元速率各为多少？

(2) 若改用八进制传输，则其信息速率和码元速率各为多少？

解 (1) $R_b = 72000/60 = 1200\ (\text{bit/s})$

$R_B = R_b/\log_2 2 = 1200\ (\text{B})$

(2) $R_b = 72000/60 = 1200\ (\text{bit/s})$

$R_B = R_b/\log_2 8 = 400\ (\text{B})$

2) 频带利用率 η

不同的通信系统进行比较时，仅根据传输速率来判定它们的有效性是不够的，还应看它们在同等传输速率下所占用的频带宽度。因为真正能够反映系统传输性能指标的应该是频带利用率，即单位频带内的传输速率。频带利用率有两种表示方式：码元频带利用率和信息频带利用率。

码元频带利用率是指单位频带上的码元传输速率，即

$$\eta_B = R_B / B \tag{1-8}$$

η_B 的单位为 B/Hz。

信息频带利用率是指单位频带上的信息传输速率，即

$$\eta_b = R_b / B \tag{1-9}$$

η_b 的单位为 bit/(s·Hz)。

2. 可靠性指标

数字通信系统的可靠性指标通常用差错率来衡量，差错率越小，可靠性越高。差错率也有两种表示方式：误码率和误信率。

1）误码率（码元差错率）

误码率用 P_e 表示，是指收到的错误码元数与系统传输的总码元数之比，即在传输中出现错误码元的概率，记为

$$P_e=\frac{\text{收到的错误码元数}}{\text{传输的总码元数}} \tag{1-10}$$

2）误信率（信息差错率）

误信率又称误比特率，用 P_b 表示，是指收到的错误比特数与系统传输的总比特数之比，即在传输中出现错误比特的概率，记为

$$P_b=\frac{\text{收到的错误比特数}}{\text{传输的总比特数}} \tag{1-11}$$

显然，在二进制传输系统中，有 $P_e=P_b$，但在多进制传输系统中，二者关系较为复杂，一般有 $P_b<P_e$。

1.5 通信发展简史

通信早在远古时代就已存在。人与人之间的对话是通信，快马与驿站传送文件是通信，用烽火传递战事情况也是通信。烽火是非常原始的光通信方式，它利用有光或无光信号表示有或无“敌情”，这属于最简单的二进制数字通信。目前，通信方式主要有两类：一类是利用人力或机械的方式传递消息，如常规的邮政，称为运动通信；另一类是利用电（或光）信号传递消息，即电通信，本书的讨论仅限于后者。

通信的发展史就是如何充分利用通信资源提高通信质量的历史，通信发展史中的每一次飞跃都是以新理论、新技术的诞生为标志的。通信发展简史介绍如下。

1837 年，莫尔斯发明有线电报，标志着电通信时代的开始，当时通信距离只有 70 km。

1864 年，麦克斯韦建立电磁场理论，预言了电磁波的存在。

1876 年，贝尔发明有线电话。

1887 年，赫兹用实验证明了电磁波的存在，为无线通信打开了大门。

1901 年，马可尼实现了跨大西洋无线电通信。

1906 年，德福雷斯特发明了真空三极管，迅速提高了通信设备的水平。

1918 年，调幅无线电广播、超外差接收机问世。

1925 年，开始采用三路明线载波电话。

1928 年，奈奎斯特提出抽样定理。

1936 年，调频无线电广播开播。

1937 年，A. Reeves 提出脉冲编码调制原理。

1938 年，电视广播开播。

1940—1945 年，第二次世界大战刺激了雷达和微波通信系统的发展。

1948 年,发明晶体管,香农提出了信息论,通信统计理论开始建立。

1950 年,时分多路通信应用于电话。

1956 年,在英国和美国之间敷设了第一条越洋电缆。

1957 年,发射第一颗人造卫星,发明集成电路。

1960 年,发明激光器。

1962 年,发射第一颗同步通信卫星。

1962—1966 年,高速数字通信应用,数据传输业务商用,按键电话业务开通。

1966—1975 年,宽带通信系统发展,电缆 TV 系统发展,商用卫星中继业务开通。

1977 年,光纤通信系统投入商用。

1978 年,模拟蜂窝移动通信系统投入商用。

1991 年,GSM 移动通信系统投入商用。

1995 年,窄带 CDMA 移动通信系统投入商用。

1999 年,ITU 决定了下一代移动通信系统。

由上述可见,最早出现的电报通信是简单的数字通信,随着真空管和晶体管的出现,模拟通信得到了发展。此后,由于脉冲编码原理和信息论的提出以及集成电路的发展,尤其是新的宽带传输信道(如光导纤维)的采用和编码压缩技术的发展,数字通信逐步取代了模拟通信成为目前和今后通信技术的发展方向。数字通信的飞速发展,进一步促进了微波通信、卫星通信、光纤通信、移动通信和计算机通信等各种现代通信的快速发展,从而得以在各方面不断地满足人们对通信越来越高的需求。

展望未来,通信正在朝着智能化、综合化、宽带化、个人化的方向快速发展,各种新的电信业务也应运而生,电信服务的范围正朝着多个领域广泛延伸。人们期待着早日实现通信的最终目标,即无论何时、何地都能实现与任何人进行任何形式的信息交换,即全球个人通信。

1.6 MATLAB/Simulink 系统建模与仿真基础

1.6.1 通信系统仿真优点

通信系统的仿真是利用计算机和仿真软件对实际通信系统的物理模型或数学模型进行实验,通过这样的模型实验来对一个实际系统的性能和工作状态进行分析和研究。随着现代通信系统的飞速发展,计算机仿真已经成为分析和设计通信系统的主要工具,在通信系统的研发和教学中具有越来越重要的意义,是通信系统研究和工程建设中不可缺少的环节。它的优点主要包括以下几个方面。

(1) 便于用数学模型描述实验研究设备,可以根据实际系统的运行原理建立相应的数学描述并进行计算机数值求解。

(2) 可以很方便地进行系统方案的修改和参数调整,得出系统最佳的设计参数,获得逼近真实的系统仿真模型。

(3) 具有精度高、通用性强、重复性好、建模迅速以及成本低廉等优点,减少了资金投入,缩短了研发周期,也大大地提高了科学研究效率。

(4) 对于复杂通信系统,相应的计算将通过计算机来完成,可以迅速得出结果,而且还可以很快作出相应的图表曲线,其物理本质与规律性将一览无遗。

(5) 当在实际电子通信系统中进行实验研究比较困难或者根本无法实现时,仿真技术就成为必然的选择。例如,在对新一代通信体制进行性能分析和系统设计时,实际系统根本不存在,因此可以采用仿真手段进行分析研究。

随着通信技术和计算机技术的发展及它们的密切结合,可以方便、频繁地应用通信系统软件仿真工具对基本原理、计算方法、先进技术、复杂的系统进行反复的实验研究。每个仿真模型建立的过程,从构思、建设到调试通过,直至最后得出结果,可以尽情地发挥参与者的创造力、想象力。

1.6.2 通信系统仿真工具

本书以 MATLAB/Simulink 仿真软件来进行系统仿真实验。MATLAB 和 Simulink 仿真环境被集成在一个软件系统中,在 MATLAB 集成环境中可以打开 Simulink 文件。

MATLAB 仿真是通信系统设计和研发的强有力工具,应用 MATLAB 的编程方法和功能模块,可以构建各种仿真系统,还可以将 MATLAB 应用于丰富的时间域、频率域、相位域的仿真测量仪器。

Simulink 是 MATLAB 提供的一个对动态系统进行建模、仿真和综合分析的工具包,是 MATLAB 最重要的组件之一。使用 Simulink 进行仿真,无需大量书写程序,只需要通过简单、直观的鼠标操作,就可构造出复杂的系统。Simulink 提供了图形化、模块化的交互式仿真环境,可以更加方便地对系统进行仿真设计。利用 Simulink 进行基于时间流的系统级仿真,可以将仿真系统建模与工程中的方框图统一起来,而且仿真结果可以近乎实时地通过可视化模块,如示波器模块、频谱仪模块以及数据输入/输出模块等显示出来,使得系统仿真工作更为方便。Simulink 具有适应范围广、结构和流程清晰、仿真精细、贴近实际、效率高、操作灵活等优点,其已被广泛应用于通信系统、数字控制、神经网络和数字信号处理等方面的复杂仿真、建模和设计。

本书利用 MATLAB/Simulink 提供的各种模块,对通信系统中的典型信号进行了模型构建、系统设计、仿真演示、结果显示,以及对各种通信系统的相关特性进行了研究。

1.6.3 通信系统常用模块库简介

Simulink 提供了大量以图形方式给出的内置模块,用户使用这些模块可以快速构建自己所需的动态系统。在 MATLAB 的命令窗口输入 Simulink 命令,或单击工具栏 Simulink 库图标,就可以打开 Simulink 库浏览器(Simulink Library Browser)窗口。Simulink 库浏览器窗口如图 1-5 所示。

窗口的左半部分显示 Simulink 所有库的名称,模块库是按照应用进行分类的,第一个库是 Simulink 库,该库是 Simulink 的公共模块库。Simulink 库下面的模块库为专业模块库,服务于不同专业领域。在通信仿真中应用到的模块,除了 Simulink 基本库之外,还包括 Communications System Toolbox、DSP System Toolbox 等。

窗口的右半部分是对应于左窗口打开的库中包含的子库或模块,如 Simulink 公共模块库

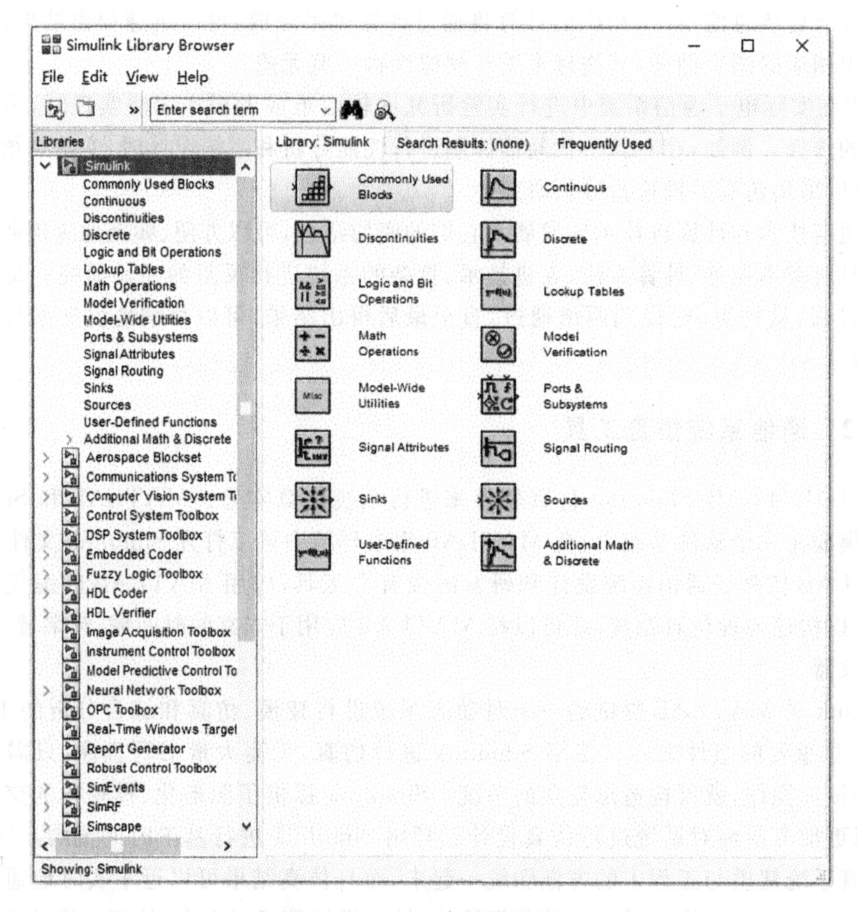

图 1-5 Simulink 库浏览器窗口

包含的子库有 Continuous(连续模块库)、Discrete(离散模块库)、Sources(信源模块库)等。

Simulink 基本库中各子库的功能如下。

Commonly Used Blocks:为仿真提供常用模块。

Continuous:为仿真提供连续系统模块。

Discontinuities:为仿真提供非连续系统模块。

Discrete:为仿真提供离散模块。

Logic and Bit Operations:提供逻辑运算和位运算模块。

Lookup Tables:提供查找表模块。

Math Operations:提供数学运算功能模块。

Model Verification:模型检测模块库。

Model-Wide Utilities:模型扩充模块库。

Ports & Subsystems:端口和子系统模块库。

Signal Attributes:提供信号属性模块。

Signal Routing:提供信号路由模块。

Sinks:为仿真提供输出设备。

Sources:为仿真提供各种信源。

User-Defined Functions:用户自定义函数元件。

Additional Math & Discrete:附加的数学和离散模块库。

各个模块都分类存放在 Simulink 的库中,以便于用户查找。比如 Sources 模块库中存放了各种信号源,如 Sine Wave(正弦波)、Pulse Wave(脉冲波)、Constant(输出常数)等。

1.6.4 Simulink 使用简介

Simulink 仿真有两个阶段:创建系统模型和执行模型仿真。

创建系统模型是进行 Simulink 动态系统仿真的第一个环节。先根据仿真实验需要解决的问题,进行仿真系统分析,明确系统中的模块、系统构成、模块之间的相互关系,以及系统的输入/输出、边界条件等,建立系统的数学模型。然后根据数学模型建立系统的仿真模型,并在建模后、仿真前对系统运行时间、采样速率等仿真参数进行配置。

在完成系统模型的创建及合理的仿真参数设置后,就可以对所建立的 Simulink 模型进行仿真执行,分析仿真数据和波形。仿真结果的分析是系统建模与仿真的重要环节,可以在系统模型的关键点处设置观测输出模块,用于观测仿真系统的运行情况,以便及时进行设计调整。

下面主要介绍 Simulink 模型创建过程中的基本操作。

1. 模型文件的操作

Simulink 的仿真环境由 Simulink 库浏览器(Simulink Library Browser)和模型窗口组成。Simulink 提供了进行建模和仿真的标准模块库和专业工具箱。模型窗口是用户创建模型的主要场所。Simulink 的仿真主要是针对浏览器窗口和模型窗口进行操作。

在 Simulink Library Browser 界面,选择"File"→"New"→"Model"选项或者单击创建新模型图标,弹出如图 1-6 所示的模型窗口,用户可以在 Simulink Library Browser 窗口的模块库中选择需要的模块,将其拖动或复制到新建的系统模型中,并按照系统的信号流程将各系统模块正确连接起来,建立自己的模型。

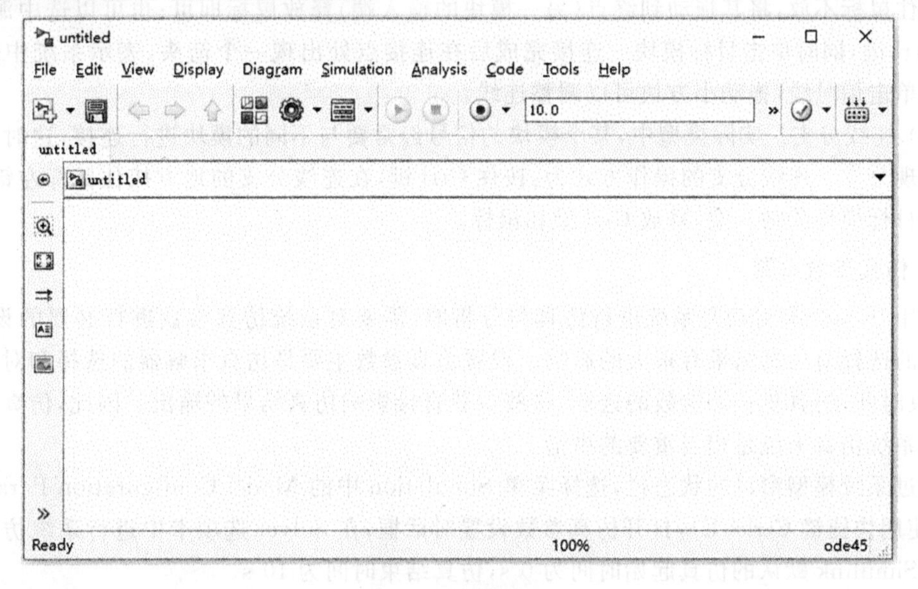

图 1-6 模型窗口

在建立完自己的模型后，保存模型。如果文件在 MATLAB 搜索路径范围内，直接在 MATLAB 指令窗口输入模型文件名，即可打开已有的模型文件，或者通过浏览器窗口"File"→"Open"，选择已有模型文件，也可将其打开；还可以单击浏览器的图标□，选择需要打开的模型文件。

2. 模块的基本操作

(1) 模块的选择。启动 Simulink 并新建一个系统模型文件。在 Simulink 库中单击选中所需的模块，然后将其拖到需要创建仿真模型的窗口，释放鼠标，这时所需要的模块将出现在模型窗口中；或者选中所需的模块，然后右击，在弹出的快捷菜单中执行 Add to filename 命令(其中 filename 是模型的文件名)，该选中的模块就出现在 filename 窗口中。

(2) 模块的复制。选中模块，按住鼠标右键，拖动鼠标到目标位置，然后释放鼠标；或者按住 Ctrl 键，再按住鼠标左键，拖动到目标位置，然后释放鼠标；或者按 Ctrl＋C 键进行复制，按 Ctrl＋V 键进行粘贴。

(3) 模块的移动。选中要移动的模块，将模块拖动到目标位置，释放鼠标按键，移动多个模块的时候，要先选中模块和它们的信号线，再将它们移动到目标位置。

(4) 模块的删除。选择模块，按常规方法即可删除。

(5) 模块的调整。选中模块，模块四角出现了小方块，点中小方块并拖动鼠标，就可以调整模块的大小；选中模块，单击鼠标右键，从弹出的快捷菜单中选择相应的命令，就可以完成对模块的旋转操作。

(6) 模块参数的设置。搭建 Simulink 系统仿真模型，需要先对系统模型中的各个模块进行正确且合适的参数设置。几乎所有的模块都有参数设置对话框，用户可以在参数对话框中设置参数。最直接的方法是双击模块，打开系统模块的参数设置对话框，在参数设置对话框中设置合适的模块参数。

(7) 模块间的连接。将鼠标指向连线起点(某个模块的输出端)，待鼠标的指针变成十字形后按住鼠标不放，将其拖动到终点(另一模块的输入端)释放鼠标即可；也可以选中源模块，按住 Ctrl 键，同时单击目标模块。连接完成后在连接点处出现一个箭头，表示系统中信号的流向。单击信号线，拖动小方块可以调整连线。

(8) 连线分支。实际模型中，某个模块的信号经常要与不同的模块进行连接，这时信号连线将出现分支。连线分支的操作方式为：按住 Ctrl 键，在连线分支的地方按住鼠标左键，拖动鼠标到目标模块的输入端，释放 Ctrl 键和鼠标。

3. 仿真参数设置

使用 Simulink 对动态系统进行仿真与分析时，需要对系统仿真参数进行必要的设置，仿真参数的选择对仿真结果有很大的影响。设置仿真参数主要是仿真求解器的选择和对仿真起始、结束时间、仿真步长等参数的选取，这些参数直接影响仿真结果的输出。因此，仿真参数的设定对系统仿真来说是相当重要的事情。

通过系统模型窗口的状态栏，选择菜单 Simulation 中的 Model Configuration Parameters (或者使用快捷键 Ctrl＋E)，打开仿真参数设置对话框，在 Solver 选项卡中进行系统仿真时间设置。Simulink 默认的仿真起始时间为 0 s，仿真结束时间为 10 s。

一般情况下，对简单的系统进行仿真，不管选择哪种求解器，Simulink 总是选用最大的仿真步长进行仿真。如果仿真时间区间较长，而且最大步长设置采用默认取值 auto，则会导致系统在仿真时使用大的步长，该步长表示为

$$t=\frac{t_{\text{final}}-t_{\text{start}}}{50} \tag{1-12}$$

在这种情况下，将会使系统仿真输出的曲线非常不平滑，因此，需把 Solver 选项卡中的最大仿真步长通过手动设置成一个比较小的值。

4. 运行仿真

当所有工作完成之后，就可以单击工具栏上的小三角按钮或使用快捷键 Ctrl＋T 启动仿真。在仿真的同时，双击显示模块，可以观察仿真结果。如果发现错误，则可以立即单击“stop”按钮停止仿真，对参数进行修正，调整至满意后保存模型。

第2章　随机信号分析

在实际的通信系统中，接收端收到发送端发送的消息之前，是不可能确切知道所发送的消息是什么的，否则通信就没有意义了。也就是说，对于接收端而言，发送端发送的信号带有某种随机性，即它们的某个或某几个参量不能预知或不能完全预知，这种具有随机性的信号称随机信号。信号在通信系统中遇到的噪声也是随机变化的，如自然界中的各种电磁波噪声和设备本身产生的热噪声、散粒噪声等都是不可预测的，凡是不能预测的噪声都称为随机噪声。由此可见，接收端收到的信号是随机变化的信号，具有不可预知性，所以在讨论通信系统的基本问题之前，需要先对随机信号进行讨论。

从统计数学的观点看，随机信号和噪声统称随机过程，因而，统计数学中有关随机过程的理论可以运用到随机信号和噪声的分析中来。本章仅介绍分析通信系统所必需的内容，即随机信号与噪声的特性表述，以及它们通过线性系统的基本分析方法。

2.1　随机变量

通信过程中的随机信号和噪声均可归纳为依赖于时间参数 t 的随机过程。这种过程的基本特征：它是时间 t 的函数，但在任一时刻观察到的值却是不确定的，是一个随机变量。

随机变量是概率论中的一个重要概念。若某种实验的随机结果用 X 表示，则称 X 为一个随机变量，并设它的取值为 x。例如，在一定时间内电话交换台收到的呼叫次数就是一个随机变量。

2.1.1　随机变量的分布函数

随机变量 X 的取值不超过某个数 x 的概率 $P(X\leqslant x)$ 是 x 的函数，记为

$$F_X(x)=P(X\leqslant x) \tag{2-1}$$

称此函数为随机变量 X 的分布函数。

随机变量 X 在任意区间 $(a,b]$ 上取值的概率为 $P(a<X\leqslant b)$，而

$$P(a<X\leqslant b)+P(X\leqslant a)=P(X\leqslant b)$$

所以

$$P(a<X\leqslant b)=P(X\leqslant b)-P(X\leqslant a)$$

即

$$P(a<X\leqslant b)=F_X(b)-F_X(a) \tag{2-2}$$

从这种意义上来说，可以认为分布函数完整地描述了随机变量的统计特性。在上面的讨论中，X 可以是连续随机变量，也可以是离散随机变量。

对于离散随机变量，如果其可能取值从小到大依次为 $x_1 \leqslant x_2 \leqslant \cdots \leqslant x_i \leqslant \cdots \leqslant x_n$，取值的概率分别为 $p_1, p_2, \cdots, p_i, \cdots, p_n$，则有

$$P(X < x_1) = 0, \quad P(X \leqslant x_n) = 1$$

又因为

$$P(X \leqslant x_i) = P(X = x_1) + P(X = x_2) + \cdots + P(X = x_i)$$

所以有

$$F_X(x) = \begin{cases} 0, & x < x_1 \\ \sum_{k=1}^{i} p_k, & x_1 \leqslant x < x_{i+1} \\ 1, & x \geqslant x_n \end{cases} \tag{2-3}$$

由分布函数的定义可以看出它具有下列重要性质。

(1) 当 x 趋近于 $-\infty$ 时，$F_X(x)$ 趋近于零，因为这是不可能事件，即

$$F_X(-\infty) = 0 \tag{2-4}$$

(2) 当 x 趋近于 $+\infty$ 时，$F_X(x)$ 趋近于 1，因为这是必然事件，即

$$F_X(+\infty) = 1 \tag{2-5}$$

(3) 设 $x_1 < x_2$，则有

$$F_X(x_1) \leqslant F_X(x_2) \tag{2-6}$$

上面的性质表明，离散随机变量的分布函数是单调递增函数，它的图形是一条阶梯形曲线，如图 2-1 所示，图中每一个阶跃的突跳值就是该取值所对应的概率。

连续随机变量的分布函数一般是一个连续的单调递增函数，如图 2-2 所示。

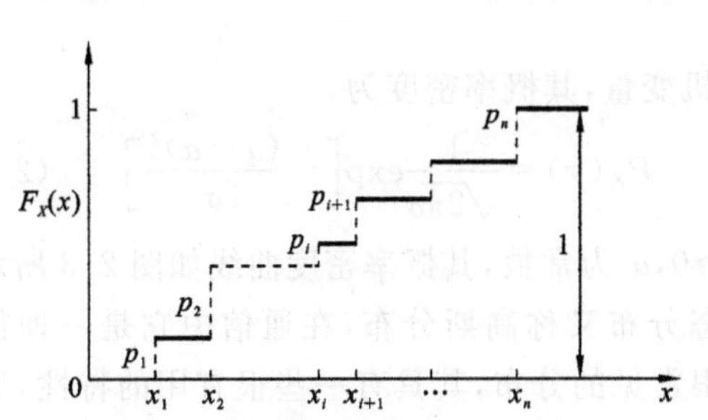

图 2-1 离散随机变量的分布函数

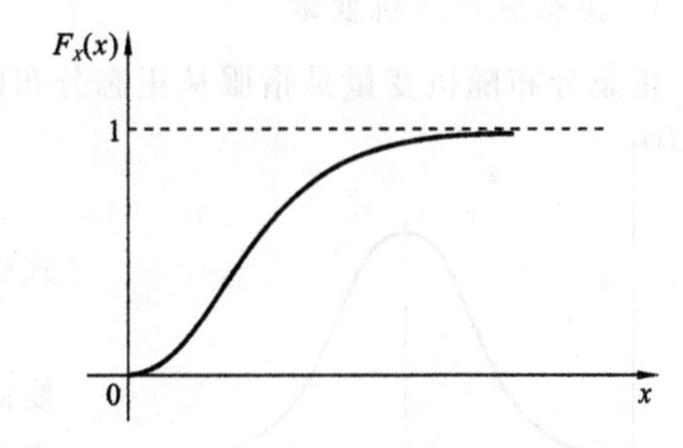

图 2-2 连续随机变量的分布函数

2.1.2 随机变量的概率密度

对连续随机变量统计特性的描述还有另外一种方法，即用概率密度来描述。这里先介绍概率密度的含义及性质，然后再讨论如何将概率密度的概念推广到离散随机变量的情况。

设连续随机变量 X 的分布函数 $F_X(x)$ 是连续的，而且除个别点外，处处是可以微分的，则

$$P_X(x) = \frac{\mathrm{d}F_X(x)}{\mathrm{d}x} \tag{2-7}$$

$P_X(x)$ 称为随机变量 X 的概率密度，即概率密度是分布函数的导数。

随机变量 X 在任意区间 $(a,b]$ 上取值的概率可以写为

$$P(a < X \leqslant b) = \int_a^b P_X(x)\mathrm{d}x \tag{2-8}$$

由此可知，只要知道随机变量的概率密度，就能够确定其在任意区间上取值的概率。

随机变量的概率密度具有如下性质。

(1) 因为 $F_X(x)=P(X\leqslant x)$，所以

$$F_X(x)=\int_{-\infty}^{x}P_X(y)\mathrm{d}y \tag{2-9}$$

(2) 因为分布函数是单调递增函数，所以其导数是非负的，即

$$P_X(x)\geqslant 0 \tag{2-10}$$

(3) 任何随机变量的概率密度曲线下的面积恒等于1，即

$$\int_{-\infty}^{+\infty}P_X(x)\mathrm{d}x=1 \tag{2-11}$$

离散随机变量的分布函数可以表示为

$$F_X(x)=\sum_{i=1}^{n}P_i u(x-x_i) \tag{2-12}$$

式中，P_i 为 $x=x_i$ 的概率，$u(x)$ 为单位阶跃函数。

对式(2-12)两端求导，可以得到离散随机变量的概率密度为

$$P_X(x)=\sum_{i=1}^{n}P_i\delta(x-x_i) \tag{2-13}$$

由式(2-13)可知，当 $x\neq x_i$ 时，$P_X(x)=0$；当 $x=x_i$ 时，$P_X(x)=\infty$。

2.1.3 常见随机变量举例

1. 正态分布随机变量

正态分布随机变量是指服从正态分布的随机变量，其概率密度为

$$P_X(x)=\frac{1}{\sqrt{2\pi}\sigma}\exp\left[-\frac{(x-a)^2}{2\sigma^2}\right] \tag{2-14}$$

式中，$\sigma>0$，a 为常数，其概率密度曲线如图2-3所示。

正态分布又称高斯分布，在通信中它是一种很重要而又很常见的分布，其具有一些很有用的特性，后面将专门给予讨论。

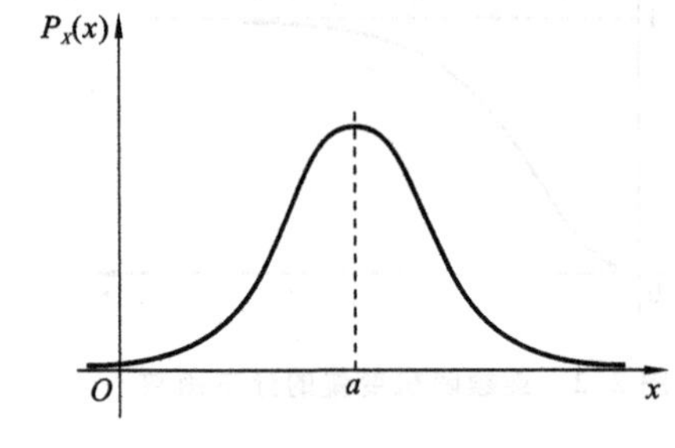

图2-3 正态分布随机变量的概率密度曲线

2. 均匀分布随机变量

若随机变量的概率密度为

$$P_X(x)=\begin{cases}1/(b-a), & a\leqslant x\leqslant b\\ 0, & \text{其他}\end{cases} \tag{2-15}$$

且式中 a、b 均为常数，则称其为均匀分布随机变量，其概率密度曲线如图2-4所示。

3. 瑞利分布随机变量

瑞利分布随机变量是指服从瑞利分布的随机变量，其概率密度为

$$P_X(x)=\frac{2x}{a}\exp\left(-\frac{x^2}{a}\right)\quad x\geqslant 0 \tag{2-16}$$

式中，$a>0$，且 a 为常数，其概率密度曲线如图2-5所示。

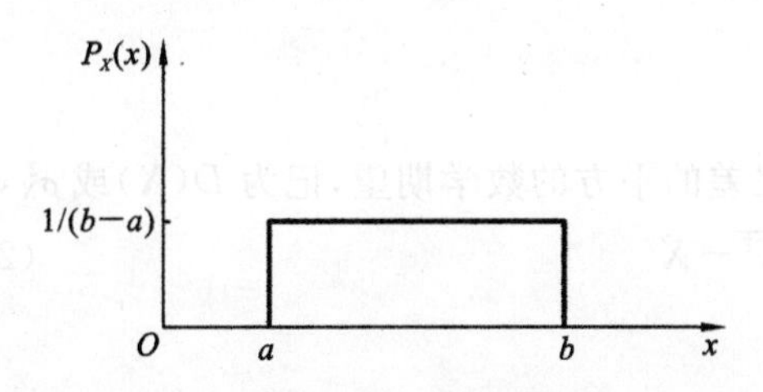

图 2-4 均匀分布随机变量的概率密度曲线

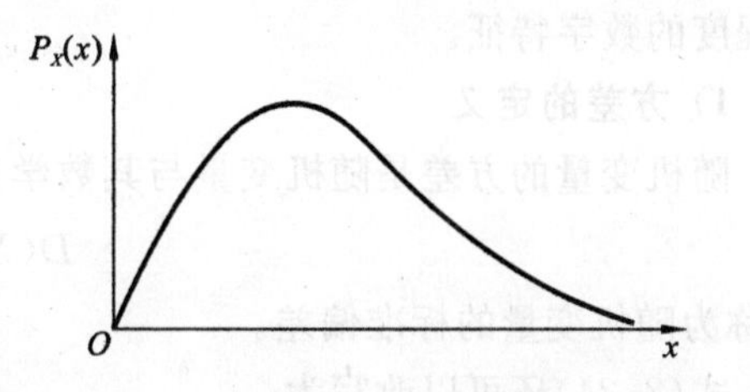

图 2-5 瑞利分布随机变量的概率密度曲线

2.1.4 随机变量的数字特征

若要完整地描述一个随机变量的统计特性,就必须求得它的分布函数或概率密度函数。然而,在很多场合往往并不关心随机变量的概率分布,而只需要了解随机变量的某些特征,如随机变量的统计平均值,以及随机变量的取值相对于这个平均值的偏离程度等。这些描述随机变量各种特性的数值,称为随机变量的数字特征。下面介绍一些主要的特征。

1. 数学期望

对于连续随机变量,其数学期望可以定义为

$$E(X)=\int_{-\infty}^{+\infty} xP_X(x)\mathrm{d}x \tag{2-17}$$

式中,$P_X(x)$为随机变量X的概率密度。

数学期望又称统计平均值。

由以上定义可知,常量的数学期望就是其本身。设C为一常量,则有

$$E(C)=C \tag{2-18}$$

若有两个随机变量X和Y,它们的数学期望$E(X)$和$E(Y)$存在,则$E(X+Y)$也存在,并且有

$$E(X+Y)=E(X)+E(Y) \tag{2-19}$$

类似地,可以把式(2-19)推广到多个随机变量的情况。若随机变量$X_1,X_2,\cdots,X_n$的数学期望都存在,则$E(X_1+X_2+\cdots+X_n)$也存在,并且

$$E(X_1+X_2+\cdots+X_n)=E(X_1)+E(X_2)+\cdots+E(X_n) \tag{2-20}$$

此外,不难看出,常量与随机变量之和的数学期望为

$$E(C+X)=C+E(X) \tag{2-21}$$

若随机变量X和Y互相独立,且$E(X)$和$E(Y)$存在,则$E(XY)$也存在,有

$$E(XY)=E(X)E(Y) \tag{2-22}$$

由式(2-22)可以推出,常量与随机变量之积的数学期望等于常量和随机变量的数学期望之积,即

$$E(CX)=CE(X) \tag{2-23}$$

2. 方差

数学期望只是随机变量的一个最基本的特征。它还不能满足许多实际问题的需要。例如,一个数字通信系统的内部噪声通常只有交流分量,即数学期望等于零。但是,这并不能说明没有噪声存在。交流噪声的瞬时取值是以零值为中心在随机地变化着的,所以为了了解噪声的大小,还需要知道其瞬时值偏离零值的程度。方差就是描述一个随机变量偏离其数学期

望程度的数字特征。

1）方差的定义

随机变量的方差是随机变量与其数学期望之差的平方的数学期望，记为 $D(X)$ 或 σ_X^2，即

$$D(X)=\overline{X^2}-\overline{X}^2 \tag{2-24}$$

σ_X 称为随机变量的标准偏差。

式(2-24)还可以改写为

$$E[(X-\overline{X})^2]=E[X^2-2X\overline{X}+\overline{X}^2]=\overline{X^2}-2\overline{X}^2+\overline{X}^2=\overline{X^2}-\overline{X}^2 \tag{2-25}$$

即

$$D(X)=\sigma_X^2=E[(X-\overline{X})^2] \tag{2-26}$$

对于离散随机变量而言，上述方差的定义可以写为

$$D(X)=\sum_i(x_i-\overline{X})^2P_i \tag{2-27}$$

式中，P_i 是随机变量 X 取值为 x_i 的概率。

对于连续随机变量，方差的定义则可以写为

$$D(X)=\int_{-\infty}^{+\infty}(x-\overline{X})^2P_X(x)\mathrm{d}x \tag{2-28}$$

2）方差的性质

(1) 常量的方差等于0，即

$$D(C)=0 \tag{2-29}$$

(2) 设 $D(X)$ 存在，C 为常量，则

$$D(X+C)=D(X) \tag{2-30}$$

$$D(CX)=C^2D(X) \tag{2-31}$$

(3) 设 $D(X)$ 和 $D(Y)$ 都存在，且 X 和 Y 互相独立，则

$$D(X+Y)=D(X)+D(Y) \tag{2-32}$$

对于多个互相独立的随机变量，不难证明

$$D(X_1+X_2+\cdots+X_n)=D(X_1)+D(X_2)+\cdots+D(X_n) \tag{2-33}$$

3. 矩

矩是随机变量更一般的数字特征。上面讨论的数学期望和方差都是矩的特例。随机变量 X 的 k 阶矩的定义为

$$E[(X-a)^k]=\int_{-\infty}^{+\infty}(x-a)^kP_X(x)\mathrm{d}x \tag{2-34}$$

该定义既适用于连续随机变量，也适用于离散随机变量。

当 $a=0$ 时，称其为随机变量 X 的 k 阶原点矩，记为 $m_k(X)$，即

$$m_k(X)=\int_{-\infty}^{+\infty}x^kP_X(x)\mathrm{d}x \tag{2-35}$$

当 $a=\overline{X}$ 时，称其为随机变量 X 的 k 阶中心矩，记为 $M_k(X)$，即

$$M_k(X)=\int_{-\infty}^{+\infty}(x-\overline{X})^kP_X(x)\mathrm{d}x \tag{2-36}$$

显然，随机变量的一阶原点矩就是它的数学期望，即

$$m_1(X)=E(X) \tag{2-37}$$

而随机变量的二阶中心矩就是它的方差，即

$$M_2(X)=D(X)=\sigma_X^2 \tag{2-38}$$

2.2 随机过程

2.2.1 随机过程的基本概念

通信系统中的信号和噪声都具有随机性，它们都可以看作是随时间变化的随机过程。这种过程是时间 t 的实函数，但是在任一时刻上观察到的值却是一个随机变量。也就是说，随机过程可以看成是由一个事件 A 的全部可能“实现”构成的总体，记为 $X(A,t)$，其中每一个实现 $X(A_i,t)(i=1,2,\cdots)$ 都是一个确定的时间函数。所以对于给定时间 t_k，$X(A_i,t_k)$ 就是一个确定的数值，随机性就体现在哪个 A_i 的出现是不确定的。所以 $X(A,t_k)$ 是一个随机变量。例如，设有 n 台性能完全相同的接收机，它们的工作条件也完全相同。现在，用 n 台仪器同时记录各台接收机的输出噪声波形。记录结果表明，所得的 n 个记录波形并不相同。即使 n 足够大，也找不到两个完全相同的波形(见图 2-6)，即接收机输出的噪声电压随时间的变化是随机的。这里的一次记录，即图 2-6 中的一个波形，就是一个实现 $X(A_i,t)$。无数个记录构成的总体就是一个与事件 A 关联的随机过程 $X(A,t)$。后面为简单起见，将 $X(A,t)$ 简记为 $X(t)$，并将$X(A_i,t)$简记为 $X_i(t)$。

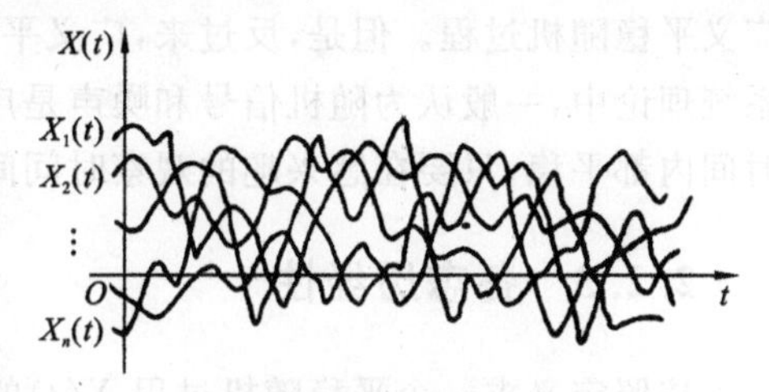

图 2-6 随机过程波形

随机过称的统计特性是由它的概率分布描述的。随机过程的连续分布函数能够用其概率密度函数表示。在大多数情况下，一个随机过程的概率分布很难用实验方法确定。但是，用随机过程的一些数字特征可以部分地描述其统计特性。平均值、方差和自相关函数就是常用于研究通信系统的重要的数字特征。

设 $X(t)$ 表示一个随机过程，则在任意时刻 t_i 上 $X(t_i)$是一个随机变量。定义随机过程 $X(t)$ 的统计平均值为

$$E[X(t_i)]=\int_{-\infty}^{+\infty} xP_{X_i}(x)\mathrm{d}x = m_X(t_i) \tag{2-39}$$

式中，$X(t_i)$是在时刻 t_i 观察随机过程得到的随机变量，$P_{X_i}(x)$是 $X(t_i)$在时刻 t_i 的概率密度函数。

定义随机过程 $X(t)$ 的方差为

$$D[X(t)]=E\{X(t)-E[X(t)]\}^2=\sigma_X^2=\text{常数} \tag{2-40}$$

定义随机过程 $X(t)$ 的自相关函数为

$$R_X(t_1,t_2)=E[X(t_1)X(t_2)] \tag{2-41}$$

式中，$X(t_1)$和 $X(t_2)$分别是在 t_1 和 t_2 时刻观察 $X(t)$得到的两个随机变量。自相关函数表示在两个时刻对同一个随机过程抽样的两个随机值的相关程度。

2.2.2 平稳随机过程

若一个随机过程 $X(t)$ 的统计特性与时间起点无关，则称此随机过程是在严格意义上的平稳随机过程，简称严格平稳随机过程。

若一个随机过程 $X(t)$ 的平均值、方差和自相关函数等与时间起点无关，则称其为广义平稳随机过程。按照此定义，对于广义平稳随机过程，有

$$E[X(t)]=m_X=\text{常数} \tag{2-42}$$

$$D[X(t_i)]=E\{X(t_i)-E[X(t_i)]\}^2 \tag{2-43}$$

$$R_X(t_1,t_2)=R_X(t_1-t_2)=R_X(\tau),\quad \text{其中 } \tau=t_1-t_2 \tag{2-44}$$

式(2-44)表明广义平稳随机过程的自相关函数与时间起点无关，只与 t_1 和 t_2 的间隔有关。

由于平均值、方差和自相关函数只是统计特性的一部分，所以严格平稳随机过程一定也是广义平稳随机过程。但是，反过来，广义平稳随机过程就不一定是严格平稳随机过程。在通信系统理论中，一般认为随机信号和噪声是广义平稳的。实际上，并不需要一个随机过程在所有时间内都平稳，只要在感兴趣的观察时间间隔内平稳，就可以将其看作平稳随机过程。

2.2.3 各态历经性

按照定义求一个平稳随机过程 $X(t)$ 的平均值和自相关函数时，需要对随机过程的所有实现计算统计平均值，实际上这是做不到的。然而，若一个随机过程具有各态历经性，则它的统计平均值就等于其时间平均值。

顾名思义，各态历经性表示一个平稳随机过程的实现能够经历此过程的所有状态。因此，各态历经过程的数学期望可以由其任一实现的时间平均值来代替，其自相关函数也可以用“时间平均”代替“统计平均”。也就是说，设 $X_i(t)$ 是一个各态历经过程中的任意一个实现，若

$$m_X=\lim_{T\to\infty}\frac{1}{T}\int_{-T/2}^{T/2}X_i(t)\,\mathrm{d}t \tag{2-45}$$

以概率 1 成立(即若对于该随机过程的所有实现 X_i，上式均成立)，则称此随机过程对平均值而言是各态历经的。

类似地，若

$$R_X(\tau)=\lim_{T\to\infty}\frac{1}{T}\int_{-T/2}^{T/2}X_i(t)X_i(t+\tau)\,\mathrm{d}t \tag{2-46}$$

以概率 1 成立，则称此随机过程对自相关函数而言是各态历经的。

推广到一般情况，为了求各态历经过程的每个数字特征，无需做无限次的观察，只需做一次观察，用时间平均值代替统计平均值即可，使计算大为简化。

一个随机过程若具有各态历经性，则它必定是严格平稳随机过程，但是严格平稳随机过程就不一定具有各态历经性。在讨论通信系统时，对于满足广义平稳条件的随机过程，只关心其平均值和自相关函数。

一个随机过程是否具有各态历经性是很难测定的。在实际中，人们往往按直觉判断将统计平均和时间平均对换是否合理。在分析绝大多数通信系统的稳态特性时，都假设信号和噪声的平均值和自相关函数是各态历经的，因此，通信系统中的一些电信号的特性，如直流分量、

有效值和归一化平均功率等，都可以用各态历经随机过程的矩来表示。

一阶原点矩 $m_X=E[X(t)]$——信号的直流分量。

一阶原点矩的平方 m_X^2——信号直流分量的归一化功率。

二阶原点矩 $E[X^2(t)]$——信号的归一化平均功率。

二阶原点矩的平方根 $\{E[X^2(t)]\}^{1/2}$——信号电流或电压的均方根值(有效值)。

二阶中心矩 σ_X^2——信号交流分量的归一化平均功率。

若信号具有零平均值，则方差和均方值相等，即方差就表示总归一化功率。

标准偏差 σ_X——信号交流分量的均方根值。

若 $m_X=0$，则 σ_X 就是信号的均方根值。

2.2.4 平稳随机过程的自相关函数和功率谱密度

自相关函数是平稳随机过程的一个特别重要的函数，它可以用来描述平稳随机过程的数字特征。另外，自相关函数和功率谱密度之间存在傅里叶变换的关系。因为许多随机信号的功率谱密度很难直接求出，但是它们的自相关函数容易计算，所以往往利用两者之间的傅里叶变换关系，通过其自相关函数计算出该随机过程的功率谱密度。

1. 自相关函数的性质

设 $X(t)$ 为一平稳随机过程，则其自相关函数有如下主要性质。

(1)
$$R(0)=E[X^2(t)]=P_X \tag{2-47}$$

式(2-47)可以直接从自相关函数的定义式(2-41)导出。式(2-47)表明，$R(0)$ 是平稳随机过程 $X(t)$ 的平均归一化功率 P_X。自相关函数 $R(0)$ 是二阶原点矩。

(2) 平稳随机过程的自相关函数是偶函数，即
$$R(\tau)=R(-\tau) \tag{2-48}$$

(3) 平稳随机过程的归一化平均功率 $R(0)$ 是 $R(\tau)$ 的上界，即
$$|R(\tau)|\leqslant R(0) \tag{2-49}$$

(4) 平稳随机过程的直流分量的归一化功率为
$$R(\infty)=E^2[X(t)] \tag{2-50}$$

(5) 平稳随机过程的交流功率为 σ_X^2，即
$$R(0)-R(\infty)=\sigma_X^2 \tag{2-51}$$

由上述自相关函数的性质可知，自相关函数可以表述平稳随机过程的几乎所有数字特征，并且这些性质在通信理论中有明显的应用价值。

2. 功率谱密度的性质

下面讨论平稳随机过程的功率谱密度的特性。

一个确知功率信号 $s(t)$ 的功率谱密度 $P(f)$ 可以表示为

$$P(f)=\lim_{T\to\infty}\frac{|S_T(f)|^2}{T} \tag{2-52}$$

式中，$S_T(f)$ 是 $s(t)$ 的截短函数 $s_T(t)$ 的频谱函数，如图 2-7 所示。

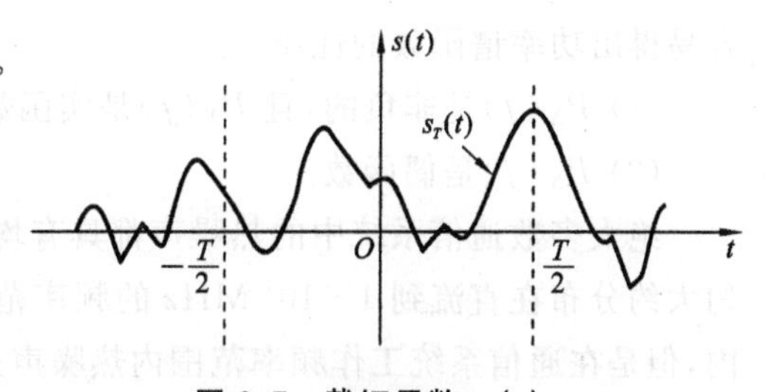

图 2-7 截短函数 $s_T(t)$

类似地，任意一个功率型平稳随机过程的每个实现的功率谱密度也可以用式(2-52)表示。而平稳随机过程的功率谱密度应当看作每个可能实现的功率谱密度的统计平均值。设一个平稳随机过程 $X(t)$ 的功率谱密度为 $P_X(f)$，$X(t)$ 的某一实现的截短函数为 $X_T(t)$，且 $X_T(t)$ 的傅里叶变换是 $S_T(f)$，则有

$$P_X(f)=E[P(f)]=\lim_{T\to\infty}\frac{E|S_T(f)|^2}{T} \tag{2-53}$$

式(2-53)就是平稳随机过程的功率谱密度的表达式。

由式(2-53)可知，$X(t)$ 的平均功率可以表示为

$$P_X=\int_{-\infty}^{+\infty}P_X(f)\mathrm{d}f=\int_{-\infty}^{+\infty}\lim_{T\to\infty}\frac{E[|S_T(f)|^2]}{T}\mathrm{d}f \tag{2-54}$$

下面讨论平稳随机过程的自相关函数与功率谱密度之间的关系。

$$\begin{aligned}\frac{E[|S_T(f)|^2]}{T}&=E\left[\frac{1}{T}\int_{-T/2}^{T/2}s_T(t)\mathrm{e}^{-\mathrm{j}\omega t}\mathrm{d}t\int_{-T/2}^{T/2}s_T(t')\mathrm{e}^{\mathrm{j}\omega t'}\mathrm{d}t'\right]\\&=E\left[\frac{1}{T}\int_{-T/2}^{T/2}s(t)\mathrm{e}^{-\mathrm{j}\omega t}\mathrm{d}t\int_{-T/2}^{T/2}s(t')\mathrm{e}^{\mathrm{j}\omega t'}\mathrm{d}t'\right]\\&=\frac{1}{T}\int_{-T/2}^{T/2}\int_{-T/2}^{T/2}R(t-t')\mathrm{e}^{-\mathrm{j}\omega(t-t')}\mathrm{d}t'\mathrm{d}t\end{aligned} \tag{2-55}$$

式中，$R(t-t')=E[s(t)s(t')]$ 为信号的自相关函数。

令 $\tau=t-t'$，$k=t+t'$，则式(2-55)可以化简为

$$\frac{E[|S_T(f)|^2]}{T}=\int_{-T}^{T}\left(1-\frac{|\tau|}{T}\right)R(\tau)\mathrm{e}^{-\mathrm{j}\omega\tau}\mathrm{d}\tau \tag{2-56}$$

于是有

$$\begin{aligned}P_X(f)&=\lim_{T\to\infty}\frac{E[|S_T(f)|^2]}{T}\\&=\lim_{T\to\infty}\int_{-T}^{T}\left(1-\frac{|\tau|}{T}\right)R(\tau)\mathrm{e}^{-\mathrm{j}\omega\tau}\mathrm{d}\tau\\&=\int_{-\infty}^{+\infty}R(\tau)\mathrm{e}^{-\mathrm{j}\omega\tau}\mathrm{d}\tau\end{aligned} \tag{2-57}$$

式(2-57)表明，平稳随机过程的功率谱密度和自相关函数是一对傅里叶变换，即

$$P_X(f)=\int_{-\infty}^{+\infty}R(\tau)\mathrm{e}^{-\mathrm{j}\omega\tau}\mathrm{d}\tau \tag{2-58}$$

$$R(\tau)=\int_{-\infty}^{+\infty}P_X(f)\mathrm{e}^{\mathrm{j}\omega\tau}\mathrm{d}f \tag{2-59}$$

由于平稳随机过程的功率谱密度和自相关函数具有以上关系，所以由自相关函数的性质容易得出功率谱函数的性质。

(1) $P_X(f)$ 是非负的，且 $P_X(f)$ 是实函数。

(2) $P_X(f)$ 是偶函数。

绝大多数通信系统中的热噪声都具有均匀的功率谱密度。事实上，虽然热噪声的功率均匀大约分布在直流到 1×10^6 MHz 的频率范围内，而不是均匀分布在 0～∞的全部频率范围内，但是在通信系统工作频率范围内热噪声是均匀分布的。因此，只要通信系统的带宽远小于热噪声的带宽，就可以把热噪声当作白噪声。白噪声是指在 0～∞的全部频率范围内具有均

匀功率谱密度的噪声，其功率谱密度记为

$$P_n(f)=n_0/2 \tag{2-60}$$

式中，n_0 为单边功率谱密度(W/Hz)；$P_n(f)$为双边功率谱密度，它等于单边功率谱密度 n_0 的一半。将这种噪声称为白噪声是因为白色光在可见光频率范围内是均匀分布的。

白噪声的自相关函数可以从它的功率谱密度中求得，即

$$R(\tau)=\int_{-\infty}^{+\infty}P_X(f)\mathrm{e}^{\mathrm{j}\omega\tau}\mathrm{d}f=\int_{-\infty}^{+\infty}\frac{n_0}{2}\mathrm{e}^{\mathrm{j}\omega\tau}\mathrm{d}f=\frac{n_0}{2}\delta(\tau) \tag{2-61}$$

由式(2-61)可知，白噪声的任何两个相邻时刻的抽样值都是不相关的。

白噪声的平均功率为

$$R(0)=\frac{n_0}{2}\delta(0)=\infty \tag{2-62}$$

白噪声的平均功率之所以为无穷大，是因为白噪声具有恒定的功率谱密度和无限带宽。白噪声的功率谱密度和自相关函数曲线如图 2-8 所示。

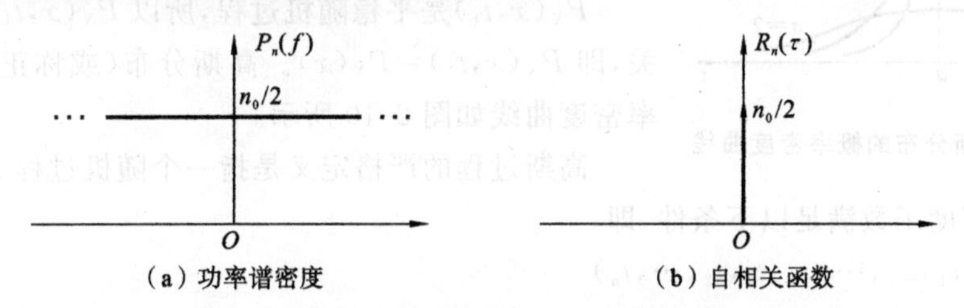

(a) 功率谱密度　　(b) 自相关函数

图 2-8　白噪声的功率谱密度和自相关函数曲线

实际通信系统的频带宽度是有限的，因此通信系统中的噪声带宽也是有限的。白噪声通过通信系统后，其带宽受到了限制，称其为带限白噪声。下面介绍带限白噪声的功率谱密度和自相关函数的特性。若白噪声的频带限制在$(-f_{\mathrm{H}},f_{\mathrm{H}})$内，且在该区间内噪声仍具有白色特性，即其功率谱密度仍然为一常数，则

$$P_n(f)=\begin{cases}n_0/2, & -f_{\mathrm{H}}<f<f_{\mathrm{H}}\\ 0, & \text{其他}\end{cases}$$

由式(2-61)可得其自相关函数为

$$R(\tau)=\int_{-f_{\mathrm{H}}}^{f_{\mathrm{H}}}\frac{n_0}{2}\mathrm{e}^{\mathrm{j}\omega\tau}\mathrm{d}f=\frac{n_0}{2}f_{\mathrm{H}}\,\frac{\sin 2\pi f_{\mathrm{H}}\tau}{2\pi f_{\mathrm{H}}\tau} \tag{2-63}$$

带限白噪声的功率谱密度和自相关函数曲线如图 2-9 所示。

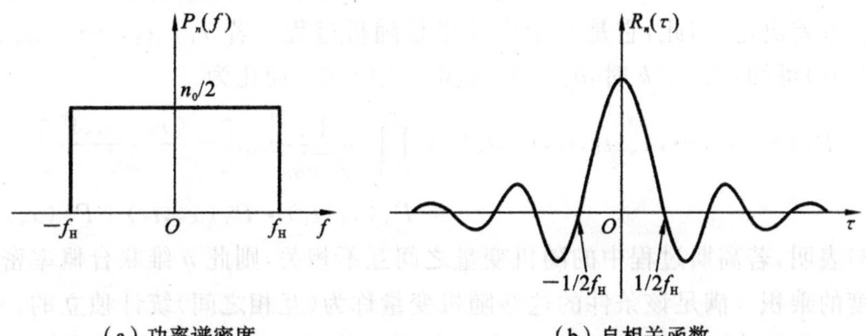

(a) 功率谱密度　　(b) 自相关函数

图 2-9　带限白噪声的功率谱密度和自相关函数曲线

2.3 高斯过程

1. 高斯过程的定义

高斯过程又称正态随机过程，它是一种普遍存在和十分重要的平稳随机过程。通信系统中的热噪声通常就是一种高斯过程。

高斯过程的一维概率密度函数服从正态分布，即它可以表示为

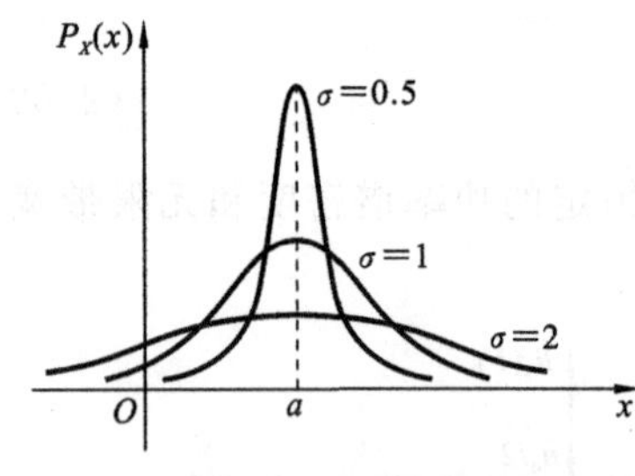

图 2-10 高斯分布的概率密度曲线

$$P_X(x,t_1)=\frac{1}{\sqrt{2\pi}\sigma}\exp\left[-\frac{(x-a)^2}{2\sigma^2}\right] \tag{2-64}$$

式中，$a=E[X(t)]$ 为均值，$\sigma^2=E[X(t)-a]^2$ 为方差，σ 为标准偏差。

$P_X(x,t_1)$是平稳随机过程，所以 $P_X(x,t_1)$与时刻 t_1 无关，即 $P_X(x,t_1)=P_X(x)$。高斯分布（或称正态分布）的概率密度曲线如图 2-10 所示。

高斯过程的严格定义是指一个随机过程 $X(t)$的任意 n 维联合概率密度函数满足以下条件，即

$$\begin{aligned}&P_X(x_1,x_2,\cdots,x_n;t_1,t_2,\cdots,t_n)\\&=\frac{1}{(2\pi)^{n/2}\sigma_1\sigma_2\cdots\sigma_n\mid B\mid^{1/2}}\exp\left[\frac{-1}{2\mid B\mid}\sum_{j=1}^{n}\sum_{k=1}^{n}\mid B\mid_{jk}\left(\frac{x_j-a_j}{\sigma_j}\right)\left(\frac{x_k-a_k}{\sigma_k}\right)\right]\end{aligned} \tag{2-65}$$

式中，a_k 为 x_k 的数学期望（统计平均值），σ_k 为 x_k 的标准误差，$|B|$为归一化协方差矩阵的行列式，即

$$|B|=\begin{vmatrix}1 & b_{12} & \cdots & b_{1n}\\ b_{21} & 1 & \cdots & b_{2n}\\ \vdots & \vdots & & \vdots\\ b_{n1} & b_{n2} & \cdots & 1\end{vmatrix} \tag{2-66}$$

式中，$|B|_{jk}$为行列式$|B|$中元素 b_{jk}的代数余子式，b_{jk}为归一化协方差函数，即

$$b_{jk}=\frac{E|(x_j-a_j)(x_k-a_k)|}{\sigma_j\sigma_k} \tag{2-67}$$

概率密度函数 $P_X(x_1, x_2, \cdots, x_n; t_1, t_2, \cdots, t_n)$仅由各个随机变量的数学期望、标准偏差和归一化协方差决定，因此，它是一个广义平稳随机过程。若 $x_1, x_2, \cdots, x_n$ 之间互不相关，则由式(2-67)可知，当 $j\neq k$ 时，$b_{jk}=0$。这时，式(2-65)简化为

$$\begin{aligned}P_X(x_1,x_2,\cdots,x_n;t_1,t_2,\cdots,t_n)&=\prod_{k=1}^{n}\frac{1}{\sqrt{2\pi}\sigma_k}\exp\left[-\frac{(x_k-a_k)^2}{2\sigma_k^2}\right]\\&=P_X(x_1,t_1)\cdot P_X(x_2,t_2)\cdots P_X(x_n,t_n)\end{aligned} \tag{2-68}$$

式(2-68)表明，若高斯过程中的随机变量之间互不相关，则此 n 维联合概率密度等于各个一维概率密度的乘积。满足该条件的这些随机变量称为（互相之间）统计独立的。若两个随机变量的互相关函数等于 0，则称为两者互不相关；若两个随机变量的二维联合概率密度等于它们的一维概率密度之积，则称为两者互相独立；互不相关的两个随机变量不一定互相独立，而

互相独立的两个随机变量则一定互不相关。

上面证明了高斯过程的随机变量之间既互不相关，又互相独立。下面仅就一维高斯过程的性质做进一步讨论。

2. 正态分布的概率密度的性质

下面将 $P_X(x)$ 简记为 $P(x)$。正态分布的概率密度的性质如下。

(1) $P(x)$ 对称于直线 $x=a$，即有

$$P(a+x)=P(a-x) \tag{2-69}$$

(2) $P(x)$ 在区间 $(-\infty, a)$ 内单调递增，在区间 $(a, +\infty)$ 内单调递减，并且在点 a 处达到其极大值 $1/(\sqrt{2\pi}\sigma)$，当 x 趋近于 $-\infty$ 或 x 趋近于 $+\infty$ 时，$P(x)$ 趋近于 0。

(3)
$$\int_{-\infty}^{+\infty} P(x)\mathrm{d}x = 1 \tag{2-70}$$

$$\int_{-\infty}^{a} P(x)\mathrm{d}x = \int_{a}^{+\infty} P(x)\mathrm{d}x = 1/2 \tag{2-71}$$

(4) 若式(2-64)中 $a=0$，$\sigma=1$，则称这种分布为标准化正态分布，此时式(2-64)可以写为

$$P(x)=\frac{1}{\sqrt{2\pi}}\exp\left[-\frac{x^2}{2}\right] \tag{2-72}$$

3. 正态分布函数

将正态概率密度函数的积分定义为正态分布函数，它可以表示为

$$\begin{aligned} F(x) &= \int_{-\infty}^{x} \frac{1}{\sqrt{2\pi}\sigma}\exp\left[-\frac{(z-a)^2}{2\sigma}\right]\mathrm{d}z \\ &= \frac{1}{\sqrt{2\pi}\sigma}\int_{-\infty}^{x} \exp\left[-\frac{(z-a)^2}{2\sigma}\right]\mathrm{d}z \\ &= \varphi\left(\frac{x-a}{\sigma}\right) \end{aligned} \tag{2-73}$$

式中，$\varphi(x)$ 为概率积分函数，其定义为

$$\varphi(x) = \frac{1}{\sqrt{2\pi}}\int_{-\infty}^{x} \exp\left[-\frac{z^2}{2}\right]\mathrm{d}z \tag{2-74}$$

此积分不易计算，通常用查表方法取得。

4. 用误差函数表示正态分布

误差函数的定义为

$$\mathrm{erf}(x) = \frac{2}{\sqrt{\pi}}\int_{0}^{x} \mathrm{e}^{-z^2}\,\mathrm{d}z \tag{2-75}$$

补误差函数定义为

$$\mathrm{erfc}(x) = 1-\mathrm{erf}(x) = 1-\frac{2}{\sqrt{\pi}}\int_{0}^{x} \mathrm{e}^{-z^2}\,\mathrm{d}z = \frac{2}{\sqrt{\pi}}\int_{x}^{+\infty} \mathrm{e}^{-z^2}\,\mathrm{d}z \tag{2-76}$$

不难看出，误差函数和补误差函数之和等于 1。

误差函数的值较难计算，通常用查表的方法取得。

对于式(2-73)所示的正态分布函数，可以用误差函数和补误差函数表示为

$$F(x)=\begin{cases}\dfrac{1}{2}+\dfrac{1}{2}\mathrm{erf}\left(\dfrac{x-a}{\sqrt{2}\sigma}\right), & x\geqslant a\\ 1-\dfrac{1}{2}\mathrm{erfc}\left(\dfrac{x-a}{\sqrt{2}\sigma}\right), & x\leqslant a\end{cases} \tag{2-77}$$

2.4 窄带随机过程

在通信系统中，由于设备和信道受带通特性限制，信号和噪声的频谱常被限制在一个较窄的频带内。换句话说，若信号或噪声的带宽与其载波或中心频率相比很窄，则称其为窄带随机过程，如图 2-11 所示。图中，随机过程的频带宽度为 Δf，中心频率为 f_c。若 $f\ll f_c$，则称此随机过程为窄带随机过程。

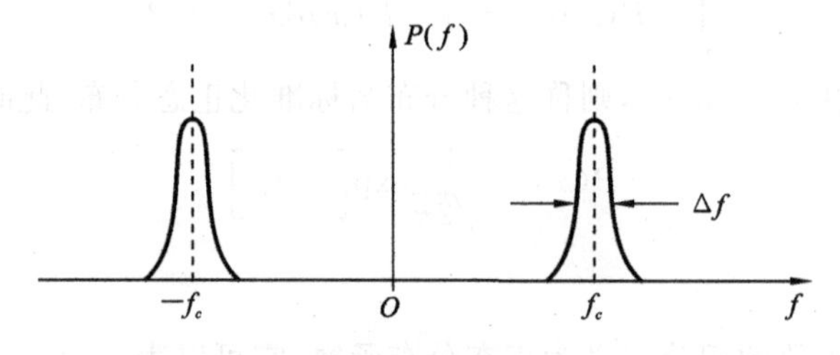

图 2-11 窄带随机过程

若观察此随机过程的一个实现的波形，则它如同一个包络和相位缓慢变化的正弦波，如图 2-12 所示。

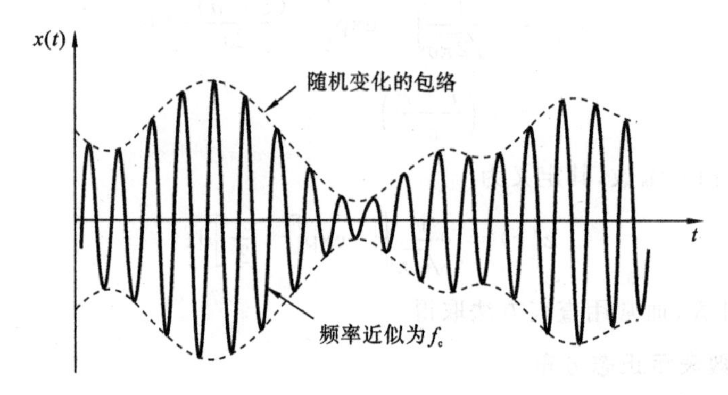

图 2-12 窄带随机过程的波形

因此，窄带随机过程可以表示为

$$X(t)=a_X(t)\cos[\omega_0 t+\varphi_X(t)], \quad a_X(t)\geqslant 0 \tag{2-78}$$

式中，$a_X(t)$和 $\varphi_X(t)$是窄带随机过程的随机包络和随机相位，ω_0 是正弦波的角频率。显然，这里窄带随机过程的随机包络和随机相位比载波的变化要慢得多。

式(2-78)可以改写为

$$X(t)=X_c(t)\cos(\omega_0 t)-X_s(t)\sin(\omega_0 t) \tag{2-79}$$

式中，

$$X_c(t)=a_X(t)\cos[\varphi_X(t)] \tag{2-80}$$

$$X_s(t)=a_X(t)\sin[\varphi_X(t)] \tag{2-81}$$

$X_c(t)$和 $X_s(t)$分别为 $X(t)$的同相分量和正交分量。

窄带随机过程 $X(t)$的统计特性可以由其随机相位和随机包络的统计特性确定，或者由其同相分量和正交分量的统计特性确定。若 $X(t)$的统计特性已知，则其随机相位和随机包络的统计特性，或者其同相分量和正交分量的统计特性也随之确定。

2.5 正弦波加窄带高斯过程

在通信系统中，由于带宽有限，内部噪声都可以看作是窄带高斯噪声。而多数系统中传输的信号是用一个正弦波作为载波的已调信号，因此，系统中存在的信号与噪声之和可以近似地看作是正弦波加窄带高斯噪声。由于信道的不稳定性，在经过信道长距离传输后，正弦信号的相位是随机变化的，另外，有些信号本身就是受相位调制的，所以此正弦信号的相位可以看作是一个随时间变化的随机过程，因此了解这种正弦波加窄带高斯噪声的性质就有很大的实际意义。在这里省略复杂的数学推导，直接给出结论。

设正弦波加窄带高斯噪声的表达式为

$$r(t)=A\cos(\omega_0 t+\theta)+n(t) \tag{2-82}$$

式中，A 为正弦波的确知振幅，ω_0为正弦波的角频率，θ 为正弦波的随机相位，$n(t)$为窄带高斯噪声。可以证明，$r(t)$的包络的概率密度为

$$P_r(x)=\frac{x}{\sigma^2}I_0\left(\frac{Ax}{\sigma^2}\right)\exp\left[-\frac{1}{2\sigma^2}(x^2+A^2)\right],\quad x\geqslant 0 \tag{2-83}$$

式中，σ^2为 $n(t)$的方差；I_0 为零阶修正贝塞尔函数；$P_r(x)$称为广义瑞利分布，或称为莱斯分布。当 $A=0$ 时，即无正弦波时，$P_r(x)$变成瑞利概率密度。

设 $r(t)$的相位为 φ，则 φ 中应该包括正弦波的相位 θ 和噪声相位两部分。在正弦信号的相位 θ 给定的条件下，$r(t)$的相位的条件概率密度为

$$P_r(\varphi/\theta)=\frac{\exp(-A^2/2\sigma^2)}{2\pi}+\frac{A\cos(\theta-\varphi)}{2(2\pi)^{1/2}\sigma}\exp\left[-\frac{A^2}{2\sigma^2}\sin^2(\theta-\varphi)\right]\left\{1+\text{erf}\left[\frac{A\cos(\theta-\varphi)}{2^{1/2}\sigma}\right]\right\} \tag{2-84}$$

所以有

$$P_r(\varphi)=\int_0^{2\pi}P_r(\varphi/\theta)P_r(\theta)\mathrm{d}\theta \tag{2-85}$$

如果令 $\theta=0$，则式(2-84)可以化简为

$$P_r(\varphi/0)=\frac{1}{2\pi}\exp\left(-\frac{A^2}{2\sigma^2}\right)\{1+G\sqrt{\pi}[1+\text{erf}(G)]\exp G^2\},\quad 0\leqslant\varphi\leqslant 2\pi \tag{2-86}$$

式中，$G=\dfrac{A\cos\varphi}{\sqrt{2}\sigma}$，$\text{erf}(G)=\dfrac{2}{\sqrt{\pi}}\displaystyle\int_0^G \mathrm{e}^{-t^2}\mathrm{d}t$。

根据式(2-83)和式(2-86)画出的莱斯分布曲线如图 2-13 所示。

图 2-13 中给出了不同 A/σ 值条件下此包络和相位的概率密度曲线。由这两组曲线可

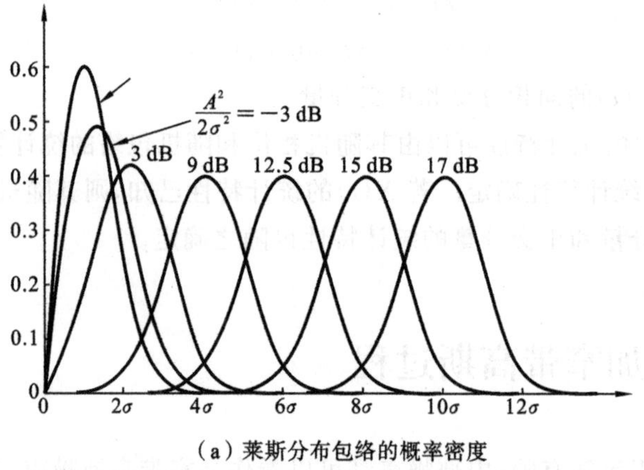

（a）莱斯分布包络的概率密度

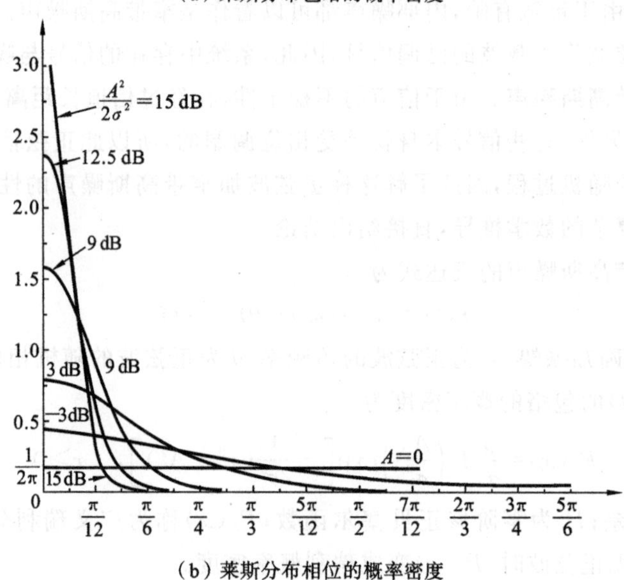

（b）莱斯分布相位的概率密度

图 2-13　莱斯分布曲线

知，当 $A/\sigma=0$，即只有噪声时，包络曲线变成瑞利分布的概率密度曲线，相位曲线变为均匀分布曲线；当 A/σ 很大，即噪声可以忽略时，包络趋近于正态分布，而相位趋近于一个在原点的冲激函数。

2.6　随机信号通过线性系统

线性系统是指有一对输入端和输出端的线性网络，这个网络是无源的、无记忆的、非时变的（即电路参数不随时间变化）和有因果关系的。此外，它的输出电压和输入电压有线性关系。所谓线性关系，是指系统的输入和输出信号之间满足叠加原理，即若输入为 $x_i(t)$ 时，输出为 $y_i(t)$，则当输入为

$$x(t)=a_1x_1(t)+a_2x_2(t)$$

时，输出为

$$y(t)=a_1y_1(t)+a_2y_2(t)$$

式中，a_1 和 a_2 均为任意常数。

图 2-14 所示的为线性系统示意图。这里的线性系统用一个方框表示，它可以看作是一个黑匣子，有一对输入端和输出端。不需要知道黑匣子的内部结构，只用其时间特性 $h(t)$ 或频率特性 $H(f)$ 来描述其特性。

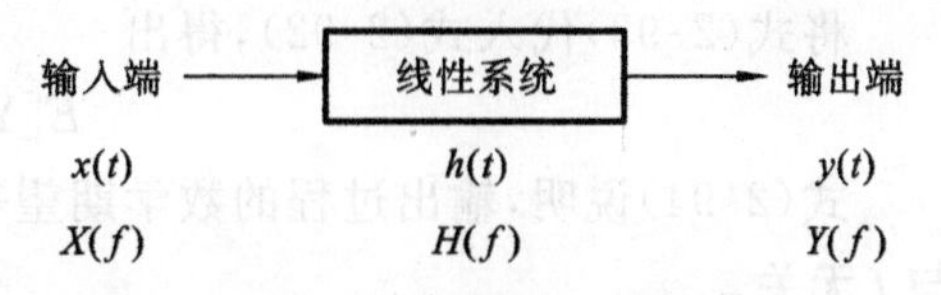

图 2-14 线性系统示意图

线性系统在时域中的特性可以用冲激响应 $h(t)$ 来描述。当系统用一个单位冲激函数作为输入时，所得到的输出信号波形称该系统的冲激响应，图 2-15 是线性系统的冲激响应的示意图。

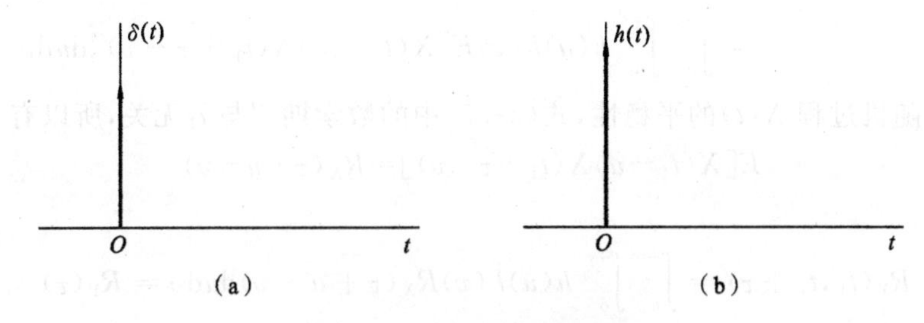

图 2-15 线性系统的冲激响应

系统的输出信号 $y(t)$ 可以表示为输入信号 $x(t)$ 和冲激响应 $h(t)$ 的卷积，即

$$y(t)=x(t)h(t)=\int_{-\infty}^{+\infty}x(\tau)h(t-\tau)\mathrm{d}\tau$$

$$=\int_{-\infty}^{+\infty}x(t-\tau)h(\tau)\mathrm{d}\tau \tag{2-87}$$

若线性系统是物理可实现的，它必须符合因果关系，则式(2-87)可以改写为

$$y(t)=\int_{0}^{+\infty}h(\tau)x(t-\tau)\mathrm{d}\tau \tag{2-88}$$

当输入信号是一个随机过程 $X(t)$ 时，输出随机过程 $Y(t)$ 就可以写为

$$Y(t)=\int_{0}^{+\infty}h(\tau)X(t-\tau)\mathrm{d}\tau \tag{2-89}$$

下面设输入 $X(t)$ 是平稳随机过程，分析输出随机过程 $Y(t)$ 的统计特性。

1. 输出随机过程的数学期望 $E[Y(t)]$

由数学期望的定义可得

$$E[Y(t)]=E\left[\int_{0}^{+\infty}h(\tau)X(t-\tau)\mathrm{d}\tau\right]=\int_{0}^{+\infty}h(\tau)E[X(t-\tau)]\mathrm{d}\tau \tag{2-90}$$

由于已假设输入是平稳随机过程，所以

$$E[X(t-\tau)]=E[X(t)]=k,\quad k=\text{常数} \tag{2-91}$$

所以式(2-90)可以写为

$$E[Y(t)]=k\int_{0}^{+\infty}h(\tau)\mathrm{d}\tau \tag{2-92}$$

因为 $H(f)$ 是 $h(t)$ 的傅里叶变换，并考虑到其物理可实现性，即当 $t<0$ 时，$h(t)=0$，所以有

$$H(0)=H(f)\mid_{f=0}=\int_{-\infty}^{+\infty}h(t)\mathrm{e}^{-\mathrm{j}\omega t}\mathrm{d}t\mid_{f=0}=\int_{0}^{+\infty}h(t)\mathrm{d}t \tag{2-93}$$

将式(2-93)代入式(2-92)，得出

$$E[Y(t)]=kH(0) \tag{2-94}$$

式(2-94)说明，输出过程的数学期望等于输入过程的数学期望 k 乘以 $H(0)$，且 $E[Y(t)]$ 与 t 无关。

2. 输出随机过程 $Y(t)$ 的自相关函数 $R_Y(t_1,t_1+T)$

根据自相关函数的定义，有

$$\begin{aligned}R_Y(t_1,t_1+\tau) &= E[Y(t_1)Y(t_1+\tau)] \\ &= E\left[\int_0^{+\infty} h(u)X(t_1-u)\mathrm{d}u\int_0^{+\infty} h(v)X(t_1+\tau-v)\mathrm{d}v\right] \\ &= \int_0^{+\infty}\int_0^{+\infty} h(u)h(v)E[X(t_1-u)X(t_1+\tau-v)]\mathrm{d}u\mathrm{d}v\end{aligned} \tag{2-95}$$

由于输入随机过程 $X(t)$ 的平稳性，式(2-95)中的数学期望与 t_1 无关，所以有

$$E[X(t_1-u)X(t_1+\tau-v)]=R_X(\tau+u-v) \tag{2-96}$$

于是

$$R_Y(t_1,t_1+\tau)=\int_0^{+\infty}\int_0^{+\infty} h(u)h(v)R_X(\tau+u-v)\mathrm{d}u\mathrm{d}v=R_Y(\tau) \tag{2-97}$$

由上述分析可知，输出随机过程 $Y(t)$ 的自相关函数只与时间间隔有关，而与时间起点无关。由式(2-94)和式(2-97)可知，此输出随机过程是广义平稳的。

3. 输出随机过程 $Y(t)$ 的功率谱密度 $P_Y(f)$

$Y(t)$ 的功率谱密度 $P_Y(f)$ 为

$$\begin{aligned}P_Y(f) &= \int_{-\infty}^{+\infty} R_Y(\tau)\mathrm{e}^{-\mathrm{j}\omega\tau}\mathrm{d}\tau \\ &= \int_{-\infty}^{+\infty}\mathrm{d}\tau\int_{\mathrm{d}}^{+\infty}\mathrm{d}u\int_0^{+\infty} h(u)h(v)R_X(\tau+u-v)\mathrm{e}^{-\mathrm{j}\omega\tau}\mathrm{d}v\end{aligned} \tag{2-98}$$

令 $\tau'=\tau+u-v$，代入上式可得

$$\begin{aligned}P_Y(f) &= \int_0^{+\infty} h(u)\mathrm{e}^{\mathrm{j}\omega u}\mathrm{d}u\int_0^{+\infty} h(v)\mathrm{e}^{-\mathrm{j}\omega v}\mathrm{d}v\int_{-\infty}^{+\infty} R_X(\tau')\mathrm{e}^{-\mathrm{j}\omega\tau'}\mathrm{d}\tau' \\ &= H(f)H(f)P_X(f)=|H(f)|^2 P_X(f)\end{aligned} \tag{2-99}$$

由式(2-99)可知，输出信号的功率谱密度等于输入信号的功率谱密度乘以 $|H(f)|^2$。

【例 2-1】 已知一个白噪声的双边功率谱密度为 $n_0/2$，试求它通过一个理想低通滤器后的功率谱密度、自相关函数和噪声功率。

解 理想低通滤波器的传输特性可以表示为

$$H(f)=\begin{cases}k\mathrm{e}^{-\mathrm{j}\omega t}, & |f|\leqslant f_H \\ 0, & \text{其他处}\end{cases}$$

所以有

$$|H(f)|^2=k^2,\quad |f|\leqslant f_H$$

根据式(2-99)，输出信号的功率谱密度为

$$P_Y(f)=|H(f)|^2P_X(f)=k^2\frac{n_0}{2},\quad |f|\leqslant f_H$$

此功率谱密度的傅里叶逆变换就是此输出信号的自相关函数

$$R_Y(\tau)=\int_{-\infty}^{+\infty}P_Y(f)\mathrm{e}^{\mathrm{j}\omega\tau}\mathrm{d}f=(k^2n_0/4\pi)\int_{-f_H}^{f_H}\mathrm{e}^{\mathrm{j}\omega\tau}\mathrm{d}f$$
$$=k^2n_0f_H(\sin 2\pi f_H\tau/2\pi f_H\tau)$$

输出噪声功率 P_Y 就是 $R_Y(0)$，即

$$P_Y=R_Y(0)=k^2n_0f_H$$

由上式可知，输出噪声功率与输入白噪声功率谱密度 n_0、滤波器截止频率 f_H 以及滤波器增益 k 成正比。

4. 输出随机过程 $Y(t)$ 的概率分布

在已知输入随机过程 $X(t)$ 概率分布的情况下，一般来说，可以由式(2-89)求出输出随机过程 $Y(t)$ 的概率分布。一种经常遇到的实际情况是输入随机过程为高斯过程，这时系统输出随机过程也是高斯过程。

第 3 章　信　　道

任何一个通信系统，均可视为由发送设备、信道和接收设备三大部分组成。在通信系统模型中，信道连接发送设备和接收设备，它的功能是将信号从发送端传送到接收端，是通信系统中不可缺少的组成部分。信道特性的好坏直接影响到通信系统的总特性，因此，对信道的研究是研究通信问题的基础。

本章主要介绍了信道的定义和信道模型，分析了信道的特性及其对信号传输的影响，并介绍了信道加性噪声的一般特性及信道容量的概念。

3.1　信道的定义

信道是指以传输媒质为基础的信号通道。根据信道的研究范围，可以将信道分为狭义信道和广义信道两类。

1. 狭义信道

狭义信道指的是通信系统中发送设备和接收设备之间用以传输信号的传输媒质。

按照传输媒质是否为实线，狭义信道可以分为无线信道和有线信道两类。无线信道利用电磁波在空间中的传播来传输信号，主要有地波传播、短波电离层反射、超短波或微波视距中继、人造卫星中继以及各种散射信道等。有线信道需要利用人造的传输媒质来传输信号，它包括明线、对称电缆、同轴电缆和光缆等。

2. 广义信道

在通信系统的研究中，为了简化系统的模型和突出重点，常常根据所研究的问题把信道的范围扩大。除了传输媒质以外，信道还可以包括一些有关的变换装置，如发送设备、接收设备、馈线与天线、调制器和解调器等。将这种范围扩大了的信道称为广义信道。

从不同的研究角度出发，广义信道的定义也不同，常用的广义信道有调制信道和编码信道，如图 3-1 所示。

从研究不同调制解调方式对系统的影响，以及各种调制解调方式性能优劣的角度定义了调制信道。调制信道是从调制器输出端到解调器输入端的这部分信道。除了传输媒质外，这部分信道还包括放大器、变频器和天线等设备。

从研究数字通信系统的编解码性能这一角度定义了编码信道。编码信道是指数字信号由编码器输出端传输到译码器输入端经过的部分，编码信道包括了调制信道。

虽然在讨论通信系统的一般原理时，通常采用广义信道，但是狭义信道是广义信道十分重要的组成部分，广义信道传送信号的质量在很大程度上依赖于狭义信道的特性。因此，对传输媒质的讨论仍然是本章的重要内容。

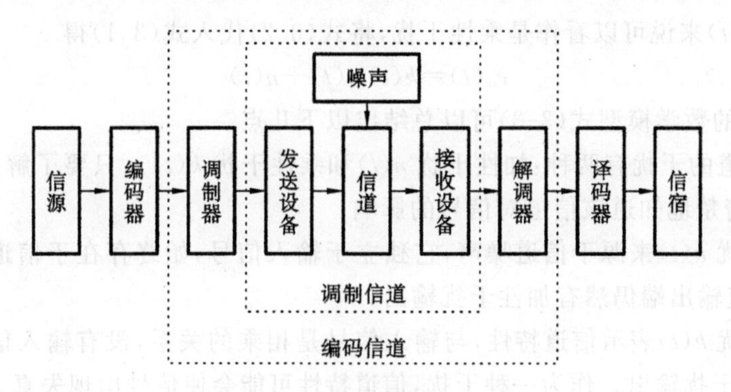

图 3-1 调制信道和编码信道

3.2 信道模型

为了分析信道的一般特性及其对信号传输的影响，在信道定义的基础上引入信道的数学模型。信道的数学模型用来表征实际物理信道的特性，它反映信道输出和输入之间的关系。下面简要描述调制信道和编码信道这两种广义信道的模型。

3.2.1 调制信道模型

调制信道是为了研究调制和解调所建立的一种广义信道。研究者所关心的是调制信道输入信号和输出信号之间的关系，对于调制信道的内部细节并不关心。

调制信道属于模拟信道，大量的分析研究表明调制信道具有如下共性。

(1) 有一对(或多对)输入端和一对(或多对)输出端。

(2) 绝大多数的信道都是线性的，即满足线性叠加原理。

(3) 信号通过信道具有一定的延迟时间，而且它还会受到固定的或时变的损耗。

(4) 即使没有信号输入，在信道的输出端仍然可能有一定的输出噪声。

根据以上几条共性，调制信道可以用一个线性时变网络来表示，如图 3-2 所示。

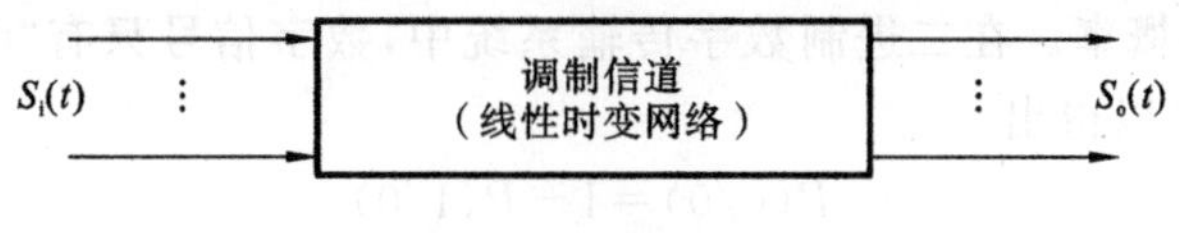

图 3-2 调制信道

为了方便研究，将调制信道模型简化为一对输入和一对输出的线性时变系统，则输入信号和输出信号的关系可以表示为

$$e_o(t)=f[e_i(t)]+n(t) \tag{3-1}$$

式中，$e_o(t)$是输出信号的电压，$e_i(t)$是输入信号的电压，$n(t)$是加性噪声或加性干扰。$e_i(t)$与$n(t)$之间没有依赖关系，即$n(t)$独立于$e_i(t)$。$f[e_i(t)]$反映了信道特性对输入信号的影响，不同的物理信道，信道特性也不同。为了便于数学分析，通常可以假设

$$f[e_i(t)]=k(t)e_i(t) \tag{3-2}$$

式中，$k(t)$表示信道特性，它是时间t的函数，即信道特性是随时间改变而改变的。

$k(t)$对于$e_o(t)$来说可以看作是乘性干扰，将式(3-2)代入式(3-1)得

$$e_o(t)=k(t)e_i(t)+n(t) \tag{3-3}$$

由调制信道的数学模型式(3-3)可以总结出以下几点。

(1) 调制信道的干扰有两种：加性干扰$n(t)$和乘性干扰$k(t)$。只要了解某一信道的$n(t)$和$k(t)$，就可以清楚地知道该信道对信号的影响。

(2) 加性干扰$n(t)$来源于信道噪声，它独立于输入信号，始终存在于信道中，即使没有输入信号，调制信道输出端仍然有加性干扰输出。

(3) 乘性干扰$k(t)$表示信道特性，与输入信号是相乘的关系，没有输入信号时，调制信道输出端没有乘性干扰输出。作为一种干扰，信道特性可能会使信号出现失真、时延和衰减。在分析研究乘性干扰$k(t)$时，可以把调制信道分为两类：一类为恒参信道，信道特征基本上不随时间变化或变化极慢；另一类为随参信道，信道特征随时间随机变化。

3.2.2 编码信道模型

编码信道是指数字信号由编码器输出端传输到译码器输入端经过的部分。对于编译码的研究者来说，编码器输出的数字序列经过编码信道上的一系列变换之后，在译码器的输入端成为另一组数字序列，研究者只关心这两组数字序列之间的变换关系，并不关心这一系列变换发生的具体物理过程，甚至不关心信号在调制信道上的具体变化。

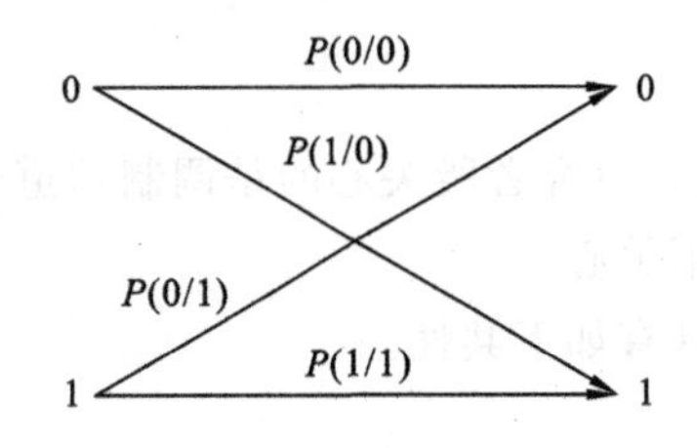

图 3-3　无记忆二进制编码信道模型

编码器输出的数字序列与到译码器输入端的数字序列之间的关系，通常用多端口网络的转移概率作为编码信道的数学模型进行描述。例如，最常见的数字传输系统的无记忆二进制编码信道的模型如图 3-3 所示。对于无记忆信道，其前后码元发生的错误是相互独立的，也就是说，一个码元是否发生错误和其前后码元是否发生错误是无关的。

在图 3-3 中，$P(0/0)$表示信道输入为“0”时，输出也为“0”的概率；$P(1/1)$表示信道输入为“1”时，输出也为“1”的概率；$P(1/0)$表示信道输入为“0”时，输出为“1”的概率；$P(0/1)$表示信道输入为“1”时，输出为“0”的概率。其中，$P(0/0)$和$P(1/1)$是正确的转移概率，$P(1/0)$和$P(0/1)$是错误的转移概率。在二进制数字传输系统中，数字信号只有“0”和“1”两个符号，因此，由概率论的原理可以得出

$$P(0/0)=1-P(1/0) \tag{3-4}$$

$$P(1/1)=1-P(0/1) \tag{3-5}$$

转移概率完全由编码信道的特性所决定，一般需要对实际编码信道做大量的统计分析才能得到转移概率。

转移概率确定后，可以得出编码信道输出的总错误概率，即编码信道的误码率。二进制编码信道的误码率计算公式为

$$P_e=P(0)P(1/0)+P(1)P(0/1) \tag{3-6}$$

式中，$P(0)$为系统发送“0”的概率，$P(1)$为系统发送“1”的概率。

由无记忆二进制编码信道模型，容易推出无记忆多进制编码信道的模型。图 3-4 给出了一个无记忆四进制编码信道模型。

多进制编码信道的差错概率可用以下公式计算：

$$P_e = \sum_{i=0}^{M-1} P(x_i)\left[\sum_{j}^{N-1} P(y_j/x_i) - P(y_i/x_i)\right] \quad (3\text{-}7)$$

需要指出，如果编码信道是有记忆的，即信道中码元发生差错的事件是非独立事件，则编码信道模型要比图3-3和图3-4所示的模型复杂得多，信道转移概率表达式也变得很复杂，这些就不再进一步讨论了。

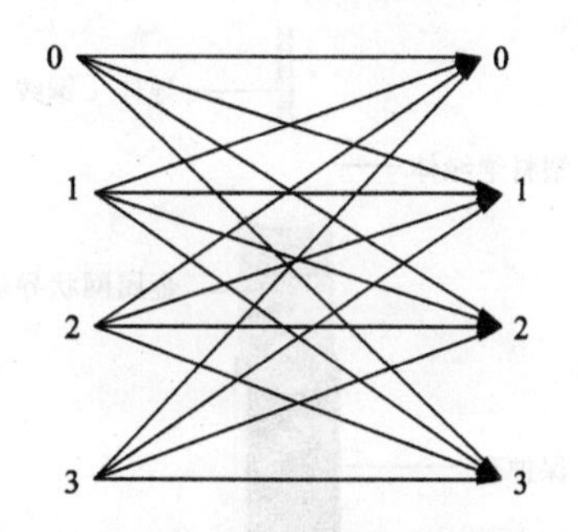

图3-4 无记忆四进制编码信道模型

由于编码信道包含调制信道，且它的特性也紧密地依赖于调制信道，所以在建立了编码信道和调制信道的一般概念之后，有必要对调制信道做进一步的讨论。调制信道可以分为恒参信道和随参信道。

3.3 恒参信道

恒参信道是指信道特性不随时间变化或变化极慢的信道。由有线信道和部分无线信道作为传输媒质构成的信道可以看作是恒参信道。下面先来介绍几种典型的恒参信道。

1. 有线电信道

1）明线

明线也称为架空明线，它是平行的、相互绝缘的、架空的裸露线路，通过支撑物和绝缘体架空跨越陆地或水面。它的优点是传输损耗低，缺点是极易受到天气的影响，也容易受外界噪声的干扰，并且也很难沿一条路径架设大量（成百对）的线路，所以架空明线已经逐渐被电缆所代替。

2）对称电缆

对称电缆是由若干对双导线放在一根保护套内制造成的，图3-5和图3-6是对称电缆的横截面图和实物图。

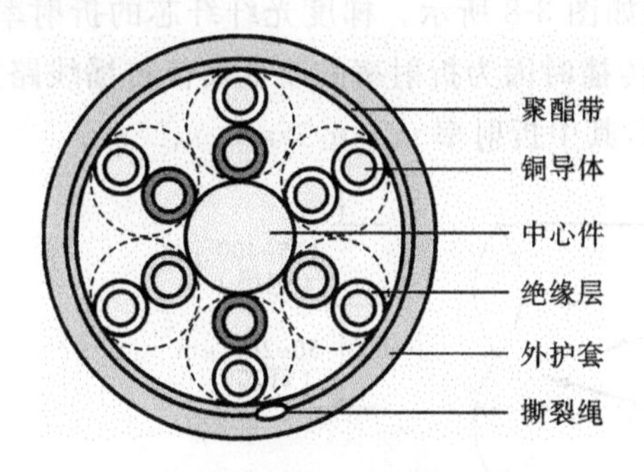

图3-5 对称电缆的横截面图

图3-6 对称电缆的实物图

为了减小各对导线之间的干扰，每一对导线都做成扭绞形状的，称为双绞线。双绞线为两根线径各为0.32～0.80 mm的铜线，经绝缘等工艺处理后，绞合而成，一般按逆时针方向扭绞，扭绞的程度越密，其抗干扰能力就越强。双绞线分为非屏蔽双绞线和屏蔽双绞线两种。屏蔽双绞线在双绞线与外层绝缘封套之间有一个金属屏蔽层，金属屏蔽层可减少辐射，防止信息被窃听，也可阻止外部电磁干扰的进入，使屏蔽双绞线比同类的非屏蔽双绞线具有更高的传输

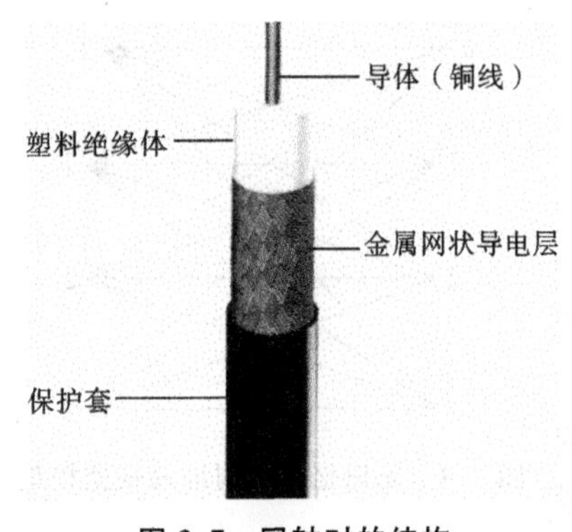

图 3-7　同轴对的结构

速率。非屏蔽双绞线没有屏蔽层，直径小、成本低、易安装，具有独立性和灵活性，适用于结构化的综合布线。

3）同轴电缆

同轴电缆是由两根同轴心、相互绝缘的圆柱形金属导体构成基本单元（同轴对），再由单个或多个同轴对组成的电缆。同轴对的结构如图 3-7 所示，其中心为导体，一般使用铜线，导体由塑料绝缘体包裹，塑料绝缘体的外面是金属网状导电层，导体和金属网状导电层形成电流回路，最外层为保护套。

目前，常用的同轴电缆有 50 Ω 和 75 Ω 的同轴电缆。75 Ω 同轴电缆常用于 CATV 网（有线电视网），称为 CATV 电缆，传输带宽可达 1 GHz，目前常用 CATV 电缆的传输带宽为 750 MHz。50 Ω 同轴电缆主要用于基带信号传输，传输带宽为 1～20 MHz。同轴电缆的优点是可以在相对长的无中继器的线路上支持高带宽通信，而其缺点是成本高、体积大，细缆的直径就有 3/8 in（1 in＝2.54 cm）粗，要占用电缆管道的大量空间。此外，同轴电缆不能承受缠结、压力和严重的弯曲，这些都会损坏电缆结构，阻止信号的传输。因此，现在以太网的传输介质被双绞线和光纤代替。

2. 光纤信道

光纤是光导纤维的简称，它是由玻璃或塑料制成的纤维。与前几种有线信道不同，光纤中传输的是光信号，而前几种有线信道中传输的是电信号。光纤可以用于通信传输的设想是由高锟和 George A. Hockham 首先提出的，高锟因此获得了 2009 年诺贝尔物理学奖，同时他也被称为光纤之父。光纤一般由包层和纤芯组成，包层和纤芯使用不同的光导纤维材质，所以折射率不同，且包层的折射率 n_1 要大于纤芯的折射率 n_2，在满足一定入射角的情况下，光信号在光纤不同介质的边界上发生全反射，经过多次反射，光信号可以长距离传播。

光纤的种类很多，根据折射率分布不同可以分为阶跃光纤和梯度光纤。阶跃光纤仅在不同介质的边界上发生折射率的突变，其结构如图 3-8 所示。梯度光纤纤芯的折射率从外部到中心沿半径方向逐渐减小，光信号在光纤中传播时因为折射率的改变而使传播线路发生弯曲，不再是直线传播，而形成弧线，如图 3-9 所示，其中折射率 $n_1>n_2>n_3>n_4>n_5$。

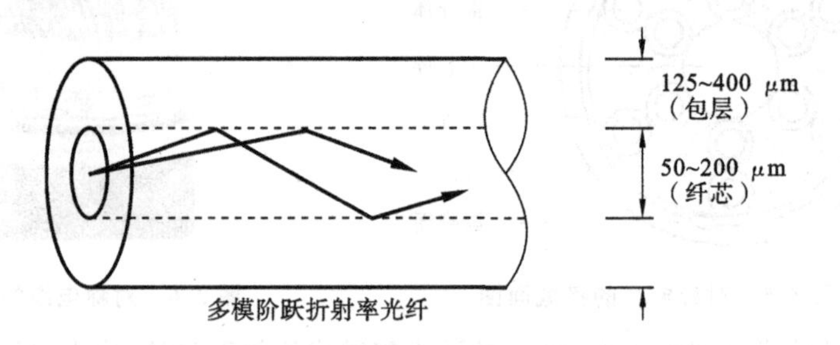

图 3-8　阶跃光纤结构

按照光纤内光波的传输模式，光纤可以分为单模光纤和多模光纤两类。多模光纤是最早出现的光纤，它直径较粗，包层直径为 125～400 μm，纤芯直径为 50～200 μm，它使用发光二极管（LED）作为光源。LED 属于多色光源，包含不同频率成分，因此，光波在光纤中有不止一

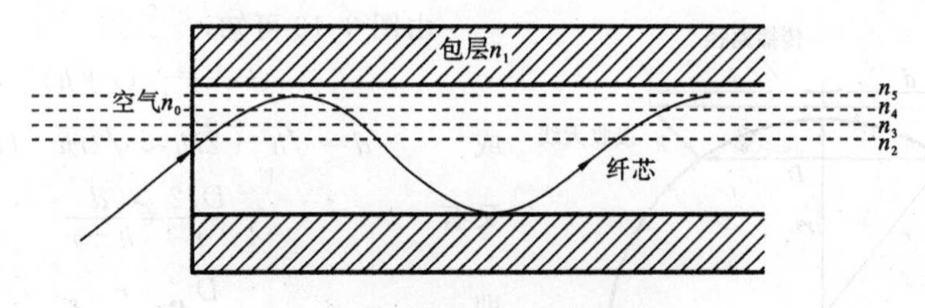

图 3-9 梯度光纤光信号传播路径

条传播路径，不同频率的光波的传播时延也不同，这样会造成信号波形失真，从而限制了传输带宽。与多模光纤相比，单模光纤尺寸较小，包层的直径约为 125 μm，纤芯直径为 7～10 μm。单模光纤以激光器作为光源，激光器产生单一频率的光信号，在传输过程中只有一种模式，如图 3-10 所示，因此单模光纤的无失真传输带宽较宽，传输距离也较长。但是由于单模光纤的直径较小，所以在将两段光纤相接时不易对准。此外，激光器的价格也比 LED 贵。两种光纤各有优缺点，目前都得到了广泛的应用。

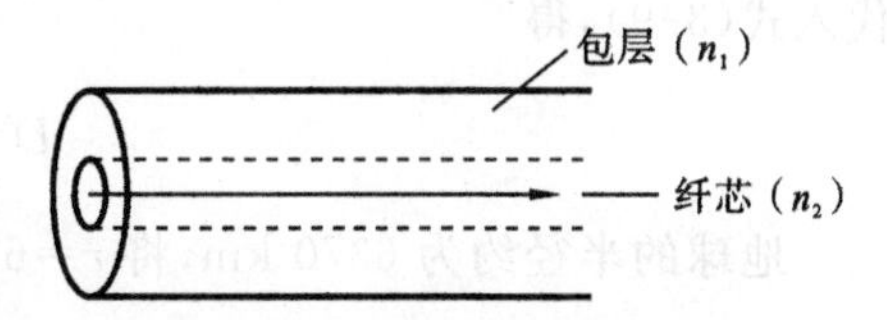

图 3-10 单模光纤传播路径

在实际使用中，光纤的包层外还有一层塑料保护层，并将多根光纤组合起来成为一根光缆。光缆一般是由缆芯、加强钢丝、填充物和护套等几部分组成的，另外根据需要还有防水层、缓冲层、绝缘金属导线等构件，典型的光缆结构如图 3-11 所示。

光信号在光纤中传输有一定的损耗，且不同波长的光信号在光纤中传输时的损耗不同。经过研究，波长为 1.31 μm 和 1.55 μm 的信号在光纤中传输时的损耗最小，因此，目前使用最广泛的就是这两种波长的信号。

光纤通信的主要优点：通频带很宽，理论上可达 30 亿兆赫兹；不受电磁场和电磁辐射的影响；重量轻、体积小；光纤通信不带电，使用安全，可用于易燃、易暴场所；使用环境温度范围宽；无化学腐蚀；使用寿命长。因此，光纤已逐渐取代电缆，成为现今信息时代各种信息网络的主要传输媒质。

3. 无线电中继信道

频率高于 30 MHz 的电磁波沿地面绕射的能力差，可以穿透电离层，不能被反射回来，所以它只能进行视距传播，即在接收和发射天线之间直线传播，如图 3-12 所示。

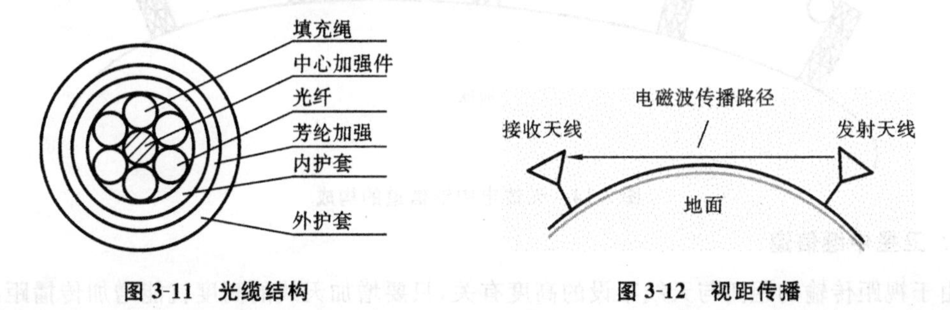

图 3-11 光缆结构　　图 3-12 视距传播

视距传播方式的传播距离较短，若要增大其在地面上的传播距离，最简单的方法就是增加天线的高度。天线高度与传播距离的关系如图 3-13 所示，图中 r 为地球的半径，D 为收发天线间的距离，h 为收发天线的高度，且 h 是使得收发天线之间保持视线的最低高度。

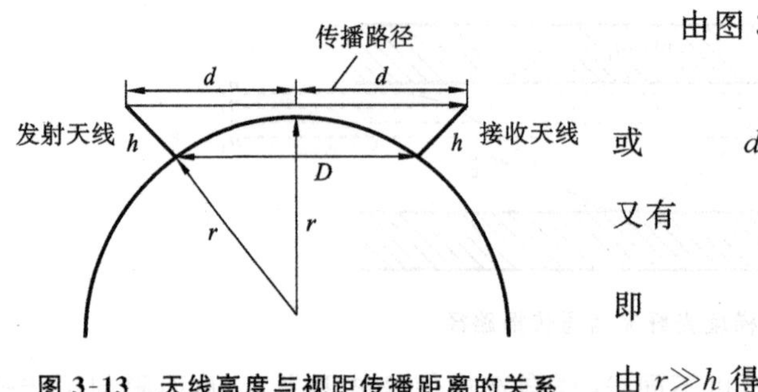

图 3-13　天线高度与视距传播距离的关系

由图 3-13 可知，

$$d^2+r^2=(r+h)^2 \tag{3-8}$$

或

$$d=\sqrt{h^2+2rh}\approx\sqrt{2rh}\quad(r\gg h) \tag{3-9}$$

又有

$$\frac{D/2}{r}=\frac{d}{h+r} \tag{3-10}$$

即

$$\frac{D}{2}=\frac{r}{r+h}d$$

由 $r\gg h$ 得

$$D\approx 2d \tag{3-11}$$

代入式(3-9)，得

$$D^2=8rh\quad \text{或}\quad h=\frac{D^2}{8r} \tag{3-12}$$

地球的半径约为 6370 km，将 $r=6370$ km 代入式(3-12)可得

$$h\approx\frac{D^2}{50} \tag{3-13}$$

由以上讨论可知，若收发天线的高度均为 50 m，则视距传播的距离仅约为 50 km。由于视距传播的距离有限，为了达到远程通信的目的，可以采用无线电中继的方法来实现。例如，当天线高度为 50 m、视距传播的距离约为 50 km 时，可以每间隔 50 km 设置一个中继站，将信号转发一次，这样经过多次转发，就能实现远程通信。

无线电中继是指工作频率在超短波和微波波段之间，电磁波基本上沿视距传播，通信距离依靠中继方式延伸的无线电线路。相邻中继站之间的距离一般在 40～50 km。无线电中继主要用于长途干线、移动通信网及某些数据收集系统中。

无线电中继信道的构成如图 3-14 所示，它由终端站、中继站和各站间的电磁波传播路径组成。由于这种系统具有传输容量大、发射功率小、通信稳定可靠等优点，被广泛用于传输多路电话及电视。

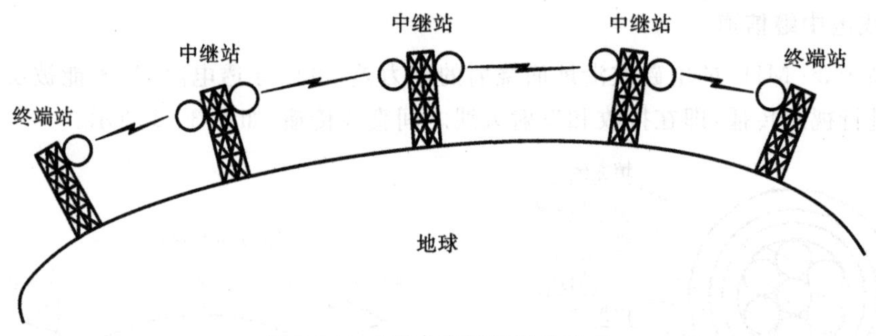

图 3-14　无线电中继信道的构成

4. 卫星中继信道

由于视距传输的距离与天线架设的高度有关，只要增加天线的高度就能增加传播距离，因此利用卫星作为中继站将会极大地提高传播距离。卫星中继信道可以视为无线电中继信道的一种特殊形式。

卫星通信一般是指地球上的无线电通信站之间利用卫星作为中继站而进行信息传输的通

信方式。因为大气中的水分子、氧分子及离子对电磁波的衰减与传输频率有关，而在 0.3～10 GHz 衰减最小，所以卫星通信一般工作在这个频段。

卫星离地面高度为几百千米到几万千米。同步卫星位于离地面 35860 km 的静止轨道上，如图 3-15 所示，利用 3 颗同步卫星可以实现通信。在距离地面几百千米的低轨道上运行的卫星，要求地面站的发射功率比较小，因此其特别适用于移动通信和个人通信系统。

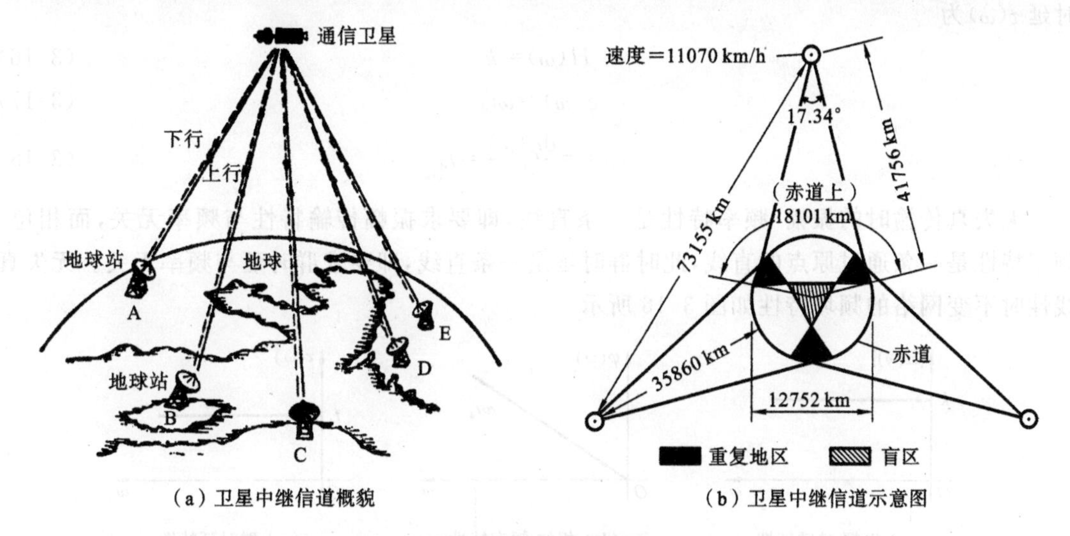

图 3-15 同步卫星通信

卫星中继信道具有传输距离远、覆盖地域广、传输容量大、稳定可靠等优点。但是，利用卫星作为中继站使信号传输的延迟时间增大，同时也增大了对发射功率的要求。此外，发射卫星也是一项巨大的工程，成本很高。

近年来人们对平流层通信的研究越来越重视，也取得了一定的成果。平流层通信是指用位于平流层的高空平台电台 HAPS 代替卫星作为基站的通信。HAPS 系统是一种将无线基站安放于距地面 20～50 km 的平流层飞行器上，提供电信和广播业务的系统。HAPS 系统的传播效果优于地面通信，且成本低于卫星通信。2017 年 ITU 已确定 HAPS 为继地面蜂窝移动通信和卫星通信之后，运营商使用的第三种通信方式。

由上述恒参信道的例子可以看出，这些信道对信号传输的影响基本上是确定的或者是变化极其缓慢的，因此，可以把恒参信道当作一个线性时不变网络来分析。它的传输特性可以用幅度-频率特性和相位-频率特性来描述。只要知道恒参信道的传输特性就可以知道信号通过恒参信道后受到的影响。

线性时不变网络的无失真传输要求系统的输入信号与输出信号之间只是幅值不同和出现时间的不同，而在波形上没有变化。假设线性时不变网络的输入信号为 $f(t)$，输出信号为 $y(t)$，则满足无失真传输条件时，输入信号和输出信号的关系为

$$y(t)=kf(t-t_{\mathrm{d}}) \tag{3-14}$$

式(3-14)表示输入信号 $f(t)$ 经过线性时不变网络后，幅度变化了 k 倍，并且产生了 t_{d} 的时延，但波形没有发生改变。由式(3-14)可得出无失真传输的线性时不变网络的传输函数 $H(\mathrm{j}\omega)$。

令 $f(t)\rightarrow F(\mathrm{j}\omega)$，则

$$kf(t-t_{\mathrm{d}})\rightarrow kF(\mathrm{j}\omega)\mathrm{e}^{-\mathrm{j}\omega t_{\mathrm{d}}}=Y(\mathrm{j}\omega)$$

$$H(\mathrm{j}\omega)=\frac{Y(\mathrm{j}\omega)}{F(\mathrm{j}\omega)}=|k|\mathrm{e}^{-\mathrm{j}\omega t_{\mathrm{d}}} \tag{3-15}$$

由式(3-15)可以得到无失真传输线性时不变网络的幅频特性 $H(\omega)$、相频特性 $\varphi(\omega)$ 和群时延 $\tau(\omega)$ 为

$$H(\omega)=k \tag{3-16}$$

$$\varphi(\omega)=\omega t_{\mathrm{d}} \tag{3-17}$$

$$\tau(\omega)=\frac{\mathrm{d}\varphi(\omega)}{\mathrm{d}\omega}=t_{\mathrm{d}} \tag{3-18}$$

无失真传输时的振幅-频率特性是一条直线，即要求振幅传输特性与频率无关，而相位-频率特性是一条通过原点的直线，此时群时延是一条直线，即要求群时延与频率无关。无失真线性时不变网络的频域特性如图 3-16 所示。

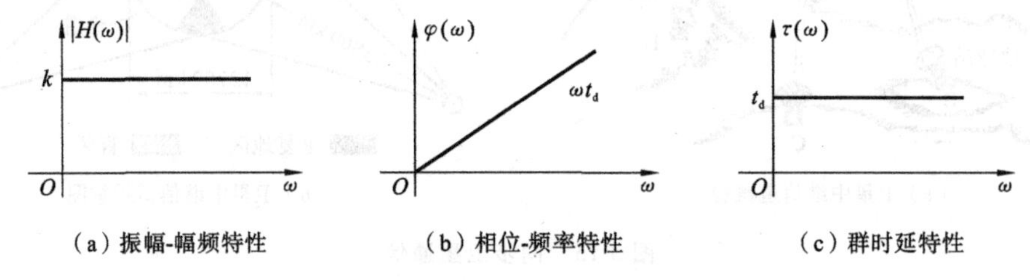

图 3-16　无失真线性时不变网络的频域特性

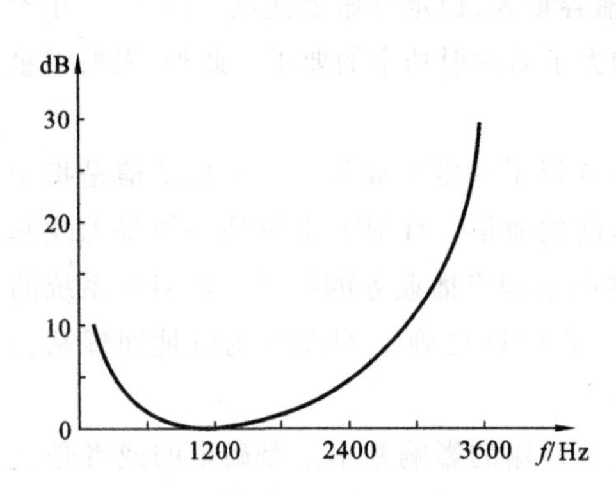

图 3-17　音频电话信道相对损耗曲线

实际的恒参信道往往不是理想信道，不能满足无失真的传输条件。如果信道的振幅-频率特性不理想，则在该信道中传输的信号发生的失真称为频率失真。以电话信道为例，图 3-17 是典型的音频电话信道相对损耗曲线，在语音信号的频率范围300～3400 Hz 内，音频电话信道对不同频率的信号的损耗不同，这将导致使语音信号的波形经过信道后产生畸变。频率失真对数字信号传输的影响主要是造成码间干扰。数字信号的波形通常是矩形波或升余弦波，具有丰富的频率成分，如果信道振幅-频率特性不均匀，使各个频率成分受到不同的衰耗，将使信号波形发生畸变，相邻数字信号波形之间在时间上会产生重叠，造成码元之间的相互干扰，即码间干扰。

信号的频率失真是一种线性失真，可以用一个线性网络进行补偿，如图 3-18 所示。若此线性网络的频率特性与信道的频率特性之和，在信号频谱所占用的频带范围内为一条水平直线，则此线性补偿网络就能完全抵消信道产生的频率失真。

信道的相位-频率特性不理想将使信号产生相位失真。理想的相位-频率特性和群时延特性曲线如图 3-16(b)(c)所示，如果信道的相位-频率特性或群时延特性偏离理想特性曲线就会引起相位失真。在模拟语音通信中，由于人耳对于语音信号的相位变化不敏感，因此相位失真对模拟语音通信的影响不大。但是相位失真对数字信号的影响较大，会引起较为严重的

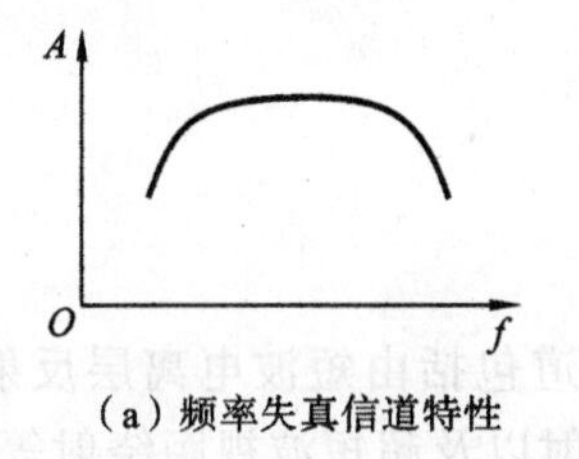

（a）频率失真信道特性

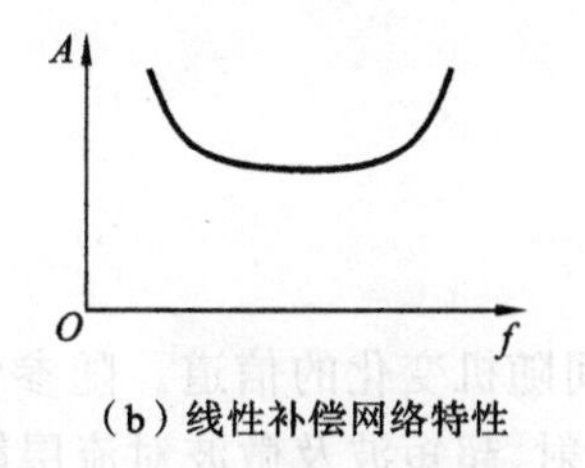

（b）线性补偿网络特性

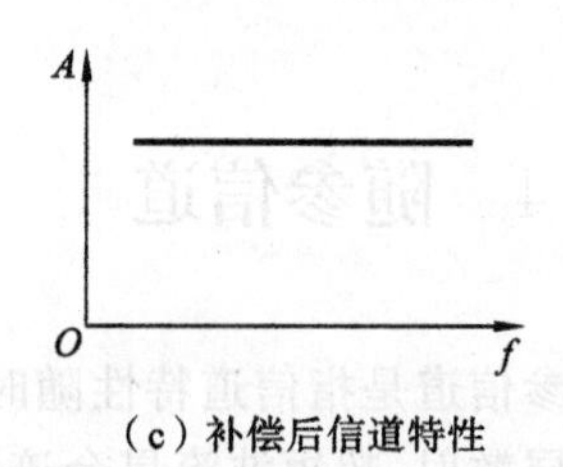

（c）补偿后信道特性

图 3-18　频率失真的补偿

码间干扰，导致误码产生，严重影响数字通信的质量。图 3-19 为实际信道的群时延-频率特性曲线，它与理想信道的群时延-频率曲线不同，并非是一条水平的直线，即信道对不同频率的信号时延不同，因此信号经过该信道将会出现相位失真。

下面通过一个例子来说明信号通过信道时出现的相位失真的情况。假设一非单一频率的输入信号如图 3-20 所示。

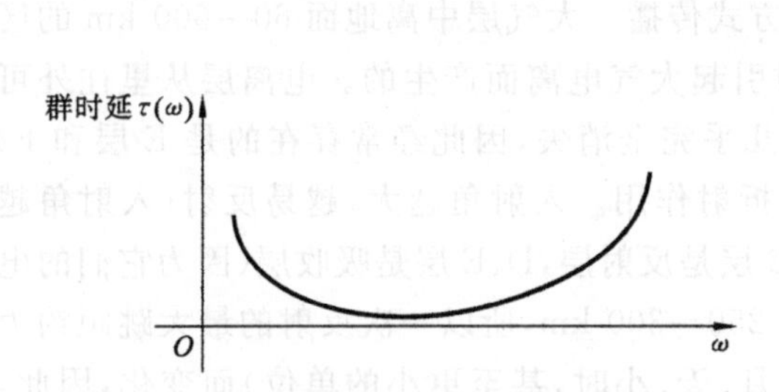

图 3-19　信道的群时延-频率特性曲线

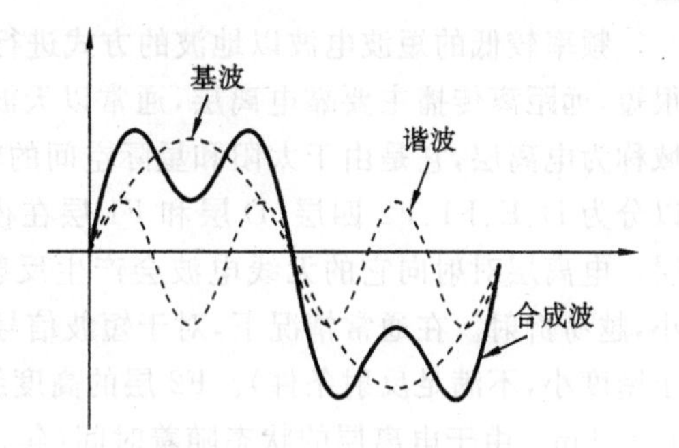

图 3-20　非单一频率的输入信号

该信号包含基波和谐波两个频率分量，两者的幅度比为 2∶1。此信号经过群时延-频率特性不理想的信道后，不同频率的信号分量将会产生不同的时延，若基波的时延为 π，谐波的时延为 2π，则合成波的波形出现相位失真，如图 3-21 所示。

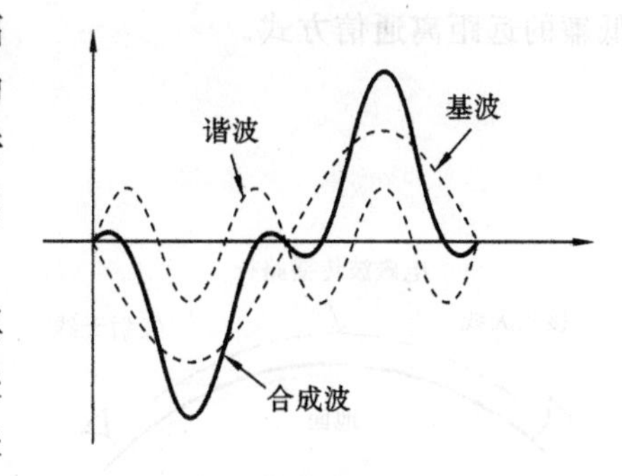

图 3-21　经过群时延-频率特性不理想的信道后的信号波形

信道中的带通滤波器和电感线圈是带来相位失真的主要原因，并且在信道频带边缘更为严重。相位失真不会产生新的频率成分，是一种线性失真。相位失真可以采取相位均衡补偿技术补偿群时延畸变，也可以严格限制信号的频谱，使它保持在信道的线性相移范围内传输，从而控制相位失真。

除了振幅-频率失真和相位-频率失真外，恒参信道还有其他一些因素使信号产生非线性失真、频率偏移和相位抖动等。非线性失真主要是信道中的电子元器件的非线性特性造成的谐波失真，或产生寄生频率等造成谐波失真。频率偏移是由于通信系统接收端解调载波与发送端调制载波之间的频率存在偏差，造成信道传输信号的每一个分量都可能产生频率变化，这种频率变化就是频率偏移。相位抖动是由于调制和解调载波发生器的不稳定性造成的，这种抖动带来的结果相当于发送信号附加上了一个小指数的调频。以上的这些失真一旦出现很难消除。

3.4 随参信道

随参信道是指信道特性随时间随机变化的信道。随参信道包括由短波电离层反射、超短波电离层散射、超短波流星余迹散射、超短波及微波对流层散射以及超短波视距绕射等传输媒质所分别构成的调制信道。同样,为了分析它们的一般特性及它们对信号传输的影响,先来介绍两种典型的随参信道。

1. 短波电离层反射信道

短波是指波长为10~100 m(频率为3~30 MHz)的无线电波。它既可以沿地球表面传播,也可以由电离层反射传播。前者称为地波传播(见图3-22),后者称为天波传播(见图3-23)。

频率较低的短波电波以地波的方式进行传播,但短波范围内的电磁波沿地面传播的距离很短,远距离传播主要靠电离层,通常以天波的方式传播。大气层中离地面60~600 km的区域称为电离层,它是由于太阳和星际空间的辐射引起大气电离而产生的。电离层从里往外可以分为D、E、F1、F2四层,D层和F1层在夜晚几乎完全消失,因此经常存在的是E层和F2层。电离层对射向它的无线电波会产生反射与折射作用。入射角越大,越易反射;入射角越小,越易折射。在通常情况下,对于短波信号,F2层是反射层,D、E层是吸收层(因为它们的电子密度小,不满足反射条件)。F2层的高度约为250~300 km,所以一次反射的最大跳距约为4000 km。由于电离层的状态随着时间(年、季、月、天、小时,甚至更小的单位)而变化,因此,利用电离层进行的短波通信并不稳定。但因为电离层离地面较高,所以短波通信是一种价格低廉的远距离通信方式。

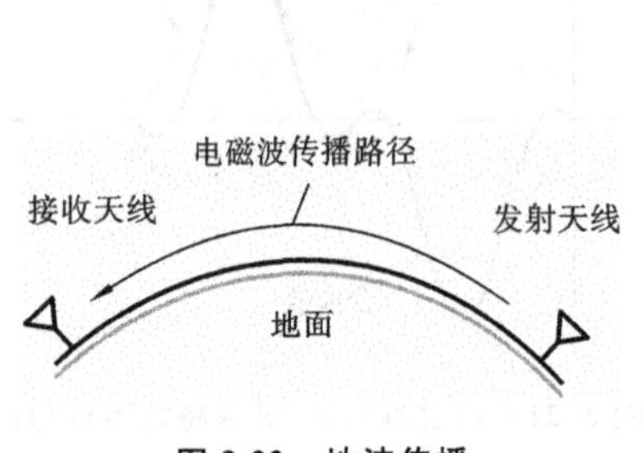

图3-22 地波传播

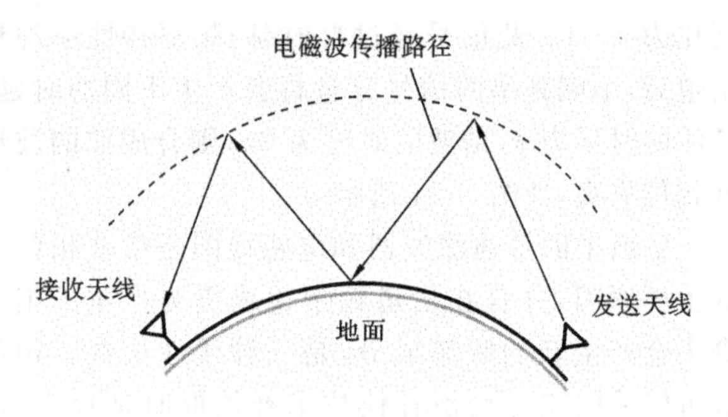

图3-23 天波传播

电离层对电磁波的吸收损耗与层中电子密度成比例。由于电离层的电子密度随昼夜、季节以至年份剧烈地变化,使得最高可用频率和吸收损耗也相应变化,因此,工作频率需要经常更换。在夜间,工作频率必须降低,这是因为F2层的电子密度减小,若仍采用白天的工作频率,则电波将会穿透F2层。同时,夜间D层消失,E层吸收大大减小,也允许工作频率降低。

在短波电离层反射信道中,接收端收到的信号是多条路径传输信号的叠加,多径传播的主要形式如图3-24所示。引起多径传输的主要原因如下。

(1) 电磁波经电离层的一次反射和多次反射。

(2) 几个反射区的高度不同。

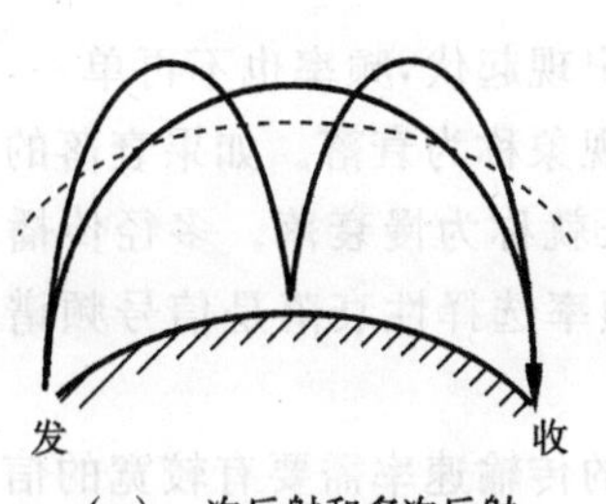

（a）一次反射和多次反射

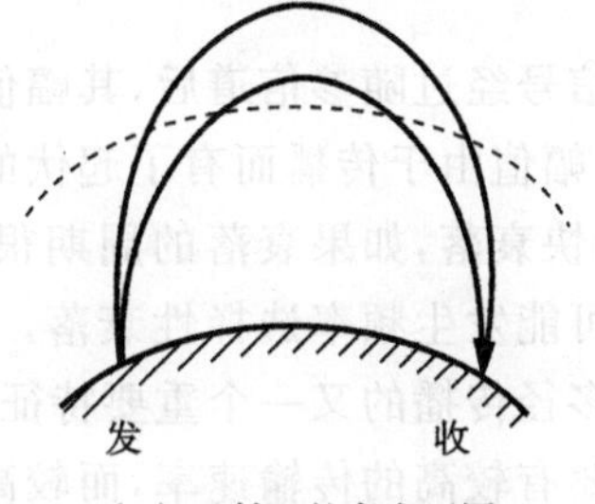

（b）反射区的高度不同

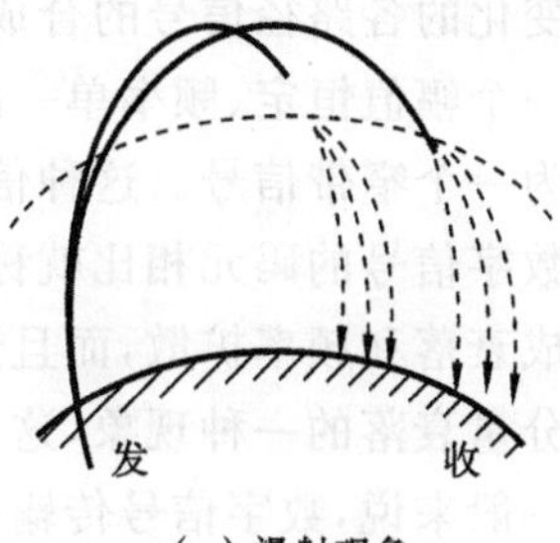

（c）漫射现象

图 3-24 多径传播的主要形式

（3）电离层不均匀性引起的漫射现象。

2. 对流层散射信道

散射是传播媒质的不均匀性使电磁波的传播产生多方向的折射的现象。电磁波的散射传播分为电离层散射、对流层散射和流星余迹散射三种。电离层散射的电磁波频率为 30～60 MHz。对流层散射的电磁波频率为 100～4000 MHz，有效最大传播距离约为 600 km。流星余迹散射的电磁波频率为 30～100 MHz，传播距离可达到 1000 km。

对流层指地面上 10～14 km 的大气层。在对流层中，大气的热对流形成许多密度较大的气团，气团的形状、大小和密度随机变化。电磁波投射到这种不均匀气团上时，会产生感应电流。这种不均匀气团就如同一个基本偶极子一样产生二次辐射，对地面来说，这就是电磁波的散射。这种散射产生的场强很小，为了实现稳定通信，应加大发射功率，同时采用高增益天线。气团的几何尺寸必须比电波的波长大数倍，才有足够强度的散射效应。气团直径一般约在 60 m 以下，所以对流层散射通信采用分米波或厘米波。

对流层散射信道示意图如图 3-25 所示。散射信道是典型的多径信道，多径传播不仅会引起信号电平的快衰落，而且还会导致波形失真。对流层散射信道的应用场合为干线通信，通常每隔 300 km 左右建立一个中继站，构成无线电中继线路，以达到远距离传输。此外，对流层散射信道也用于点对点通信的场合，如海岛与陆地、边远地区与中心城市之间的通信等。

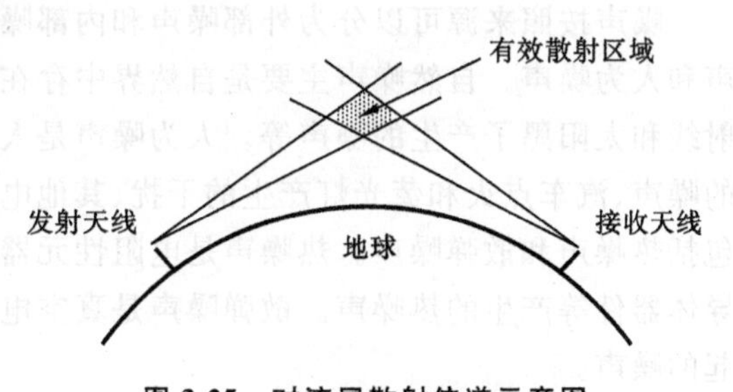

图 3-25 对流层散射信道示意图

综上所述，随参信道的特性比恒参信道的要复杂得多，对信号的影响也要严重得多，根本原因是它包含了复杂的传输媒质。尽管随参信道中包含着除传输媒质以外的一些变换装置，但对信号的传输影响来看，传输媒质的影响是主要的，而其他变换装置的影响是次要的，可以忽略不计。

一般来说，随参信道的传输媒质具有如下三个方面的共同特性。

（1）信号的衰耗随时间变化而变化。

（2）传输的时延随时间变化而变化。

（3）信号存在多径传播现象。多径传播指发射点发射出去的信号可能经过多条路径到达接收点，由于每条路径对信号的衰减和时延都是随机变化的，所以接收信号将是衰减和时延随时间变化的各路径信号的合成。

一个幅值恒定、频率单一的信号经过随参信道后，其幅值出现起伏，频率也不再单一，而是扩展为一个窄带信号。这种信号幅值由于传播而有了起伏的现象称为衰落。如果衰落的周期能和数字信号的码元相比就称为快衰落，如果衰落的周期很长就称为慢衰落。多径传播不仅会造成衰落和频率扩散，而且还可能发生频率选择性衰落。频率选择性衰落是信号频谱中的某些分量衰落的一种现象，这是多径传播的又一个重要特征。

一般来说，数字信号传输需要有较高的传输速率，而较高的传输速率需要有较宽的信号频带，因此，数字信号在多径媒质中传输时，容易因存在选择性衰落现象而引起严重的码间干扰。为了减小码间干扰的影响，通常要限制数字信号的传输速率。

随参信道的一般衰落和频率选择性衰落会严重降低通信系统的性能。抗快衰落通常采用各种抗衰落的调制解调技术、抗衰落接收技术及扩频技术等，其中被广泛应用且有效的是分集接收技术。因为慢衰落的变化速度很慢，所以抗慢衰落通常通过调整设备参数来弥补，如调整发射功率等。

3.5 信道中的噪声

信道中存在的不需要的电信号统称为噪声。噪声始终存在于信道中，即使没有信号的传输，噪声依然存在。因为噪声是叠加在信号上的，所以通常称其为加性噪声。噪声对信号的传输是有害的，它能使模拟信号产生失真，使数字信号发生误码，并限制信号的传输速率。噪声是无法完全消除的，只能采取措施减小噪声影响。

噪声按照来源可以分为外部噪声和内部噪声。外部噪声来自通信系统外部，包括自然噪声和人为噪声。自然噪声主要是自然界中存在的各种电磁辐射，包括雷电产生的电磁波、宇宙射线和太阳黑子产生的噪声等。人为噪声是人类的活动产生的噪声，如电气开关和电钻产生的噪声、汽车点火和荧光灯产生的干扰、其他电台和家用电器产生的电磁波辐射等。内部噪声包括热噪声和散弹噪声。热噪声是电阻性元器件的电子热运动产生的噪声，如导线、电阻和半导体器件等产生的热噪声。散弹噪声是真空电子管和半导体器件中的电子发射的不均匀性引起的噪声。

噪声按性质分类可以分为单频噪声、脉冲噪声和起伏噪声。单频噪声可以看作是一个频率单一、幅度恒定、通信系统不需要的正弦波，通常这种噪声来源于其他的电子设备或者电台，这种噪声并非在所有通信系统中都存在。脉冲噪声是在时间上突发的短促噪声，如工业上的点火辐射、闪电及偶然的碰撞和电气开关通断等产生的噪声，这种噪声的主要特点是其突发的脉冲幅度大，但持续时间短，且相邻突发脉冲之间往往有很长的安静时段。从频谱上看，它的频谱很宽，但频率越高，其频谱强度越小。起伏噪声包括热噪声、电子管内产生的散弹噪声和宇宙噪声等，这些噪声的主要特点是无论在时域内还是在频域内，它们都是普遍存在的和不可避免的。

由上述分析可知，单频噪声不是在所有通信系统中都存在的，而且也比较容易防止单频噪声的出现。脉冲噪声具有较长的安静期，对模拟话音信号的影响不大，但在数字通信系统中，由于脉冲幅度大，会导致一连串的误码，对通信造成一定的危害，不过，数字通信系统可以通过纠错编码技术来减轻这种危害。起伏噪声不能避免，且始终存在，因此它是影响通信质量的主要因素之一。

分析表明，起伏噪声服从高斯分布，且其功率谱密度在很宽的频带范围内都是常数，所以常称其为加性高斯白噪声。不过，从接收端到达解调器输入端的噪声并不是上述起伏噪声本身，而是它的某种变化形式——带通型噪声，这是因为，在到达解调器之前，起伏噪声通常都要经过带通滤波器滤出有用信号和部分滤除噪声，起伏噪声（加性高斯白噪声）通过带通网络后，就变为带通型噪声，这种噪声通常满足窄带的定义，所以常称它为窄带高斯噪声。带通型噪声的功率谱密度如图 3-26 所示。

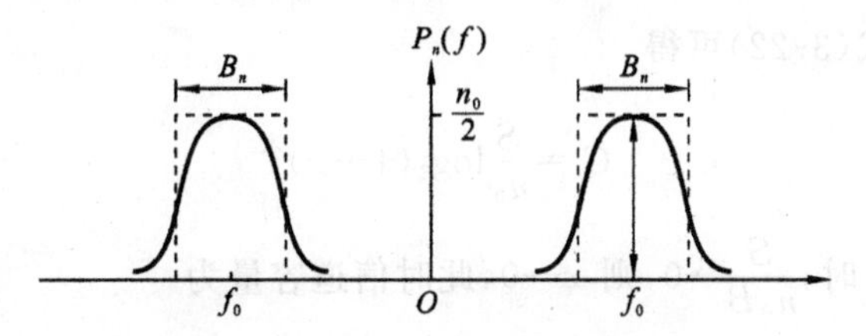

图 3-26　带通型噪声的功率谱密度

通常用等效带宽来描述带通型噪声的带宽，若其噪声功率谱密度为 $P_n(f)$，带通型噪声功率谱密度的中心频率为 f_0，则噪声的等效带宽 B_n 为

$$B_n=\frac{\int_{-\infty}^{+\infty}P_n(f)\mathrm{d}f}{2P_n(f_0)}=\frac{\int_{0}^{+\infty}P_n(f)\mathrm{d}f}{P_n(f_0)} \tag{3-19}$$

3.6　信道容量

信道容量是指单位时间内信道能够传送的最大信息量。信道为信号传输提供通道，同时，信道特性和信道中的噪声又会损害信号的波形，限制信号的传输速率。当信道受到加性高斯白噪声干扰时，在传输信号的平均功率和信道的带宽有限的情况下，信道容量可以通过香农公式求得

$$C_t=B\log_2\left(1+\frac{S}{N}\right) \tag{3-20}$$

式中，C_t 为信道容量，N 为信道中加性高斯白噪声的平均功率，B 为信道的带宽，S 为信号的平均功率。

设噪声的单边功率谱密度为 n_0（W/Hz），则 $N=n_0B$，因此式(3-20)可以改写为

$$C_t=B\log_2\left(1+\frac{S}{n_0B}\right) \tag{3-21}$$

由式(3-21)可知，信道容量 C_t 的大小由信道的带宽 B、信号的平均功率 S 以及噪声的单边功率谱密度 n_0 决定。下面来讨论 C_t 与 B、S 和 n_0 的关系。

当信道带宽 B 一定时，若信号的平均功率 S 增大，噪声单边功率谱密度 n_0 减小，则信噪比都会增大，即 $\frac{S}{N}$ 增大，由式(3-21)可知，此时信道容量 C_t 增大。

因此，当信道带宽 B 一定时，若信号的平均功率 S 趋于无穷大，或噪声单边功率谱密度 n_0 趋近于 0，则信噪比趋于无穷大，即 $\frac{S}{N}\to\infty$，由式(3-20)可知，此时信道容量 C_t 趋于无穷大。

当信号的平均功率 S 和噪声的单边功率谱密度 n_0 一定时，若信道带宽 B 趋于无穷大，信道容量 C_t 是否也趋于无穷大呢？下面通过证明来得出结论。

由式(3-21)可得

$$C_t=\frac{S}{n_0}\frac{Bn_0}{S}\log_2\left(1+\frac{S}{n_0B}\right)=\frac{S}{n_0}\log_2\left(1+\frac{S}{n_0B}\right)^{\frac{n_0B}{S}} \tag{3-22}$$

令 $\frac{S}{n_0B}=x$，代入式(3-22)可得

$$C_t=\frac{S}{n_0}\log_2(1+x)^{\frac{1}{x}} \tag{3-23}$$

当信道带宽 $B\to\infty$ 时，$\frac{S}{n_0B}\to 0$，则 $x\to 0$，此时信道容量为

$$C_t=\frac{S}{n_0}\lim_{x\to 0}\log_2(1+x)^{\frac{1}{x}} \tag{3-24}$$

由换底公式得

$$C_t=\frac{S}{n_0}\lim_{x\to 0}\ln(1+x)^{\frac{1}{x}}\log_2 e$$

由极限定理 $\lim\limits_{x\to 0}(1+x)^{\frac{1}{x}}=e$ 可得

$$C_t=\frac{S}{n_0}\log_2 e=1.44\frac{S}{n_0} \tag{3-25}$$

由上述分析可以得到结论：当给定 $\frac{S}{n_0}$ 时，即使信道带宽趋近于无穷大，信道容量也不会无穷大，而是 $\frac{S}{n_0}$ 的 1.44 倍。这是因为当带宽增大时，噪声功率也会随着增大。

理论上讲，若信号的平均信息速率小于或等于信道容量，即可实现无差错传输。如果信号的平均信息速率大于信道容量，则会出现传输差错。

【例 3-1】 某一待传图片约含 2.5×10^6 个像素，为了很好地重现图片，需将每个像素量化为 16 个亮度电平之一，假若所有这些亮度电平等概出现且互不相关，并设加性高斯白噪声信道中的信噪比为 30 dB，试计算 3 分钟传送这样一张图片所需的最小信道带宽（假设不进行压缩编码）。

解 图片中每个像素所含的信息量为

$$I=-\log_2\frac{1}{16}=4\ (\text{b})$$

该图片的总信息量

$$I=2.5\times10^6\times4=1\times10^7\ (\text{b})$$

3 分钟传送完这样一幅图片所需的平均信息速率为

$$R_b=\frac{I}{t}=\frac{1\times10^7}{3\times60}=5.56\times10^4\ (\text{b/s})$$

只有当信道容量 $C_t\geqslant R_b$ 时，才能完成图片传送，因此取 $C_t=R_b$，由题可知信噪比为

30 dB，即

$$30=10\lg\frac{S}{N}$$

所以

$$\frac{S}{N}=1000$$

根据香农公式 $C_t=B\log_2\left(1+\frac{S}{N}\right)$，可得

$$B=\frac{C_t}{\log_2\left(1+\frac{S}{N}\right)}=\frac{\frac{1\times10^7}{3\times60}}{\log_2(1+1000)}=5.56\ (\text{kHz})$$

3 分钟传送题中图片需要的最小信道带宽为 5.56 kHz。

3.7 信道仿真

本节主要介绍 Simulink 中常用的信源模块、信道模块以及作为信宿的信号观察模块。

3.7.1 信源模块

Simulink 通信模块库中的通信信源(Comm Source)提供多种信号源，这些模块分为三类：噪声产生器(Noise Generator)、随机数据信源(Random Data Source)和序列生成器(Sequence Generator)。下面主要介绍噪声产生器和随机数据信源。

1. 噪声产生器

信号在传输过程中会不可避免地受到各种噪声干扰，噪声对通信系统具有很大的影响。Simulink 提供了 4 种噪声产生信源，如图 3-27 所示，包括高斯噪声产生器(Gaussian Noise Generator)、瑞利噪声产生器(Rayleigh Noise Generator)、莱斯噪声产生器(Rician Noise Generator)、均匀分布随机噪声产生器(Uniform Noise Generator)。

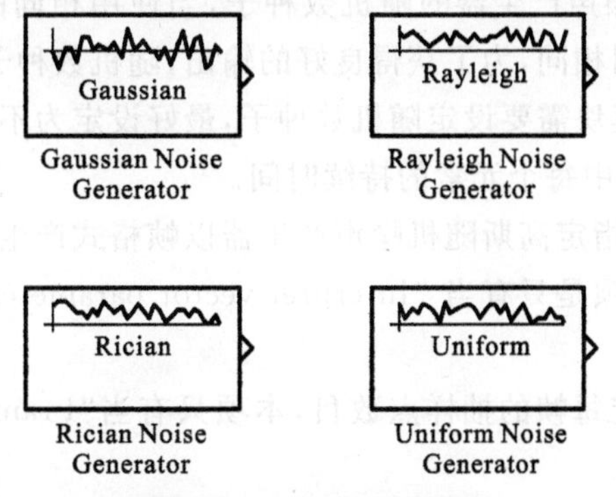

图 3-27 噪声产生器模块

下面以高斯噪声产生器为例，介绍噪声产生器的参数设置方法。高斯噪声产生器用来产生离散时间域上的高斯白噪声。用鼠标双击高斯噪声产生器模块，打开其参数设置对话框，如图 3-28 所示。

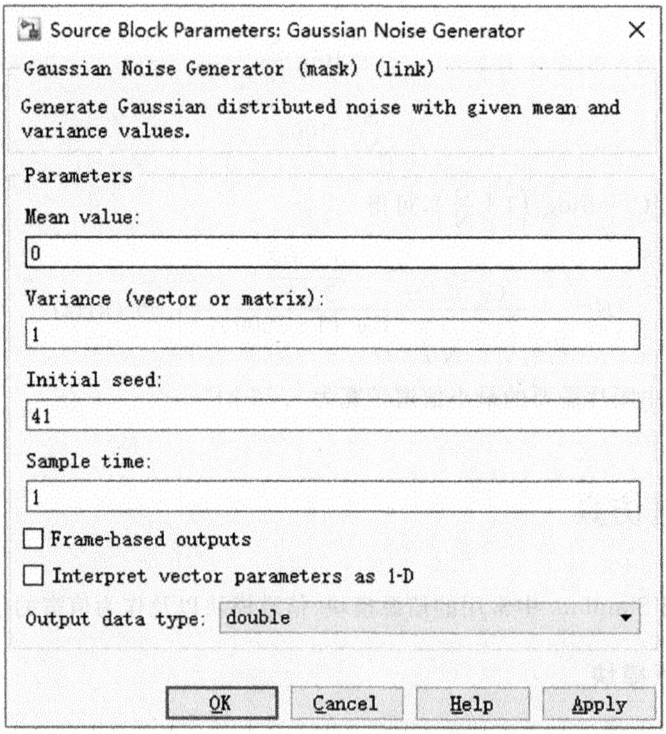

Source Block Parameters: Gaussian Noise Generator

Gaussian Noise Generator (mask) (link)

Generate Gaussian distributed noise with given mean and variance values.

Parameters

Mean value:

0

Variance (vector or matrix):

1

Initial seed:

41

Sample time:

1

Frame-based outputs

Interpret vector parameters as 1-D

Output data type: double

OK Cancel Help Apply

图 3-28　高斯噪声产生器参数设置对话框

高斯噪声产生器中包含多个参数项，下面分别对各项进行简单说明。

Mean value：设置输出高斯随机变量的均值，可以是标量，也可以是矢量，当输入为标量时，输出噪声为一维高斯分布，当输入为矢量时，输出噪声为多维高斯分布，且高斯分布的维数与输入矢量的维数相同。

Variance：设置输出高斯随机变量的方差，可以是标量，也可以是矢量，当输入为标量时，输出噪声为一维高斯分布，当输入为矢量时，输出噪声为多维高斯分布。

Initial seed：设置高斯噪声产生器的随机数种子，当使用相同的随机数种子时，高斯噪声产生器每次产生的整数序列相同，为了获得良好的输出，随机数种子一般输入大于 30 的质数，如果同一模型中还有其他模块需要设定随机数种子，最好设定为不同的值。

Sample time：输出序列中每个元素的持续时间。

Frame-based outputs：指定高斯随机噪声产生器以帧格式产生输出序列，即决定输出信号是基于帧还是基于采样，本项是只有当“Interpret vector parameters as 1-D”项未被设定时才有效。

Sample per frame：确定每帧的抽样点数目，本项只有当“Frame-based outputs”项被设定后才有效。

Interpret vector parameters as 1-D：指定产生器输出一维序列，否则输出二维序列，本项只有当“Frame-based outputs”项未被设定时才有效。

Output data type：设定模块输出的数据类型，有 double 和 single 两种类型，默认类型为 double。

2. 随机数据信源

Simulink 提供了 3 种随机数据信源发生器，如图 3-29 所示，包括伯努利二进制信号发生器(Bernoulli Binary Generator)、泊松分布整数发生器(Poisson Integer Generator)和随机整数发生器(Random Integer Generator)。

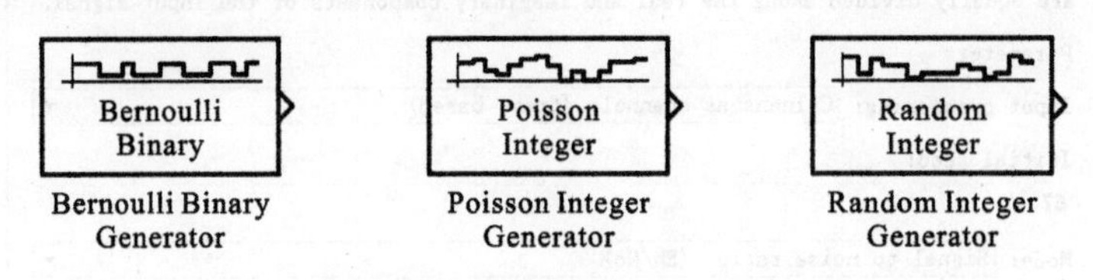

图 3-29 随机数据信源发生器

随机信源有些参数与噪声产生器的模块参数类似，对于这些类似的参数不再重复，下面介绍各个模块特有的参数的设置方法。

(1) 伯努利二进制信号发生器。

Probability of a zero：输出"0"的概率。

(2) 泊松分布整数发生器。

Lambda：确定泊松参数 λ。

(3) 随机整数发生器。

M-ary number：设定随机整数的取值范围，当该参数设置为 M 时，随机整数的取值范围是 $[0,M-1]$。

3.7.2 信道模块

Simulink 通信模块库中的信道(Channels)子库提供了 5 种常见信道模块，如图 3-30 所示。在此以加性高斯白噪声信道(AWGN Channel)为例介绍信道模块的参数设置方法。

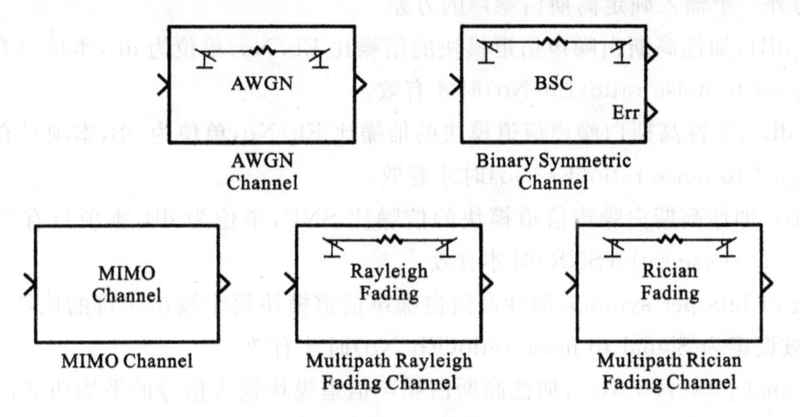

图 3-30 信道模块

加性高斯白噪声信道模块的作用就是在输入信号中加入高斯白噪声，其参数设置对话框如图 3-31 所示。

加性高斯白噪声信道模块包含多个参数项，下面分别对各项进行简单介绍。

Initial seed：加性高斯白噪声信道模块的初始化种子。

Mode：加性高斯白噪声信道模块的模式设定，当设定为 Signal to noise ratio(Eb/No)时，

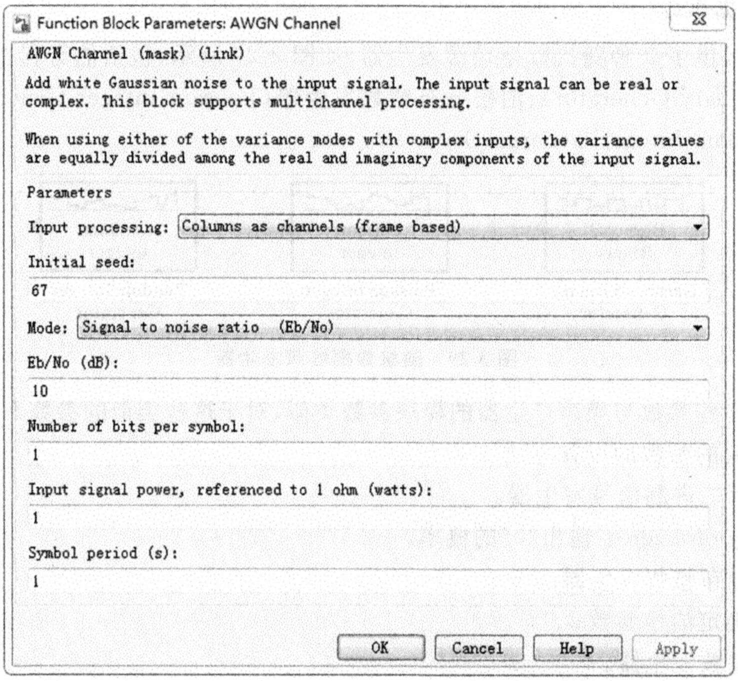

Function Block Parameters: AWGN Channel

AWGN Channel (mask) (link)

Add white Gaussian noise to the input signal. The input signal can be real or complex. This block supports multichannel processing.

When using either of the variance modes with complex inputs, the variance values are equally divided among the real and imaginary components of the input signal.

Parameters

Input processing: Columns as channels (frame based)

Initial seed:

67

Mode: Signal to noise ratio (Eb/No)

Eb/No (dB):

10

Number of bits per symbol:

1

Input signal power, referenced to 1 ohm (watts):

1

Symbol period (s):

1

OK Cancel Help Apply

图 3-31 加性高斯白噪声信道模块参数设置对话框

模块根据信噪比 Eb/No 确定高斯噪声功率；当设定为 Signal to noise ratio(Es/No)时，模块根据信噪比 Es/No 确定高斯噪声功率；当设定为 Signal to noise ratio(SNR)时，模块根据信噪比 SNR 确定高斯噪声功率；当设定为 Variance from mask 时，模块根据方差确定高斯噪声功率，这个方差由 Variance 指定，且必须为正；当设定 Variance from port 时，模块有两个输入，一个输入信号，另外一个输入确定高斯白噪声的方差。

Eb/No(dB)：加性高斯白噪声信道模块的信噪比 Eb/No，单位为 dB，本项只有当 Mode 项被设定为 Signal to noise ratio(Eb/No)时才有效。

Es/No(dB)：加性高斯白噪声信道模块的信噪比 Eb/No，单位为 dB，本项只有当 Mode 项被设定为 Signal to noise ratio(Es/No)时才有效。

SNR(dB)：加性高斯白噪声信道模块的信噪比 SNR，单位为 dB，本项只有当 Mode 项被设定为 Signal to noise ratio(SNR)时才有效。

Number of bits per symbol：加性高斯白噪声信道模块每个输出字符的比特数，本项只有当 Mode 项被设定为 Signal to noise ratio(Eb/No)时才有效。

Input signal power(watts)：加性高斯白噪声信道模块输入信号的平均功率，单位为瓦特，本项只有在参数 Mode 被设定为 Signal to noise ratio(Eb/No、Es/No、SNR)时才有效，被设定为 Signal to noise ratio(Eb/No、Es/No)表示输入符号的均方根功率，被设定为 Signal to noise ratio(SNR)表示输入抽样信号的均方根功率。

Symbol period：加性高斯白噪声信道模块每个输入符号的周期，单位为 s，本项只有在参数被设定为 Signal to noise ratio(Eb/No、Es/No)时才有效。

Variance：加性高斯白噪声信道模块产生的高斯白噪声信号的方差。本项只有在参数

Mode 被设定为 Variance from mask 时有效。

3.7.3 信号观察模块

在 Simulink 通信模块库的 Comm Sinks 子库中，信号观察模块提供了多种信号测量和数据显示工具，如图 3-32 所示，它们是信号观察模块的专用仪器仿真模型。

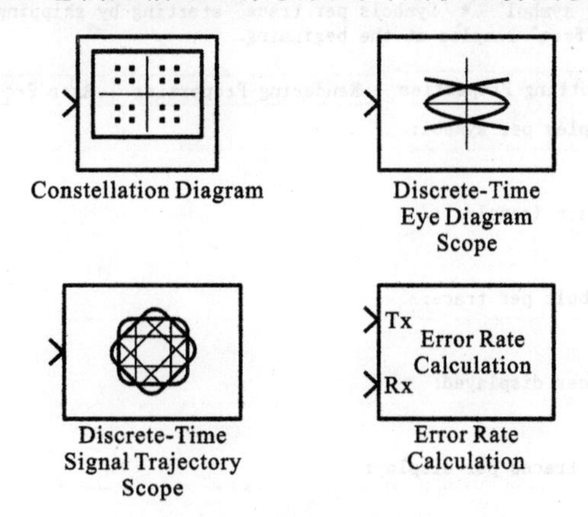

图 3-32 信号观察模块

下面介绍离散眼图示波器(Discrete-Time Eye Diagram Scope)和误码率计算器(Error Rate Calculation)的参数设置方法。

1. 离散眼图示波器

离散眼图示波器是一个具有历史波形记忆的时间波形示波器，用来观察数据信号波形在带限信道中传输的码间干扰和噪声干扰情况。若干整数倍码元传输时间上的历史波形叠加形成眼图，通过眼图汇聚位置和汇聚程度可以定性地衡量传输符号之间的波形串扰和所受噪声干扰的情况，眼图为基带信号传输系统的性能提供了大量的信息。

离散眼图示波器模块只有一个输入端口，用于输入离散的时间信号，这个信号可以是实信号，也可以是复信号。打开离散眼图示波器模块的参数设置对话框，如图 3-33 所示，它包含四个选项，下面分别对每个选项进行简单说明。

(1) Plotting Properties 选项。

Plotting Properties 选项主要用来设定眼图的绘制方式。

Samples per symbol：设定每个符号的抽样数，和 Symbols per trace 项共同决定每径的抽样数。

Offset(samples)：设置采样时延，开始绘制眼图之前应该忽略的抽样点的个数，该项一定是小于 Samples per symbol 和 Symbols per trace 项的非负整数。

Symbols per trace：对于每一个输入信号，离散眼图示波器模块可以同时绘制多条曲线，每条曲线称为一个径，它们在时间上相差一定的时间周期，本项用来设定每径上的抽样周期，与每个符号抽样数共同调节显示窗中“眼”的多少。

Traces displayed：设定模块显示的径的数目。

New traces per display：设定每次显示需要重新绘制的径的数目，该项应该是比 Traces displayed 小的正整数。

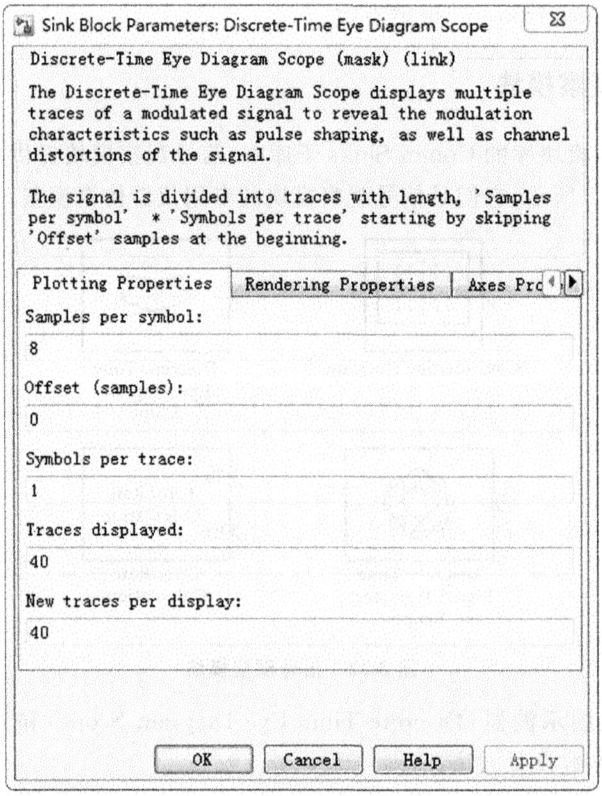

Sink Block Parameters: Discrete-Time Eye Diagram Scope

Discrete-Time Eye Diagram Scope (mask) (link)

The Discrete-Time Eye Diagram Scope displays multiple traces of a modulated signal to reveal the modulation characteristics such as pulse shaping, as well as channel distortions of the signal.

The signal is divided into traces with length, 'Samples per symbol' * 'Symbols per trace' starting by skipping 'Offset' samples at the beginning.

Plotting Properties | Rendering Properties | Axes Pro

Samples per symbol:
8

Offset (samples):
0

Symbols per trace:
1

Traces displayed:
40

New traces per display:
40

OK | Cancel | Help | Apply

图 3-33　离散眼图示波器模块参数设置对话框

(2) Rendering Properties 选项。

Rendering Properties 选项主要用来设定绘图属性。

Markers：设定眼图中每个抽样点的绘制方式。

Line style：设定眼图的线型。

Line color：设定眼图中线条的颜色。

Duplicate points at trace boundary：轨迹边界上的重复点是否显示。

Color fading：颜色渐变复选框，被设定后，眼图中每条轨迹上的颜色深度随着仿真时间的推移而逐渐减弱。

High quality rending：高质量绘图复选框。

Show grid：网格显示复选框，被设定后显示坐标网格。

(3) Axes Properties 选项。

Axes Properties 选项主要用来设定眼图中的坐标轴属性。

Y axis minimum：设定纵坐标(即输入信号强度)的最小值。

Y axis maximum：设定纵坐标(即输入信号强度)的最大值。

In-phase Y-axis label：设定是否显示与同相 I 支路输入信号对应的纵坐标的标签。

Quadrature Y-axis label：设定是否显示与正交 Q 支路输入信号对应的纵坐标的标签。

(4) Figure Properties 选项。

Figure Properties 用来设定眼图属性。

Open scope at start of simulation:为复选框,被设定后,眼图将在仿真开始时自动显示,否则用户需要双击离散眼图示波器后才能显示。

Eye diagram to display:确定眼图显示哪个支路的输入信号,当被设定为 In-phase and Quadrature 时,同时显示实信号和复信号,当被设定为 In-phase only 时,只显示实信号。

Trace number:设定是否在眼图中显示当前正在绘制的轨迹的编号。

Scope position:设定眼图的位置,它是由 left、bottom、width、height 四个元素组成的向量,left 和 bottom 分别表示眼图的纵坐标和横坐标,width 和 height 分别表示眼图的宽度和高度。

Title:设定眼图显示窗上方显示的标题。

2. 误码率计算器

误码率计算器是一个反映系统特性的指标,它的输入端分别接发送数据(Tx)端和接收数据(Rx)端,用于比对收发数据,统计传输总符号数、传输错误符号数以及传输误码率,并将统计结果送入工作空间指定变量中或输出到模块端口。输出的数据是一个 n 行(与输入数据数目相等)3 列的矩阵。第 1 列是差错率,第 2 列是差错码的数量,第 3 列是码元总数。误码率计算器还具有统计复位选项、仿真终止条件设置选项等,以增强其应用的灵活性。

误码率计算器模块参数设置对话框如图 3-34 所示。

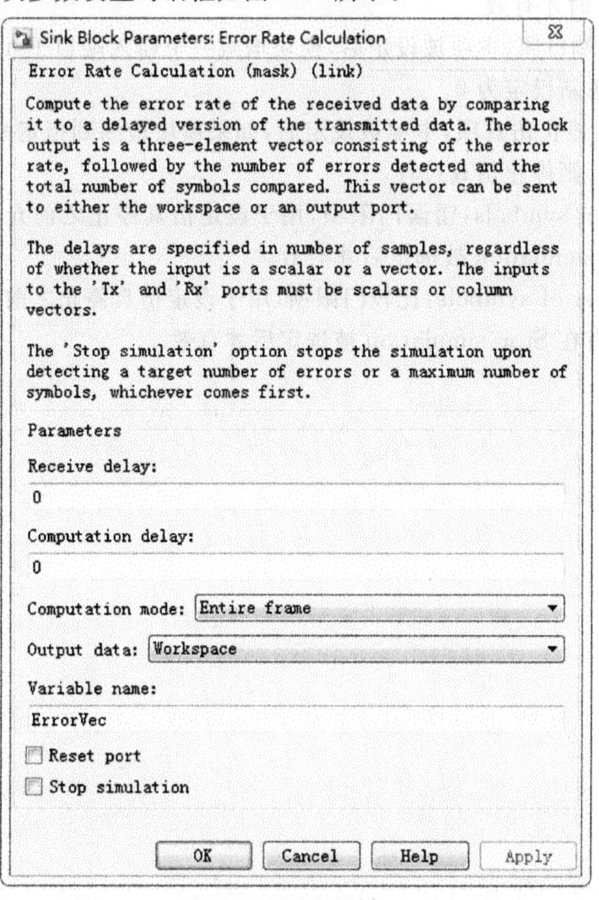

图 3-34 误码率计算器模块参数设置对话框

Receive delay：接收端时延设定项，在通信系统中，接收端需要对接收到的信号进行解调、解码等，这些过程可能会产生一定的时延，到达误码率计算器接收端的信号滞后于发送端的信号，通过设置传输延时量，使发送数据与接收数据在误码率计算器中在时间上“对齐”。本参数表示接收端输入的数据滞后发送端输入数据的值。

Computation delay：计算时延设定项，在仿真过程中有时需要忽略初始的若干输入数据，以避免在开始通信的初始化期间做误码率统计。

Computation mode：计算模式项，误码率计算器模块有三种计算模式，分别为帧计算模式、掩码模式和端口模式。其中帧计算模式对发送端和接收端的所有输入数据进行统计。在掩码模式下，模块根据掩码指定对特定的输入数据进行统计，掩码的内容可由参数项“Selected sample from frame”设定，在端口模式下，模块会新增一个输入端 Sel，只有此端口的输入信号有效时才统计误码率。

Selected samples from frame：掩码设定项，本参数用于设定哪些输入数据需要统计，本项只有在 Output data 被设定为 Workspace 时才有效。

Output data：设定数据输出方式，有 Workspace 和 Port 两种方式，Workspace 是将统计数据输出到 MATLAB 工作区，Port 是将统计数据从端口中输出。

Variable name：指定用于保持统计数据的工作空间变量的名称。本项只有在 Output data 被设定为 Workspace 时才有效。

Reset port：复位端口项，本项被设定后，模块增减一个输入端口 Rst，当这个信号有效时，模块被复位，统计值重新设定为 0。

Stop simulation：停止仿真项，本项被设定后，如果模块检测到指定数目的错误，或数据的比较次数达到了门限，则停止仿真过程。

Target number of symbols：错误门限项，用于设定仿真停止之前允许出现错误的最多个数，本项只有在 Stop simulation 被选定后才有效。

Maximum number of symbols：比较门限项，用于设定仿真停止之前允许比较的输入数据的最多个数，本项只有在 Stop simulation 被选定后才有效。

第4章　模拟调制系统

4.1　概述

从语音、图像等消息变换过来的原始电信号(基带信号)都是随时间变化的模拟信号,这类信号具有频率较低的频谱分量,在许多信道中不适宜直接进行传输,因此,在通信系统的发送端通常需要有调制过程。调制是用调制信号(基带信号)去控制高频载波的某一个(或几个)参数,使其随着调制信号的变化规律而变化。通过调制将低通型的基带信号变换为带通型的高频已调信号,再送到信道中传输。通信系统的接收端则需要有调制的逆过程——解调,即接收端由高频已调信号载波参数的变化恢复出调制信号(基带信号)的过程。调制和解调在一个通信系统中总是同时出现,调制和解调系统称调制系统。

调制在通信系统中占有重要的地位,其主要作用体现在以下四个方面。

(1) 缩小天线的尺寸。在无线信道中,信号的传输是利用电磁波在空间的传播来实现的,而电磁波的发射和接收是用天线进行的。为了有效地发射或接收电磁波,要求天线的尺寸不小于电磁波波长的1/10,因此,若信号频率为3 kHz,则天线的尺寸应大于10 km,显然这是无法实现的。如果使用调制技术,用频率为3 kHz的信号对频率为100 MHz的载波进行调制,则天线的尺寸不需要超过1 m。

(2) 实现频率分配。为使多个无线电台发出的信号彼此之间互不干扰,每个电台都被分配给不同的频率。利用调制技术可以把各种话音、图像等基带信号的频谱搬移到各个电台指定的频率范围内。

(3) 实现多路复用。如果通信系统的信道较宽,则可以将一个信道划分为多个子信道,每个子信道传输一路基带信号,这样可以在信道中同时传输多路基带信号。利用调制技术可以把各路基带信号的频谱搬移到不同子信道的频率范围内,以实现多路复用。

(4) 减小噪声和干扰的影响。通信系统中噪声和干扰的影响总是存在,不可能完全消除,但是可以通过选择恰当的调制方式来减少它们的影响。

按载波的类型不同,调制可以分为两大类:用高频正弦信号作为载波的正弦波调制;用脉冲串或一组数字信号作为载波的脉冲调制。按照已调信号频谱与调制信号频谱之间关系的不同,以正弦波为载波的模拟调制系统又可以分为线性调制和非线性调制两大类:线性调制时,已调信号的频谱为调制信号频谱的平移及线性变换;非线性调制时,已调信号的频谱与调制信号频谱之间不存在这种对应关系,已调信号频谱中出现与调制信号频率无对应线性关系的分量。

最常用和最重要的模拟调制方式是用正弦波作为载波的幅度调制和角度调制。本章主要讨论常见的标准调幅(AM)、双边带(DSB)、单边带(SSB)和残留边带(VSB)等幅度调制方式,以及角度调制中应用最广泛的频率调制(FM)方式。

4.2 幅度调制的原理

幅度调制是用调制信号去控制高频正弦载波的幅度，使其按照调制信号的变化规律而变化的过程。设正弦载波为

$$s(t)=A\cos(\omega_c t+\varphi_0) \tag{4-1}$$

式中，A 为载波幅度，ω_c 为载波角频率，φ_0 为载波初始相位（以后假定 $\varphi_0=0$）。

则根据调制的定义，幅度调制信号（已调信号）一般可表示为

$$s_m(t)=Am(t)\cos(\omega_c t+\varphi_0) \tag{4-2}$$

式中，$m(t)$为调制信号。

设调制信号 $m(t)$的频谱为 $M(\omega)$，则由式(4-2)不难得到已调信号 $s_m(t)$的频谱 $S_m(\omega)$，即

$$S_m(\omega)=\frac{A}{2}[M(\omega-\omega_c)+M(\omega+\omega_c)] \tag{4-3}$$

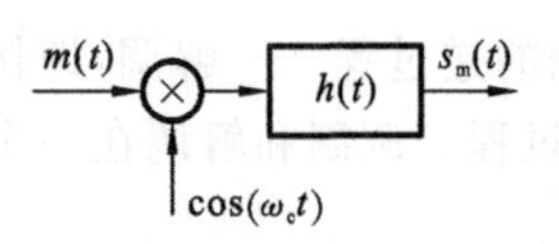

图 4-1 线性调制器的一般模型

由以上分析可知，对于幅度调制信号而言，在波形上，它的幅度随基带信号的变化规律而变化；在频谱结构上，它的频谱则是基带信号频谱在频域内的简单搬移。由于这种搬移是线性的，因此幅度调制通常又称线性调制。这里的线性并非意味着已调信号与调制信号之间符合线性关系，实际上，任何一种调制过程都是非线性的变换过程。线性调制器的一般模型如图 4-1 所示。

线性调制器由一个相乘器和一个冲激响应为 $h(t)$的滤波器组成。图 4-1 中，$m(t)$为调制信号，$s_m(t)$为已调信号。已调信号 $s_m(t)$的时域和频域表达式分别为

$$s_m(t)=[m(t)\cos(\omega_c t)]h(t) \tag{4-4}$$

$$S_m(\omega)=\frac{1}{2}[M(\omega-\omega_c)+M(\omega+\omega_c)]H(\omega) \tag{4-5}$$

式中，$M(\omega)$为调制信号 $m(t)$的频谱，$H(\omega)$为 $h(t)$的频谱，ω_c 为载波角频率。

在一般模型中，只要适当地选择滤波器的特性 $H(\omega)$，便可得到各种不同的幅度调制信号。下面分别讨论标准调幅、双边带调制、单边带调制和残留边带调制四种幅度调制方式。

4.2.1 标准调幅(AM)

1. AM 信号的产生

在图 4-1 中，若假设滤波器为全通网络，即滤波器的传输函数 $H(\omega)=1$，则图中的滤波器可省略。设 $m(t)$为一无直流分量的基带信号，将基带信号 $m(t)$与直流信号 A_0 相加后再与载波相乘，输出的信号就是标准调幅(AM)信号。AM 调制器模型如图 4-2 所示。

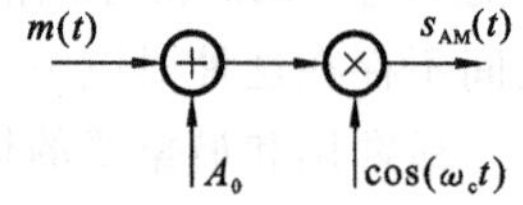

图 4-2 AM 调制器模型

由图 4-2 可得 AM 信号的时域表达式为

$$\begin{aligned} s_{AM}(t)&=[A_0+m(t)]\cos(\omega_c t)\\ &=A_0\cos(\omega_c t)+m(t)\cos(\omega_c t) \end{aligned} \tag{4-6}$$

标准调幅信号的波形如图 4-3 所示，由图可知，$s_{AM}(t)$的振幅随着$m(t)$的变化而变化。当$A_0 \geqslant |m(t)|_{max}$时，$s_{AM}(t)$的最小振幅总是大于等于零，此时 AM 信号的包络与调制信号的变化规律一致，接收端用包络检波的方法很容易从 AM 信号中恢复出原始的调制信号，这是 AM 调制的最大优点。

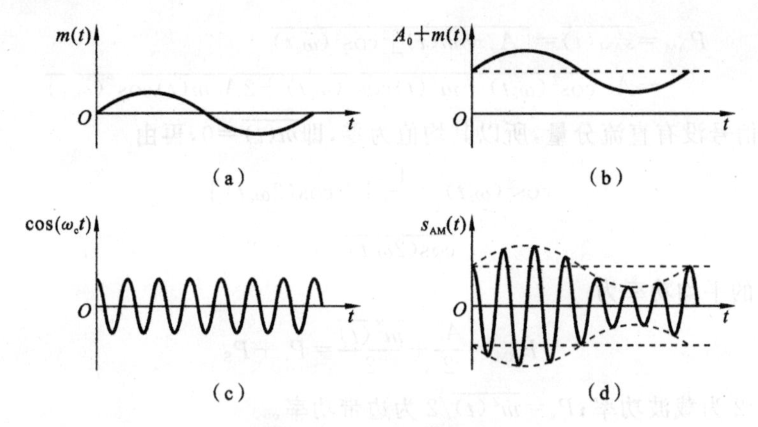

图 4-3 AM 信号的波形

AM 信号的一个重要参数是调幅指数m，调幅指数的定义为

$$m=\frac{|m(t)|_{max}}{A_0} \tag{4-7}$$

通常要求$0 \leqslant m \leqslant 1$，当$m=1$时，称为临界调幅；当$m>1$时，称为过调幅，此时 AM 信号的包络不能反映$m(t)$的变化规律，用包络检波的方式解调不能恢复成原来的调制信号。

2. AM 信号的频谱及带宽

由傅里叶变换的性质，可以得到式(4-6)中$s_{AM}(t)$信号的频谱$S_{AM}(\omega)$为

$$S_{AM}(\omega)=\pi A_0[\delta(\omega-\omega_c)+\delta(\omega+\omega_c)]+\frac{1}{2}[M(\omega-\omega_c)+M(\omega+\omega_c)] \tag{4-8}$$

AM 信号的频谱如图 4-4 所示，图中ω_H为调制信号$m(t)$的上限频率，显然，调制信号$m(t)$的带宽为$B_m=f_H$。

由图 4-4 可知，AM 信号的频谱$S_{AM}(\omega)$与调制信号的频谱$M(\omega)$在形状上是完全一样的，只是位置不同。调制信号的频谱在零频附近，而 AM 信号的频谱在载波频率ω_c和$-\omega_c$附近，且在ω_c和$-\omega_c$处有冲激函数，说明已调信号的频谱中有载波分量。AM 信号的频谱$S_{AM}(\omega)$由载频分量和上、下两个边带组成，$S_{AM}(\omega)$频谱中$|f|>f_c$的部分称为上边带，$|f|<f_c$的部分称为下边带。上边带的频谱与原调制信号的频谱结构相同，下边带是上边带的镜像。显然，无论是上边带还是下边带，都含有原调制信号的完整信息。所以 AM 信号是带有载波的双边带信号，它的带宽为基带信号带宽的两倍，即

$$B_{AM}=2B_m=2f_H \tag{4-9}$$

式中，$B_m=f_H$为调制信号$m(t)$的带宽，f_H为调

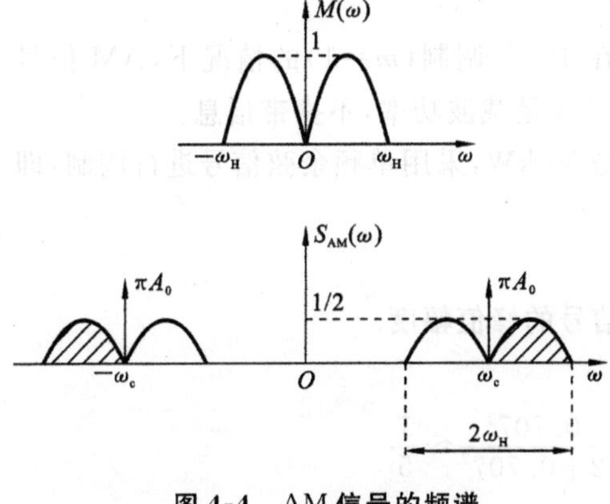

图 4-4 AM 信号的频谱

制信号的最高频率。

3. AM 信号的功率和调制效率

当 $m(t)$ 为确知信号时，AM 信号在 1 Ω 电阻上的平均功率 P_{AM} 等于 $s_{AM}(t)$ 信号的均方值，即

$$\begin{aligned} P_{AM} &= \overline{s_{AM}^2(t)} = \overline{[A_0+m(t)]^2\cos^2(\omega_c t)} \\ &= \overline{A_0^2\cos^2(\omega_c t)+m^2(t)\cos^2(\omega_c t)+2A_0 m(t)\cos^2(\omega_c t)} \end{aligned} \tag{4-10}$$

由于基带调制信号没有直流分量，所以其均值为零，即 $\overline{m(t)}=0$，再由

$$\cos^2(\omega_c t)=\frac{1}{2}[1+\cos(2\omega_c t)]$$

$$\overline{\cos(2\omega_c t)}=0$$

可得 AM 信号的平均功率为

$$P_{AM}=\frac{A_0^2}{2}+\frac{\overline{m^2(t)}}{2}=P_c+P_S \tag{4-11}$$

式中，$P_c=A_0^2/2$ 为载波功率；$P_s=\overline{m^2(t)}/2$ 为边带功率。

AM 信号的总功率由载波功率和边带功率两部分组成。其中，边带功率与调制信号有关，其值为调制信号功率的一半，它携带信息，而载波功率与调制信号无关，并不携带信息。通常把边带功率 P_s 与信号总功率 P_{AM} 的比值称为调制效率，用符号 η_{AM} 表示，即

$$\eta_{AM}=\frac{P_s}{P_{AM}}=\frac{P_s}{P_c+P_s}=\frac{\overline{m^2(t)}}{A_0^2+\overline{m^2(t)}} \tag{4-12}$$

显然，η_{AM} 总是小于 1。η_{AM} 越大，说明 AM 信号的平均功率中携带信息的那一部分功率所占的比例越大。

【例 4-1】 设调制信号 $m(t)=A_m\cos(\omega_m t)$，调幅指数 $m=1$，求此时的调制效率 η_{AM}。

解 调制信号 $m^2(t)$ 的平均值为

$$\overline{m^2(t)}=A_m^2/2$$

代入式(4-12)，得到

$$\eta_{AM}=\frac{\overline{m^2(t)}}{A_0^2+\overline{m^2(t)}}=\frac{A_m^2}{2A_0^2+A_m^2} \tag{4-13}$$

当 $m=1$ 时，$|m(t)|_{max}=A_0$，即 $A_m=A_0$，代入式(4-13)，可得

$$\eta_{max}=1/3$$

由以上例子可知，当调制信号为正弦波时，即便在 100% 调制($m=1$)的情况下，AM 信号的调制效率也只有 1/3。也就是说，AM 信号功率的 2/3 是载波功率，不携带信息。

【例 4-2】 已知一个 AM 广播电台的输出功率是 50 kW，采用单频余弦信号进行调制，即调制信号为 $m(t)=A_m\cos(\omega_m t)$，调幅指数为 0.707。

(1) 试计算调制效率和载波功率；

(2) 如果天线用 50 Ω 的电阻负载表示，求载波信号的峰值幅度。

解 (1) 由式(4-13)可得，调制效率 η_{AM} 为

$$\eta_{AM}=\frac{A_m^2}{2A_0^2+A_m^2}=\frac{m^2}{2+m^2}=\frac{0.707^2}{2+0.707^2}\approx\frac{1}{5}$$

已知调制效率 η_{AM} 与载波功率 P_c 的关系为

$$\eta_{AM}=\frac{P_s}{P_{AM}}=\frac{P_s}{P_c+P_s}$$

可得边带功率为

$$P_s=\frac{1}{5}\times 50=10\ (\text{kW})$$

载波功率为

$$P_c=50-10=40\ (\text{kW})$$

(2) 载波功率 P_c 与载波峰值 A 的关系为

$$P_c=\frac{A^2}{2R}$$

可得载波信号的峰值幅度为

$$A=\sqrt{2P_cR}=\sqrt{2\times 40\times 10^3\times 50}=2000\ (\text{V})$$

4. AM 信号的解调

AM 信号的解调是把接收到的 $s_{AM}(t)$ 信号还原为调制信号 $m(t)$ 的过程。AM 信号的解调方法有两种:相干解调和非相干解调。

1) 相干解调

相干解调也称为同步解调。相干解调器由乘法器和低通滤波器(LPF)组成,相干解调器模型如图 4-5 所示。在这种解调方式中,接收端必须提供一个与发送端载波信号具有相同频率和相同相位的本地载波振荡信号,称之为相干载波。

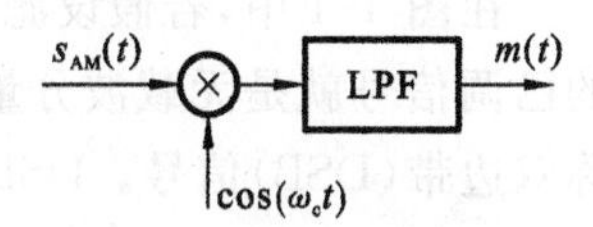

图 4-5 相干解调器模型

图 4-5 中,将已调信号乘上一个与调制器同频率、同相位的载波,可得

$$\begin{aligned}s_{AM}(t)\cdot\cos(\omega_c t)&=[A_0+m(t)]\cos^2(\omega_c t)\\&=\frac{1}{2}[A_0+m(t)]+\frac{1}{2}[A_0+m(t)]\cos(2\omega_c t)\end{aligned}\qquad(4\text{-}14)$$

由式(4-14)可知,它由 $\frac{1}{2}[A_0+m(t)]$ 和 $\frac{1}{2}[A_0+m(t)]\cos(2\omega_c t)$ 两部分组成。第一部分为基带信号,能顺利通过低通滤波器,去除其中的直流分量 A_0(通过隔直电路)后,即为需要的调制信号 $m(t)$;第二部分是载波角频率为 $2\omega_c$ 的振幅调制信号,通过低通滤波器后将被滤除。

相干解调的关键是必须产生一个与调制器同频率、同相位的载波。如果同频率、同相位的条件得不到满足,则会破坏原始信号的恢复。

2) 非相干解调

标准调幅信号一般采用非相干解调方法,即包络检波法。由 $s_{AM}(t)$ 波形可知,当满足条件 $A_0\geqslant|m(t)|_{max}$ 时,在接收端解调时,用包络检波法就能恢复原始的调制信号。

包络检波器一般由半波或全波整流器和低通滤波器组成,图 4-6 画出了包络检波器的组成框图及波形图。因为低通滤波器可以通过直流分量,所以在其输出端接有一个隔直电路(用一个电容器表示),以滤除整流器输出的直流成分。

包络检波法的特点是实现简单、成本低,特别是接收端不需要同步载波信号,大大降低了实现难度。所以几乎所有的调幅(AM)接收机都采用包络检波法进行解调。

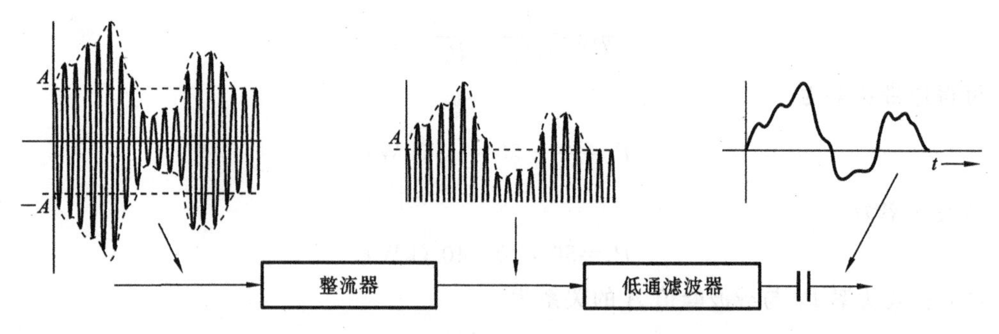

图 4-6 包络检波器的组成框图及波形图

采用标准幅度调制传输信息的优点是接收机结构简单，可采用包络检波法；缺点是调制效率低，载波分量不携带信息，但却占据了大部分功率。如果抑制载波分量的传送，则可演变出另一种调制方式，即抑制载波的双边带调幅（DSB-SC）。

4.2.2 双边带（DSB）调制

1. DSB 信号的产生

在图 4-1 中，若假设滤波器为全通网络（$H(\omega)=1$），调制信号 $m(t)$ 中无直流分量，则输出的已调信号就是无载波分量的双边带调制信号，或称抑制载波双边带（DSB-SC）调制信号，简称双边带（DSB）信号。DSB 调制器模型如图 4-7 所示，可知将调制信号与高频载波直接相乘即可得到 DSB 信号。

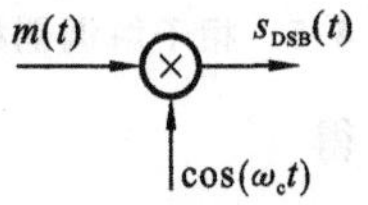

图 4-7 DSB 调制器模型

根据 DSB 调制器模型可以写出 DSB 信号的时域表达式为

$$s_{\mathrm{DSB}}(t)=m(t)\cos(\omega_c t) \tag{4-15}$$

DSB 信号的波形如图 4-8 所示，在调制信号 $m(t)$ 的过零点处，$s_{\mathrm{DSB}}(t)$ 波形的包络（图中虚线所示）也出现零点，并且在此零点的两边高频载波相位有 180°的突变，因此，DSB 信号的包络不再与调制信号 $m(t)$ 的变化规律一致，而是按 $|m(t)|$ 的规律变化。显然，接收端不能采用简单的包络检波器从 DSB 中恢复调制信号 $m(t)$。

2. DSB 信号的频谱及带宽

对式（4-15）求傅里叶变换，运用频移定理，可得到 DSB 信号的频谱为

$$S_{\mathrm{DSB}}(\omega)=\frac{1}{2}[M(\omega-\omega_c)+M(\omega+\omega_c)] \tag{4-16}$$

式中，$S_{\mathrm{DSB}}(\omega)$ 是 DSB 信号的频谱。

DSB 信号的频谱如图 4-9 所示。

比较图 4-4 和图 4-9 可以看出，DSB 信号的频谱只比 AM 信号的频谱少了一个载波分量，其他完全相同。$S_{\mathrm{DSB}}(\omega)$ 是调制信号 $m(t)$ 的频谱 $M(\omega)$ 的线性搬移，仍由上下对称的两个边带组成，可见 DSB 信号也是双边带信号，它的带宽与 AM 信号的带宽相同，都是调制信号带宽的两倍，即

$$B_{\mathrm{DSB}}=B_{\mathrm{AM}}=2B_m=2f_H \tag{4-17}$$

式中，f_H 为调制信号的最高频率。

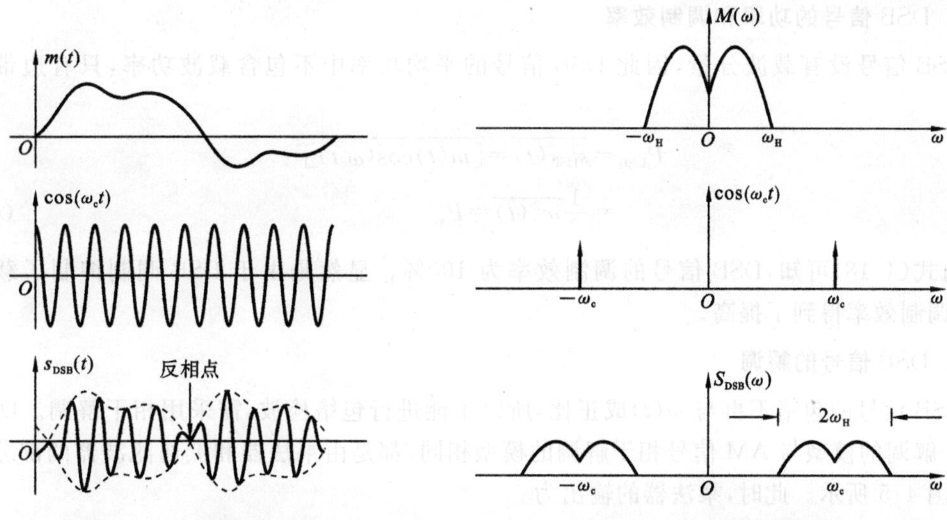

图 4-8 DSB 信号的波形　　　　图 4-9 DSB 信号的频谱

【例 4-3】 已调信号 $s_m(t)=\cos(\Omega t)\cos(\omega_c t)$，$\omega_c=6\ \Omega$，试画出其波形图和频谱图。

解 $s_m(t)$可视为一个 DSB 信号，由 $\omega_c=6\ \Omega$ 可画出 $s_m(t)$的波形图如图 4-10 所示。设 $s_m(t)$的傅里叶变换为 $S_M(\omega)$，则有

$$S_M(\omega)=\frac{\pi}{2}[\delta(\omega+\Omega+\omega_c)+\delta(\omega+\Omega-\omega_c)+\delta(\omega-\Omega+\omega_c)+\delta(\omega-\Omega+\omega_c)]$$

$$=\frac{\pi}{2}[\delta(\omega+7\Omega)+\delta(\omega-5\Omega)+\delta(\omega+5\Omega)+\delta(\omega-7\Omega)]$$

$s_m(t)$的频谱图如图 4-11 所示。

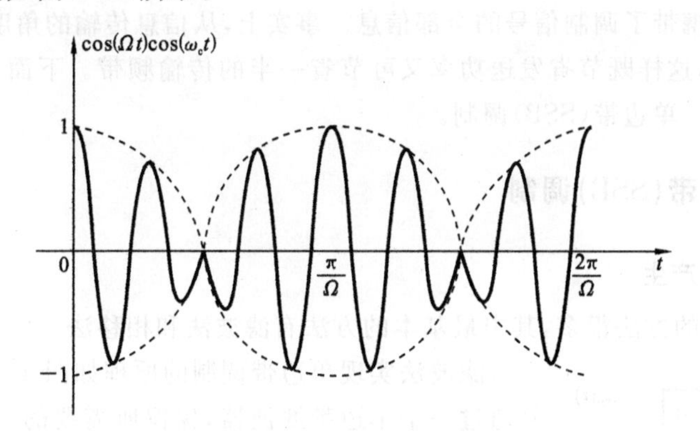

图 4-10　$s_m(t)$的波形图

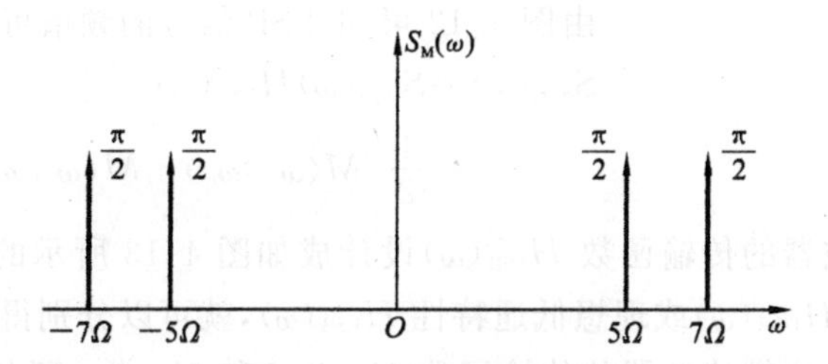

图 4-11　$s_m(t)$的频谱图

3. DSB 信号的功率和调制效率

DSB 信号没有载波分量，因此 DSB 信号的平均功率中不包含载波功率，只有边带功率 P_s，即

$$P_{DSB}=\overline{s_{DSB}^2(t)}=\overline{[m(t)\cos(\omega_c t)]^2}$$
$$=\frac{1}{2}\overline{m^2(t)}=P_s \tag{4-18}$$

由式(4-18)可知，DSB 信号的调制效率为 100%。显然是由于 DSB 调制抑制了载波分量，使调制效率得到了提高。

4. DSB 信号的解调

DSB 信号的包络不再与 $m(t)$成正比，所以不能进行包络检波，需采用相干解调。DSB 信号相干解调的模型与 AM 信号相干解调的模型相同，都是由乘法器和低通滤波器两部分组成的，如图 4-5 所示。此时，乘法器的输出为

$$s_{DSB}(t)\cdot\cos(\omega_c t)=m(t)\cos^2(\omega_c t)=\frac{1}{2}m(t)+\frac{1}{2}m(t)\cos(2\omega_c t) \tag{4-19}$$

经低通滤波器滤除，得

$$m_o(t)=\frac{1}{2}m(t) \tag{4-20}$$

显然，解调器的输出与调制信号 $m(t)$成正比，说明图 4-5 所示的解调器能正确解调 DSB 信号。

与 AM 调制相比，DSB 调制节省了载波发射功率，调制效率提高到了 100%。但是，DSB 调制信号的频带宽度同样是调制信号带宽的 2 倍，仍然包括上、下两个完全对称的边带，而其中任何一个边带都携带了调制信号的全部信息。事实上，从信息传输的角度来考虑，仅传输其中一个边带就够了，这样既节省发送功率又可节省一半的传输频带。下面来讨论只传送一个边带的调制方式——单边带(SSB)调制。

4.2.3 单边带(SSB)调制

1. SSB 信号的产生

产生 SSB 信号的方法很多，其中最基本的方法有滤波法和相移法。

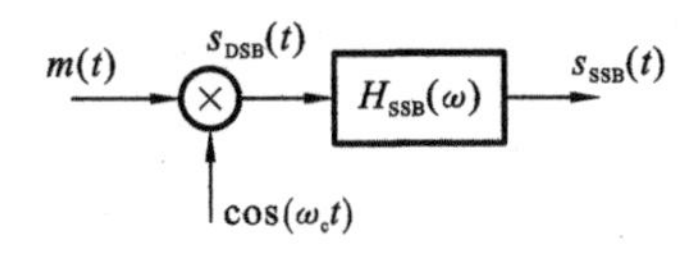

图 4-12 滤波法

滤波法实现单边带调制的原理如图 4-12 所示，让 DSB 信号通过一个单边带滤波器，保留所需要的一个边带，滤除不需要的另一个边带，即可得到 SSB 信号。

由图 4-12 可知，SSB 信号的频谱可表示为

$$S_{SSB}(\omega)=S_{DSB}(\omega)H_{LSB}(\omega)$$
$$=\frac{1}{2}[M(\omega-\omega_c)+M(\omega+\omega_c)]H_{LSB}(\omega) \tag{4-21}$$

只需将单边带滤波器的传输函数 $H_{SSB}(\omega)$设计成如图 4-13 所示的单边带滤波器的滤波特性，即理想高通特性$H_{USB}(\omega)$或理想低通特性 $H_{LSB}(\omega)$，就可以分别得到上边带和下边带。

上边带滤波器和下边带滤波器的传输函数 $H_{USB}(\omega)$和 $H_{LSB}(\omega)$可分别表示为

$$H_{\mathrm{SSB}}(\omega)=H_{\mathrm{USB}}(\omega)=\begin{cases}1, & |\omega|>\omega_{\mathrm{c}} \\ 0, & |\omega|\leqslant\omega_{\mathrm{c}}\end{cases} \tag{4-22}$$

$$H_{\mathrm{SSB}}(\omega)=H_{\mathrm{LSB}}(\omega)=\begin{cases}1, & |\omega|<\omega_{\mathrm{c}} \\ 0, & |\omega|\geqslant\omega_{\mathrm{c}}\end{cases} \tag{4-23}$$

用滤波法产生 SSB 信号如图 4-14 所示。

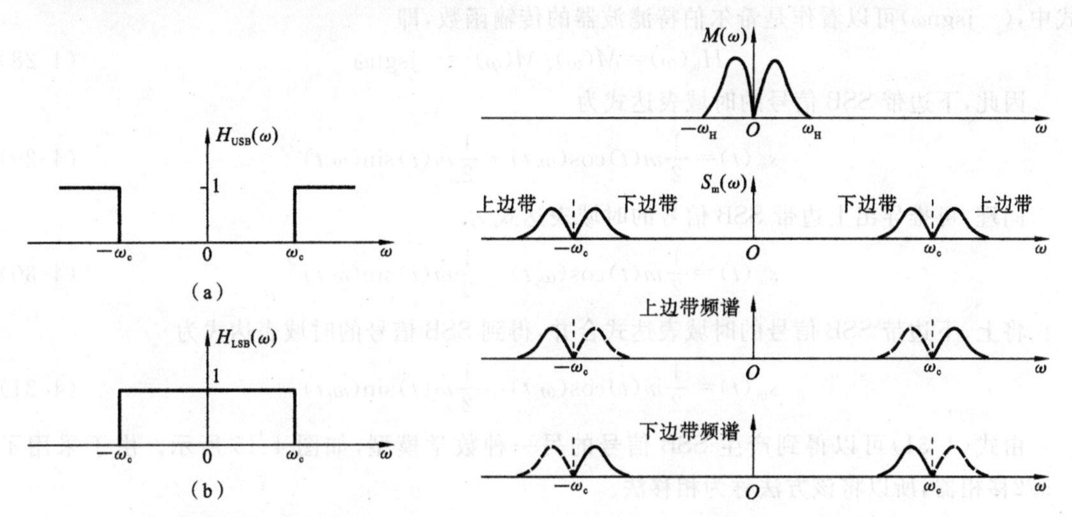

图 4-13　单边带滤波器的滤波特性

图 4-14　用滤波法产生 SSB 信号

图 4-14 中，$M(\omega)$为基带信号的频谱，$S_{\mathrm{m}}(\omega)$为 DSB 信号的频谱。

用滤波法形成 SSB 信号的原理框图简洁、直观，但存在的一个重要问题是单边带滤波器不易制作。这是因为理想特性的滤波器是不可能做到的，实际滤波器从通带到阻带总有一个过渡带。而一般调制信号都具有丰富的低频成分，经过调制后得到的 DSB 信号的上、下边带之间的间隔很窄，如果希望通过一个边带而滤除另一个，要求单边带滤波器在 f_{c} 附近具有陡峭的截止特性——即很小的过渡带，这就使得滤波器的设计与制作很困难，有时甚至难以实现。为此，实际中往往采用多级调制的办法，即在低频上形成单边带信号，然后通过变频将频谱搬移到更高的载频。

由图 4-14 可知，下边带 SSB 信号可以由一个 DSB 信号通过如图 4-13(b)所示的理想低通滤波器获得，因此，下边带信号可以表示为

$$S_{\mathrm{SSB}}(\omega)=S_{\mathrm{DSB}}(\omega)H_{\mathrm{LSB}}(\omega)=\frac{1}{2}[M(\omega-\omega_{\mathrm{c}})+M(\omega+\omega_{\mathrm{c}})]H_{\mathrm{LSB}}(\omega) \tag{4-24}$$

式中，$H_{\mathrm{LSB}}(\omega)$是图 4-13(b)所示的理想低通滤波器的传输函数，可表示为

$$H_{\mathrm{LSB}}(\omega)=\frac{1}{2}[\mathrm{sgn}(\omega+\omega_{\mathrm{c}})-\mathrm{sgn}(\omega-\omega_{\mathrm{c}})] \tag{4-25}$$

将式(4-25)代入式(4-24)，可得

$$S_{\mathrm{SSB}}(\omega)=\frac{1}{4}[M(\omega+\omega_{\mathrm{c}})+M(\omega-\omega_{\mathrm{c}})]+\frac{1}{4}[M(\omega+\omega_{\mathrm{c}})\mathrm{sgn}(\omega+\omega_{\mathrm{c}})-M(\omega-\omega_{\mathrm{c}})\mathrm{sgn}(\omega-\omega_{\mathrm{c}})] \tag{4-26}$$

由傅里叶变换的性质，可得

$$\frac{1}{4}[M(\omega+\omega_{\mathrm{c}})+M(\omega-\omega_{\mathrm{c}})]\Leftrightarrow\frac{1}{2}m(t)\cos(\omega_{\mathrm{c}}t)$$

$$\frac{1}{4}[M(\omega+\omega_c)\text{sgn}(\omega+\omega_c)-M(\omega-\omega_c)\text{sgn}(\omega-\omega_c)]\Leftrightarrow\frac{1}{2}\hat{m}(t)\sin(\omega_c t)$$

式中，$\hat{m}(t)$是$m(t)$的希尔伯特变换，它是将$m(t)$的所有频率分量移相$-\pi/2$得到的信号。

设$M(\omega)$是$m(t)$的傅里叶变换，则有

$$\hat{M}(\omega)=M(\omega)(-\text{jsgn}\omega) \tag{4-27}$$

式中，$(-\text{jsgn}\omega)$可以看作是希尔伯特滤波器的传输函数，即

$$H_h(\omega)=\hat{M}(\omega)/M(\omega)=-\text{jsgn}\omega \tag{4-28}$$

因此，下边带 SSB 信号的时域表达式为

$$s_m(t)=\frac{1}{2}m(t)\cos(\omega_c t)+\frac{1}{2}\hat{m}(t)\sin(\omega_c t) \tag{4-29}$$

同理，可推导出上边带 SSB 信号的时域表达式为

$$s_m(t)=\frac{1}{2}m(t)\cos(\omega_c t)-\frac{1}{2}\hat{m}(t)\sin(\omega_c t) \tag{4-30}$$

将上、下边带 SSB 信号的时域表达式合并，得到 SSB 信号的时域表达式为

$$s_m(t)=\frac{1}{2}m(t)\cos(\omega_c t)\mp\frac{1}{2}\hat{m}(t)\sin(\omega_c t) \tag{4-31}$$

由式(4-31)可以得到产生 SSB 信号的另一种数学模型，如图 4-15 所示。由于采用了$-\pi/2$移相器，所以将该方法称为相移法。

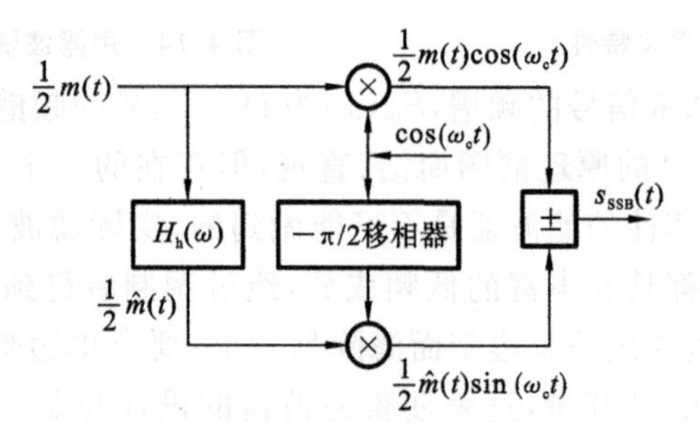

图 4-15　相移法产生 SSB 信号

2. SSB 信号的带宽、功率和调制效率

由于 SSB 信号的频谱是 DSB 信号频谱的一个边带，因此其带宽为 DSB 信号带宽的一半，与调制信号的带宽相同，即

$$B_{SSB}=\frac{1}{2}B_{DSB}=B_m=f_H \tag{4-32}$$

式中，B_m为调制信号的带宽，f_H为调制信号的最高频率。

同理，SSB 信号的平均功率也应为 DSB 信号的平均功率的一半，即

$$P_{SSB}=\frac{1}{2}P_{DSB}=\frac{1}{4}\overline{m^2(t)} \tag{4-33}$$

由于$m(t)$、$\cos(\omega_c t)$与$\hat{m}(t)$、$\sin(\omega_c t)$各自正交，所以它们乘积的平均值为零。另外，调制信号的平均功率与调制信号经移相后的所得信号的功率是一样的，即有

$$\frac{1}{2}\overline{m^2(t)}=\frac{1}{2}\overline{\hat{m}^2(t)} \tag{4-34}$$

所以 SSB 信号的平均功率也可以直接按定义求出，即

$$
\begin{aligned}
P_{\mathrm{SSB}} &= \overline{s_{\mathrm{SSB}}^2(t)} = \frac{1}{4}\overline{[m(t)\cos(\omega_c t) \mp \hat{m}(t)\sin(\omega_c t)]^2} \\
&= \frac{1}{4}\left[\frac{1}{2}\overline{m^2(t)} + \frac{1}{2}\overline{\hat{m}^2(t)} \mp 2\overline{m(t)\hat{m}(t)\cos(\omega_c t)\sin(\omega_c t)}\right] \\
&= \frac{1}{4}\overline{m^2(t)}
\end{aligned}
\tag{4-35}
$$

SSB信号是DSB信号的一个边带，所以SSB信号的平均功率不包含载波功率，只有边带功率，因此SSB信号的调制效率为100%。

3. SSB信号的解调

从SSB信号的调制原理图中不难看出，SSB信号的包络不再与调制信号 $m(t)$ 成正比，因此SSB信号的解调也不能采用简单的包络检波，需采用相干解调，如图4-16所示。

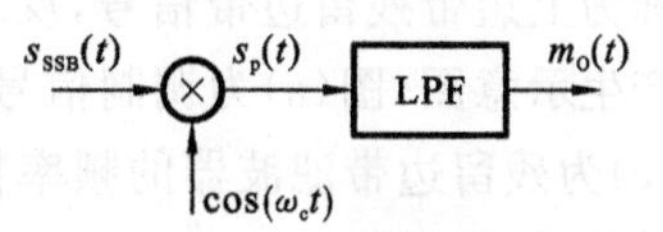

图4-16　SSB信号的相干解调

图4-16中，乘法器的输出为

$$
\begin{aligned}
s_p(t) &= s_{\mathrm{SSB}}(t)\cdot\cos(\omega_c t) = \frac{1}{2}[m(t)\cos(\omega_c t) \mp \hat{m}(t)\sin(\omega_c t)]\cos(\omega_c t) \\
&= \frac{1}{2}m(t)\cos^2(\omega_c t) \mp \frac{1}{2}\hat{m}(t)\cos(\omega_c t)\sin(\omega_c t) \\
&= \frac{1}{4}m(t) + \frac{1}{4}m(t)\cos(2\omega_c t) \mp \frac{1}{4}\hat{m}(t)\sin(2\omega_c t)
\end{aligned}
$$

经低通滤波后输出为

$$
m_o(t) = \frac{1}{4}m(t)
$$

可知，解调器的输出与调制信号 $m(t)$ 成正比，说明图4-16所示的解调器能正确解调SSB信号。

由上述分析可知，SSB调制的优点是其频带宽度窄、信号功率小，两者都只有DSB信号的一半，缺点是单边带滤波器实现难度较大。

4.2.4　残留边带(VSB)调制

1. VSB信号的产生

残留边带调制是介于单边带调制与双边带调制之间的一种调制方式，它既克服了双边带信号占用频带宽的问题，又解决了单边带滤波器不易实现的难题。图4-17是滤波法产生VSB信号的原理图。

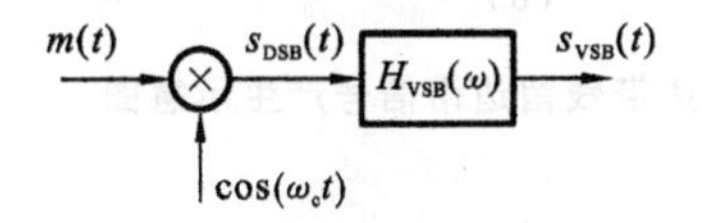

图4-17　滤波法产生VSB信号的原理

图中的 $H_{\mathrm{VSB}}(\omega)$ 为残留边带滤波器，即VSB信号是由DSB信号通过残留边带滤波器后得到的。由图4-17可得残留边带信号的频域表达式为

$$
S_{\mathrm{VSB}}(\omega) = S_{\mathrm{DSB}}(\omega)H_{\mathrm{VSB}}(\omega) = \frac{1}{2}[M(\omega-\omega_c) + M(\omega+\omega_c)]H_{\mathrm{VSB}}(\omega) \tag{4-36}
$$

VSB调制与SSB调制不同，它不是将一个边带完全抑制，而是部分抑制，使其仍残留一小部分。残留边带滤波器的传输函数 $H_{\mathrm{VSB}}(\omega)$ 在载频 ω_c 两侧有一定的过渡带，只要过渡带特性在 $|\omega|=\omega_c$ 处具有任意奇对称(互补对称)特性，就可以保证接收端在采用相干解调时，无失真

地恢复出调制信号。为了保证相干解调时无失真地得到调制信号，残留边带滤波器的传输函数 $H_{\mathrm{VSB}}(\omega)$ 在载频 ω_c 附近必须具有互补对称性，即残留边带滤波器的传输函数 $H_{\mathrm{VSB}}(\omega)$ 必须满足

$$H_{\mathrm{VSB}}(\omega+\omega_c)+H_{\mathrm{VSB}}(\omega-\omega_c)=\text{常数}, \quad |\omega|\leqslant\omega_H \tag{4-37}$$

式中，ω_H 是调制信号的截止角频率。

满足式(4-37)的残留边带滤波器传输特性实例如图 4-18 所示，图(a)为上边带残留的下边带滤波器的传输特性，图(b)为下边带残留的上边带滤波器的传输特性。

如果双边带信号通过残留边带滤波器后，输出信号中保留上边带和下边带的一小部分，就称为上边带残留边带信号，反之就称为下边带残留边带信号。图 4-19 为上边带残留边带信号产生示意图，图(a)为调制信号 $m(t)$ 的频谱，其最大角频率为 ω_H；图(b)为 DSB 信号的频谱；图(c)为残留边带滤波器的频率特性，残留边带滤波器的过渡带宽为 $2\omega_a$；图(d)为上边带残留边带信号的频谱。

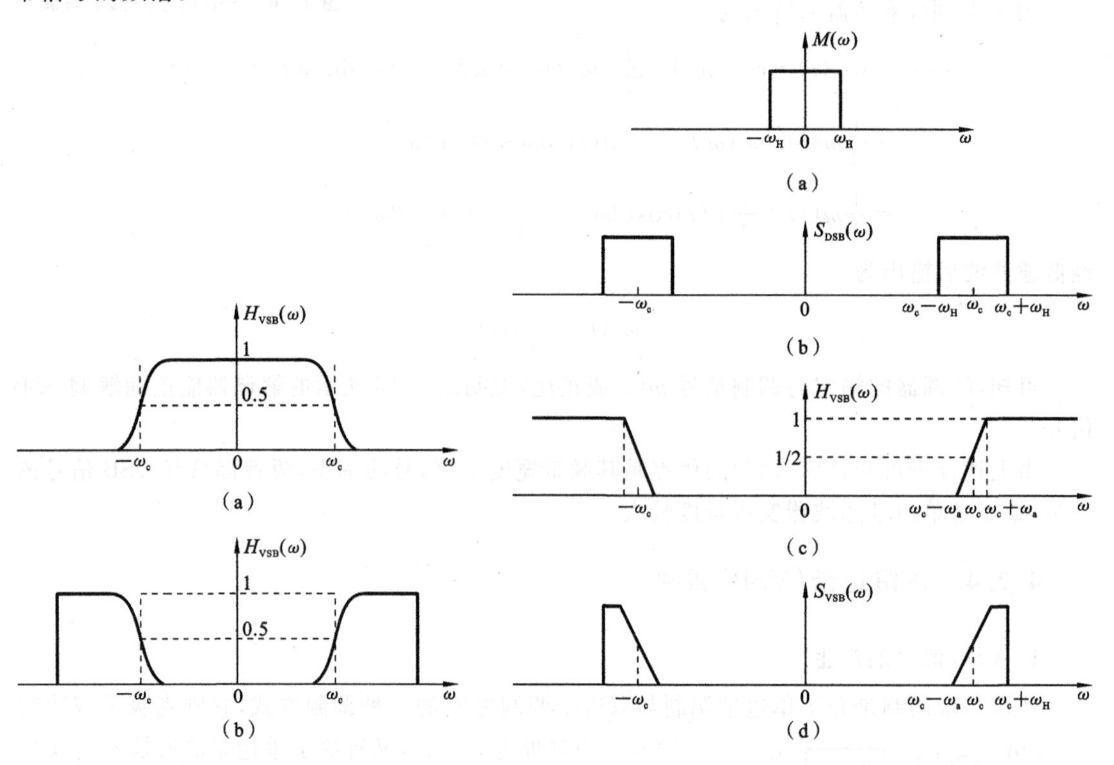

图 4-18　残留边带滤波器传输特性实例

图 4-19　上边带残留边带信号产生示意图

2. VSB 信号的解调

残留边带信号的解调显然不能简单地采用包络检波法，而必须采用图 4-20 所示的相干解调。

$s_{\mathrm{VSB}}(t)$ → × → $s_p(t)$ → LPF → $m_o(t)$；$\cos(\omega_c t)$

图 4-20　VSB 信号的相干解调

图 4-20 中，乘法器输出为

$$s_p(t)=s_{\mathrm{VSB}}(t)\cos(\omega_c t) \tag{4-38}$$

相应的频域表达式为

$$S_p(\omega)=\frac{1}{2}[S_{\mathrm{VSB}}(\omega-\omega_c)+S_{\mathrm{VSB}}(\omega+\omega_c)] \tag{4-39}$$

将式(4-36)代入式(4-39),得

$$
\begin{aligned}
S_{\mathrm{p}}(\omega) &= \frac{1}{4}H_{\mathrm{VSB}}(\omega-\omega_{\mathrm{c}})[M(\omega-2\omega_{\mathrm{c}})+M(\omega)] \\
&\quad +\frac{1}{4}H_{\mathrm{VSB}}(\omega+\omega_{\mathrm{c}})[M(\omega)+M(\omega+2\omega_{\mathrm{c}})] \\
&= \frac{1}{4}M(\omega)[H_{\mathrm{VSB}}(\omega-\omega_{\mathrm{c}})+H_{\mathrm{VSB}}(\omega+\omega_{\mathrm{c}})] \\
&\quad +\frac{1}{4}[M(\omega-2\omega_{\mathrm{c}})H_{\mathrm{VSB}}(\omega-\omega_{\mathrm{c}})+M(\omega+2\omega_{\mathrm{c}})H_{\mathrm{VSB}}(\omega+\omega_{\mathrm{c}})]
\end{aligned} \tag{4-40}
$$

式中,$M(\omega+2\omega_{\mathrm{c}})$及$M(\omega-2\omega_{\mathrm{c}})$是搬移到$+2\omega_{\mathrm{c}}$和$-2\omega_{\mathrm{c}}$处的频谱,它们可以由解调器中的低通滤波器滤除。于是,经 LPF 滤除得到解调器的输出为

$$M_{\mathrm{o}}(\omega)=\frac{1}{4}M(\omega)[H_{\mathrm{VSB}}(\omega-\omega_{\mathrm{c}})+H_{\mathrm{VSB}}(\omega+\omega_{\mathrm{c}})] \tag{4-41}$$

由式(4-41)可知,为了保证相干解调的输出无失真地重现调制信号$m(t)$,必须要求在$|\omega|\leqslant\omega_{\mathrm{H}}$内,$H_{\mathrm{VSB}}(\omega+\omega_{\mathrm{c}})+H_{\mathrm{VSB}}(\omega-\omega_{\mathrm{c}})=k$(常数),而这正是残留边带滤波器传输函数要求满足的互补对称条件。若设$k=1$,则有

$$M_{\mathrm{o}}(\omega)=\frac{1}{4}M(\omega)$$

$$m_{\mathrm{o}}(t)=\frac{1}{4}m(t)$$

图 4-21 所示的为残留单边带信号的同步解调过程。假设$S_{\mathrm{VSB}}(\omega)$的频谱如图(a)所示,经过与载波信号相乘后,输出频谱$S_{\mathrm{p}}(\omega)$,如图(b)所示;通过低通滤波器后,就解调出原来的基带信号,如图(c)所示。

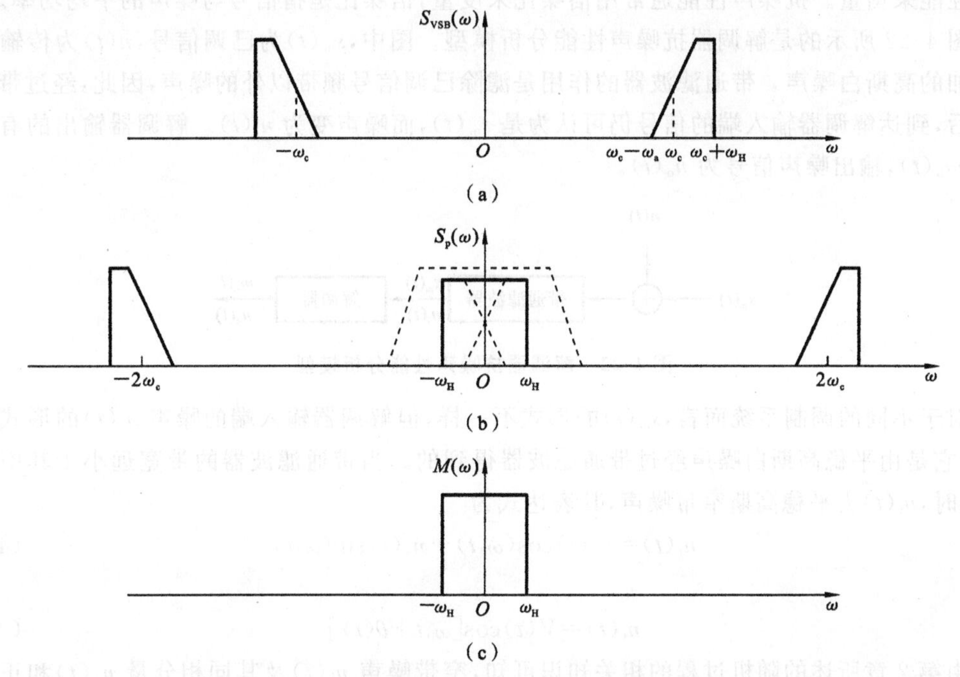

图 4-21 残留单边带信号的同步解调过程

归纳以上分析，可得到 VSB 调制方式的特点如下。

(1) VSB 调制是对于具有丰富低频分量的调制信号的特殊单边带调制。

(2) VSB 信号的带宽为 $B_{VSB}=f_H+f_a$，$f_H=\frac{\omega_H}{2\pi}$为 $M(\omega)$的最高频率，$f_a=\frac{\omega_a}{2\pi}$，$2\omega_a$ 为 $H_{VSB}(\omega)$的过渡带宽。由于 ω_a 的数值不大，VSB 信号的带宽近似等于 SSB 信号的带宽，但 VSB 调制比 SSB 调制更容易实现。

(3) 残留单边带的功率值介于单边带和双边带信号功率之间，即

$$P_{SSB}<P_{VSB}<P_{DSB}$$

由于 VSB 信号是由 DSB 信号通过残留边带滤波器产生的，因此它不包含载波功率，只有边带功率，它的调制效率也为 100%。

由于 VSB 信号的基本性能接近 SSB 信号，而 VSB 调制中的边带滤波器比 SSB 调制中的单边带滤波器容易实现，所以 VSB 调制在广播电视、通信等系统中得到了广泛的应用。

4.3 线性调制系统的抗噪声性能

4.2 节的分析都是在没有噪声的条件下进行的，但实际的通信系统中都不可避免地存在噪声的影响。研究通信系统的特性通常都把信道加性噪声中的起伏噪声作为研究对象，而起伏噪声又可视为高斯白噪声。本节将主要讨论信道中存在加性高斯白噪声时，各种线性调制系统的抗噪声性能。

加性噪声只对已调信号的接收产生影响，因此，调制系统的抗噪声性能可以用解调器的抗噪声性能来衡量。抗噪声性能通常用信噪比来度量，信噪比是指信号与噪声的平均功率之比。

图 4-22 所示的是解调器抗噪声性能分析模型。图中，$s_m(t)$为已调信号，$n(t)$为传输过程中叠加的高斯白噪声。带通滤波器的作用是滤除已调信号频带以外的噪声，因此，经过带通滤波器后，到达解调器输入端的信号仍可认为是 $s_m(t)$，而噪声变为 $n_i(t)$。解调器输出的有用信号为 $m_o(t)$，输出噪声信号为 $n_o(t)$。

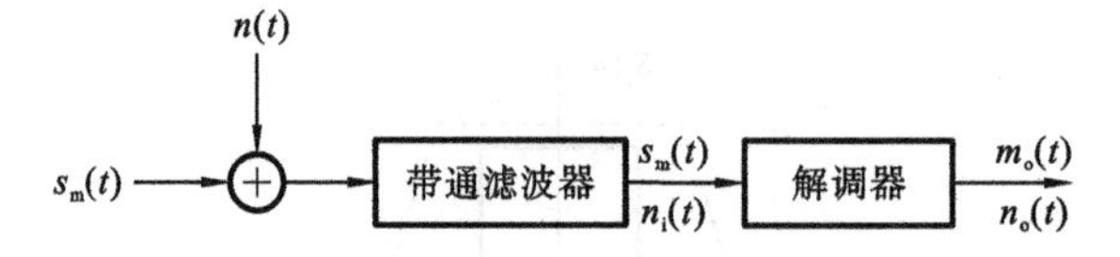

图 4-22 解调器抗噪声性能分析模型

对于不同的调制系统而言，$s_m(t)$的形式不一样，但解调器输入端的噪声 $n_i(t)$的形式是相同的，它是由平稳高斯白噪声经过带通滤波器得到的。当带通滤波器的带宽远小于其中心频率 ω_0 时，$n_i(t)$为平稳高斯窄带噪声，其表达式为

$$n_i(t)=n_c(t)\cos(\omega_0 t)-n_s(t)\sin(\omega_0 t) \tag{4-42}$$

或者

$$n_i(t)=V(t)\cos[\omega_0 t+\theta(t)] \tag{4-43}$$

由第 2 章所述的随机过程的相关知识可知，窄带噪声 $n_i(t)$及其同相分量 $n_c(t)$和正交分量 $n_s(t)$的均值都为 0，且具有相同的平均功率，即

$$\overline{n_i^2(t)}=\overline{n_c^2(t)}=\overline{n_s^2(t)}=N_i \tag{4-44}$$

式中，N_i 为解调器输入噪声 $n_i(t)$ 的平均功率。

若白噪声的双边功率谱为 $n_0/2$，带通滤波器传输特性是高度为1、带宽为 B 的矩形函数（见图4-23），则有

$$N_i=n_0 B \tag{4-45}$$

为了使已调信号无失真地进入解调器，同时又最大限度地抑制噪声，带宽 B 应等于已调信号的频带宽度，当然也是窄带噪声 $n_i(t)$ 的带宽。

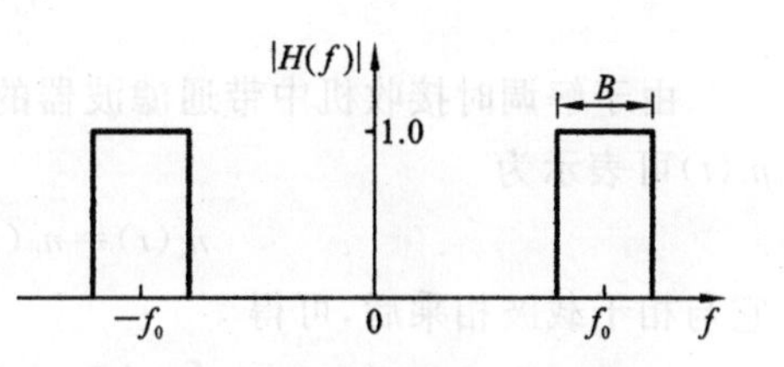

图 4-23 带通滤波器的传输特性

解调器的输出信噪比定义为

$$\frac{S_o}{N_o}=\frac{\text{解调器输出有用信号的平均功率}}{\text{解调器输出噪声的平均功率}}=\frac{\overline{m_o^2(t)}}{\overline{n_o^2(t)}} \tag{4-46}$$

输出信噪比与调制方式有关，也与解调方式有关，因此，在已调信号平均功率相同且信道噪声功率谱也相同的情况下，输出信噪比反映了系统的抗噪声性能。

为了便于衡量同类调制系统不同解调器对输入信噪比的影响，还可以用输出信噪比和输入信噪比的比值 G 来表示抗噪声性能，即

$$G=\frac{S_o/N_o}{S_i/N_i} \tag{4-47}$$

显然，G 越大，表明解调器的抗噪声性能越好。

下面在给出已调信号和单边噪声功率谱的情况下，分析各种解调器的输入、输出信噪比，并在此基础上对各种调制系统的抗噪声性能作出评述。

4.3.1 线性调制相干解调的抗噪声性能

图4-24是线性调制相干解调的抗噪声性能分析模型。相干解调属于线性解调，所以在解调过程中，输入信号及噪声可以分别单独解调。

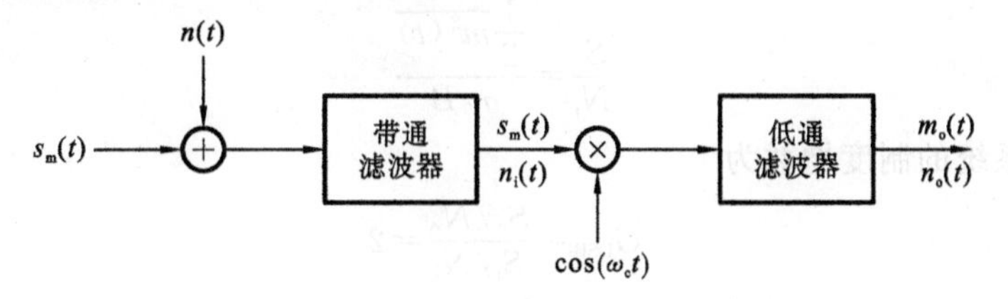

图 4-24 线性调制相干解调的抗噪声性能分析模型

1. DSB调制系统的抗噪声性能

在图4-24中，设解调器输入信号 $s_m(t)$ 为DSB信号，它与相干载波相乘后，可得乘法器输出为

$$m(t)\cos^2(\omega_c t)=\frac{1}{2}m(t)+\frac{1}{2}m(t)\cos(2\omega_c t) \tag{4-48}$$

经低通滤波器滤除去式(4-48)中的高次载波项，可得低通滤波器的输出为

$$m_o(t)=\frac{1}{2}m(t) \tag{4-49}$$

因此，解调器输出端的有用信号功率为

$$S_o=\overline{m_o^2(t)}=\frac{1}{4}\overline{m^2(t)} \tag{4-50}$$

由于解调时接收机中带通滤波器的中心频率与载波频率相同，因此，解调器输入端的噪声 $n_i(t)$ 可表示为

$$n_i(t)=n_c(t)\cos(\omega_c t)-n_s(t)\sin(\omega_c t) \tag{4-51}$$

它与相干载波相乘后，可得

$$\begin{aligned}n_i(t)\cos(\omega_c t)&=[n_c(t)\cos(\omega_c t)-n_s(t)\sin(\omega_c t)]\cos(\omega_c t)\\&=\frac{1}{2}n_c(t)+\frac{1}{2}[n_c(t)\cos(2\omega_c t)-n_s(t)\sin(2\omega_c t)]\end{aligned} \tag{4-52}$$

经过低通滤波器滤除式(4-52)中的高次载波项，可得低通滤波器的输出为

$$n_o(t)=\frac{1}{2}n_c(t) \tag{4-53}$$

所以输出噪声平均功率为

$$N_o=\overline{n_o^2(t)}=\frac{1}{4}\overline{n_c^2(t)} \tag{4-54}$$

由式(4-44)和式(4-45)，有

$$N_o=\frac{1}{4}\overline{n_i^2(t)}=\frac{1}{4}N_i=\frac{1}{4}n_0 B \tag{4-55}$$

由式(4-50)和式(4-55)可得解调器的输出信噪比为

$$\frac{S_o}{N_o}=\frac{\frac{1}{4}\overline{m^2(t)}}{\frac{1}{4}N_i}=\frac{\overline{m^2(t)}}{n_0 B} \tag{4-56}$$

解调器输入信号 $s_m(t)$ 为 DSB 信号，其平均功率为 $\frac{1}{2}\overline{m^2(t)}$，因此，由式(4-56)可得解调器的输入信噪比为

$$\frac{S_i}{N_i}=\frac{\frac{1}{2}\overline{m^2(t)}}{n_0 B} \tag{4-57}$$

所以 DSB 调制系统的制度增益为

$$G_{DSB}=\frac{S_o/N_o}{S_i/N_i}=2 \tag{4-58}$$

式(4-58)表明，DSB 调制系统的相干解调器使信噪比改善了一倍，这是因为输入噪声中的一个正交分量 $n_s(t)$ 在解调过程中被消除了。

2. SSB 调制系统的抗噪声性能

SSB 信号的解调方法与 DSB 信号的相同，区别仅在于接收端带通滤波器的带宽不同，前者带通滤波器的带宽是后者的一半。

在图 4-24 中，设解调器输入信号 $s_m(t)$ 为 SSB 信号，它与相干载波相乘后，再经低通滤波器，可得解调器的输出信号为

$$m_o(t)=\frac{1}{4}m(t) \tag{4-59}$$

因此，输出信号的平均功率为

$$S_o=\overline{m_o^2(t)}=\frac{1}{16}\overline{m^2(t)} \tag{4-60}$$

解调器输入信号的平均功率 S_i 就是 SSB 信号的平均功率，由式(4-33)可得

$$S_i=\frac{1}{4}\overline{m^2(t)} \tag{4-61}$$

解调器的输出噪声功率可由式(4-55)给出，即

$$N_o=\frac{1}{4}N_i=\frac{1}{4}n_0B \tag{4-62}$$

式中，$B=f_H$ 为单边带解调器带通滤波器的带宽。

由式(4-60)和式(4-62)，可得解调器的输出信噪比为

$$\frac{S_o}{N_o}=\frac{\frac{1}{16}\overline{m^2(t)}}{\frac{1}{4}n_0B}=\frac{\overline{m^2(t)}}{4n_0B} \tag{4-63}$$

由式(4-45)和式(4-61)，可得解调器的输入信噪比为

$$\frac{S_i}{N_i}=\frac{\frac{1}{4}\overline{m^2(t)}}{n_0B}=\frac{\overline{m^2(t)}}{4n_0B} \tag{4-64}$$

所以得到制度增益为

$$G_{SSB}=\frac{S_o/N_o}{S_i/N_i}=1 \tag{4-65}$$

有上述分析可知，在相干解调的过程中，噪声和 SSB 信号的正交分量均被抑制掉，所以信噪比没有得到改善。那么，这能否说明双边带调制系统的抗噪声性能比单边带调制系统的好呢？答案是否定的。从上述讨论可知，DSB 信号的平均功率是 SSB 信号的两倍，所以两者的输出信噪比是在输入信号功率不同的条件下得到的。如果在输入信号功率、输入噪声功率谱和调制信号带宽都相同的条件下，对这两种方式进行比较，可以发现它们的输出信噪比是相等的。因此，两者的抗噪声性能是相同的，但双边带信号所需的传输带宽是单边带信号的两倍。

3. VSB 调制系统的抗噪声性能

VSB 调制系统的抗噪声性能的分析方法与 SSB 调制系统的相似，但是 VSB 调制系统采用的残留边带滤波器的频率特性不同，因此其抗噪声性能的计算是比较复杂的。当残留边带的过渡带宽很小时，可以近似地认为其抗噪声性能与 SSB 调制系统的相同。

4.3.2 调幅信号包络检波的抗噪声性能

AM 信号的解调，既可以采用相干解调法，也可以采用包络检波法，一般情况下都选用后者。采用相干解调法时，AM 系统抗噪声性能分析与 DSB 调制系统的分析方法相同。下面主要分析采用包络检波法时 AM 系统的抗噪声性能，此时，图 4-22 所示模型中的解调器为包络检波器，AM 调制包络检波的抗噪声性能分析模型如图 4-25 所示。

设解调器的输入信号为

$$s_m(t)=[A_0+m(t)]\cos(\omega_c t) \tag{4-66}$$

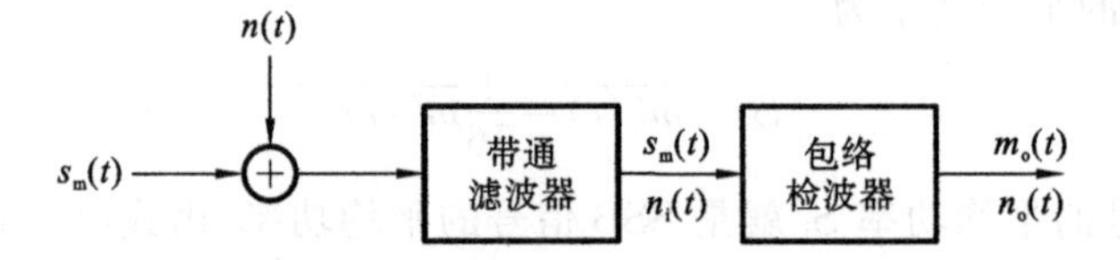

图 4-25 AM 调制包络检波的抗噪声性能分析模型

式中，$m(t)$的均值为 0，$A_0 \geqslant |m(t)|_{\max}$。

此时解调器输入信号的平均功率为

$$S_i = \overline{s_m^2(t)} = \frac{A_0^2}{2} + \frac{\overline{m^2(t)}}{2} \tag{4-67}$$

由于解调器的输入噪声为

$$n_i(t) = n_c(t)\cos(\omega_c t) - n_s(t)\sin(\omega_c t) \tag{4-68}$$

因此，解调器输入噪声的平均功率为

$$N_i = \overline{n_i^2(t)} = n_0 B \tag{4-69}$$

由式(4-67)和式(4-69)可得解调器的输入信噪比为

$$\frac{S_i}{N_i} = \frac{A_0^2 + \overline{m^2(t)}}{2n_0 B}$$

解调器的输入是信号加噪声的混合波形，即

$$s_m(t) + n_i(t) = [A + m(t) + n_c(t)]\cos(\omega_c t) - n_s(t)\sin(\omega_c t) = E(t)\cos[\omega_c t + \psi(t)] \tag{4-70}$$

其中，合成包络为

$$E(t) = \sqrt{[A + m(t) + n_c(t)]^2 + n_s(t)^2} \tag{4-71}$$

合成相位为

$$\psi(t) = \arctan\left[\frac{n_s(t)}{A + m(t) + n_c(t)}\right] \tag{4-72}$$

理想包络检波器的输出就是 $E(t)$，由式(4-71)可知，检波器输出的有用信号与噪声无法完全分开。因此，计算输出信噪比是件困难的事。下面来考虑两种特殊情况。

1. 大信噪比情况

此时，输入信号幅度远大于噪声幅度，即

$$[A_0 + m(t)] \gg \sqrt{n_c(t)^2 + n_s(t)^2} \tag{4-73}$$

所以式(4-71)可简化为

$$\begin{aligned} E(t) &= \sqrt{[A_0 + m(t)]^2 + 2[A_0 + m(t)]n_c(t) + n_c(t)^2 + n_s(t)^2} \\ &\approx \sqrt{[A_0 + m(t)]^2 + 2[A_0 + m(t)]n_c(t)} \approx [A_0 + m(t)]\left[1 + \frac{2n_c(t)}{A_0 + m(t)}\right]^{1/2} \\ &\approx [A_0 + m(t)]\left[1 + \frac{n_c(t)}{A_0 + m(t)}\right] = A_0 + m(t) + n_c(t) \end{aligned} \tag{4-74}$$

这里利用了近似公式

$$(1+x)^{\frac{1}{2}} \approx 1 + \frac{x}{2} \quad (x \gg 1)$$

式(4-74)中的直流分量 A_0 被电容阻隔，有用信号与噪声独立地分成两项，所以可分别计

算出输出有用信号功率和噪声功率为

$$S_o(t)=\overline{m^2(t)} \tag{4-75}$$

$$N_o=\overline{n_c^2(t)}=\overline{n_i^2(t)}=n_0B \tag{4-76}$$

由式(4-75)和式(4-76)可得，包络检波器的输出信噪比为

$$\frac{S_o}{N_o}=\frac{\overline{m^2(t)}}{n_0B} \tag{4-77}$$

由式(4-69)和式(4-77)可得制度增益为

$$G_{AM}=\frac{S_o/N_o}{S_i/N_i}=\frac{2\,\overline{m^2(t)}}{A_0^2+\overline{m^2(t)}} \tag{4-78}$$

由式(4-78)可知，制度增益与A_0的取值有关，A_0越小，制度增益越大。在采用包络检波法时，为了不发生过调幅现象，应有$A_0\geqslant|m(t)|_{max}$，因此制度增益总是小于1。这说明解调器对输入信噪比没有改善，而是恶化了输入信噪比。

可以证明，若采用相干解调法解调AM信号，则得到的调制制度增益与式(4-78)给出的结果相同，由此可见，在大信噪比的情况下，AM调制系统采用包络检波器时的抗噪声性能与采用相干解调器时的性能几乎一样。

2. 小信噪比情况

在小信噪比情况下，噪声幅度远大于信号幅度，即

$$[A_0+m(t)]\ll\sqrt{n_c^2(t)+n_s^2(t)} \tag{4-79}$$

此时，式(4-71)可写为

$$\begin{aligned}E(t)&=\sqrt{[A_0+m(t)]^2+n_c^2(t)+n_s^2(t)+2n_c(t)[A_0+m(t)]}\\&\approx\sqrt{n_c^2(t)+n_s^2(t)+2n_c(t)[A_0+m(t)]}\\&=\sqrt{[n_c^2(t)+n_s^2(t)]\left\{1+\frac{2n_c(t)[A_0+m(t)]}{n_c^2(t)+n_s^2(t)}\right\}}\\&=R(t)\sqrt{1+\frac{2[A_0+m(t)]}{R(t)}\cos\theta(t)}\end{aligned} \tag{4-80}$$

其中，$R(t)$与$\theta(t)$分别代表输入噪声的包络和相位，即

$$R(t)=\sqrt{n_c^2(t)+n_s^2(t)} \tag{4-81}$$

$$\theta(t)=\arctan\left[\frac{n_s(t)}{n_c(t)}\right] \tag{4-82}$$

由于噪声幅度远大于信号幅度，所以可以将式(4-80)近似写为

$$E(t)\approx R(t)\left[1+\frac{[A+m(t)]}{R(t)}\right]=R(t)+[A+m(t)]\cos\theta(t) \tag{4-83}$$

这里利用了近似公式

$$(1+x)^{\frac{1}{2}}\approx1+\frac{x}{2}\quad(x\ll1)$$

式(4-83)中，$E(t)$没有单独的信号项，只有受到$\cos\theta(t)$调制的$m(t)\cos\theta(t)$项。有用信号$m(t)$被随机噪声$\cos\theta(t)$扰乱，因此$m(t)\cos\theta(t)$项也只能被看作是噪声。此时，输出信噪比急剧下降，这种现象称为解调器的“门限效应”。开始出现门限效应时的输入信噪比称为门限值。这种门限效应是由包络检波器的非线性解调作用所引起的。

采用相干解调的方法解调各种线性调制信号时，可分别对信号与噪声进行解调，解调器输出端总是单独存在有用信号项，因此不存在门限效应。

由以上分析可知，在大信噪比情况下，AM 信号包络检波器的抗噪声性能几乎与相干解调器的相同，但随着信噪比的减小，包络检波器将在一个特定输入信噪比值上出现门限效应，一旦出现门限效应，解调器的输出信噪比将急剧恶化。

4.4　非线性调制

非线性调制虽然也要完成对基带信号频谱的搬移，但与线性调制不同的是，它所形成的已调信号频谱不再保持原来基带信号频谱的结构，且已调信号频谱中可能出现与调制信号频率无对应线性关系的分量，即出现“新的频率分量”。非线性调制是在保持载波幅度不变的情况下，使载波的频率或相位随基带信号的变化规律而变化。由于频率和相位的变化都可以视为是载波角度的变化，因此，非线性调制又称角度调制，它包括相位调制（PM）和频率调制（FM）。

频率调制是用调制信号（基带信号）去控制载波信号的频率，使载波的瞬时频率按调制信号的变化规律而变化；相位调制是用调制信号去控制载波信号的相位，使载波的瞬时相位按调制信号的变化规律而变化。

4.4.1　相位调制与频率调制

任何一个正弦载波，当它的幅度保持不变时，可表示为

$$c(t)=A\cos\theta(t) \tag{4-84}$$

式中，$\theta(t)$为正弦载波的瞬时相位。如果对瞬时相位$\theta(t)$进行求导，可得到载波的瞬时角频率$\omega(t)$，即

$$\omega(t)=\frac{\mathrm{d}\theta(t)}{\mathrm{d}t} \tag{4-85}$$

$\omega(t)$与$\theta(t)$的关系可表示为

$$\theta(t)=\int_{-\infty}^{t}\omega(\tau)\mathrm{d}\tau \tag{4-86}$$

角度调制信号的一般表达式可以写为

$$s_{\mathrm{m}}(t)=A\cos[\omega_{\mathrm{c}}t+\varphi(t)] \tag{4-87}$$

式中，A为载波的恒定振幅，$\omega_{\mathrm{c}}t+\varphi(t)$为已调信号的瞬时相位，$\varphi(t)$为相对于载波相位$\omega_{\mathrm{c}}t$的瞬时相位偏移。$\mathrm{d}[\omega_{\mathrm{c}}t+\varphi(t)]/\mathrm{d}t$为已调信号的瞬时角频率，$\mathrm{d}\varphi(t)/\mathrm{d}t$为相对于载频$\omega_{\mathrm{c}}$的瞬时角频偏。

1. 相位调制(PM)

相位调制是已调信号的瞬时相位偏移$\varphi(t)$随调制信号$m(t)$成比例变化的调制，即有

$$\varphi(t)=K_{\mathrm{P}}m(t) \tag{4-88}$$

式中，K_{P}为相移常数，其值取决于具体的相位调制实现电路，它代表相位调制器的灵敏度。

将式(4-88)代入式(4-87)，可得调相信号的表达式为

$$s_{PM}(t)=A\cos[\omega_c t+K_P m(t)] \tag{4-89}$$

式(4-89)中调相信号的瞬时相位 $\theta(t)$ 为

$$\theta(t)=\omega_c t+K_P m(t) \tag{4-90}$$

瞬时角频率 $\omega(t)$ 为

$$\omega(t)=\frac{d\theta(t)}{dt}=\omega_c+K_P\frac{dm(t)}{dt} \tag{4-91}$$

由式(4-90)和式(4-91)可知，调相信号的瞬时相位 $\theta(t)$ 与调制信号 $m(t)$ 呈线性关系，其瞬时角频率 $\omega(t)$ 与调制信号的导数 $\frac{dm(t)}{dt}$ 呈线性关系。

2. 频率调制(FM)

频率调制是已调信号的瞬时角频率偏移 $\frac{d\varphi(t)}{dt}$ 随调制信号 $m(t)$ 成比例变化的调制，即有

$$\Delta\omega(t)=\frac{d\varphi(t)}{dt}=K_F m(t) \tag{4-92}$$

式中，K_F 为频移常数，其值由实际的频率调制电路决定，它代表调频器的灵敏度。

调频信号的瞬时相位偏移为

$$\varphi(t)=K_F\int_{-\infty}^{t}m(\tau)d\tau \tag{4-93}$$

将式(4-93)代入式(4-87)，则可得调频信号的表达式为

$$s_{FM}(t)=A\cos\left[\omega_c t+K_F\int_{-\infty}^{t}m(\tau)d\tau\right] \tag{4-94}$$

由式(4-94)可知，调频信号的瞬时相位 $\theta(t)$ 为

$$\theta(t)=\omega_c t+K_F\int_{-\infty}^{t}m(\tau)d\tau \tag{4-95}$$

瞬时角频率 $\omega(t)$ 为

$$\omega(t)=\frac{d\theta(t)}{dt}=\omega_c+K_F m(t) \tag{4-96}$$

最大角频率偏移为

$$\Delta\omega_{max}=K_F|m(t)|_{max} \tag{4-97}$$

由式(4-95)和式(4-96)可知，调频信号的瞬时相位 $\theta(t)$ 与调制信号的积分呈线性关系，其瞬时角频率 $\omega(t)$ 与调制信号 $m(t)$ 呈线性关系。

3. 相位调制与频率调制的关系

比较式(4-90)和式(4-96)可知，相位的变化和角频率的变化均引起角度的变化，所以相位调制和频率调制统称为角度调制。由式(4-89)和式(4-94)可知，调相信号与调频信号的区别仅仅在于前者的相位偏移是随调制信号 $m(t)$ 线性变化的，而后者的相位偏移是随 $m(t)$ 的积分呈线性变化的，如果预先不知道调制信号 $m(t)$ 的具体形式，则很难判断已调信号是调相信号还是调频信号。下面以单频余弦信号调制为例加以说明。

设调制信号 $m(t)$ 为单频余弦信号，即

$$m(t)=A_m\cos(\omega_m t)=A_m\cos(2\pi f_m t) \tag{4-98}$$

由式(4-89)可得调相信号为

$$s_{PM}(t)=A\cos[\omega_c t+K_P A_m\cos(\omega_m t)]=A\cos[\omega_c t+m_p\cos(\omega_m t)] \tag{4-99}$$

式中，m_p 为调相指数，关系式为

$$m_p=K_P A_m \tag{4-100}$$

其数值为调相信号的最大相位偏移。

调相信号的瞬时角频率 $\omega(t)$ 为

$$\omega(t)=\frac{d\theta(t)}{dt}=\omega_c-K_P A_m\omega_m\sin(\omega_m t)$$
$$=\omega_c-m_p\omega_m\sin(\omega_m t)$$

调相信号的最大角频率偏移为

$$\Delta\omega_{max}=m_p\omega_m=K_P A_m\omega_m \tag{4-101}$$

如果用单频余弦信号对载波进行角频率调制，则由式(4-94)可得调频信号表达式为

$$s_{FM}(t)=A\cos\left[\omega_c t+K_F A_m\int_{-\infty}^{t}\cos(\omega_m t)dt\right]$$
$$=A\cos[\omega_c t+m_f\sin(\omega_m t)] \tag{4-102}$$

式中，$m_f=K_F A_m/\omega_m$ 称为调频指数，其数值为调频信号最大的相位偏移。

$\Delta\omega_{max}=K_F A_m$ 称为最大角频率偏移。

$$m_f=\frac{K_F A_m}{\omega_m}=\frac{\Delta\omega_{max}}{\omega_m}=\frac{\Delta f_{max}}{f_m} \tag{4-103}$$

由式(4-99)和式(4-102)可画出单频调制时的调相信号和调频信号波形，分别如图 4-26(a)、(b)所示。

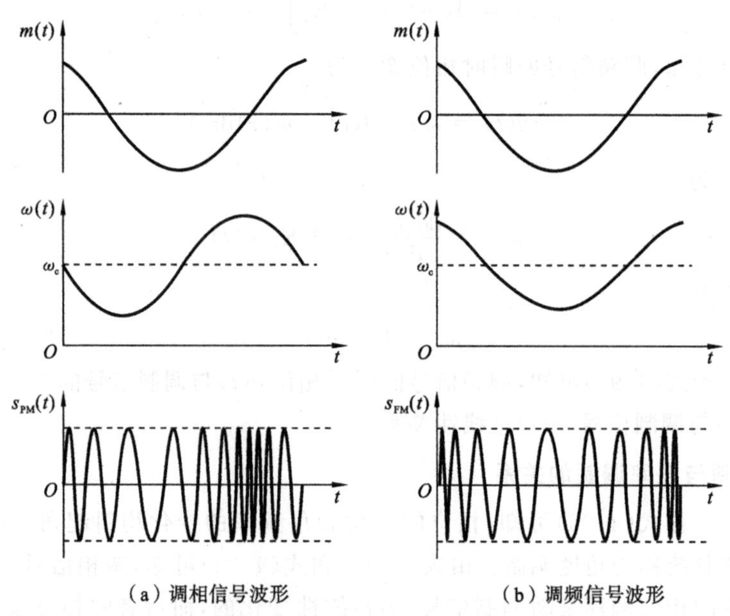

图 4-26　单频调制时的调相信号和调频信号波形

由于瞬时角频率与瞬时相位之间存在着确定的关系，所以调相信号和调频信号可以互相转换。先对调制信号进行微分，然后用微分信号对载波进行调频，则调频器的输出信号等效于调相信号，这种调相方式称为间接调相。同样，先对调制信号先进行积分，然后用积分信号对载波进行调相，则调相器输出信号等效于调频信号，这种调频方式为间接调频。直接调相和间

接调相如图 4-27 所示，直接调频和间接调频如图 4-28 所示。由于实际相位调制器的调节范围不可能超出$(-\pi,\pi)$的范围，因而直接调相和间接调频仅适用于相位偏移和角频率偏移不大的窄带调制情况，而直接调频和间接调相常用于宽带调制情况。

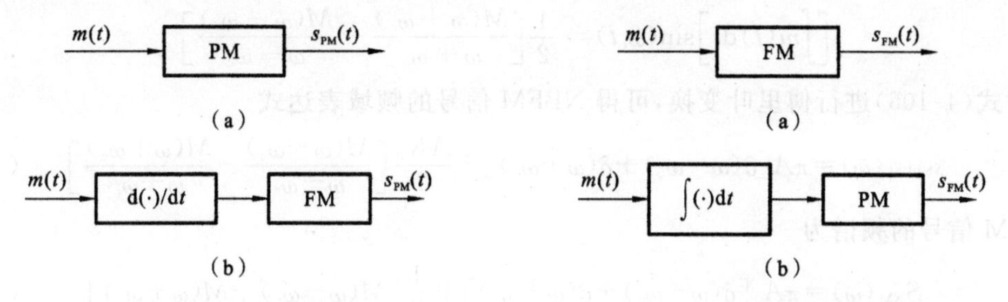

图 4-27 直接调相和间接调相　　　图 4-28 直接调频和间接调频

从以上分析可知，调频与调相并无本质区别，两者之间可以互换。在实际系统中，FM 系统的抗噪声性能优于 PM 系统的，因此，在质量要求高或信道噪声大的通信系统（如调频广播、电视伴音、移动通信及模拟微波中继等通信系统）中，频率调制应用更为广泛。下面将主要讨论频率调制。

4.4.2 窄带调频与宽带调频

根据调频信号瞬时相位偏移的大小，可将频率调制分为宽带调频（WBFM）与窄带调频（NBFM），两者的区分并无严格的界限，但通常认为由调频所引起的最大瞬时相位偏移远小于 30°，即

$$\left|K_{\mathrm{F}}\int_{-\infty}^{t}m(\tau)\mathrm{d}\tau\right|_{\max}\ll\frac{\pi}{6}\tag{4-104}$$

称为窄带调频；否则，称为宽带调频。

1. 窄带调频(NBFM)

调频信号的一般表达式为

$$\begin{aligned}s_{\mathrm{FM}}(t)&=A\cos\left[\omega_{\mathrm{c}}t+K_{\mathrm{F}}\int_{-\infty}^{t}m(\tau)\mathrm{d}\tau\right]\\&=A\cos(\omega_{\mathrm{c}}t)\cos\left[K_{\mathrm{F}}\int_{-\infty}^{t}m(\tau)\mathrm{d}\tau\right]-A\sin(\omega_{\mathrm{c}}t)\sin\left[K_{\mathrm{F}}\int_{-\infty}^{t}m(\tau)\mathrm{d}\tau\right]\end{aligned}\tag{4-105}$$

当式(4-104)的条件满足时，如下近似式成立：

$$\cos\left[K_{\mathrm{F}}\int_{-\infty}^{t}m(\tau)\mathrm{d}\tau\right]\approx1$$

$$\sin\left[K_{\mathrm{F}}\int_{-\infty}^{t}m(\tau)\mathrm{d}\tau\right]\approx K_{\mathrm{F}}\int_{-\infty}^{t}m(\tau)\mathrm{d}\tau$$

所以，窄带调频（NBFM）信号的表达式可近似为

$$s_{\mathrm{NBFM}}(t)=A\cos(\omega_{\mathrm{c}}t)-\left[AK_{\mathrm{F}}\int_{-\infty}^{t}m(\tau)\mathrm{d}\tau\right]\sin(\omega_{\mathrm{c}}t)\tag{4-106}$$

根据傅里叶变换的定义及性质，有

$$m(t)\Leftrightarrow M(\omega)$$

$$\cos(\omega_{\mathrm{c}}t)\Leftrightarrow\pi[\delta(\omega+\omega_{\mathrm{c}})+\delta(\omega-\omega_{\mathrm{c}})]$$

$$\sin(\omega_c t) \Leftrightarrow \mathrm{j}\pi[\delta(\omega+\omega_c)-\delta(\omega-\omega_c)]$$

$$\int m(t)\mathrm{d}t \Leftrightarrow \frac{M(\omega)}{\mathrm{j}\omega} \quad （设 m(t) 的均值为 0）$$

$$\left[\int m(t)\mathrm{d}t\right]\sin(\omega_c t) \Leftrightarrow \frac{1}{2}\left[\frac{M(\omega+\omega_c)}{\omega+\omega_c}-\frac{M(\omega-\omega_c)}{\omega-\omega_c}\right]$$

对式(4-106)进行傅里叶变换，可得 NBFM 信号的频域表达式

$$s_{\mathrm{NBFM}}(\omega)=\pi A[\delta(\omega-\omega_c)+\delta(\omega+\omega_c)]+\frac{AK_F}{2}\left[\frac{M(\omega-\omega_c)}{\omega-\omega_c}-\frac{M(\omega+\omega_c)}{\omega+\omega_c}\right] \tag{4-107}$$

AM 信号的频谱为

$$S_{\mathrm{AM}}(\omega)=\pi A_0[\delta(\omega-\omega_c)+\delta(\omega+\omega_c)]+\frac{1}{2}[M(\omega-\omega_c)+M(\omega+\omega_c)] \tag{4-108}$$

比较式(4-107)和式(4-108)，可以清楚地看出 NBFM 信号的频谱和 AM 信号的频谱的相似之处在于，它们均在 $\pm\omega_c$ 处有一个载波分量，在 $\pm\omega_c$ 两侧有围绕着载波的两个边带，所以它们的带宽相同，即

$$B_{\mathrm{NBFM}}=B_{\mathrm{AM}}=2B_m=2f_H \tag{4-109}$$

式中，B_m 为调制信号 $m(t)$ 的带宽，f_H 为调制信号 $m(t)$ 的最高频率。

两种信号频谱的不同之处在于，NBFM 信号的正、负频率分量分别乘了因式 $1/(\omega-\omega_c)$ 和 $1/(\omega+\omega_c)$，且负频率分量与正频率分量反相。

下面以单频余弦信号调制为例，对 NBFM 信号和 AM 信号频谱进行比较。

设调制信号为

$$m(t)=A_m\cos(\omega_m t) \tag{4-110}$$

则 NBFM 信号为

$$\begin{aligned} s_{\mathrm{NBFM}}(t) &= A\cos(\omega_c t)-A\left[K_F\int_{-\infty}^{t} m(\tau)\mathrm{d}\tau\right]\sin(\omega_c t) \\ &= A\cos(\omega_c t)-AA_m K_F\frac{1}{\omega_m}\sin(\omega_m t)\sin(\omega_c t) \\ &= A\cos(\omega_c t)+\frac{AA_m K_F}{2\omega_m}[\cos(\omega_c+\omega_m)t-\cos(\omega_c-\omega_m)t] \end{aligned} \tag{4-111}$$

AM 信号为

$$\begin{aligned} s_{\mathrm{AM}} &= [A_0+A_m\cos(\omega_m t)]\cos(\omega_c t) \\ &= A_0\cos(\omega_c t)+A_m\cos(\omega_m t)\cos(\omega_c t) \\ &= A_0\cos(\omega_c t)+\frac{A_m}{2}[\cos(\omega_c+\omega_m)t+\cos(\omega_c-\omega_m)t] \end{aligned} \tag{4-112}$$

为了更好地对两种调制进行比较，分别画出它们的频谱图，如图 4-29 所示，图 4-29(a)为单频余弦调制信号的频谱，图 4-29(b)和图 4-29(c)分别为 AM 信号和 NBFM 信号的频谱。还需要指出的是，在实际的标准调幅中，边带的幅度不得超过载波的一半，否则将出现过调。类似的，对于实际的窄带调频则要求边带的幅度远小于载波的幅度，否则不满足窄带的条件。

由于 NBFM 信号最大相位偏移较小，占据的带宽较窄，使得调频信号的抗干扰性强的优点不能充分发挥，因此其目前仅用于抗干扰性能要求不高的短距离通信。在长距离、高质量的通信系统，如微波或卫星通信、调频立体声广播和超短波电台等，多采用宽带调频。

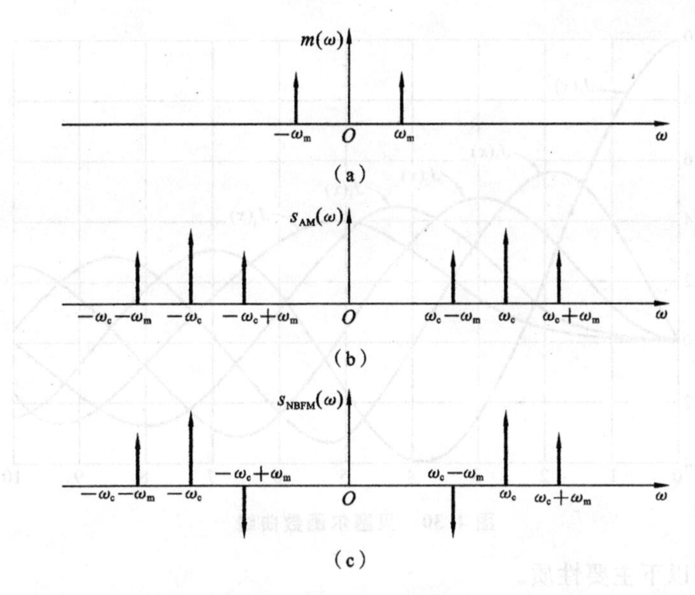

图 4-29　单频余弦信号调制信号、AM 信号与 NBFM 信号的频谱

2. 宽带调频(WBFM)

1）单频调制时 WBFM 的频谱和带宽

当调频信号的最大瞬时相位偏移不满足式(4-104)的条件时，称为宽带调频。

设调制信号 $m(t)$为单频余弦信号，即

$$m(t)=A_{\mathrm{m}}\cos(\omega_{\mathrm{m}}t)$$

代入式(4-94)，则 WBFM 信号的时域表达式为

$$\begin{aligned}s_{\mathrm{FM}}(t)&=A\cos\left[\omega_{\mathrm{c}}t+\frac{A_{\mathrm{m}}K_{\mathrm{F}}}{\omega_{\mathrm{m}}}\sin(\omega_{\mathrm{m}}t)\right]\\&=A\cos[\omega_{\mathrm{c}}t+m_{\mathrm{f}}\sin(\omega_{\mathrm{m}}t)]\end{aligned}\tag{4-113}$$

式中，调制指数 m_{f} 为

$$m_{\mathrm{f}}=\frac{K_{\mathrm{F}}A_{\mathrm{m}}}{\omega_{\mathrm{m}}}=\frac{\Delta\omega}{\omega_{\mathrm{m}}}\tag{4-114}$$

将式(4-113)利用三角公式展开，有

$$s_{\mathrm{FM}}(t)=A\cos(\omega_{\mathrm{c}}t)\cos[m_{\mathrm{f}}\sin(\omega_{\mathrm{m}}t)]-A\sin(\omega_{\mathrm{c}}t)\sin[m_{\mathrm{f}}\sin(\omega_{\mathrm{m}}t)]\tag{4-115}$$

将式(4-115)中的两个因子分别展成傅里叶级数，即

$$\cos[m_{\mathrm{f}}\sin(\omega_{\mathrm{m}}t)]=J_0(m_{\mathrm{f}})+\sum_{n=1}^{+\infty}2J_{2n}(m_{\mathrm{f}})\cos(2n\omega_{\mathrm{m}}t)\tag{4-116}$$

$$\sin[m_{\mathrm{f}}\sin(\omega_{\mathrm{m}}t)]=2\sum_{n=1}^{+\infty}J_{2n-1}(m_{\mathrm{f}})\sin[(2n-1)\omega_{\mathrm{m}}t]\tag{4-117}$$

两式中，$J_n(m_{\mathrm{f}})$ 为第一类 n 阶贝塞尔函数，它是 n 和 m_{f} 的函数，其值可以用无穷级数

$$J_n(m_{\mathrm{f}})=\sum_{m=0}^{+\infty}\frac{(-1)^m(m_{\mathrm{f}}/2)^{n+2m}}{m!(n+m)!}\tag{4-118}$$

来计算。

贝塞尔函数曲线如图 4-30 所示。

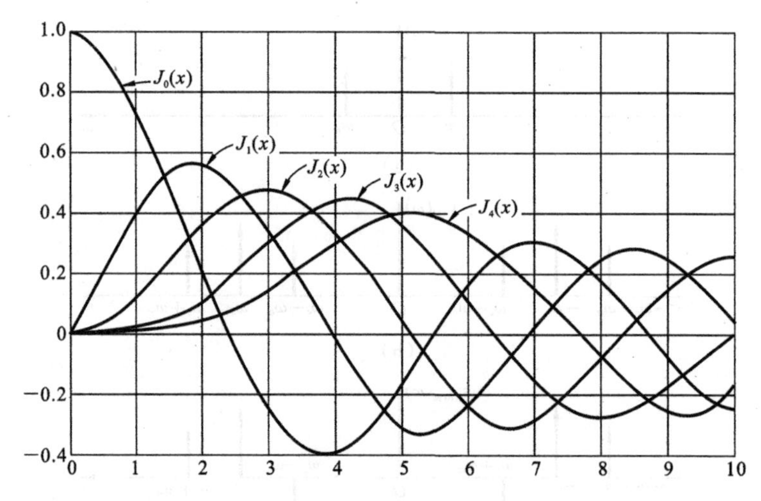

图 4-30　贝塞尔函数曲线

贝塞尔函数有以下主要性质。

(1) $J_{-n}(m_f)=(-1)^n J_n(m_f)$。即当 n 为奇数时，$J_{-n}(m_f)=-J_n(m_f)$；当 n 为偶数时，$J_{-n}(m_f)=J_n(m_f)$。

(2) 当 $n>m_f+1$ 时，$J_n(m_f)\approx 0$。

(3) $\sum\limits_{n=-\infty}^{+\infty} J_n^2(m_f)=1$。

将式(4-116)和式(4-117)代入式(4-115)得

$$s_{\mathrm{FM}}(t)=A\cos(\omega_c t)\left[J_0(m_f)+\sum_{n=1}^{+\infty}2J_{2n}(m_f)\cos(2n\omega_m t)\right]$$
$$-A\sin(\omega_c t)\left\{2\sum_{n=1}^{+\infty}J_{2n-1}(m_f)\sin[(2n-1)\omega_m t]\right\} \tag{4-119}$$

利用三角函数中的积化和差公式及贝塞尔函数的第一条性质，可以得到调频信号的级数展开式为

$$s_{\mathrm{FM}}(t)=A\sum_{n=-\infty}^{+\infty}J_n(m_f)\cos[(\omega_c+n\omega_m)t] \tag{4-120}$$

对式(4-120)进行傅里叶变换，得到调频信号的频域表达式为

$$S_{\mathrm{FM}}(\omega)=\pi A\sum_{n=-\infty}^{+\infty}J_n(m_f)[\delta(\omega-\omega_c-n\omega_m)+\delta(\omega+\omega_c+n\omega_m)] \tag{4-121}$$

理论上，WBFM 信号具有无穷多个边频分量，其带宽为无穷大，因此，欲无失真地传输 WBFM 信号，系统带宽应该为无穷大，但实际上 WBFM 信号的大部分功率集中在以载波为中心的有限带宽内，边频分量的幅度随着 n 的增大而逐渐减小。由贝塞尔函数的第二条性质可知，当 $n>m_f+1$ 时，$J_n(m_f)\approx 0$，因此可近似认为 WBFM 信号的带宽是有限的。通常认为信号的频带宽度应包括幅度大于未调载波幅度 10%以上的边频分量。因为 $n>m_f+1$ 以上的边频幅度均小于 0.1，因此，当 $m_f\geqslant 1$ 以后，取边频数 $n=m_f+1$ 即可。被保留的上、下边频数共有 $2n=2(m_f+1)$ 个，所以调频波的有效带宽为

$$B_{\mathrm{FM}}=2(m_f+1)f_m=2(\Delta f+f_m) \tag{4-122}$$

式中，$f_m=\omega_m/(2\pi)$ 为单频调制信号的频率，$\Delta f=\Delta\omega/(2\pi)=m_f f_m$ 为最大角频率偏移。

式(4-122)称为卡森(Carson)公式。

当 $m_f \ll 1$ 时,上式可近似为 $B_{FM} \approx 2f_m$,这就是窄带调频的带宽。当 $m_f \gg 1$ 时,上式可近似为 $B_{FM} \approx 2\Delta f$,这说明在大调制指数下的WBFM信号的带宽近似为最大角频率偏移的2倍,且与调制频率无关。

2) 任意限带信号调制时的频带宽度

以上讨论的是单频调制的情况,对于任意信号调制的宽带调频波的频谱分析极其复杂。经验表明,对卡森公式做适当修改,即可得到任意限带信号调制时调频信号带宽的估算公式

$$B_{FM} = 2(\Delta f + f_m) = 2(D+1)f_m \tag{4-123}$$

式中,f_m 是调制信号 $m(t)$ 的最高频率,$D = \Delta f / f_m$ 为频偏比,$\Delta f = K_F |m(t)|_{max}$ 是最大角频率偏移。

3) 调频信号的功率

单频调频信号可以分解为无穷多对边频分量之和,即

$$s_{FM}(t) = A\sum_{n=-\infty}^{+\infty} J_n(m_f)\cos[(\omega_c + n\omega_m)t]$$

由帕斯瓦尔定理可知,调频信号的平均功率等于它所包含的各分量的平均功率之和,即

$$P_{FM} = \overline{s_{FM}^2(t)} = \frac{A^2}{2}\sum_{n=-\infty}^{+\infty} J_n^2(m_f) \tag{4-124}$$

根据贝塞尔函数的第三条性质,有

$$\sum_{n=-\infty}^{+\infty} J_n^2(m_f) = 1$$

所以

$$P_{FM} = \frac{A^2}{2} \tag{4-125}$$

式(4-125)表明,调频信号的平均功率等于未调载波的平均功率,即调制后总的功率不变。

【例4-4】 幅度为3 V的1 MHz载波受幅度为1 V、频率为500 Hz的正弦信号调制,最大角频率偏移为1 kHz,当调制信号幅度增为5 V且频率增至2 kHz时,写出新调频波的表达式。

解 $$K_F = \frac{\Delta\omega}{A_m} = \frac{2\pi \times 1 \times 10^3}{1} = 2\pi \times 10^3$$

新调频波的调频指数为

$$m_f = \frac{K_F A'_m}{\omega'_m} = \frac{2\pi \times 10^3 \times 5}{2\pi \times 2 \times 10^3} = 2.5$$

所以,新调频波为

$$s_{FM}(t) = A\cos[\omega_c t + m_f \sin(\omega'_m t)] = 3\cos[2\pi \times 10^6 t + 2.5\sin(4\pi \times 10^3 t)]$$

4.4.3 调频信号的产生与解调

1. 调频信号的产生

调频信号的产生方法有直接调频法和间接调频法。

1）直接调频法

直接调频法是调制信号直接改变决定载波频率的电抗元件的参数，使输出信号 $s_{\mathrm{FM}}(t)$ 的瞬时频率随调制信号 $m(t)$ 线性变化。目前人们多采用压控振荡器（VCO）作为直接调频法产生调频信号的调制器，如图 4-31 所示。

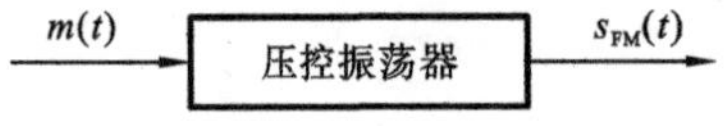

图 4-31　直接调频法产生调频信号

压控振荡器的输出频率在一定范围内正比于所加的控制电压。根据载波频率的不同，压控振荡器使用的电抗元件不同，在较低频率时可以采用变容二极管、电抗管或集成电路作为压控振荡器，在微波频段时可以采用反射式速调管作压控振荡器。

直接调频法的主要优点就是容易实现，且可以获得较大的角频率偏移，缺点是载波频率会发生漂移，频率稳定性不高，需要附加稳频电路。

2）间接调频法

间接调频法又称阿姆斯特朗（Armstrong）法，它不是直接用基带信号去改变载波振荡的频率，而是先将调制信号积分，然后对载波进行调相，即可产生一个窄带调频（NBFM）信号，再经 n 次倍频器得到宽带调频（WBFM）信号，其原理如图 4-32 所示。

通常产生窄带调频信号比较容易，由窄带调频信号的表达式

$$s_{\mathrm{NBFM}}(t)=A\cos(\omega_c t)-\left[AK_{\mathrm{F}}\int_{-\infty}^{t}m(\tau)\mathrm{d}\tau\right]\sin(\omega_c t)$$

可知，采用图 4-33 所示的窄带调频调制原理可以实现窄带调频。

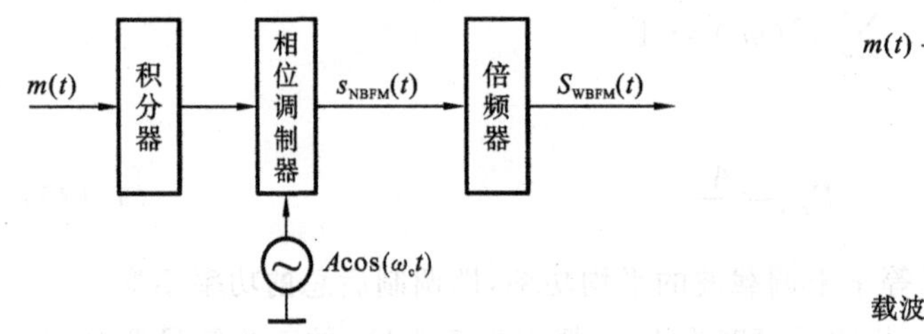

图 4-32　间接调频法原理

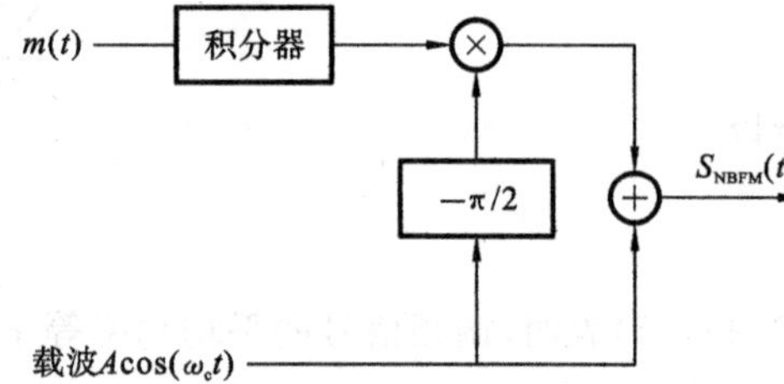

图 4-33　窄带调频调制原理

窄带调频信号的调频指数一般都很小，为了实现宽带调频，要采用倍频法提高调频指数。倍频法通常要借助倍频器完成，倍频器可用非线性器件实现。例如，对一个平方律器件，设其输入信号为 $s_i(t)$，输出信号为 $s_o(t)$，则有 $s_o(t)=as_i^2(t)$，当输入信号 $s_i(t)$ 为调频信号时，有 $s_i(t)=A\cos[\omega_c t+\varphi(t)]$，所以

$$s_o(t)=\frac{1}{2}aA^2\{1+\cos[2\omega_c t+2\varphi(t)]\} \tag{4-126}$$

式(4-126)中滤除直流成分后，就可得到一个新的调频信号，其载频和相位偏移均增大为原来的 2 倍，因而调频指数也增大为原来的 2 倍，同理，经 n 次倍频后可以使调频信号的载频和调频指数增大为原来的 n 倍。

2. 调频信号的解调

调频信号的解调有相干解调和非相干解调两种。相干解调仅仅适用于窄带调频信号，而非相干解调既适用于窄带调频信号，也适用于宽带调频信号。

1）非相干解调

由于调频信号的瞬时频率正比于调制信号的幅度，因而调频信号的解调必须能产生正比于输入调频信号瞬时频率的输出电压。最简单的解调器是具有频率-电压转换特性的鉴频器。鉴频器的种类很多，如振幅鉴频器、相位鉴频器、比例鉴频器、正交鉴频器、斜率鉴频器、频率负反馈鉴频器和锁相环(PLL)鉴频器等。

调频信号的一般表达式为

$$s_{\mathrm{FM}}(t)=A\cos\left[\omega_{\mathrm{c}}t+K_{\mathrm{F}}\int_{-\infty}^{t}m(\tau)\mathrm{d}\tau\right]$$

解调器的输出应为

$$m_{\mathrm{o}}(t)\propto K_{\mathrm{F}}m(t)$$

采用具有线性的频率-电压转换特性的鉴频器，可对调频信号进行直接解调。

图 4-34(a)、(b)分别给出了鉴频器的特性和组成框图。图中，微分器和包络检波器构成了具有近似理想鉴频特性的鉴频器。限幅器的作用是消除信道中由噪声和干扰引起的调频波的幅度起伏。微分器的作用是把幅度恒定的调频波 $s_{\mathrm{FM}}(t)$ 变成幅度和频率都随调制信号 $m(t)$ 变化的调幅-调频波 $s_{\mathrm{d}}(t)$，即

$$s_{\mathrm{d}}(t)=-A[\omega_{\mathrm{c}}+K_{\mathrm{F}}m(t)]\sin\left[\omega_{\mathrm{c}}t+K_{\mathrm{F}}\int_{-\infty}^{t}m(\tau)\mathrm{d}\tau\right] \tag{4-127}$$

式中，调频-调幅波的幅度为 $A[\omega_{\mathrm{c}}+K_{\mathrm{F}}m(t)]$，瞬时角频率为 $\omega_{\mathrm{c}}t+K_{\mathrm{F}}\int_{-\infty}^{t}m(\tau)\mathrm{d}\tau$，可近似地看作是包络为 $A[\omega_{\mathrm{c}}+K_{\mathrm{F}}m(t)]$ 的标准调幅信号，稍有不同的是载波频率有微小的变化。

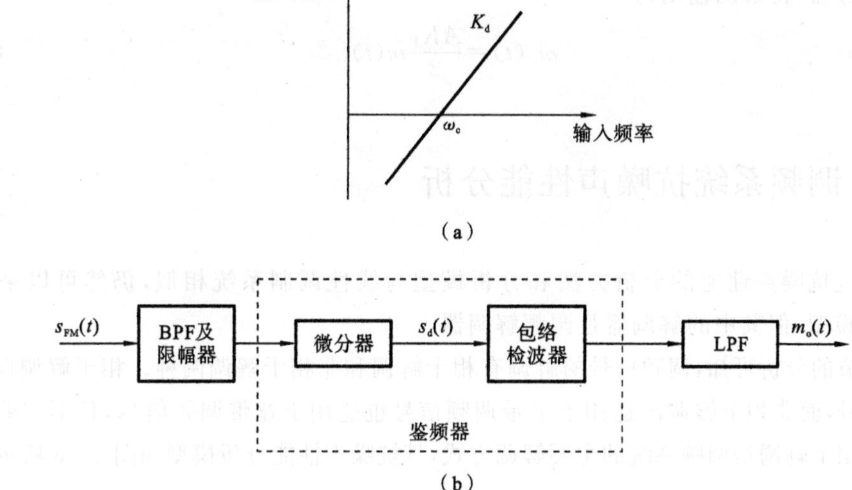

图 4-34　鉴频器特性及组成框图

用包络检波器检出其包络，再滤除直流后，得到的输出为

$$m_{\mathrm{o}}(t)=K_{\mathrm{d}}K_{\mathrm{F}}m(t) \tag{4-128}$$

式中，K_{d} 为鉴频器的灵敏度。

2）相干解调

对窄带调频信号，除了可用鉴频器进行解调以外，还可以用相干法进行解调。窄带调频信

号的相干解调模型如图 4-35 所示。图中带通滤波器(BPF)的作用是抑制信道中引入的噪声，同时让有用信号顺利通过。低通滤波器(LPF)的作用是让调制信号的频谱分量通过，滤除由乘法电路产生的不需要的频谱分量。

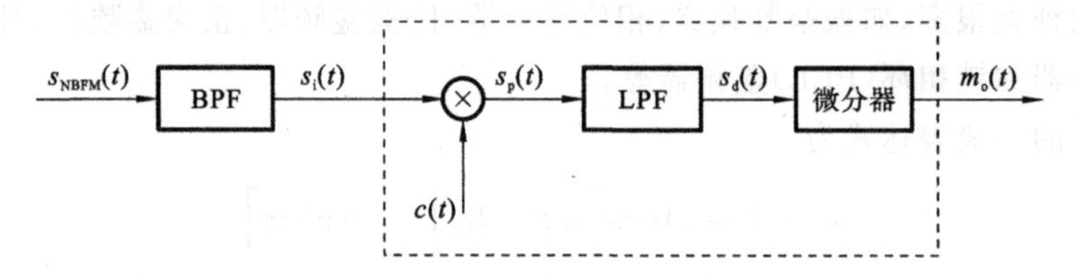

图 4-35　窄带调频信号的相干解调模型

已知窄带调频信号的表达式为

$$s_{\mathrm{NBFM}}(t)=A\cos(\omega_c t)-\left[AK_F\int_{-\infty}^{t}m(\tau)\mathrm{d}\tau\right]\sin(\omega_c t)$$

设相干载波为

$$c(t)=-\sin(\omega_c t) \tag{4-129}$$

则相乘器的输出为

$$s_p(t)=-\frac{A}{2}\sin 2(\omega_c t)+\frac{A}{2}\left[K_F\int_{-\infty}^{t}m(\tau)\mathrm{d}\tau\right][1-\cos 2(\omega_c t)] \tag{4-130}$$

经低通滤波器取出低频分量，得

$$s_d(t)=\frac{A}{2}K_F\int_{-\infty}^{t}m(\tau)\mathrm{d}\tau \tag{4-131}$$

再经微分器，得解调输出为

$$m_o(t)=\frac{AK_F}{2}m(t) \tag{4-132}$$

4.5　调频系统抗噪声性能分析

调频系统抗噪声性能的分析方法和分析模型与线性调制系统相似，仍然可以采用如图 4-22所示的模型，但其中的解调器是调频解调器。

由 4.4 节的分析可知，调频信号的解调有相干解调和非相干解调两种。相干解调仅适用于窄带调频信号，而非相干解调既适用于窄带调频信号也适用于宽带调频信号，且不需要相干载波。因而非相干解调是调频系统的主要解调方式，其抗噪声性能分析模型如图 4-36 所示。

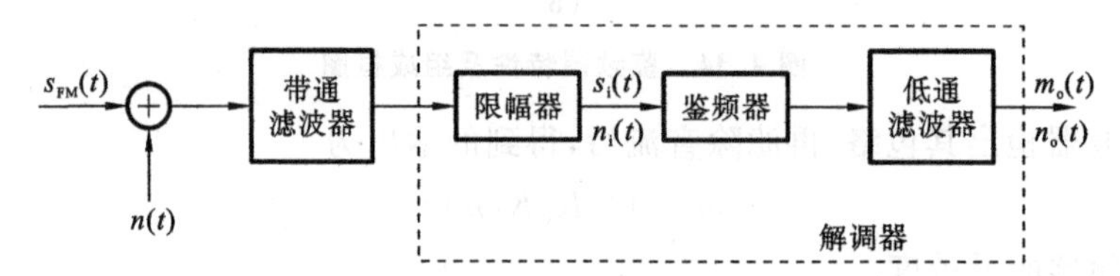

图 4-36　非相干解调的抗噪声性能分析模型

在图 4-36 中，限幅器用于消除接收信号在幅度上可能出现的畸变，带通滤波器的作用是抑制信号带宽以外的噪声。$n(t)$ 是均值为零、单边功率谱为 n_0 的高斯白噪声，经过带通滤波器后变为窄带高斯噪声。

由于理想带通滤波器的带宽与调频信号的带宽相同，所以输入噪声功率为

$$N_i = n_0 B_{FM} \tag{4-133}$$

由 4.4 节的分析可知，调频信号的表达式为

$$s_{FM}(t) = A\cos\left[\omega_c t + K_F\int_{-\infty}^{t} m(\tau)\mathrm{d}\tau\right]$$

且调频信号的功率为

$$s_i = \frac{A^2}{2} \tag{4-134}$$

由式(4-133)和式(4-134)可以得到输入信噪比为

$$\frac{S_i}{N_i} = \frac{A^2}{2n_0 B_{FM}} \tag{4-135}$$

计算输出信噪比时，由于非相干解调不满足叠加性，无法分别计算信号和噪声的功率，因此，与前面讨论 AM 信号的非相干解调一样，考虑两种极端情况，即大信噪比和小信噪比的情况，这样可以使计算简化，以便得到一些有用的结论。

1. 大信噪比情况

在大信噪比条件下，信号和噪声的相互作用可以忽略，此时可以分别计算信号和噪声的功率，经过分析，直接给出解调器的输出信噪比为

$$\frac{S_o}{N_o} = \frac{3A^2 K_F^2 \overline{m^2(t)}}{8\pi^2 n_0 f_m^2} \tag{4-136}$$

设调制信号 $m(t)$ 为单频余弦信号，此时的调频信号为

$$s_{FM}(t) = A\cos[\omega_c t + m_f \sin(\omega_m t)] \tag{4-137}$$

其中

$$m_f = \frac{K_F}{\omega_m} = \frac{\Delta\omega}{\omega_m} = \frac{\Delta f}{f_m} \tag{4-138}$$

由式(4-138)可得 K_F 的计算公式，将其代入式(4-136)可得

$$\frac{S_o}{N_o} = \frac{3}{2}m_f^2 \frac{A^2}{2n_0 f_m} \tag{4-139}$$

由式(4-135)和式(4-139)可得解调器的制度增益为

$$G_{FM} = \frac{S_o/N_o}{S_i/N_i} = \frac{3}{2}m_f^2 \frac{B_{FM}}{f_m} \tag{4-140}$$

在宽带调频时，信号带宽为

$$B_{FM} = 2(m_f + 1)f_m = 2(\Delta f + f_m) \tag{4-141}$$

式(4-140)可以写为

$$G_{FM} = 3m_f^2(m_f + 1) \approx 3m_f^3 \tag{4-142}$$

式(4-142)表明，大信噪比时宽带调频系统的制度增益是很高的，它与调制指数的立方成正比，可见加大调制指数 m_f，可使调频系统的抗噪声性能迅速改善。例如，调频广播中常取

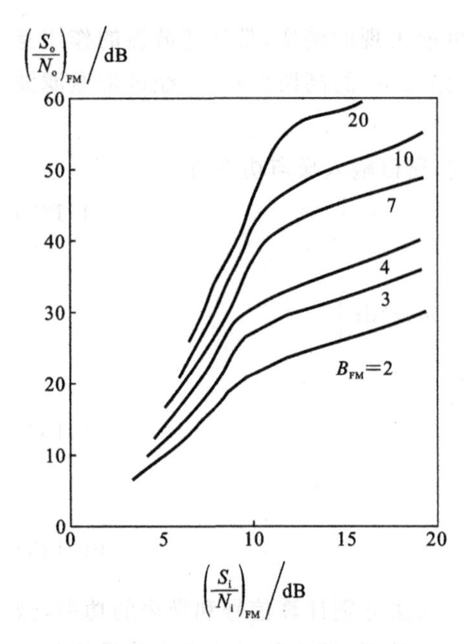

图 4-37　非相干解调的门限效应

$m_f=5$，此时制度增益 G_{FM} 可以达到 450 dB。

2. 小信噪比情况与门限效应

当输入信噪比减小到一定程度时，解调器的输出中不存在单独的有用信号项，信号被噪声扰乱，因而解调器的输出信噪比急剧下降，这种情况与 AM 包络检波时相似，称之为门限效应。出现门限效应时，所对应的输入信噪比的值称为门限值。

图 4-37 所示的非相干解调的门限效应，单频调制时对应于不同的调制指数，调频解调器的输出信噪比与输入信噪比的近似关系曲线。

(1) m_f 不同，门限值不同。m_f 越大，门限点 $(S_i/N_i)b$ 越高。$(S_i/N_i)f_m>(S_i/N_i)b$ 时，$(S_o/N_o)f_m$ 和 $(S_i/N_i)f_m$ 呈线性关系，且 m_f 越大，输出信噪比的改善越明显。

(2) $(S_i/N_i)f_m<(S_i/N_i)b$ 时，$(S_o/N_o)f_m$ 将随 $(S_i/N_i)b$ 的下降而急剧下降，且 m_f 越大，$(S_o/N_o)f_m$ 下降得越快，甚至比 DSB 或 SSB 更差。

以上分析表明，调频系统以带宽换取输出信噪比的改善并不是无止境的。随着传输带宽的增加，输入噪声的功率也增大，在输入信号功率不变的条件下，输入信噪比下降，当输入信噪比下降到一定程度时就会出现门限效应，输出信噪比将急剧恶化。

4.6　频分复用

"复用"是一种将若干个彼此独立的信号合并为一个可在同一信道上同时传输的复合信号的方法。例如，传输的语音信号的频谱一般为 300～3400 Hz，为了使若干个这种信号能在同一信道上传输，可以把它们的频谱调制到不同的频段，合并在一起而又不相互影响，并能在接收端彼此分离开来。

有三种基本的多路复用方式：频分复用(FDM)、时分复用(TDM)与码分复用(CDM)。按频率区分信号的方法称为频分复用；按时间区分信号的方法称为时分复用；按扩频码区分信号的方法称为码分复用。下面介绍频分复用。

频分复用的目的在于提高频带利用率。通常，在通信系统中，信道所能提供的带宽往往要比传送一路信号所需的带宽宽得多，因此，一个信道只传输一路信号是非常浪费的。为了充分利用信道的带宽，信道的频分复用出现了。

图 4-38 所示的是一个频分复用电话系统的组成框图。图中，复用的信号共有 n 路，每路信号先通过低通滤波器(LPF)，以限制各路信号的最高频率 f_m。为简单起见，不妨设各路的 f_m 都相等，如若各路都是话音信号，则每路信号的最高频率皆为 3400 Hz。各路信号通过各自的调制器进行频谱搬移。调制器的电路一般是相同的，但所用的载波频率不同。调制的方式原则上可任意选择，但最常用的是单边带调制，因为它最节省频带。因此，图中的调制器由

相乘器和边带滤波器(SBF)构成。在选择载频时,既应考虑到边带频谱的宽度,还应留有一定的防护频带 f_g,以防止邻路信号间相互干扰,即

$$f_{c(i+1)}=f_{ci}+(f_m+f_g)\quad i=1,2,\cdots \tag{4-143}$$

式中,f_{ci} 和 $f_{c(i+1)}$ 分别为第 i 路和第 $(i+1)$ 路的载波频率。

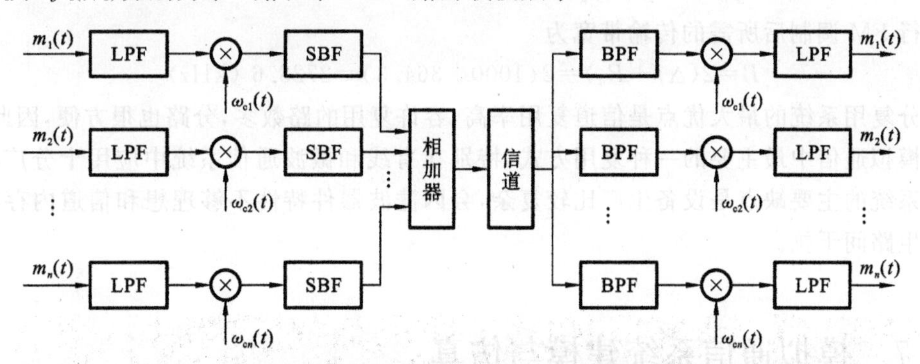

图 4-38 一个频分复用电话系统的组成框图

显然,邻路间隔防护频带越大,对边带滤波器的技术要求越低,但这时占用的总频带要加宽,这对提高信道复用率不利,因此,实际中应尽量提高边带滤波技术,以使 f_g 尽量缩小。例如,电话系统中话音信号的频带范围为 300~3400 Hz,防护频带间隔通常采用 600 Hz,即载波间隔为 4000 Hz,这样可以使邻路干扰电平低于 −40 dB。

经过调制的各路信号,在频率位置上就被分开了,因此,可以通过相加器将它们合并成适合信道内传输的复用信号,其频谱结构如图 4-39 所示。图中各路信号具有相同的 f_m,但它们的频谱结构可能不同。n 路单边带信号的总频带宽度为

$$B_n=nf_m+(n-1)f_g=(n-1)(f_m+f_g)+f_m=(n-1)B_1+f_m \tag{4-144}$$

式中,B_1 为一路信号占用的带宽,$B_1=f_m+f_g$。

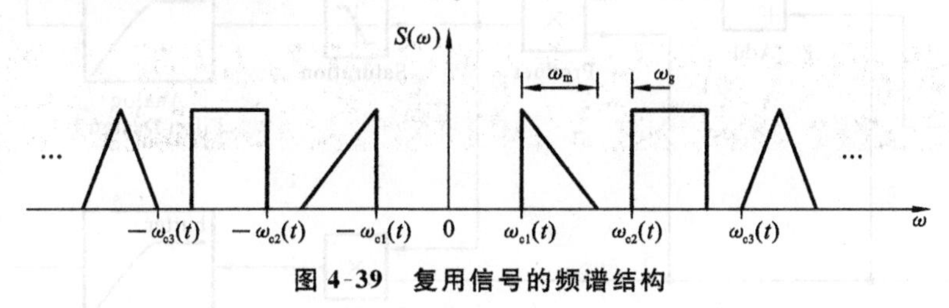

图 4-39 复用信号的频谱结构

接收端可利用相应的带通滤波器(BPF)将合并后的复用信号区分开来,然后再通过各自的相干解调器便可恢复各路调制信号。

多路复用信号可以在信道内直接传输,但如果采用微波接力、卫星通信或其他无线方式传输复用信号,则还需将多路复用信号对某一载波进行二次调制,这时系统称为多级调制系统。第一次对多路信号调制所用的载波称为副载波,第二次调制所用的载波称为主载波。原则上,第二次调制仍然可采用调幅、调频或调相中的任意一种方式,但从抗干扰的性能考虑,调频方式最好,因此,实际系统常采用调频方式。如多路微波电话传输系统采用的就是 FDM-SSB/FM 的多级调制方式,即单边带频分复用后的调频方式。

【例 4-5】 设有一个 DSB/FM 频分复用系统,副载波用 DSB 调制,主载波用 FM 调制。如果有 50 路频带限制在 3.3 kHz 的音频信号,防护频带为 0.7 kHz。如果最大角频率偏移为

1000 kHz,计算传输信号的频带宽度。

解 50 路音频信号经过 DSB 调制后,在相邻两路信号之间加防护频带 f_g,合并后信号的总带宽为

$$B_n = nf_m + (n-1)f_g = 50\times2\times3.3 + 49\times0.7 = 364.3\ (\text{kHz})$$

进行 FM 调制后所需的传输带宽为

$$B = 2(\Delta f + B_n) = 2(1000 + 364.3) = 2728.6\ (\text{kHz})$$

频分复用系统的最大优点是信道复用率高,容许复用的路数多,分路也很方便,因此,它成为目前模拟通信中最主要的一种复用方式,特别在有线和微波通信系统中应用十分广泛。频分复用系统的主要缺点是设备生产比较复杂,会因滤波器件特性不够理想和信道内存在非线性而产生路间干扰。

4.7 模拟通信系统建模与仿真

4.7.1 AM 信号调制与解调的 Simulink 仿真

1. AM 信号调制与解调的仿真模型

AM 信号调制与解调的 Simulink 仿真模型如图 4-40 所示。

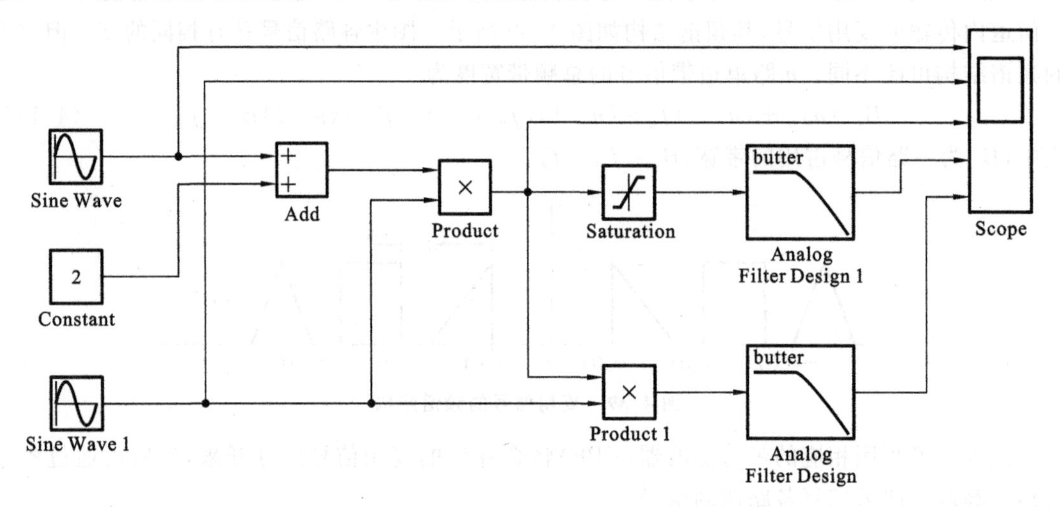

图 4-40 AM 信号调制与解调的 Simulink 仿真模型

图 4-41 中,正弦波生成器 Sine Wave 和 Sine Wave 1 分别产生发送端调制信号和载波信号,Constant 模块提供直流分量,用加法器模块 Add 和乘法器模块 Product 实现调幅。基带信号经过幅度调制后,分别送入包络检波器和相干解调器进行解调。包络检波器由 Saturation 模块来模拟具有单向导通性能的检波二极管。在相干解调过程中,所使用的同频相干载波是理想的,直接从发送端载波引入。两解调器接低通滤波器进行滤波,然后将解调出的基带信号送入示波器显示。

2. AM 信号的仿真参数设置

AM 信号的仿真参数设置如表 4-1 所示。

表 4-1 AM 信号的仿真参数设置

模块名称	参数名称	参数取值
Sine Wave	Frequency	5
Sine Wave 1	Frequency	100
Constant	Constant value	2
Saturation	Upper limit	inf
	Lower limit	0
Analog Filter Design/ Analog Filter Design 1	Design method	Butterworth
	Filter type	Lowpass
	Filter order	7
	Passband edge frequency	50

3. AM 信号的仿真结果

AM 信号调制与解调的 Simulink 仿真波形如图 4-41 所示，从上到下依次是调制信号波形、载波波形、AM 信号波形、包络检波输出信号波形和相干解调输出信号波形。

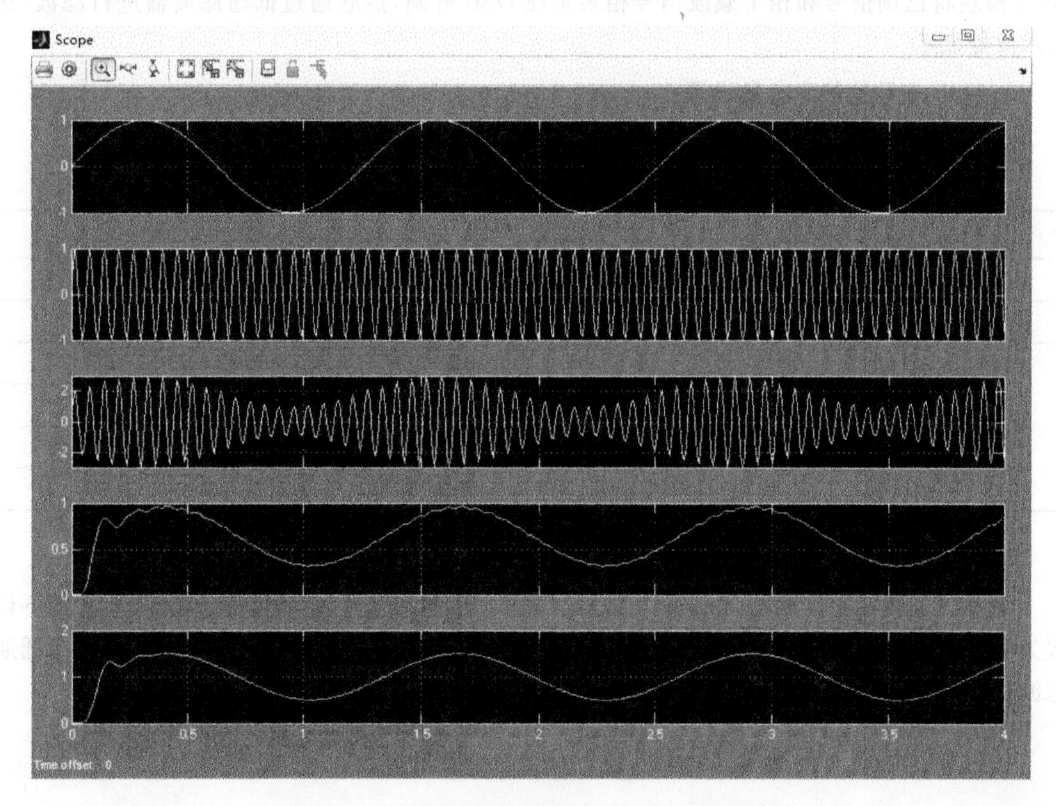

图 4-41 AM 信号调制与解调的 Simulink 仿真波形

由图可知，相干解调输出信号比包络检波输出信号要大，而且其波形噪声成分要小一些。

4.7.2 DSB 信号调制与解调的 Simulink 仿真

1. DSB 信号调制与解调的仿真模型

DSB 信号调制与解调的 Simulink 仿真模型如图 4-42 所示。

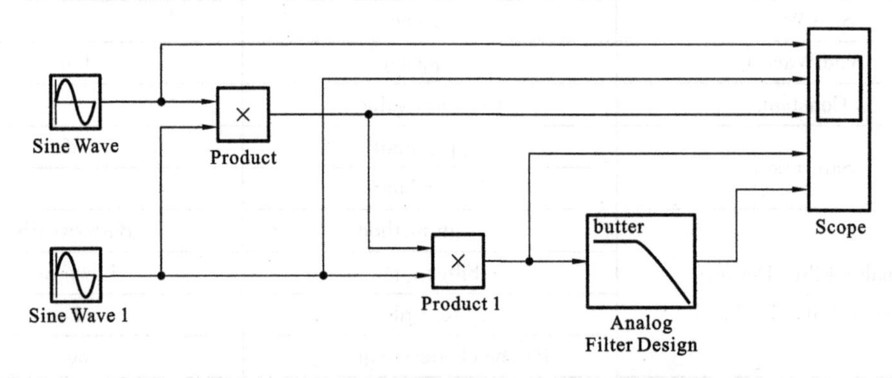

图 4-42　DSB 信号调制与解调的 Simulink 仿真模型

图中乘法器 Product 模块将调制信号和载波信号相乘实现抑制载波的双边带调制信号，调制信号和载波信号均由正弦波产生器产生。DSB 信号的解调采用相干解调，乘法器 Product 1 模块将已调信号和相干载波信号相乘实现 DSB 解调，然后通过低通滤波器进行滤波，送入示波器显示。

2. DSB 信号的仿真参数设置

DSB 信号的仿真参数设置如表 4-2 所示。

表 4-2　DSB 信号的仿真参数设置

模块名称	参数名称	参数取值
Sine Wave	Frequency	5
Sine Wave 1	Frequency	100
Analog Filter Design	Design method	Butterworth
	Filter type	Lowpass
	Filter order	5
	Passband edge frequency	30

3. DSB 信号的仿真结果

DSB 信号调制与解调的 Simulink 仿真波形如图 4-43 所示，示波器输出波形从上到下依次为调制信号波形、载波波形、DSB 信号波形、相干解调低通滤波前信号波形和相干解调低通滤波后信号波形。

4.7.3 SSB 信号调制与解调的 Simulink 仿真

1. SSB 信号调制与解调的仿真模型

SSB 信号调制与解调的 Simulink 仿真模型如图 4-44 所示。

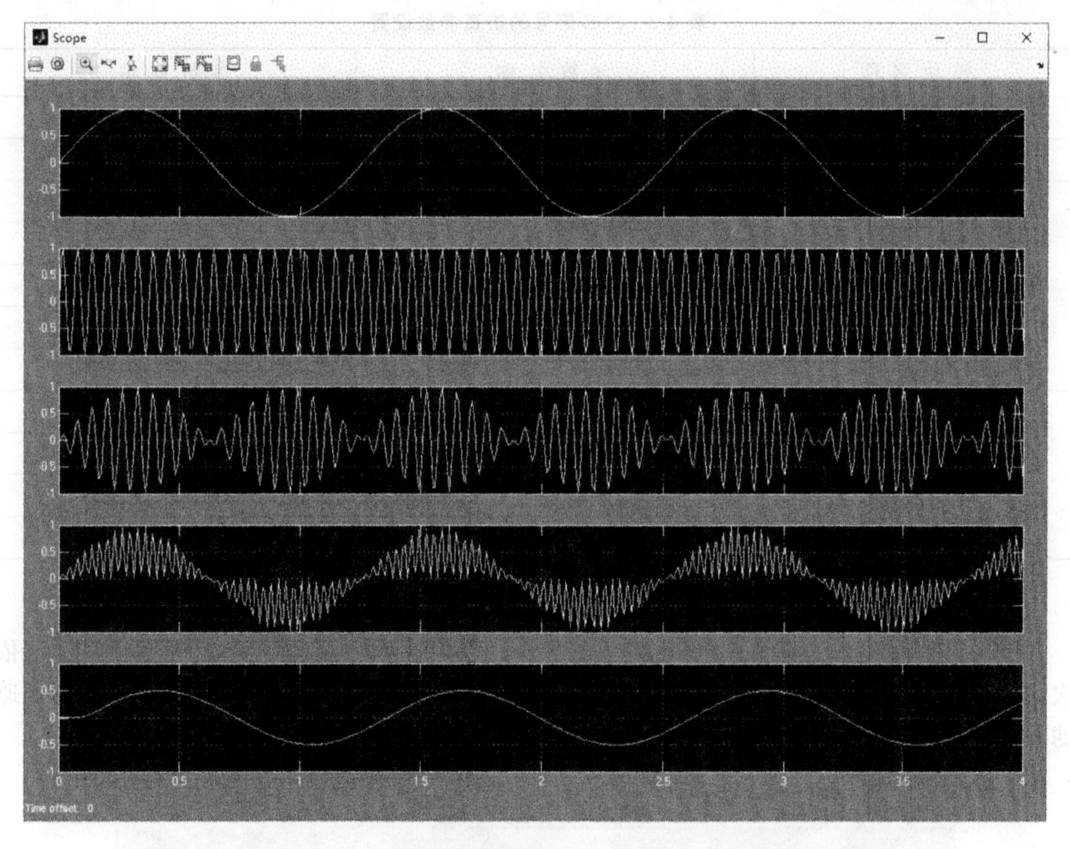

图 4-43 DSB 信号调制与解调的 Simulink 仿真波形

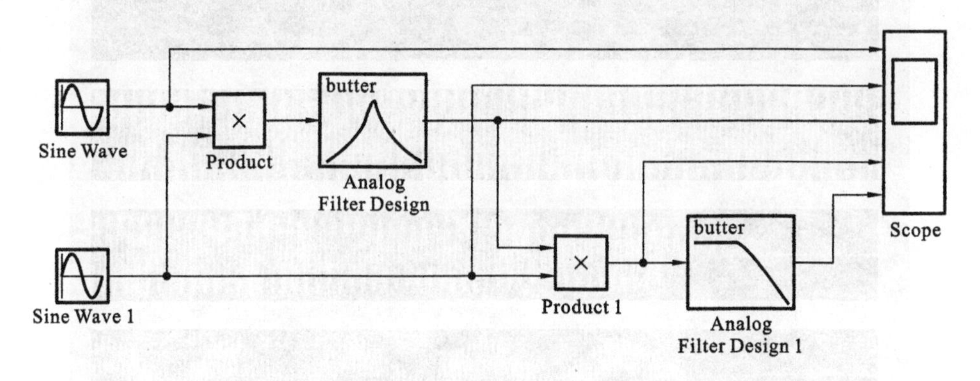

图 4-44 SSB 信号调制与解调的 Simulink 仿真模型

Sine Wave 模块产生正弦调制信号，Sine Wave 1 模块产生载波信号，它们通过乘法器 Product 模块相乘后输出双边带信号，然后通过带通滤波器滤波，滤除下边带信号，输出单边带调幅信号。在 SSB 解调过程中，通过乘法器 Product 1 使载波信号与单边带信号相乘实现相干解调，经过低通滤波器滤波，恢复出原来的基带信号，解调所使用的载波是理想的。

2. SSB 信号的仿真参数设置

SSB 信号的仿真参数设置如表 4-3 所示。

表 4-3 SSB 信号的仿真参数设置

模块名称	参数名称	参数取值
Sine Wave	Frequency	10
Sine Wave 1	Frequency	100
Analog Filter Design	Design method	Butterworth
	Filter type	Bandpass
	Filter order	8
	Lower passband edge frequency	100
	Upper passband edge frequency	110
Analog Filter Design 1	Design method	Butterworth
	Filter type	Lowpass
	Filter order	8
	Passband edge frequency	10

3. SSB 信号的仿真结果

SSB 信号调制与解调的 Simulink 仿真波形如图 4-45 所示，示波器输出波形从上到下依次为调制信号波形、载波波形、SSB 信号波形、相干解调低通滤波前信号波形和相干解调低通滤波后信号波形。

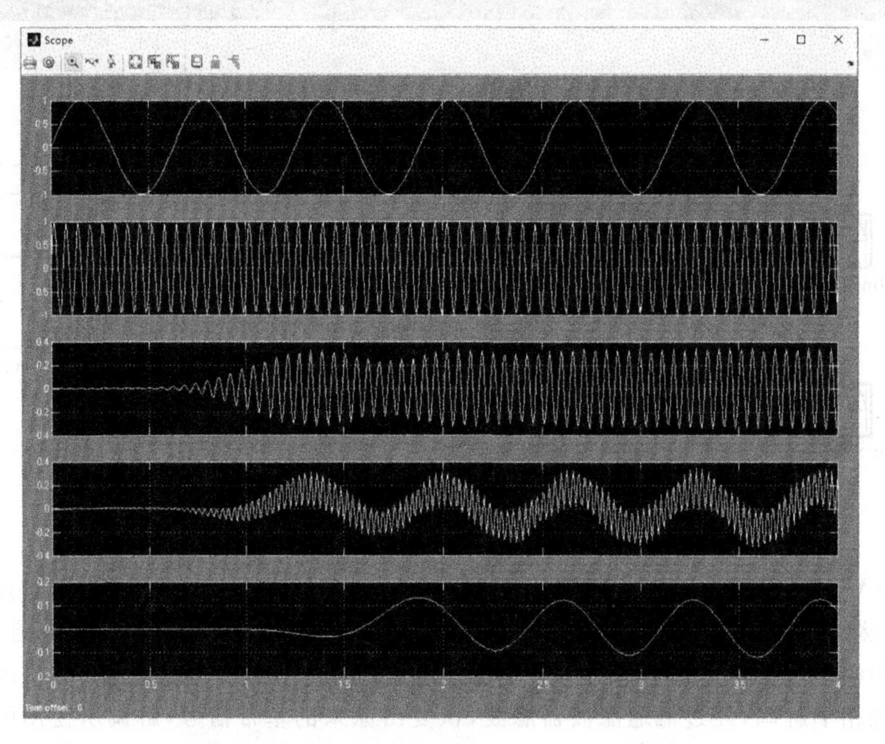

图 4-45 SSB 信号调制与解调的 Simulink 仿真波形

由上面的仿真结果可知，不论是 AM 信号调制、DSB 信号调制，还是 SSB 信号调制，因为系统模型经历多个模块，所以信号都会造成一定的时延。

第5章　模拟信号的数字传输

本章主要讨论模拟信号的数字传输。在生活中经常会遇到如图 5-1 所示的通信系统,其信息的发送端和接收端处理的都是模拟信号,而在信道中传输的却是数字信号,即模拟信号的数字传输。

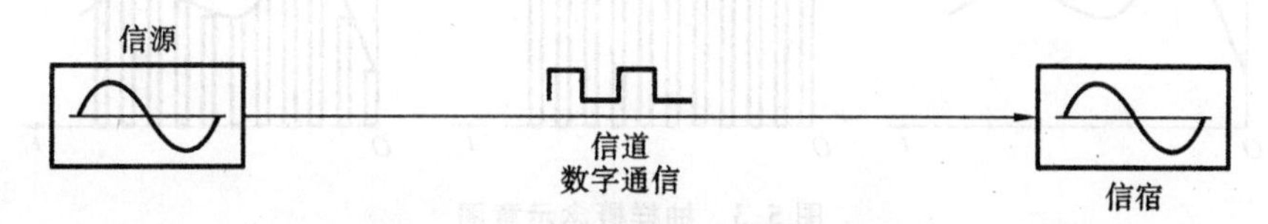

图 5-1　模拟信号的数字传输示意图

要在数字通信系统中传输模拟信号,系统的发送端必须要有一个将模拟信号变成数字信号的过程,同时在其接收端也要有一个把数字信号还原成模拟信号的过程,模拟信号的数字传输系统框图如图 5-2 所示。通常把前者称为 A/D 转换,把后者称为 D/A 转换。

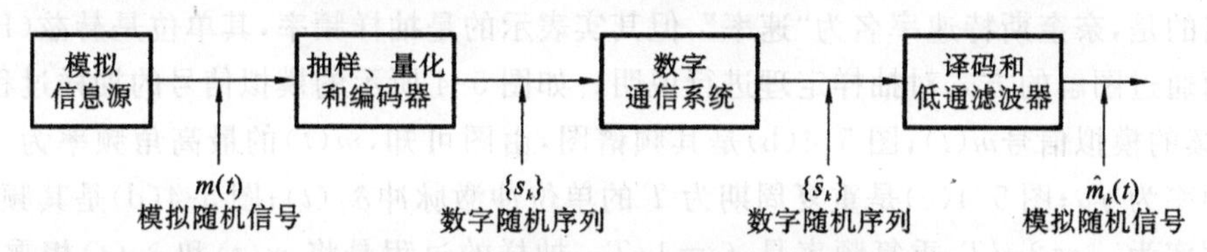

图 5-2　模拟信号的数字传输系统框图

将模拟信号转换成数字信号的过程包括三个步骤:抽样、量化和编码。模拟信号是连续的,要将其数字化,必须先将其离散化,包括时间上的离散化和取值上的离散化。第一步是对模拟信号进行抽样,通常是按照一定的时间间隔进行抽样。抽样使模拟信号在时间上变成离散的,但其取值仍然是连续的。第二步是对抽样后的信号进行量化,将无限个可能的抽样取值变成有限个可能的取值,实现模拟信号在取值上的离散化。第三步是对量化后的抽样值用二进制或多进制码元进行编码,就可得到所需要的数字信号。

本章在介绍抽样定理和量化原理的基础上,着重讨论用于传输模拟信息的脉冲编码调制、差分脉冲编码调制和增量调制的原理及性能,并简要介绍时分多路复用的概念。

5.1　模拟信号的抽样

模拟信号通常在时间上是连续的,抽样就是不断地以固定的时间间隔采集模拟信号的瞬时值,抽样概念示意图如图 5-3 所示。图中 $f(t)$ 是一个模拟信号,$k(t)$ 是周期性的窄脉冲,$k(t)$ 每隔相等的时间间隔抽取 $f(t)$ 的瞬时值,抽样结果得到的是一系列周期性的窄脉冲,其高度和模拟信号的取值成正比。理论上,抽样的过程可以看作是用周期性单位冲激脉冲和模拟信号相乘；实际上，一般是用周期性的窄脉冲代替冲激脉冲与模拟信号相乘。

抽样定理指出，对于一个频带受限的连续模拟信号 $m(t)$，假设其最高频率为 f_H，若以抽样频率 $f_s \geqslant 2f_H$ 对其进行抽样，即抽样间隔 $T_s \leqslant 1/f_s$，则 $m(t)$ 将被这些抽样值完全确定，可以凭借这些抽样值无失真地恢复出原信号 $m(t)$。由于抽样时间是等间隔的，所以该定理也称均匀抽样定理。

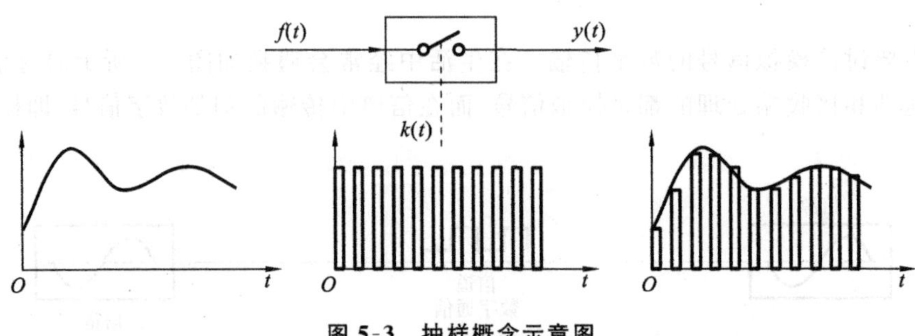

图 5-3　抽样概念示意图

两个与抽样定理相关的术语：奈奎斯特间隔和奈奎斯特速率。奈奎斯特间隔指能够唯一确定信号 $m(t)$ 的最大抽样间隔，奈奎斯特速率指能够唯一确定信号 $m(t)$ 的最小抽样频率。因此，对于最高频率为 f_H 的模拟信号 $m(t)$，其奈奎斯特间隔为 $\frac{1}{2}f_H$，奈奎斯特速率为 $2f_H$。需要指出的是，奈奎斯特速率名为“速率”，但其实表示的是抽样频率，其单位是赫兹(Hz)。

下面通过图解的方式对抽样定理进行说明。如图 5-4 所示的模拟信号的抽样过程，图5-4(a)是连续的模拟信号 $m(t)$；图 5-4(b)是其频谱图，由图可知，$m(t)$ 的最高角频率为 ω_H，对应的最高频率为 f_H；图 5-4(c)是重复周期为 T 的单位冲激脉冲 $\delta_T(t)$；图 5-4(d)是其频谱图，其重复角频率为 $\omega_s = 2\pi/T$，重复频率是 $f_s = 1/T$。抽样的过程是将 $m(t)$ 和 $\delta_T(t)$ 相乘，得到一系列时间间隔为 T 的强度不等的冲激脉冲 $m_s(t)$，如图 5-4(e)所示。这些冲激脉冲的强度等于相应时刻上模拟信号 $m(t)$ 的抽样值。由图 5-4(e)可知，抽样使得模拟信号 $m(t)$ 在时间上离散化。时域内相乘对应于频域的卷积，即 $M(\omega)$ 与 $\delta_{\omega_s}(\omega)$ 的卷积，得到 $M_s(\omega)$，如图 5-4(f)所示，相当于把原模拟信号 $m(t)$ 的频谱 $M(\omega)$ 分别搬移到周期性抽样冲激函数的每根谱线上，即以 $\delta_{\omega_s}(\omega)$ 的每根谱线为中心，把原信号频谱的正负两部分平移至其两侧。简而言之，抽样使得原模拟信号 $m(t)$ 的频谱在频域内以 $\omega_s = 2\pi/T$ 为周期进行周期延拓。

在 $f_s \geqslant 2f_H$ 的前提下，$\omega_s \geqslant 2\omega_H$，输出样值信号的频谱 $M_s(\omega)$ 中包含的原信号频谱之间就不会发生重叠现象，因此从理论上讲，就可以通过一个截止频率为 ω_H 的理想低通滤波器将 $M_s(\omega)$ 中的 $M(\omega)$ 过滤出来，从而恢复出原始信号 $m(t)$。从时域来看，当用抽样脉冲序列 $m_s(t)$ 冲激此理想低通滤波器时，滤波器的输出就是一系列冲激响应之和，如图 5-4(g)所示。这些冲激响应之和就构成了原信号 $m(t)$。

若不满足 $\omega_s \geqslant 2\omega_H$ 的条件，则 $M_s(\omega)$ 中的 $M(\omega)$ 就会发生混叠，如图 5-5 所示，无法通过滤波器提取出一个干净的 $M(\omega)$，进而无法恢复出原信号 $m(t)$。由此更可以体会到奈奎斯特速率是能够唯一确定信号 $m(t)$ 的最小抽样频率。

下面对抽样定理进行一个简单的证明。抽样的过程就是将 $m(t)$ 和 $\delta_T(t)$ 相乘，因此

$$m_s(t) = m(t)\delta_T(t) \tag{5-1}$$

时域内相乘对应于频域的卷积，所以有

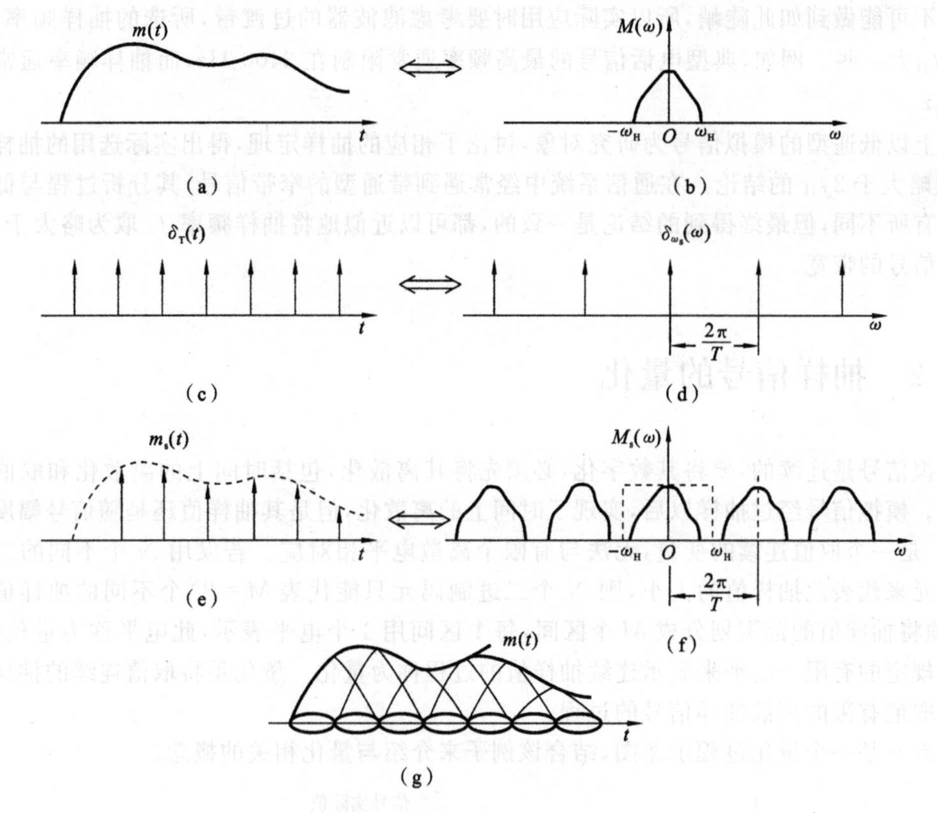

图 5-4 模拟信号的抽样过程

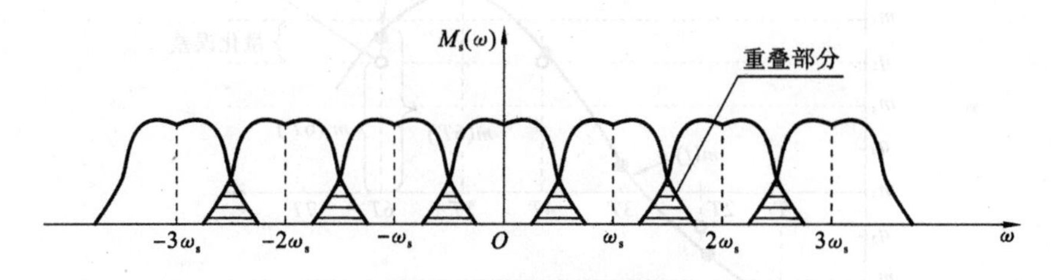

图 5-5 频谱混叠示意图

$$M_s(\omega)=\frac{1}{2\pi}M(\omega)\delta_{\omega_s}(\omega) \tag{5-2}$$

式中，$\delta_{\omega_s}(\omega)$是周期性单位冲激脉冲的频谱，即

$$\delta_{\omega_s}(\omega)=\frac{2\pi}{T}\sum_{n=-\infty}^{+\infty}\delta(\omega-n\omega_s) \tag{5-3}$$

将式(5-3)代入式(5-2)，得到抽样信号的频谱为

$$M_s(\omega)=\frac{1}{T}\sum_{n=-\infty}^{+\infty}M(\omega-n\omega_s) \tag{5-4}$$

式(5-4)表明，$M(\omega-n\omega_s)$是信号频谱$M(\omega)$在频率轴上平移了$n\omega_s$的结果，所以抽样后信号的频谱$M_s(\omega)$是由无数间隔频率为$n\omega_s$的原信号频谱$M(\omega)$相加而成的，这就意味着$M_s(\omega)$中包含$M(\omega)$的全部信息，可以根据抽样后的信号恢复出原始的模拟信号。

需要指出的是，理想滤波器只具有理论价值，在现实中是不可能实现的。实用滤波器的截止边缘不可能做到如此陡峭，所以实际应用时要考虑滤波器的过渡带，所选的抽样频率 f_s 必须比 $2f_H$ 大一些。例如，典型电话信号的最高频率通常限制在 3400 Hz，而抽样频率通常采用 8000 Hz。

以上以低通型的模拟信号为研究对象，讨论了相应的抽样定理，得出实际选用的抽样频率 f_s 必须略大于 $2f_H$ 的结论。在通信系统中经常遇到带通型的窄带信号，其分析过程与低通型的信号有所不同，但最终得到的结论是一致的，都可以近似地将抽样频率 f_s 取为略大于 2B，B 为窄带信号的带宽。

5.2　抽样信号的量化

模拟信号是连续的，要将其数字化，必须先将其离散化，包括时间上的离散化和取值上的离散化。模拟信号经过抽样以后，实现了时间上的离散化，但是其抽样值还是随信号幅度连续变化的，是一个取值连续的变量，无法与有限个离散电平相对应。若仅用 N 个不同的二进制数字码元来代表此抽样值的大小，则 N 个二进制码元只能代表 $M=2^N$ 个不同的抽样值。因此，必须将抽样值的范围划分成 M 个区间，每个区间用 1 个电平表示，此电平称为量化电平。用预先规定的有限个电平来表示连续抽样值的过程称为量化。量化是将取值连续的抽样信号变换成取值有限的离散抽样信号的过程。

图 5-6 是一个量化过程示意图，结合该例子来介绍与量化相关的概念。

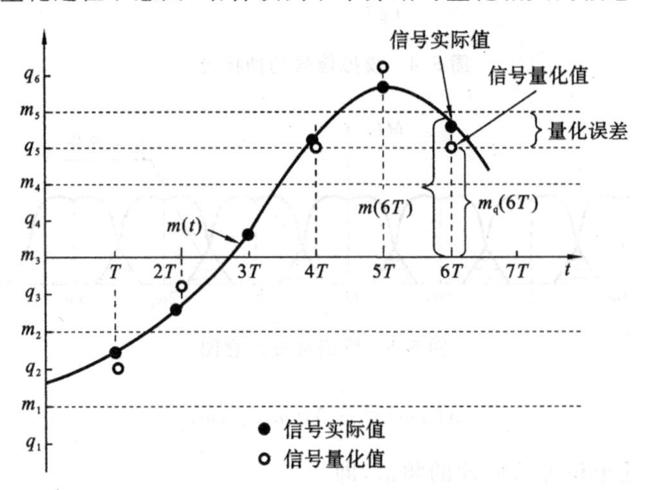

图 5-6　量化过程示意图

（1）量化电平。确定的信号量化后的取值叫量化电平，也称量化值。图 5-6 所示的 q_1、q_2、…、q_6 表示信号量化后 6 种可能的取值，即量化电平。例如，当模拟信号的抽样值大于 m_1 小于 m_2 时，该抽样值量化后的输出电平就是 q_2。

（2）量化级。量化电平的个数称为量化级。图 5-6 所示的量化级为 6。

（3）量化间隔。相邻两个量化值之差就是量化间隔，也称量化台阶、量阶、阶距等。

量化方法可以分为均匀量化和非均匀量化两种。在图 5-6 中，抽样值区间是等间隔划分的，称为均匀量化，若抽样值区间不均匀划分，则称为非均匀量化。下面将对这两种量化方法分别进行讨论。

5.2.1 均匀量化

均匀量化把模拟信号的取值范围按等距离分割，即其量化间隔都是相等的。每个量化区间的量化电平一般都取在各区间的中点，量化间隔的大小取决于模拟信号的变化范围，即量化间隔=(模拟信号的最大值－模拟信号的最小值)/量化电平数。

假设模拟信号的最大值为 b，最小值为 a，量化电平数为 M，则均匀量化的量化间隔为

$$\Delta v=\frac{b-a}{M} \tag{5-5}$$

量化区间的端点为

$$m_i=a+i\Delta v,\quad i=0,1,\cdots,M \tag{5-6}$$

量化电平一般都取在各量化区间的中点，即

$$q_i=\frac{m_i+m_{i-1}}{2},\quad i=1,2,\cdots,M \tag{5-7}$$

根据式(5-6)和式(5-7)可以推出量化电平为

$$q_i=a+i\Delta v-\frac{\Delta v}{2} \tag{5-8}$$

由于量化的过程实际上是用离散随机变量来近似连续随机变量的过程，因此，量化器输出的量化电平和量化前信号的抽样值一般不相同，即两者之间通常有一定的误差(可以参看图5-6中所标注的示例)。这个误差是由量化造成的，常称为量化误差或量化噪声。用信号功率与量化噪声之比(简称信号量噪比)来衡量该量化误差对信号影响的大小。信号量噪比是衡量量化器性能的主要指标之一。

若用 m_k 表示模拟信号的抽样值，$f(m_k)$ 表示抽样值 m_k 的概率密度，则模拟信号抽样值 m_k 的平均功率 S_0 可以表示为

$$S_0=E(m_k^2)=\int_a^b m_k^2 f(m_k)\mathrm{d}m_k \tag{5-9}$$

若用 m_q 表示信号的量化值，M 表示量化电平数，则均匀量化时量化噪声的平均功率 N_q 可以表示为

$$\begin{aligned}N_q&=E[(m_k-m_q)^2]=\int_a^b(m_k-m_q)^2 f(m_k)\mathrm{d}m_k\\&=\sum_{i=1}^{M}\int_{m_{i-1}}^{m_i}(m_k-q_i)^2 f(m_k)\mathrm{d}m_k\end{aligned} \tag{5-10}$$

信号量噪比即抽样信号与量化噪声的平均功率之比为

$$\frac{S_0}{N_q}=\frac{E(m_k^2)}{E[(m_k-m_q)^2]} \tag{5-11}$$

下面通过举例来进一步讨论量化电平数 M 与信号量噪比的关系。

假设一个均匀量化器的量化电平数为 M，其模拟信号抽样值的取值范围是$[-a,\ a]$，且具有均匀的概率密度，则 $M\Delta v=2a$，且抽样值 m_k 的概率密度 $f(m_k)$ 等于$\frac{1}{2a}$。

根据式(5-9)，可以求得抽样值 m_k 的平均功率为

$$S_0=\int_{-a}^{a}m_k^2\left(\frac{1}{2a}\right)\mathrm{d}m_k=\frac{a^2}{3}=\frac{M^2}{12}(\Delta v)^2 \tag{5-12}$$

根据式(5-10),可以求得量化噪声的平均功率为

$$\begin{aligned}N_q &= \sum_{i=1}^{M}\int_{m_{i-1}}^{m_i}(m_k-q_i)^2 f(m_k)\mathrm{d}m_k = \sum_{i=1}^{M}\int_{m_{i-1}}^{m_i}(m_k-q_i)^2\left(\frac{1}{2a}\right)\mathrm{d}m_k \\ &= \sum_{i=1}^{M}\int_{-a+(i-1)\Delta v}^{-a+i\Delta v}\left(m_k+a-i\Delta v+\frac{\Delta v}{2}\right)^2\left(\frac{1}{2a}\right)\mathrm{d}m_k \\ &= \sum_{i=1}^{M}\left(\frac{1}{2a}\right)\left(\frac{\Delta v^2}{12}\right)=\frac{M\,(\Delta v)^3}{24a}=\frac{(\Delta v)^2}{12}\end{aligned} \tag{5-13}$$

由上述两式可以求得平均信号量噪比为

$$\frac{S_0}{N_q}=M^2 \tag{5-14}$$

式(5-14)表明,平均信号量噪比随着量化电平数 M 的增大而提高。因为均匀量化的量化间隔是相等的,对于给定的信号最大幅度,若量化电平数越多,则量化间隔就越小,量化噪声也随之减小,信号量噪比就越高。

但是在实际应用中,往往不可能对量化分级过细,因为过多的量化值意味着编码位数的增加,这将直接导致系统的复杂性、经济性、可靠性、方便性、维护使用性等指标恶化。例如,若采用 7 级量化,则用 3 位二进制码编码即可,若量化级变成 128,就需要 7 位二进制码编码,系统的复杂性将大大增加。而且在实际应用中,量化电平数 M 和量化间隔 Δv 一般都是确定的,因此量化噪声 N_q 也是确定的。但是,抽样信号的强度却是随时间变化的,当信号较强时,信号的平均功率也较大,信号量噪比也大;而当信号比较小时,信号的平均功率也比较小,信号量噪比也小,有可能不满足系统的要求。一般将满足信号量噪比要求的输入信号取值范围定义为动态范围,均匀量化时,信号的动态范围受到很大的限制。因此,均匀量化对于小信号的传输非常不利,而在语音通信中,恰恰是小信号出现的概率较大。为了克服这个缺点,改善传输小信号时的信号量噪比,扩大输入信号的动态范围,在实际应用中常采用非均匀量化。

5.2.2 非均匀量化

非均匀量化根据信号抽样值的不同来划分量化间隔。因为采用非均匀量化的目的就是要改善传输小信号时的信号量噪比,所以当信号抽样值较小时,其量化间隔 Δv 也较小,当信号抽样值较大时,量化间隔 Δv 较大,从而使得信号小时,量化噪声也较小,保证信号量噪比这一重要指标能够满足系统的要求。

这种非均匀量化的实现方法通常是在进行量化之前,先将信号抽样值压缩,再对压缩后的信号抽样值进行均匀量化。这里所说的“压缩”,指在抽样电路后面加上一个称为“压缩器”的信号处理电路,该电路的特点是对弱小信号有比较大的放大倍数(增益),而对大信号的增益却比较小。抽样后的信号经过压缩器后就发生了“畸变”,大信号部分没有得到多少增益,而弱小信号部分却得到了“不正常”的放大(提升),相比之下,大信号部分好像被压缩了,压缩器由此得名。对压缩后的信号再进行均匀量化,就相当于对抽样信号进行了非均匀量化。

在接收端为了恢复原始抽样信号,就必须把接收到的经过压缩后的信号还原成压缩前的信号,完成这个还原工作的电路就是扩张器,它的特性正好与压缩器相反,对小信号压缩,对大信号提升。为了保证信号的不失真,要求压缩特性与扩张特性合成后是一条直线,也就是说,

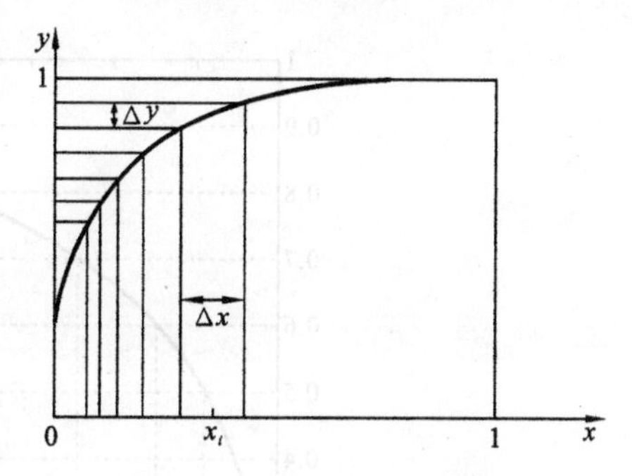

图 5-7 压缩特性示意图

信号通过压缩再通过扩张，实际上好像通过了一个线性电路。显然，单独的压缩或扩张对信号进行的都是非线性变换。

如图 5-7 所示压缩特性示意图，压缩是通过一个非线性电路将输入电压 x 变换成输出电压 y。图中纵坐标 y 对应的是压缩后的信号，其刻度是均匀的，横坐标 x 对应的是没经过压缩的原抽样信号，其刻度是非均匀的。可见，在纵轴上对 y 进行均匀分割，即相当于在横轴上对 x 进行非均匀分割，而且 x 越小，其量化间隔就越小，量化误差也越小，量化噪声也就越小，从而能够在小信号时得到比较满意的信号量噪比。

在发送端进行压缩时，用非线性电路将输入电压 x 变换成输出电压 y。若用函数 f 表示非线性变化，则有

$$y=f(x) \tag{5-15}$$

在接收端则用扩张器恢复出 x，该扩张器的传输特性设计为

$$x=f^{-1}(y) \tag{5-16}$$

压缩特性与扩张特性合成后是一条直线，信号通过压缩器再通过扩张器，实际上就好像通过了一个线性电路，从而保证了信号的不失真。

关于语音电话信号的压缩特性，国际电信联盟（ITU）制定了两种建议，即 A 压缩律和 μ 压缩律，相对应的近似算法为 13 折线法和 15 折线法。我国、欧洲各国以及国际间互联时采用 A 律及相应的 13 折线法，北美、日本和韩国等少数国家和地区采用 μ 律及 15 折线法。

1. μ 压缩律

μ 压缩律指符合下式的对数压缩规律，即

$$y=\frac{\ln(1+\mu x)}{\ln(1+\mu)},\quad 0\leqslant x\leqslant 1 \tag{5-17}$$

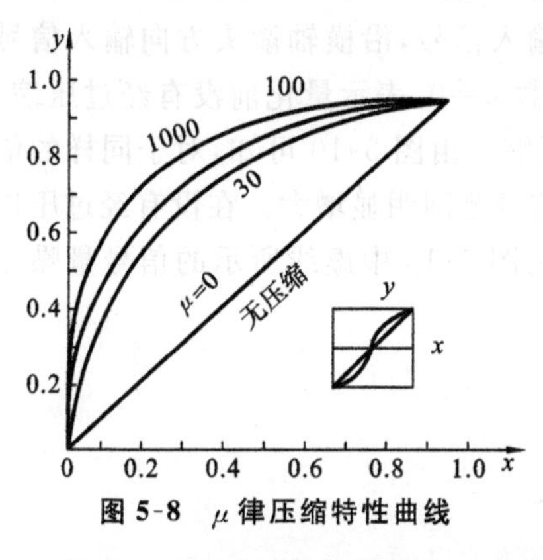

图 5-8 μ 律压缩特性曲线

式中，x 为压缩器归一化输入电压，等于压缩器的输入电压与压缩器可能的最大输入电压的比值；y 为压缩器归一化输出电压，等于压缩器的输出电压与压缩器可能的最大输出电压的比值；μ 为压扩参数，表示压缩程度。式(5-17)表示的是近似的对数关系，这种特性称为近似对数压扩率，μ 律压缩特性曲线如图 5-8 所示。当 $\mu=0$ 时，表示没有压缩，随着 μ 增大，压缩程度越来越大。由图 5-8 中的压缩曲线可知，对 y 做均匀量化时，对应的 x 在小信号部分的量化间隔也越来越小，即在小信号部分的量化噪声就越小。

图 5-9 是 μ 为确定值时的压缩特性曲线，可以清楚地看到，对压缩后的 y 做均匀量化时，相当于对原来的抽样信号 x 做了非均匀量化，而且信号小时量化间隔也小，信号较大时，量化间隔相应较大。当量化级划分较多时，每一量化级中的压缩特性曲线均可近似地看成直线。

当量化间隔的划分足够多时，用直线来近似每一量化间隔中的压缩特性曲线，可以得到

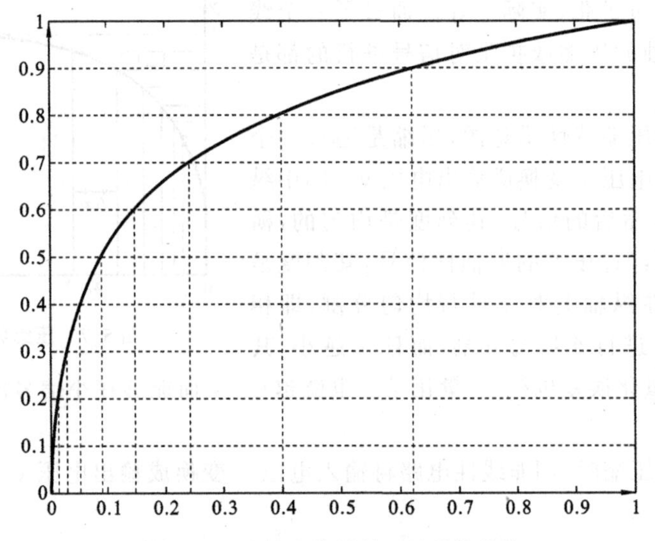

图 5-9　μ 为确定值时的压缩特性曲线

$$\frac{\Delta y}{\Delta x}=\frac{\mathrm{d}y}{\mathrm{d}x}=y'=\frac{\mu}{(1+\mu x)\ln(1+\mu)} \tag{5-18}$$

如果量化电平的取值在各量化区间的中点，则每个量化间隔内的最大量化误差为

$$\frac{\Delta x}{2}=\frac{1}{y'}\frac{\Delta y}{2}=\frac{\Delta y}{2}\frac{(1+\mu x)\ln(1+\mu)}{\mu} \tag{5-19}$$

当 $\mu>1$ 时，$\frac{\Delta y}{2}\Big/\frac{\Delta x}{2}$是压缩后量化级精度提高的倍数，可以用来衡量非均匀量化对均匀量化的信号量噪比的改善程度。令$[Q]_{\mathrm{dB}}=20\lg\frac{\Delta y}{\Delta x}$，以 $\mu=100$ 为例来分析两个比较极端的情况。当信号非常弱小时，$x\to0$，计算得到$[Q]_{\mathrm{dB}}=26.7$ dB，信号量噪比得到了提高；当信号达到最大值时，$x=1$，计算得到$[Q]_{\mathrm{dB}}=-13.3$ dB，信号量噪比反而有所损失。可见，非均匀量化对于提高小信号的信号量噪比是非常有效的，从而相当于扩大了输入信号的动态范围。

如图 5-10 所示有无压扩的比较曲线，坐标横轴表示输入信号，沿横轴箭头方向输入信号越来越小，坐标纵轴表示信号量噪比。直线部分的压扩系数 $\mu=0$，表示量化前没有经过压缩，曲线部分的压扩系数 $\mu=100$，表示信号在量化前先经过压缩。由图 5-10 可知，对于同样的信号量噪比要求，即要求达到图中虚线以上，压扩后的输入信号范围明显增大。在没有经过压扩时，信号量噪比随着输入信号的减小而迅速下降，若要满足图 5-10 中虚线所示的信号量噪比

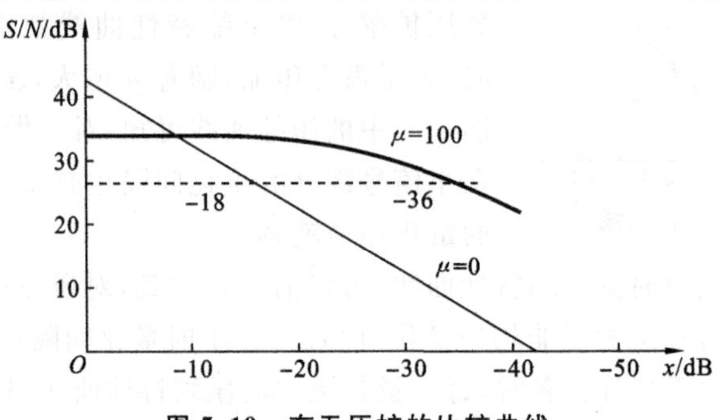

图 5-10　有无压扩的比较曲线

要求，输入信号范围则只能达到−18 dB 的水平。若量化前先经过压缩，则在一定范围内，信号量噪比随输入信号的减小而下降得并不明显，同样满足图中虚线所示的信号量噪比要求，输入信号范围可以达到−36 dB，输入信号的范围明显扩大了。

式(5-17)得到的 μ 压缩律的压缩特性是一条连续的平滑曲线，实际应用中很难用电子线路精确地实现。只能当量化级划分较多时，在每一量化间隔中用直线来近似原本的压缩特性曲线，得到的折线图就比较容易用数字电路来实现。最常见的是图 5-11 所示的 μ 压缩律 15 折线特性。因为话音信号是交流信号，输入电压 x 有正也有负，所以图 5-11 所示的压缩特性只是实际压缩特性曲线的一半。当 x 取负值时，在坐标系的第三象限还有与原点呈奇对称的另一半曲线，所以合起来整个曲线被分成 16 段。每一段用直线来近似后，由于其正电压部分第一段和负电压部分第一段的斜率相同，可以连成一条直线，所以一共得到 15 段折线，称为 μ 压缩律 15 折线特性。

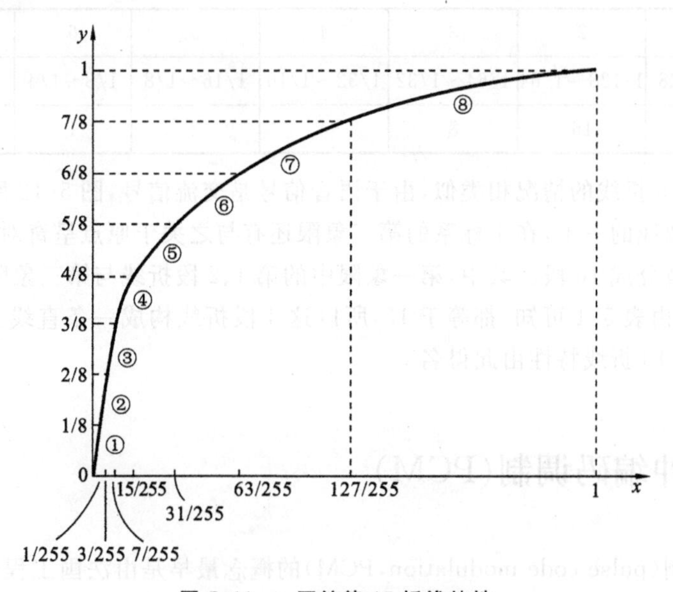

图 5-11　μ 压缩律 15 折线特性

2. A 压缩律

A 压缩律指符合下式的对数压缩规律，即

$$y=\begin{cases}\dfrac{Ax}{1+\ln A}, & 0<x\leqslant\dfrac{1}{A}\\[2ex]\dfrac{1+\ln Ax}{1+\ln A}, & \dfrac{1}{A}\leqslant x\leqslant 1\end{cases}\tag{5-20}$$

式中，x 为压缩器归一化输入电压，等于压缩器的输入电压与压缩器可能的最大输入电压的比值；y 为压缩器归一化输出电压，等于压缩器的输出电压与压缩器可能的最大输出电压的比值；A 为压扩参数，表示压缩程度。

实际使用中，选择 $A=87.6$。与 μ 压缩律类似，为了便于用数字电路来实现，在每一个量化间隔中用直线来近似原本的 A 压缩律特性曲线，得到实际最常用的 A 压缩律 13 折线特性，如图 5-12 所示。

在图 5-12 中，横坐标 x 对应于压缩前的信号，纵坐标 y 对应于压缩后的信号。由图 5-12

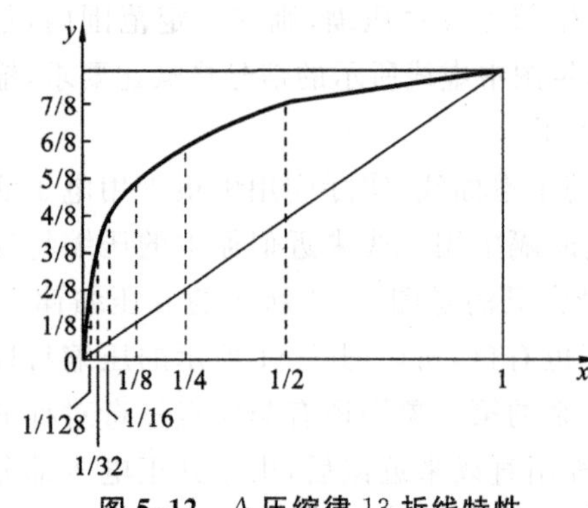

图 5-12　A 压缩律 13 折线特性

可知，纵坐标 y 被均匀地划分为 8 段，与之相对应的横坐标 x 被分成不均匀的 8 段，且随着信号变小，量化间隔也越来越小。横坐标 x 的具体分段情况：1/2 至 1 间的线段称为第 8 段，1/4 至 1/2 间的线段称为第 7 段，1/8 至 1/4 间的线段称为第 6 段，依此类推，直到 0 至 1/128 间的线段称为第 1 段。将与这 8 段相应的坐标点 (x, y) 相连，就得到了一条折线。由图 5-12 可知，除第 1 段和第 2 段外，其他各段折线的斜率都不相同。表 5-1 列出了这 8 段中每一段的起止点和斜率。

表 5-1　A 压缩律 13 折线各段的起止点和斜率

折线段号	1	2	3	4	5	6	7	8
段起止点	0～1/128	1/128～1/64	1/64～1/32	1/32～1/16	1/16～1/8	1/8～1/4	1/4～1/2	1/2～1
斜率	16	16	8	4	2	1	1/2	1/4

与 μ 压缩律 15 折线的情况相类似，由于语音信号是交流信号，图 5-12 所示的压缩特性只是实际压缩特性曲线的一半，在坐标系的第三象限还有与之关于原点呈奇对称的另一半曲线，合起来整个曲线被分成 16 段。其中，第一象限中的第 1、2 段折线与第三象限中的第 1、2 段折线的斜率都相同，由表 5-1 可知，都等于 16，所以这 4 段折线构成一条直线。因此，一共有 13 段折线，A 压缩律 13 折线特性由此得名。

5.3　脉冲编码调制(PCM)

脉冲编码调制(pulse code modulation，PCM)的概念最早是由法国工程师 Alce Reeres 于 1937 年提出来的。1946 年第一台 PCM 数字电话终端机在美国 Bell 实验室问世。1962 年后，采用晶体管的 PCM 终端机大量应用于市话网中，使市话电缆传输的路数扩大了 30 倍。20 世纪 70 年代后期，随着超大规模集成电路 PCM 芯片的出现，PCM 在光纤通信、数字微波通信和卫星通信中得到了更为广泛的应用。目前，PCM 不仅在通信领域大显身手，还广泛应用于计算机、遥控遥测、广播电视等许多领域。在这些领域中，有时将 PCM 称为"模拟/数字(A/D)变换"，实质上，脉冲编码调制与模拟/数字(A/D)变换的原理是一样的。

脉冲编码调制是指将模拟信号经过抽样、量化、编码三个处理步骤变成数字信号的转换方式。PCM 系统的原理框图如图 5-13 所示。首先由冲激脉冲对模拟信号进行抽样，得到抽样时刻的模拟信号抽样值，这个抽样值在时间上已经离散化，但在取值上还是连续的，依然还属于模拟量。在实际应用时，这个抽样值在量化之前，通常要使用保持电路对其进行短暂保存，从而保证后继电路有充分的时间对其进行量化和编码。所以常常把抽样电路和保持电路放在一起，称为抽样保持电路。图 5-13 中的量化器把模拟抽样信号变成离散的数字量，并在编码器中进行二进制编码，所得到的每个二进制码组就代表一个量化后的信号抽样值，送入数字信道进行传输。在接收端则进行相应的译码工作，将收到的二进制数字序列再转

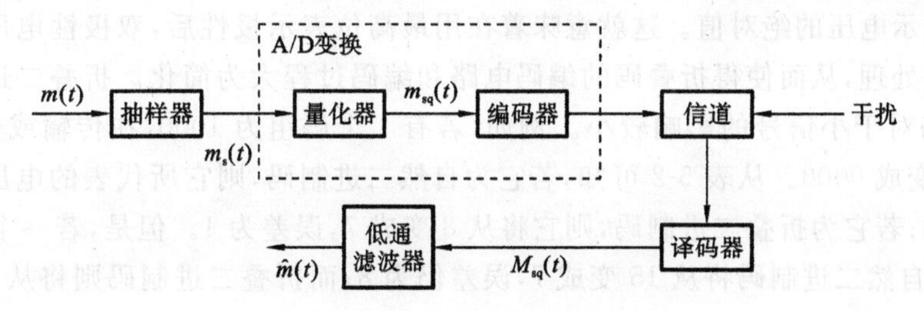

图 5-13 PCM系统的原理框图

换成模拟信号，译码的工作过程与编码的工作过程相反。由此可知，PCM的整个过程实现了模拟信号的数字传输，即在信源端和信宿端是模拟信号，在信道上传输的则是数字信号。需要指出的是，在实际应用中，量化和编码工作通常均由编码器来完成，不存在单独的量化器或量化电路。

在讨论编码电路之前，首先要介绍一下二进制编码的常用码型，即自然二进制码和折叠二进制码。自然二进制码是按照二进制数的自然规律排列的，如表5-2所示，对于0～15这16个量化值，分别用0000～1111这16个4位二进制码与之对应，只需将量化值序号由十进制数转化为相应的二进制数，就可以得到自然二进制码。自然二进制码的优点是根据二进制编码，可以很直观地看到所表示的是第几个量化级。

表 5-2 自然二进制码和折叠二进制码

量化值序号	量化电压极性	自然二进制码	折叠二进制码
15	正极性	1111	1111
14		1110	1110
13		1101	1101
12		1100	1100
11		1011	1011
10		1010	1010
9		1001	1001
8		1000	1000
7	负极性	0111	0000
6		0110	0001
5		0101	0010
4		0100	0011
3		0011	0100
2		0010	0101
1		0001	0110
0		0000	0111

在语音信号的传输中，除了自然二进制码外，还经常用到折叠二进制码。以表5-2中所示的为例，由于语音信号是交流信号，所以将16个双极性量化值分成两部分：第0至第7个量化值对应于负极性电压；第8至第15个量化值对应于正极性电压。显然，对于自然二进制码，这两部分之间没有什么对应联系。但是，对于折叠二进制码，除了其最高位符号相反外，其上、下两部分还呈现映像关系，或称折叠关系。折叠二进制码用其最高位来表示电压的极性正负，而

用其他位来表示电压的绝对值。这就意味着在用最高位表示极性后，双极性电压可以采用单极性编码方法处理，从而使得折叠码的编码电路和编码过程大为简化。折叠二进制码的另一个优点是误码对于小信号的影响较小。例如，若有1个码组为1000，在传输或处理时发生1个符号错误，变成0000。从表5-2可知，若它为自然二进制码，则它所代表的电压值将从8变成0，误差为8；若它为折叠二进制码，则它将从8变成7，误差为1。但是，若一个码组从1111错成0111，则自然二进制码将从15变成7，误差仍为8；而折叠二进制码则将从15错成为0，误差增大为15。这表明，折叠二进制码对于小信号的传输有利。在传输语音信号时，小信号出现的概率较大，所以折叠二进制码有利于减小语音信号的平均量化噪声。

在选择编码位数时，主要考虑通信质量和设备的复杂程度这两个方面。当输入信号的变化范围一定时，编码位数越多，所能表示的量化值就越多，量化间隔就越小，量化噪声就越小，信号量噪比就越大，通信质量就越好。但是，编码位数的增多，会导致信号的传输量和存储量增大，所需的编码设备也会更复杂。就语音通信而言，一般3～4位非线性编码即可满足其可懂度，采用7～8位非线性编码，就可以达到比较好的通信质量。下面以我国采用的A压缩律13折线法为例，详细讲解8位PCM编、译码的原理。

根据A压缩律13折线法进行PCM编码时，采用的折叠二进制码有8位。其中第一位c_1表示量化值的极性正负，称为极性码，量化值为正则取1，量化值为负则取0。后面的7位表示量化值的绝对值，分为段落码和段内码两部分。其中第2至4位($c_2 \sim c_4$)是段落码，共计3位，可以表示$2^3=8$个段落，正好对应于A压缩律13折线位于第一象限的8段折线。将这8个段落再均匀地划分为16个量化间隔，用4位段内码($c_5 \sim c_8$)来表示，$2^4=16$，正好可以表示每一段落内的16个量化电平。因此，8位PCM编码中，除去一位极性码，表示量化值绝对值的7位码(段落码+段内码)，总共能表示$2^7=128$个量化值。段落码和段内码的编码规则分别如表5-3和表5-4所示。

表5-3　段落码编码规则

段落序号	段落码 $c_2\ c_3\ c_4$	段落范围(量化单位)
8	1 1 1	1024～2048
7	1 1 0	512～1024
6	1 0 1	256～512
5	1 0 0	128～256
4	0 1 1	64～128
3	0 1 0	32～64
2	0 0 1	16～32
1	0 0 0	0～16

表5-4　段内码编码规则

量化间隔	段内码 $c_5\ c_6\ c_7\ c_8$	量化间隔	段内码 $c_5\ c_6\ c_7\ c_8$
15	1 1 1 1	7	0 1 1 1
14	1 1 1 0	6	0 1 1 0
13	1 1 0 1	5	0 1 0 1

续表

量化间隔	段内码 c_5 c_6 c_7 c_8	量化间隔	段内码 c_5 c_6 c_7 c_8
12	1100	4	0100
11	1011	3	0011
10	1010	2	0010
9	1001	1	0001
8	1000	0	0000

这种编码方法实质上已经把压缩、量化、编码三者合为一体了。如图5-12所示，8个段落的划分是非均匀的，虽然各段内的16个量化间隔是均匀的，但因段落长度不等，所以不同段落间的量化间隔是非均匀的。输入信号小时，段落短，量化间隔小；输入信号大时，段落长，量化间隔大。在A压缩律13折线中，第1段、第2段最短，是归一化动态范围值的1/128，再将它等分16小段后，每一小段的长度为1/2048，这就是最小的量化间隔；第8段最长，是归一化动态范围值的1/2，将它等分16小段后，每一小段的长度为1/32。通常将此最小量化间隔(1/2048)称为1个量化单位，那么从A压缩律13折线的第1段到第8段所包含的量化单位数分别为8、16、32、64、128、256、512、1024。假若采用均匀量化的方法来达到1/2048这个最小量化间隔的要求，则需要用11位的二进制码组才行。现在采用非均匀量化，只需要7位二进制码就能够对小信号部分实现1/2048这个最小量化间隔。而且均匀量化时，若采用11位二进制码，将会有总共2048个量化间隔，而非均匀量化时，采用7位二进制码，只有128个量化间隔。由此可见，采用非均匀量化时，不但设备可以相对简化，系统所需的传输带宽也减小了。

典型话音信号的抽样频率是8000 Hz，当采用上述PCM 8位非均匀量化编码器时，典型的数字电话传输速率为64 kbit/s。这个速率被ITU制定的建议所采用。由于现行的电话网中使用这种非均匀量化的PCM体制，所以这种PCM电路已经做成了单片机IC，得到了广泛的应用。

图5-14所示的是使用逐次比较法对话音信号进行编码的A压缩律13折线折叠码的量化编码原理框图。此编码器共给出8位编码$c_1 \sim c_8$。c_1为极性码，其他7位($c_2 \sim c_8$)表示抽样信号的绝对值。其中，$c_2 \sim c_4$表示段落码，$c_5 \sim c_8$表示段内码。输入的模拟信号抽样值先经过一个整流器，从双极性信号变成单极性信号，并得到极性码c_1。这一单极性信号由保持电路做短时间保持，由后继模块将它编成7位二进制编码$c_2 \sim c_8$。

输入的模拟信号抽样值一般以脉冲电流I_s的形式短暂保存在保持电路中，并与几个称为权值电流的标准电流I_w逐次比较，每一次的比较都将得出1位二进制码。权值电流I_w是在电路中预先产生的，权值电流I_w的个数取决于编码的位数，7位二进制编码需要7个不同的权值电流I_w。PCM编码的最小量化间隔是其归一化值的1/2048，称为1个量化单位，用“Δ”表示，以此为单位对PCM编码过程中的各级权值电流I_w以及7位二进制码的产生进行详细说明。

7位二进制码$c_2 \sim c_8$是依序产生的，即先产生段落码$c_2 \sim c_4$，后产生段内码$c_5 \sim c_8$。根据表5-3所示的段落码编码规则，可以发现，段落码第一位c_2为0还是为1取决于128Δ这一分

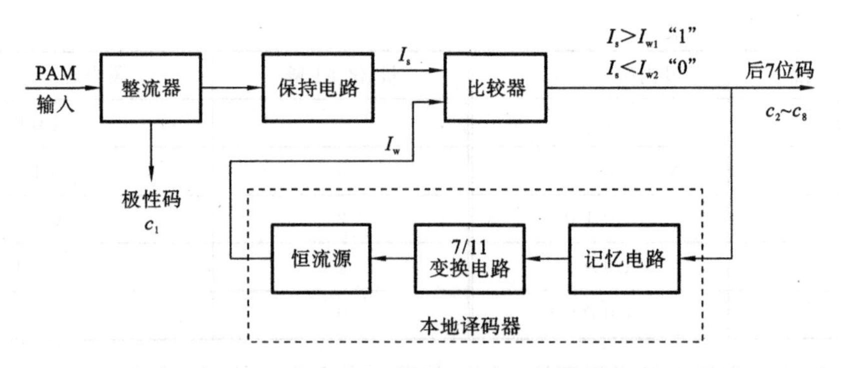

图 5-14　A 压缩律 13 折线折叠码的量化编码原理框图

界线，因此判定 c_2 的权值电流 I_{w1} 等于 128 个量化单位。以此类推，可以画出如图 5-15 所示的段落码权值电流示意图，由图可知，用于判定 c_2 的权值电流 I_{w1} 等于 128Δ，即若抽样值 $I_s<128\Delta$，则比较器输出 $c_2=0$；若 $I_s>128\Delta$，则比较器输出 $c_2=1$。c_2 除了输出外，还被送入记忆电路暂存。在记忆电路后面还接了一个 7/11 变换电路，其功能是将 7 位非均匀量化编码变换成相应的 11 位均匀量化编码，以便控制后继的恒流源能够按照 PCM 的编码原理产生相应的权值电流，这几部分电路合在一起称为本地译码电路。

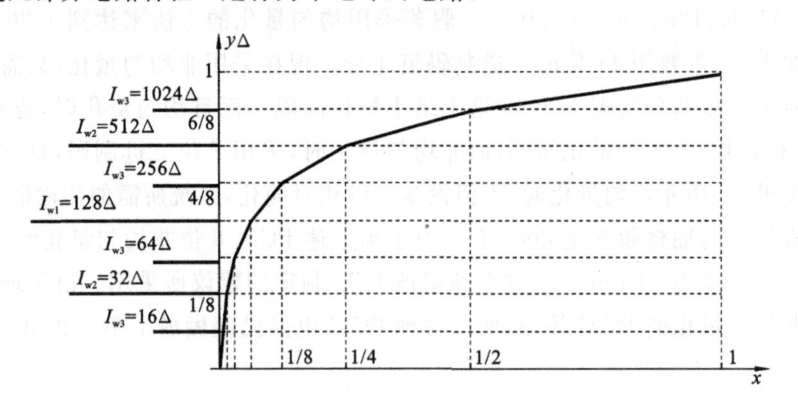

图 5-15　段落码权值电流示意图

在进行第二次比较时，需要根据暂存的 c_2 值，通过 7/11 变换电路来决定第二个权值电流值 I_{w2}。若 $c_2=0$，则第二个权值电流 $I_{w2}=32\Delta$；若 $c_2=1$，则 $I_{w2}=512\Delta$。若 $I_s<I_{w2}$，则 $c_3=0$；若 $I_s>I_{w2}$，则 $c_3=1$。同样，产生的 c_3 除了输出外，也被送入记忆电路暂时保存。

在进行第三次比较时，用于比较的权值电流 I_{w3} 由 c_2 和 c_3 的值共同决定。具体情况如下：若 $c_2c_3=0$，则 $I_{w3}=16\Delta$；若 $c_2c_3=0\ 1$，则 $I_{w3}=64\Delta$；若 $c_2c_3=1\ 0$，则 $I_{w3}=256\Delta$；若 $c_2c_3=1\ 1$，则 $I_{w3}=1024\Delta$。比较规则都是类似的，即若 $I_s<I_{w3}$，则 $c_4=0$；若 $I_s>I_{w3}$，则 $c_4=1$。同样，产生的 c_4 除了输出外，也被送入记忆电路暂时保存。

经过 3 次的比较，可以得出该模拟信号抽样值所对应的段落码，也就是可以确定该抽样值位于 A 压缩律 13 折线 8 个大段的哪一段。每一个大段又被均匀分成 16 个量化间隔，抽样值具体位于哪一量化间隔则由段内码来确定。段内码的产生过程和段落码类似，I_s 继续和权值电流 I_w 逐次比较，每一次的比较都将得出 1 位二进制码，若 $I_s<I_w$，则取 0，若 $I_s>I_w$，则取 1，经过 4 次比较后得到 4 位段内码 $c_5\sim c_8$。第一次比较的权值电流 $I_{w4}=$ 段落起始电平 +

$8\Delta'$，Δ'表示段内的最小量化间隔，每一大段的取值不相同，如表5-5所示。之后用于比较的权值电流则需要根据暂存值进行调整，分别等于相应的电平加上$4\Delta'$、$2\Delta'$、$1\Delta'$。下面通过一个具体的例子来说明PCM编码时逐次比较的过程。

表5-5 A压缩律13折线各段落起始电平和最小量化间隔

段落号	1	2	3	4	5	6	7	8
段内最小量化间隔/Δ(量化单位)	1	1	2	4	8	16	32	64
段落起始电平/Δ(量化单位)	0	16	32	64	128	256	512	1024

【例5-1】 设输入的模拟信号抽样值为$+1278\Delta$，将其按照A压缩律13折线特性编成8位二进制码。

解法一　逐次比较法

(1) 确定极性码c_1。因为输入的模拟信号抽样值为正，所以$c_1=1$。

(2) 确定段落码$c_2\sim c_4$。根据图5-15可知，对于抽样值1278Δ进行3次比较的权值电流分别是，$I_{w1}=128\Delta$、$I_{w2}=512\Delta$、$I_{w3}=1024\Delta$，得出段落码$c_2\sim c_4$为“111”，表明该抽样值位于8个大段的第8段。

(3) 确定段内码$c_5\sim c_8$。根据表5-5，可以画出如图5-16所示的A压缩律13折线第8段量化间隔示意图。据此可得对抽样值1278进行4次比较的权值电流分别是$I_{w4}=1024\Delta+8\times64\Delta=1536\Delta$，$I_{w5}=1024\Delta+4\times64\Delta=1280\Delta$，$I_{w6}=1024\Delta+2\times64\Delta=1152\Delta$，$I_{w7}=1152\Delta+1\times64\Delta=1216\Delta$，得出段内码$c_5\sim c_8$为“0011”，表明该抽样值位于第8段中的第3小段内。

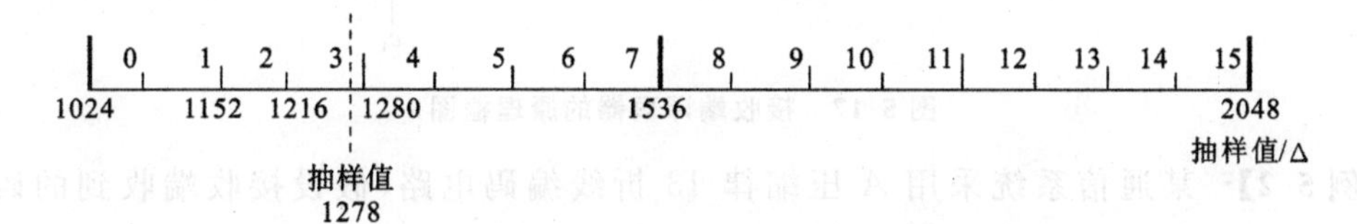

图5-16 A压缩律13折线第8段量化间隔示意图

经过以上7次的逐次比较，可以得出模拟信号抽样值$+1278\Delta$所对应的PCM码组为1111 0011。

需要强调的是，得到的PCM编码1111 0011，并不直接代表抽样值$+1278\Delta$的量化值，而是表示抽样值$+1278\Delta$位于A压缩律13折线的第8大段的第3个(从0开始编号)量化间隔中。为了使量化误差小于量化间隔的1/2，一般都将量化电平取在量化间隔的中点，所以抽样值$+1278\Delta$所对应的量化电平为$1216\Delta+64\Delta/2=1248\Delta$，其量化误差等于$30\Delta$。

解法二　查表法

由表5-3可知，第8段所包含的范围是$1024\Delta\sim2048\Delta$，1278Δ正好位于其中，所以其段落码就是“111”。随后根据表5-4和表5-5，可以得出第8段段内码的编码规则如表5-6所示。由表5-6可知，抽样值$+1278\Delta$位于第8段的第3个量化间隔中，对应的段内码是“0011”。

图5-17所示的是接收端译码器的原理框图，对比图5-14可以发现，接收端译码器和发送端编码器中的本地译码部分几乎是完全一样的。发送端的本地译码器根据前若干次比较得到编码值，控制恒流源产生下次比较所需要的权值电流I_w。当编码器输出最后一位编码c_8值后，

表 5-6 A 压缩律 13 折线第 8 段段内码编码规则

量化间隔/Δ	段内码 $c_5\ c_6\ c_7\ c_8$	段落范围/Δ（量化单位）	量化间隔/Δ	段内码 $c_5\ c_6\ c_7\ c_8$	段落范围/Δ（量化单位）
15	1 1 1 1	1984～2048	7	0 1 1 1	1472～1536
14	1 1 1 0	1920～1984	6	0 1 1 0	1408～1472
13	1 1 0 1	1856～1920	5	0 1 0 1	1344～1408
12	1 1 0 0	1792～1856	4	0 1 0 0	1280～1344
11	1 0 1 1	1728～1792	3	0 0 1 1	1216～1280
10	1 0 1 0	1664～1728	2	0 0 1 0	1152～1216
9	1 0 0 1	1600～1664	1	0 0 0 1	1088～1152
8	1 0 0 0	1536～1600	0	0 0 0 0	1024～1088

对此抽样值的编码已经完成，所以比较器要等待下一个抽样值到达，暂不需要恒流源产生新的权值电流。接收端的译码器与此非常类似，差别仅在于它是根据收到的完整码组中的 $c_2 \sim c_8$ 来控制恒流源产生一个权值电流，该权值电流等于 $c_2 \sim c_8$ 所代表的量化间隔的中间值，如在上述例子中，该中间值等于 1248Δ。由于恒流源产生的只是正权值电流，所以在接收端的译码器中，最后一步要根据接收码组的第一位 c_1 值控制输出电流的正负极性。

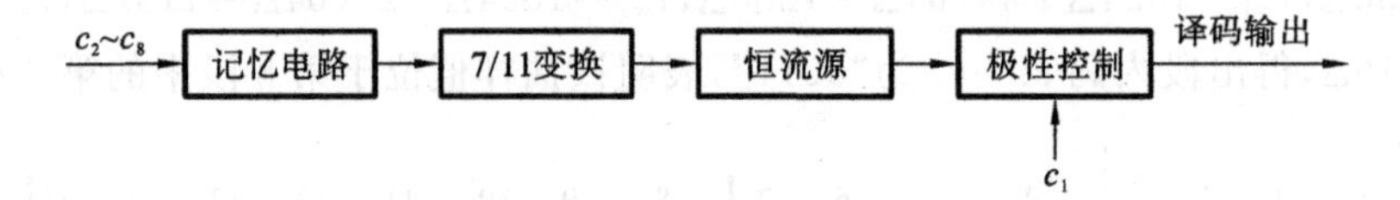

图 5-17 接收端译码器的原理框图

【例 5-2】 某通信系统采用 A 压缩律 13 折线编码电路，假设接收端收到的码组是“01011001”，设最小量化间隔为 1Δ，请问接收端译码器的输出为多少个量化单位？

解 首先，收到码组的极性位 $c_1=0$，表示信号为负。

其次，收到的段落码 $c_2c_3c_4$ 为“101”，表示模拟信号的抽样值位于 8 个大段的第 6 段，该段的起始电平为 16×(1Δ×2＋2Δ＋4Δ＋8Δ)＝256Δ，最小量化间隔为 16Δ。

根据收到的段内码“1001”，表示抽样值位于该大段的第 9 个（从 0 开始编号）量化间隔中，译码器的输出为该量化间隔的中点值，即为 256Δ＋16Δ×9＋8Δ＝408Δ。

综上，接收端译码器的输出为－408 个量化单位。

下面对 PCM 系统的抗噪声性能做简单的介绍。PCM 系统中的噪声有两种：量化噪声和信道加性噪声。由于这两种噪声的产生机理完全不同，可认为这两者是互相独立的。PCM 系统接收端低通滤波器的输出可以表示为

$$m_d(t) = m_0(t) + n_q(t) + n_e(t) \tag{5-21}$$

式中，$m_0(t)$ 表示输出端所需要的信号部分；$n_q(t)$ 表示由量化噪声引起的输出噪声，其功率用 N_q 表示；$n_e(t)$ 表示由信道加性噪声引起的输出噪声，其功率用 N_e 表示。

在此基础上，定义 PCM 系统的输出信噪比为

$$\frac{S_0}{N_0} = \frac{E[m_0^2(t)]}{E[n_q^2(t)] + E[n_e^2(t)]} \tag{5-22}$$

即系统的输出信噪比等于输出的信号功率与输出的量化噪声和加性噪声功率之和的比值,即

$$\frac{S}{N}=\frac{S}{N_a+N_q}=\frac{M^2}{2^{2(N+1)}P_e+1}=\frac{2^{2N}}{1+2^{2(N+1)}P_e} \tag{5-23}$$

式中,M 表示系统的量化级数,N 表示二进制编码的位数,$M=2^N$,P_e 表示系统的误码率。

在小信噪比条件下,$2^{2(N+1)}P_e \gg 1$,式(5-23)可以近似表示为

$$\frac{S}{N}\approx\frac{S}{N_a}=\frac{M^2}{2^{2(N+1)}P_e}=\frac{2^{2N}}{2^{2(N+1)}P_e}=\frac{1}{4P_e} \tag{5-24}$$

式(5-24)表明,在小信噪比条件下,PCM系统输出端的噪声主要表现为信道加性噪声,系统的信噪比主要取决于信号功率和输出的加性噪声功率之比。

在大信噪比条件下,$2^{2(N+1)}P_e \ll 1$,式(5-24)可以近似表示为

$$\frac{S}{N}\approx\frac{S}{N_q}=M^2=2^{2N} \tag{5-25}$$

由式(5-25)可知,在大信噪比条件下,PCM系统输出端的噪声主要表现为量化噪声,系统的信噪比主要取决于输出端的信号量噪比,而信号量噪比又依赖于PCM码组的编码位数 N。N 越大,量化级 M 就越多,量化噪声就越小,信号量噪比就越大,且随着 N 的增大按指数规律增加。假设模拟信号的最高频率为 f_H,则系统的最低抽样速率为 $2f_H$,若采用 N 位二进制编码,系统的传码率就等于 $2Nf_H$,PCM系统需要的最小带宽 $B=Nf_H$,因此式(5-25)又可表示为

$$\frac{S}{N}\approx\frac{S}{N_q}=2^{2(B/f_H)} \tag{5-26}$$

式(5-26)表明,PCM系统输出端的信号量噪比与系统带宽 B 成指数关系,编码位数越多,信号量噪比就越大,但是系统的带宽也随之增大了,这充分体现了带宽与信噪比之间的互换关系。

5.4 差分脉冲编码调制

目前数字电话系统中采用的PCM体制需要用64 kbit/s的速率来传输一路数字电话信号。这与一路模拟电话信号占用3 kHz带宽相比增大了许多倍。降低数字电话信号速率的方法之一,就是采用差分脉冲编码调制(differential PCM,DPCM)。

5.4.1 DPCM系统的原理

脉冲编码调制是对抽样值本身进行编码,所需要的编码位数较多,编译码设备比较复杂。但在DPCM中,每个抽样值不是独立的编码,而是先根据前一个抽样值计算出一个预测值,再取当前抽样值和预测值之差做编码用,此差值称为预测误差。语音信号等连续变化的信号,其相邻抽样值之间有一定的相关性,这个相关性使信号中含有冗余信息。由于抽样值及其预测值之间有较强的相关性,即抽样值和其预测值非常接近,因此预测误差的可能取值范围比抽样值的变化范围小。所以预测误差编码所需的位数较少,可以降低编码的速率。

一般来说,可以利用前面的几个抽样值的线性组合来预测当前的抽样值,称为线性预测。

若仅用前面的一个抽样值预测当前的抽样值，就是 DPCM。线性预测原理方框图如图 5-18 所示，图(a)为编码器的原理方框图，图(b)为解码器的原理方框图。编码器的输入为原始模拟语音信号 $s(t)$，它在时刻 kT 被抽样，抽样信号 $s(kT)$ 在图中简写为 s_k，其中，T 为抽样间隔时间，k 为整数。此抽样信号和预测器输出的预测值 s'_k 相减，得到预测误差 e_k。此预测误差经过量化后得到量化预测误差 r_k，量化预测误差 r_k 除了送到编码器编码并输出外，还作为更新预测值用，它和原预测值 s'_k 相加，构成预测器新的输入 s_k^*。为了说明这个 s_k^* 的意义，暂时假定量化器的量误差为 0，即 $e_k=r_k$，则由图 5-18 可知

$$s_k^*=r_k+s'_k=e_k+s'_k=(s_k-s'_k)+s'_k=s_k \tag{5-27}$$

即 s_k^* 就等于 s_k。所以可以把 s_k^* 看作带有量化误差的抽样信号 s_k。

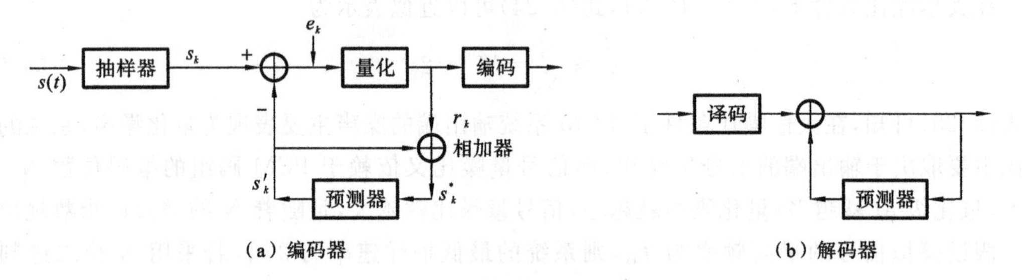

图 5-18　线性预测原理方框图

预测器的输出与输入的关系由下列线性方程式决定，即

$$s'_k=\sum_{i=1}^{p}a_i s_{k-i}^* \tag{5-28}$$

式中，p 是预测阶数，a_i 是预测系数，它们都是常数。

式(5-28)表明，预测值 s'_k 是前面 p 个带有量化误差的抽样信号值的加权和。在 DPCM 中，$p=1$，$a_i=1$，所以 $s'_k=s_{k-1}^*$。这时，预测器就简化为一个延迟电路，其延迟时间为一个抽样间隔时间 T。

由图 5-18 可知，编码器中预测器和相加器的连接电路和解码器中的完全一样。所以当无传输误码时，即当编码器的输出就是解码器的输入时，这两个相加器的输入信号相同，即 $r_k=r'_k$。所以，此时解码器的输出信号 s_k^* 和编码器中的相加器的输出信号 s_k^* 相同，即等于带有量化误差的信号抽样值 s_k。

5.4.2　DPCM 系统的量化噪声和信号量噪比

下面来分析 DPCM 系统的量化误差，即量化噪声。DPCM 系统的量化误差 q_k 定义为编码器输入模拟信号抽样值 s_k 与量化器的量化电平的抽样值 s_k^* 之差，即

$$q_k=s_k-s_k^*=(s'_k+e_k)-(s'_k+r_k)=e_k-r_k \tag{5-29}$$

设预测误差的范围是 $(-\sigma,\ +\sigma)$，量化器的量化电平数为 M，量化间隔为 $\Delta\nu$，则有

$$\Delta\nu=\frac{2\sigma}{(M-1)} \tag{5-30}$$

$$\sigma=\frac{(M-1)}{2}\Delta\nu \tag{5-31}$$

当 $M=4$ 时，σ、$\Delta\nu$ 和 M 之间的关系如图 5-19 所示。

由于量化误差仅为量化间隔的一半，因此预测误差经过量化后，产生的量化误差 q_k 在$(-\Delta\nu/2, +\Delta\nu/2)$是均匀分布的，则 q_k 的概率密度可以表示为

$$f(q_k)=\frac{1}{\Delta\nu} \tag{5-32}$$

所以 q_k 的平均功率可以表示为

$$E(q_k^2)=\int_{-\frac{\Delta\nu}{2}}^{\frac{\Delta\nu}{2}} q_k^2 f(q_k)\mathrm{d}q_k=\frac{1}{\Delta\nu}\int_{-\frac{\Delta\nu}{2}}^{\frac{\Delta\nu}{2}} q_k^2\mathrm{d}q_k=\frac{(\Delta\nu)^2}{12} \tag{5-33}$$

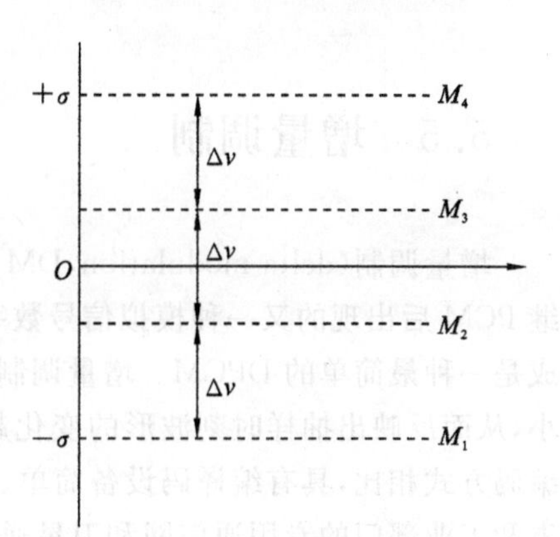

图 5-19 σ、$\Delta\nu$ 和 M 之间的关系

若 DPCM 编码器输出的码元速率为 Nf_s，其中 f_s 为抽样频率，$N=\log_2 M$ 是每个抽样值编码的码元数，同时还假设此功率平均分布在 $0\sim Nf_s$ 的频率范围内，即其功率谱为

$$P_q(f)=\frac{(\Delta\nu)^2}{12Nf_s},\quad 0<f<f_s \tag{5-34}$$

则此量化噪声通过截止频率为 f_L 的低通滤波器后，其功率为

$$N_q=P_q(f)f_L=\frac{(\Delta\nu)^2}{12N}\left(\frac{f_L}{f_s}\right) \tag{5-35}$$

为了计算信号量噪比，还需要知道信号功率。由 DPCM 编码的原理可知，当预测误差 e_k 的范围限制在$(-\sigma, +\sigma)$时，同时也限制了信号的变化速度。也就是说，在相邻抽样点之间，信号抽样值的增减不能超过此范围。一旦超过此范围，编码器将发生过载，即产生更大的超过允许范围的误差。若抽样点间隔为 $T=1/f_s$，则将限制信号的斜率不能超过 σ/T。

设输入信号是一个正弦波 $m(t)=A\sin(\omega_0 t)$，它的变化速度由其斜率决定，它的斜率为

$$\frac{\mathrm{d}m(t)}{\mathrm{d}t}=A\omega_0\cos(\omega_0 t) \tag{5-36}$$

由式(5-36)可知最大斜率为 $A\omega_0$。为了不发生过载，信号的最大斜率不应超过 σ/T，即有

$$A\omega_0\leqslant\sigma/T=\sigma f_s \tag{5-37}$$

所以最大允许信号振幅为

$$A_{\max}=\sigma f_s/\omega_0 \tag{5-38}$$

这时的信号功率为

$$S=\frac{A_{\max}^2}{2}=\frac{\sigma^2 f_s^2}{2\omega_0^2}=\frac{\sigma^2 f_s^2}{8\pi^2 f_0^2} \tag{5-39}$$

将式(5-31)代入式(5-39)可得

$$S=\frac{\left(\frac{M-1}{2}\right)^2(\Delta\nu)^2 f_s^2}{8\pi^2 f_0^2}=\frac{(M-1)^2(\Delta\nu)^2 f_s^2}{32\pi^2 f_0^2} \tag{5-40}$$

由式(5-35)和式(5-40)可以求出信号量噪比为

$$\frac{S}{N_q}=\frac{3N(M-1)^2}{8\pi^2}\frac{f_s^3}{f_0^2 f_L} \tag{5-41}$$

式(5-41)表明，信号量噪比随编码位数 N 和抽样频率 f_s 的增大而增加。

5.5 增量调制

增量调制(delta modulation,DM或ΔM)是1946年由法国工程师De Loraine提出的,是继PCM后出现的又一种模拟信号数字传输的方法,其目的在于简化语音编码方法,它可以看成是一种最简单的DPCM。增量调制只需用1位二进制编码表示相邻抽样值之间的相对大小,从而反映出抽样时刻波形的变化趋势,而与抽样值本身的大小无直接关系。ΔM与PCM编码方式相比,具有编译码设备简单、比特率低时的量化信噪比高、抗误码特性好等优点,在军事和工业部门的专用通信网和卫星通信中得到了广泛应用,近年来在高速超大规模集成电路中作为A/D转换器。

增量调制的基本思想:对于语音信号而言,如果抽样速率很高(远大于奈奎斯特速率),抽样间隔就很小,那么在相邻的抽样值之间会表现出很强的相关性,相邻抽样点之间的幅度变化不会很大,相邻抽样值的相对大小(差值)同样能反映模拟信号的变化规律。若对这些差值进行编码并传输,同样可以实现模拟信号的数字传输。这个差值又称"增量",其取值可正可负。

ΔM编码波形示意图如图5-20所示,图中$m(t)$表示原始的模拟信号,σ表示量化台阶,$\Delta t=T_s$是抽样间隔。增量调制就是用一个时间间隔为Δt、相邻幅度差为$+\sigma$或$-\sigma$的阶梯波形$m'(t)$来逼近$m(t)$。如果Δt足够小,即抽样速率$f_s=1/\Delta t$足够高,且σ足够小,那么阶梯波$m'(t)$可近似代替原模拟信号$m(t)$。

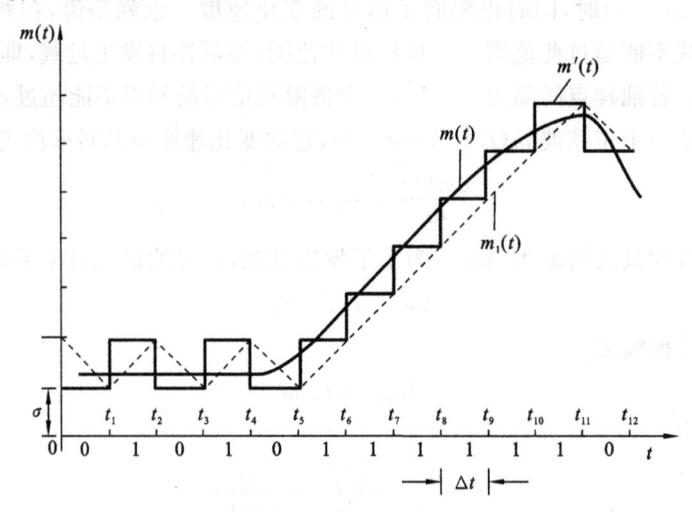

图5-20 ΔM编码波形示意图

在每个抽样间隔Δt内,阶梯波$m'(t)$的幅值保持不变,且相邻间隔的幅值差为$+\sigma$或$-\sigma$,即阶梯波$m'(t)$在相邻抽样点上不是上升一个量化台阶,就是下降一个量化台阶,分别对应于二进制编码的"1"和"0"。因此,可以用一个二进制编码序列来表示阶梯波$m'(t)$,从而实现对原模拟信号$m(t)$的量化和编码。

需要指出的是,在实际应用中,除了用阶梯波$m'(t)$来近似模拟信号$m(t)$外,还可用图5-20中虚线所示的斜变波$m_1(t)$来近似$m(t)$。斜变波$m_1(t)$按斜率$\sigma/\Delta t$上升一个量化台阶或者按斜率$-\sigma/\Delta t$下降一个量化台阶,分别用"1"表示正斜率,用"0"表示负斜率,同样可以获得二进制编码序列。由于斜变波 $m_1(t)$在电路上更容易实现,实际中常采用它来近似 $m(t)$。

ΔM 原理框图如图 5-21 所示。图中,差值 $e_k=m_k-m'_k$ 被量化成两个电平$+\sigma$ 和$-\sigma$,译码器则由延迟相加电路组成,它和编码器中的本地译码电路相同,当无传输误码时,$m_k^{*\prime}=m_k^*$。在实际应用中,通常用一个积分器来代替图 5-21 中的延迟器,并将抽样电路放到相加器后面,与量化器合并为抽样判决电路,如图 5-22 所示。编码器输入模拟信号 $m(t)$,与预测信号 $m'(t)$相减,得到差值$e(t)$。这个差值$e(t)$被周期为 T_s 的抽样冲激序列 $\delta_T(t)$抽样,若抽样值为正,则判决输出电压$+\sigma$,输出编码"1",若抽样值为负,则判决输出电压$-\sigma$,输出编码"0"。积分器的作用是根据 $d(t)$形成预测信号 $m'(t)$,即 $d(t)$为"1"时,$m'(t)$上升一个量化台阶 σ,$d(t)$为"0"时,$m'(t)$下降一个量化台阶 σ,并送到相减器与 $m(t)$进行幅度比较。译码器中的积分器作用与此相同,根据接收到的码元复出阶梯形的 $m'(t)$,通过低通滤波器平滑后,就得到十分接近编码器原输入的模拟信号 $m(t)$。

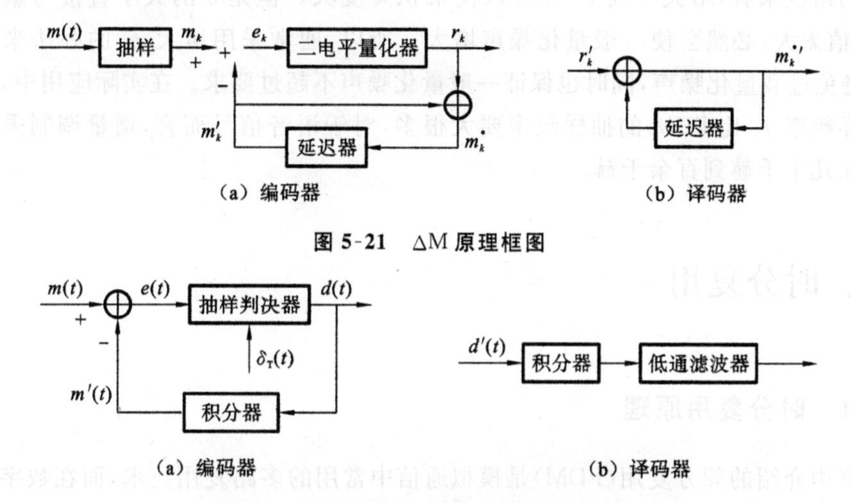

(a) 编码器　　(b) 译码器

图 5-21　ΔM 原理框图

(a) 编码器　　(b) 译码器

图 5-22　积分器代替编码器的原理框图

需要指出的是,当增量调制编码器输入电压的峰-峰值为 0 或小于 σ 时,编码器的输出就成为"1"和"0"交替的二进制序列。因为译码器的输出端接有低通滤波器,所以这时译码器的输出电压为 0。只有当输入的峰值电压大于 $\sigma/2$ 时,输出序列才随信号的变化而变化。一般将"$\sigma/2$"称为增量调制编码器的起始编码电平。

与 PCM 相类似,增量调制的目的也是将模拟信号数字化,因此必然存在由量化误差引起的量化噪声。ΔM 系统中的量化噪声有两种:一般量化噪声和过载量化噪声。如图 5-23(a)所示,因为 ΔM 在编译码时用阶梯波 $m'(t)$去近似表示模拟信号 $m(t)$,$m'(t)$与 $m(t)$之间会存在一定的误差 $e_q(t)$,其误差范围局限在$[-\sigma,\sigma]$区间内,这种误差就称为一般量化噪声。一般量化噪声伴随着信号永远存在,只要有信号,就有一般量化噪声,若量化台阶 σ 增大,一般量化噪声也将随之增大。

如图 5-23(b)所示,当输入的模拟信号 $m(t)$斜率陡变时,按固定台阶 σ 上升或下降的阶梯波 $m'(t)$将无法跟上信号 $m(t)$的变化,$m'(t)$与 $m(t)$之间的误差明显增大,这将引起译码后信号的严重失真,这种现象叫作过载现象,产生的失真称为过载失真,由此产生的量化误差就称为过载量化噪声。在进行增量调制时必须要避免这种过载量化噪声。

假设抽样周期为 T_s,抽样频率 $f_s=1/T_s$,量化台阶为 σ,则一个阶梯台阶的斜率 $k=\sigma/T_s=\sigma f_s$,

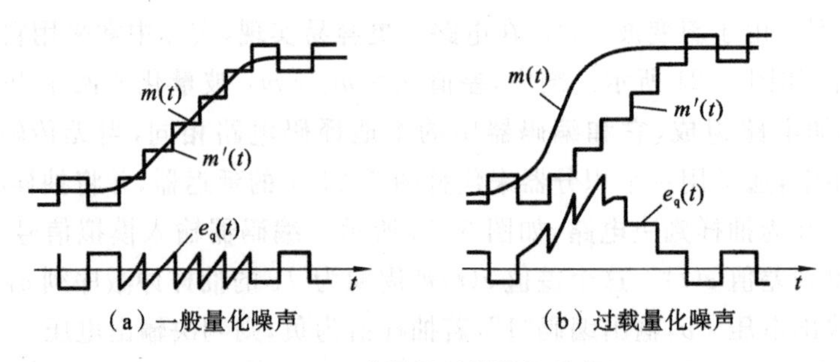

图 5-23 增量调制的量化噪声

这就是 ΔM 系统的最大跟踪斜率。当输入信号斜率超过这个最大值时，将产生过载量化噪声。为了避免发生过载量化噪声，系统的最大跟踪斜率 k 必须足够大，保证大于信号的斜率。单从数学的角度来看，增大 σ 或 f_s 都可以使乘积 k 变大。但是 σ 的大小直接与量化噪声有关，若 σ 取值太大，必然会使一般量化噪声增大。所以，通常采用增大 f_s 的办法来增大乘积 σf_s，尽量避免过载量化噪声，同时也保证一般量化噪声不超过要求。在实际应用中，增量调制选用的抽样频率 f_s 比 PCM 的抽样频率要大很多，对于语音信号而言，增量调制采用的抽样频率一般在几十千赫到百余千赫。

5.6 时分复用

5.6.1 时分复用原理

第 3 章中介绍的频分复用(FDM)是模拟通信中常用的多路复用技术，而在数字通信中常用的多路复用技术是时分复用(TDM)。时分复用将传输时间划分为若干个互不重叠的时隙，互相独立的多路信号顺序地占用各自的时隙，合路成为一个复用信号，在同一信道中传输。在接收端按照同样的规律把它们分开，每路信号的抽样频率必须符合抽样定理的要求，每路信号在时间上互不重叠。例如，典型话音信号的抽样频率是 8000 Hz，也就是说，一路模拟话音信号的相邻抽样值之间有 125 μs 的时间空隙，如果信道仅用来传送一路话音信号，则有 92%的时间是空闲的。为了充分利用传输信道的带宽，提高通信系统的有效性，可以在这 125 μs 的抽样间隙内插入其他的信号抽样值，即利用一路信号两个抽样值之间的空隙，传输其他多路信号的抽样值。只要各路信号在时间上不重叠，那么同一信道就能传送多路信号，达到多路复用的目的，这就是时分复用的基本原理，3 路信号时分复用的原理示意图如图 5-24 所示。需要指出的是，时分复用的多路信号在时域上是分隔开来的，但在频域上是混叠的，而频分复用的多路信号在频域上是分隔开来的，但在时域上却是混叠的。

在图 5-24 中，发送端和接收端分别有一个旋转开关，它们以抽样频率同步地旋转。在发送端，旋转开关依次对 3 路输入信号进行抽样，开关旋转一周得到的 3 路信号抽样值合为 1 帧，3 路信号是间隔着断续发送的，抽样后 3 路信号时分复用的波形如图 5-25 所示。图 5-25(a)、(b)、(c)分别为 3 路信号抽样后所得的波形，图 5-25(d)为合路后得到的复用信号的波形。在接收端，开关的旋转必须与发送端保持同步，这样就能把复用在同一链路上的 3 路信号再分

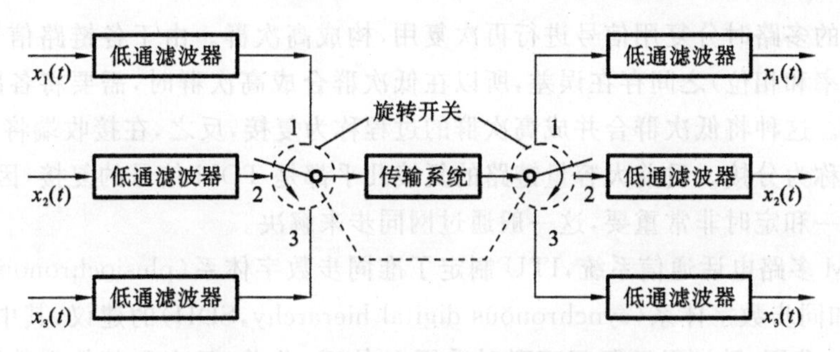

图 5-24 3 路信号时分复用的原理示意图

开，分别传给各路对应的低通滤波器。图 5-24 所示的旋转开关在实际电路中是用抽样脉冲来取代的。因此，各路抽样脉冲的频率必须严格相同，而且相位也需要有确定的关系，使各路抽样脉冲保持等间距。一般由同一时钟提供各路抽样脉冲。在实际应用中，抽样信号一般都在量化编码后以数字信号的形式传输。

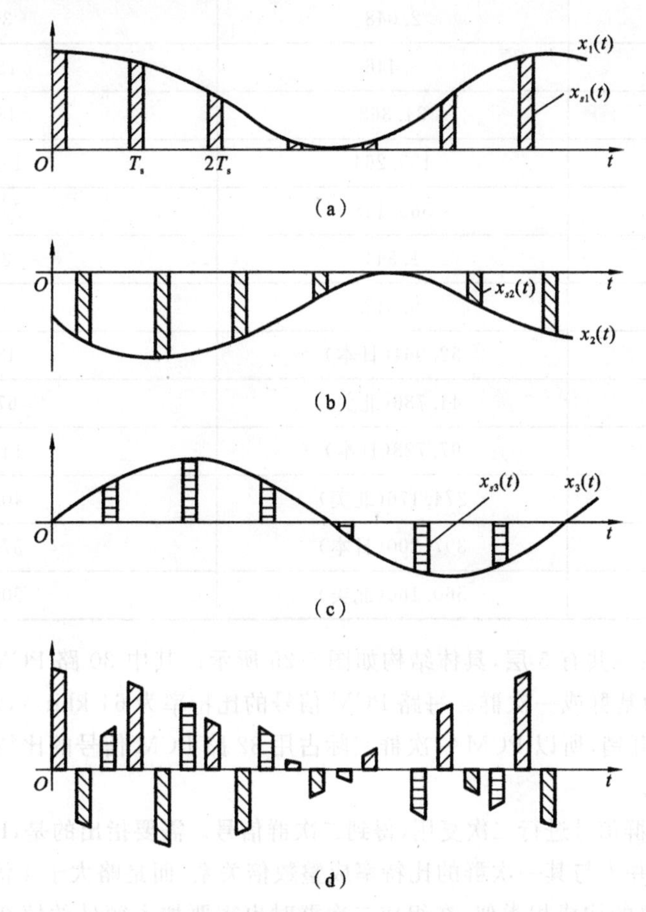

图 5-25 3 路信号时分复用的波形

5.6.2 数字复接系列

通信网一般都要进行多次复用，也就是说，不单只是将单路模拟信号进行复用，往往要将若干链路传输的多路时分复用信号进行再次复用，构成高次群。由于各链路信号来自不同地点，其时钟（频率和相位）之间存在误差，所以在低次群合成高次群时，需要将各路输入信号的时钟调整统一。这种将低次群合并成高次群的过程称为复接，反之，在接收端将高次群分解为低次群的过程称为分接。目前大容量链路的复接几乎都是 TDM 信号的复接，因此多路 TDM 信号的时钟统一和定时非常重要，这一般通过网同步来解决。

对于 TDM 多路电话通信系统，ITU 制定了准同步数字体系（plesiochronous digital hierarchy，PDH）和同步数字体系（synchronous digital hierarchy，SDH）的建议，其中 PDH 分为 E 体系和 T 体系，我国、欧洲及国际间互联时采用 E 体系，北美、日本和其他少数国家和地区则采用 T 体系，E 体系和 T 体系的参数如表 5-7 所示。下面主要对 PDH 的 E 体系进行详细的介绍。

表 5-7　E 体系和 T 体系的参数

	层　次	比特率/(Mbit/s)	路数(每路 64 kbit/s)
E体系	E-1	2.048	30
	E-2	8.448	120
	E-3	34.368	480
	E-4	139.264	1920
	E-5	565.148	7680
T体系	T-1	1.544	24
	T-2	6.312	96
	T-3	32.064(日本)	480
		44.736(北美)	672
	T-4	97.728(日本)	1440
		274.176(北美)	4032
	T-5	397.200(日本)	5760
		560.160(北美)	8064

PDH 的 E 体系一共有 5 层，具体结构如图 5-26 所示。其中 30 路 PCM 数字电话信号复用为 E-1 层，又称为基群或一次群。每路 PCM 信号的比特率为 64 kbit/s，再加上群同步码元和信令码元等额外开销，所以 PCM 一次群实际占用 32 路 PCM 信号的比特率，其输出总比特率为 2.048 Mbit/s。

4 个 PCM 一次群信号进行二次复用，得到二次群信号。需要指出的是，PCM 二次群的比特率为 8.448 Mbit/s，并不与其一次群的比特率成整数倍关系，而是略大于 4 倍的 2.048 Mbit/s。原因与 PCM 一次群的构成相类似，在组成二次群时也需要加入额外的填充码元，一般称为开销。同理，4 个 PCM 二次群复用为三次群信号，比特率为 34.368 Mbit/s。4 个 PCM 三次群复用为四次群信号，比特率为 139.264 Mbit/s。4 个 PCM 四次群复用为五次群信号，比特率为 565.148 Mbit/s。可见，相邻层次群之间的路数成 4 倍关系，但是比特率之间不是严格的 4 倍关系。

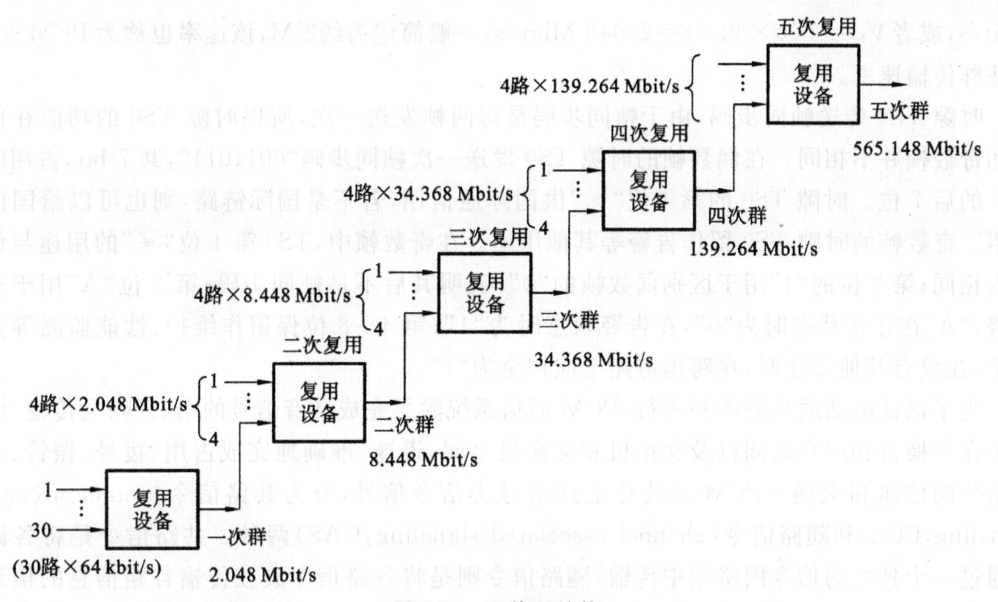

图 5-26 E体系结构

图 5-27 所示的为 PCM 一次群的帧结构，也称为 PCM 30/32 系统，是 E 体系的基础。PCM 一次群 1 帧的时间共分为 32 个时隙，分别用 TS0，TS1，TS2，…，TS31 来表示。每个时隙容纳 8 bit，正好可以传输一个 8 bit 的 PCM 码组。其中的 30 个时隙(TS1～TS15 和 TS17～TS31)分别用来传送 30 路话音信号，一个时隙 TS0 用来传送帧同步码，一个时隙 TS16 用来传送信令码。

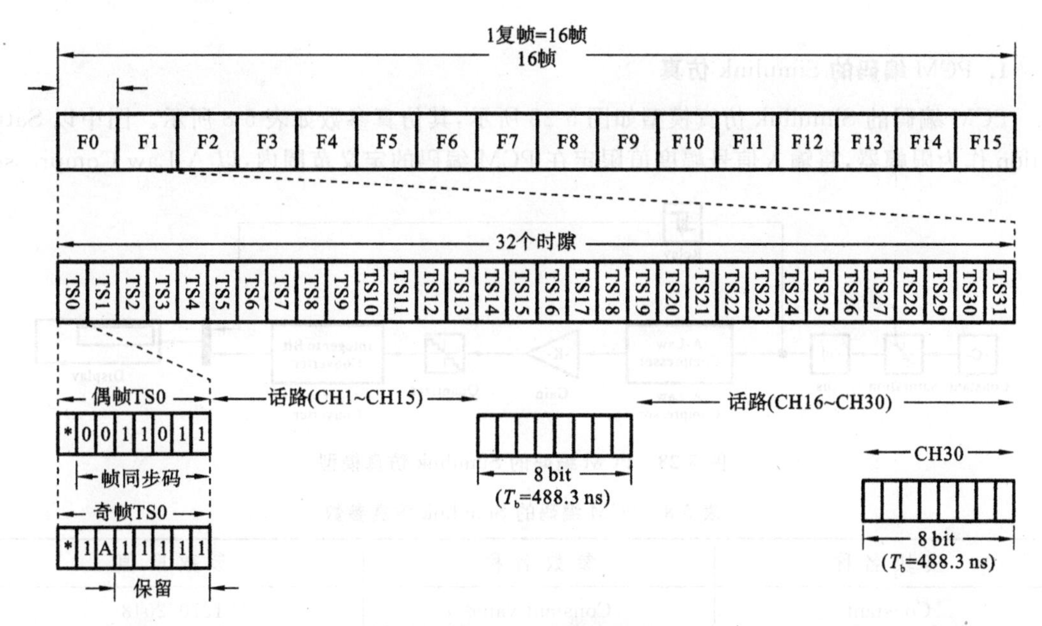

图 5-27 PCM 一次群的帧结构

由于 1 路 PCM 电话信号的抽样频率为 8000 Hz，抽样周期为 125 μs，所以 1 帧的时间就是 125 μs，分成 32 个时隙，则每一时隙是 125/32＝3.906 μs，每个时隙传输 8 个码元，则每个码元占用 1/8×3.9＝0.488 μs。因此，PCM 一次群总的传码率为 $V_b=(32\times8)/125=2.048$

Mbit/s，或者 $V_b=8000\times32\times8=2.048$ Mbit/s，一般简记为约2 M，该速率也称为 PCM 30/32 路基群传输速率。

时隙 TS0 传送帧同步码，由于帧同步码是每两帧发送一次，所以时隙 TS0 的功能在偶数帧和奇数帧并不相同。在偶数帧的时隙 TS0 发送一次帧同步码"0011011"，共 7 bit，占用时隙 TS0 的后 7 位。时隙 TS0 的第 1 位"＊"供国际通信用，若不是国际链路，则也可以给国内通信用。奇数帧的时隙 TS0 留作告警等其他用途。在奇数帧中，TS0 第 1 位"＊"的用途与偶数帧的相同；第 2 位的"1"用于区别偶数帧的"0"，表明其后不是帧同步码；第 3 位"A"用于远端告警，"A"在正常状态时为"0"，在告警状态时为"1"；第 4～8 位保留作维护、性能监测等其他用途，在没有其他用途时，在跨国链路上应该全为"1"。

为了保证电话通信的顺利进行，PCM 通信系统除了完成话音信号的编、译码及传输外，还必须在交换机和用户之间以及交换机和交换机之间，迅速、准确地完成占用、拨号、振铃、应答等信号的传递和交换。PCM 系统称上述信号为信令信号，分为共路信令(common channel signaling，CCS)和随路信令(channel associated signaling，CAS)两种。共路信令是将各路信令通过一个独立的信令网络集中传输，随路信令则是将各路信令放在传输各路信息的信道中和各路信息一起传输。时隙 TS16 可用于传输信令，当采用随路信令时，需将 16 个帧组成一个复帧，时隙 TS16 依次分配给各路使用，如图 5-27 中的第一行所示。若不需要用时隙 TS16 来传输信令，则时隙 TS16 也可以像其他 30 路时隙一样用于传输语音信号。

5.7 脉冲编码调制(PCM)的 Simulink 仿真

1. PCM 编码的 Simulink 仿真

PCM 编码的 Simulink 仿真模型如图 5-28 所示，其仿真参数如表 5-8 所示。图中以 Saturation 作为限幅器，将输入信号幅度值限定在 PCM 编码的定义范围内，以 A-Law Compressor

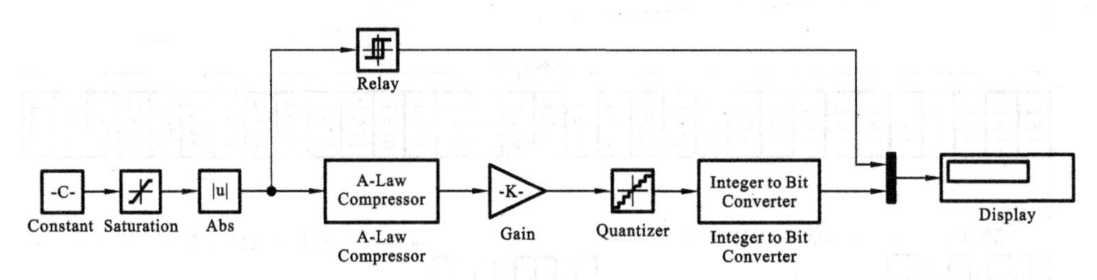

图 5-28　PCM 编码的 Simulink 仿真模型

表 5-8　PCM 编码的 Simulink 仿真参数

模块名称	参数名称	参数取值
Constant	Constant value	1270/2048
Saturation	Upper limit	1
	Lower limit	−1
	Sample time	0.001

续表

模块名称	参数名称	参数取值
Abs	Sample time	0.001
A-Law Compressor	A value	87.6
	Peak signal magnitude	1
Relay	Switch on point	eps
	Switch off point	eps
	Output when on	1
	Output when off	0
	Sample time	0.001
Gain	Gain	127
	Sample time	0.001
Quantizer	Quantization interval	1
	Sample time	0.001
Integer to Bit Converter	Number of bits per integer(M)	7
Display	Format	Binary(Stored Integer)
	Decimation	1

作为压缩器，Relay 模块的门限值设定为 0，其输出作为 PCM 编码输出的最高位，即极性码。样值取绝对值后，用增益模块将值放大到 0～127，然后用间隔为 1 的 Quantizer 模块进行四舍五入取整，最后将整数编码为 7 位的二进制序列，作为 PCM 编码的低 7 位。可以将图 5-28 中的 Constant 和 Display(不含)之间的模块封装成一个 PCM 编码子系统，以为之后 PCM 解码用。

单击运行仿真模型，得到的 PCM 编码的 Simulink 仿真结果为 11110100，如图 5-29 中 Display 模块显示的结果。

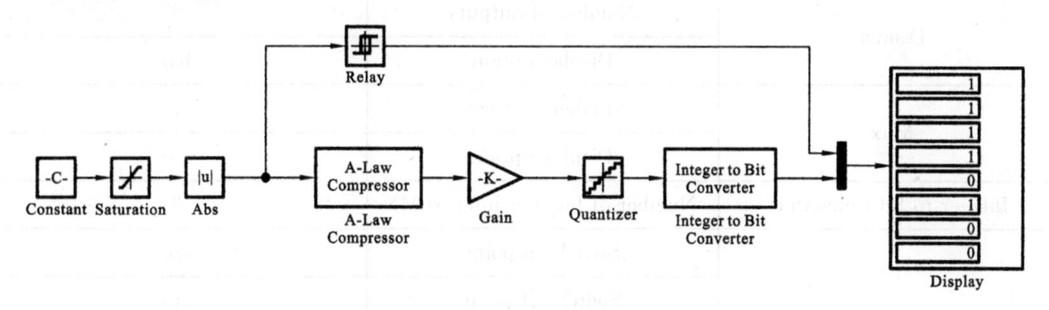

图 5-29 PCM 编码的 Simulink 仿真结果

2. PCM 编码部分封装

选中除 Constant 和 Display 以外的其他模块，再选中 Edit 中的 Creat Subsystem，对选中部分进行封装，即可得到封装之后的 PCM 编码子系统，如图 5-30 所示。

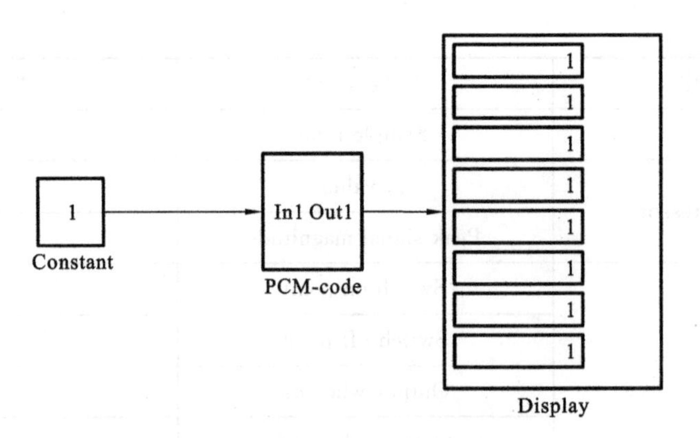

图 5-30　封装之后的 PCM 编码子系统

3. PCM 解码的 Simulink 仿真

PCM 解码的 Simulink 仿真模型如图 5-31 所示，图中的 PCM-code 即是封装好的 PCM 编码子系统。PCM 解码器首先分离并行数据中的最高位(极性码)和 7 位数据，然后将 7 位数据转换为整数值，再进行归一化，扩张后与双极性的极性码相乘得出解码值。PCM 解码的 Simulink 仿真参数设置如表 5-9 所示，仿真结果已显示在图 5-32 中的 Display 模块。

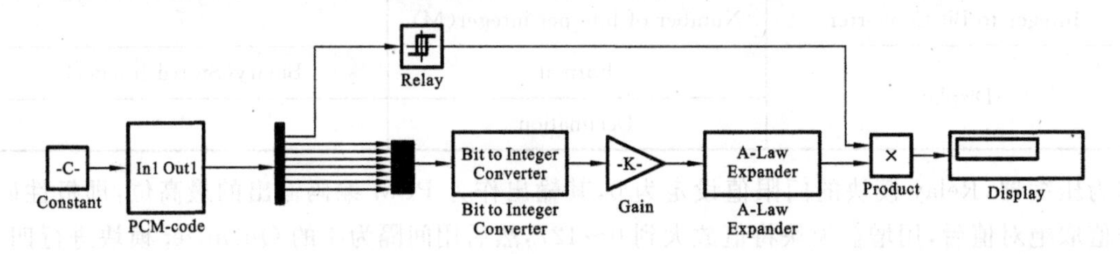

图 5-31　PCM 解码的 Simulink 仿真模型

表 5-9　PCM 解码的 Simulink 仿真参数

模块名称	参数名称	参数取值
constant	Constant value	1270/2048
Demux	Number of outputs	8
	Display option	bar
Mux	Number of inputs	7
	Display option	bar
Integer to Bit Converter	Number of bits per integer(M)	7
Relay	Switch on point	eps
	Switch off point	eps
	Output when on	1
	Output when off	0
	Sample time	0.001

续表

模块名称	参数名称	参数取值
Gain	Gain	1/127
	Sample time	0.001
A-Law Expander	A value	87.6
	Peak signal magnitude	1
Display	Format	Binary(Stored Integer)
	Decimation	1

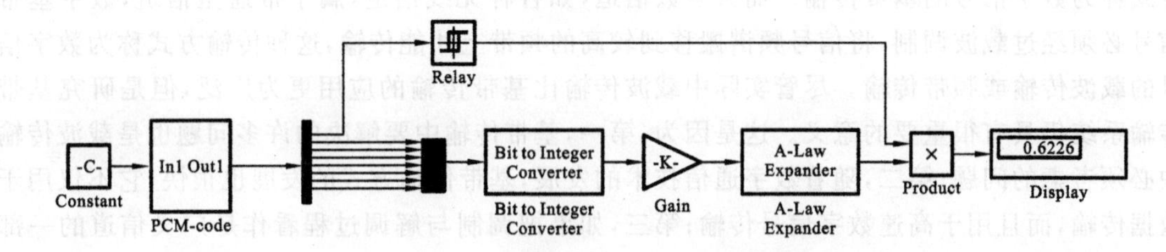

图 5-32 PCM 解码的 Simulink 仿真结果

第 6 章　数字信号的基带传输

数字信号的传输分为基带传输和载波(频带)传输两种方式。通常将直接来自数字终端的、含有直流和低频频率分量的、未经调制的电脉冲信号称为数字基带信号。在某些具有低通特性的有线信道中,特别是传输距离不太远的情况下,数字基带信号可以直接传输,这种传输方式称为数字信号的基带传输。而大多数信道,如各种无线信道,属于带通型信道,数字基带信号必须经过载波调制,将信号频谱搬移到较高的频带上才能传输,这种传输方式称为数字信号的载波传输或频带传输。尽管实际中载波传输比基带传输的应用更为广泛,但是研究基带传输系统仍具有很重要的意义。这是因为:第一,基带传输中要解决的许多问题也是载波传输中必须考虑的问题;第二,随着数字通信技术的发展,基带传输方式的发展也很快,它不仅用于数据传输,而且用于高速数字信号传输;第三,如果把调制与解调过程看作是广义信道的一部分,则可以证明,任何一个采用线性调制的载波传输系统均可等效为基带传输系统。因此,对基带传输的深入讨论可为载波传输的研究提供方便。本章将讨论数字信号的基带传输原理。

6.1　数字基带信号的码型

数字基带信号是数字信息的电脉冲表示,通常把数字信息的电脉冲的表示形式称为码型。在实际的基带传输系统中,为了有效地传输信号,在选择数字基带信号的码型时应考虑以下因素。

(1) 对直流或低频受限信道,线路传输码型的频谱中应不含直流分量。

(2) 应便于从数字基带信号中提取位定时信息。

(3) 信号的抗噪能力强。产生误码时,在译码中产生的误码扩散或误码增值越小越好。

(4) 尽量减少数字基带信号频谱中的高频分量,以节省传输频带并减少码间干扰。

(5) 所选码型及形成波形应有较大能量,以提高自身抗噪声及抗干扰的能力。

(6) 码型应具有一定的检错能力。

(7) 编译码的设备应尽量简单。

以上是对传输码型的若干要求,但在实际中选择的码型并非要符合上述所有要求,通常根据实际需要侧重满足其中的若干项即可。

数字基带信号的码型很多,下面介绍几种目前应用最广泛的码型。

1. 单极性不归零码

单极性不归零码的波形如图 6-1(a)所示,这是一种最简单的码型。所谓不归零是指这种码的发送脉冲宽度等于码元宽度。实际上,从电传机等一般终端设备送来的码都是单极性不归零码,这是因为一般的终端设备都是要接地的,因此输出单极性不归零码最为方便。但从数字基带信号传输的过程来看,单极性不归零码由于具有以下一些缺点而很少采用。

(1) 单极性不归零码有直流成分。一般有线信道的低频传输特性比较差，很难传送零频率附近的分量，如有变压器时直流就通不过。

(2) 判决电平不能稳定在最佳的电平，抗噪声性能不好。接收端对单极性不归零码的判决电平一般应取接收到"1"码电平的一半，但由于信道衰减会随各种因素变化，因此，判决电平不能稳定在最佳的电平。

(3) 单极性不归零码不能直接提取位同步信号。

(4) 单极性不归零码传输时要求信道的一端接地，不能用两根芯线均不接地的电缆传输线。

2. 双极性不归零码

双极性不归零码的波形如图 6-1(b)所示，其特点是二进制代码"1"码和"0"码用两个极性相反而幅度相等的脉冲表示。与单极性不归零码相比，双极性不归零码有以下优点。

(1) 当"1"码和"0"码的数目各占一半，即两者等概率出现时，信号无直流分量。

(2) 接收双极性码时的判决电平为 0，容易设置且稳定不变，抗噪声性能好。

(3) 可以在电缆等无接地的传输线上传输。

因此，双极性不归零码得到较多的应用。双极性不归零码也存在以下缺点。

(1) 不能直接从双极性不归零码中提取同步信号。

(2) "1"码和"0"码不等概率出现时，仍有直流成分。

3. 单极性归零码

单极性归零码的波形如图 6-1(c)所示，其特点是在传送"1"码时发送一个宽度小于码元宽度的归零脉冲，在传送"0"码时不发送脉冲。由于其发送脉冲还没有到一个码元结束就回到零值，因此称为单极性归零码。如果码元宽度为 T_b、归零脉冲宽度为 L，则 L/T_b 称占空比。如果 $L=T_b/2, L/T_b=0.5$，则称为半占空码。通常把归零码简称为 RZ 码，而把不归零码称为 NRZ 码。

单极性归零码与单极性不归零码比较，除了具有单极性码的一般特点外，还有一个可以直接提取同步信号的优点，这个优点并不意味着单极性归零码能广泛应用于信道传输，但它却是用其他码型提取同步时钟信号时需要采用的一个过渡码型。

4. 双极性归零码

双极性归零码是双极性码的归零形式，其波形如图 6-1(d)所示。由图可知，每个码元内的脉冲都回到零，即相邻脉冲之间一定留有零电平的间隔。当"1"码、"0"码等概率出现时，双极性归零码的直流分量为零。这种码的优点是在接收码归零时即可认定传送完毕，便于提取位同步信号，所以称其为自同步方式。因此，双极性归零码得到了比较广泛的应用。

5. 差分码

这种码的特点是把二进制脉冲的"1"码和"0"码反映在相邻码元的相对极性变化上。例如，相邻码元的电平变化表示"1"码，而电平不变表示"0" 码，由此可以得到图 6-1(e)所示的波形。由于差分码是以相邻码元的电平相对变化来表示代码的，因此也称它为相对码。

6. 多电平码

数字信息有 M 种符号时，称为 M 元码，相应地要用 M 种电平表示它们，称为多元码或多

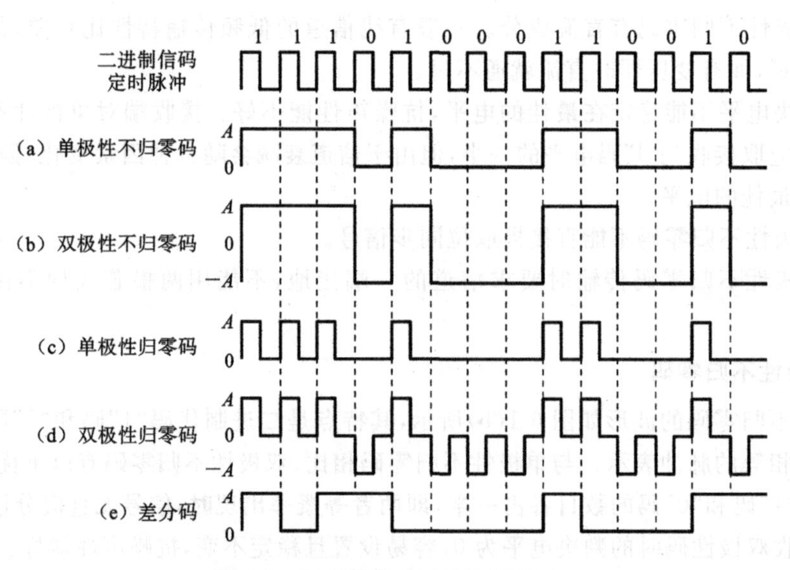

图 6-1 数字基带信号的常用码型

电平码。在多元码中，每个符号可以用来表示一个二进制码组。也就是说，对于 n 位二进制码组来说，可以用 $M=2^n$ 元码来传输。

多电平码在频带受限的高速数字传输系统中得到了广泛的应用。例如，在综合业务数字网中，数字用户环的基本传输速率为 144 kbit/s，若以电话线为传输媒质，所使用的线路码型为四电平码。如图 6-2 所示，2 个二进制码元用 1 个四电平码表示。

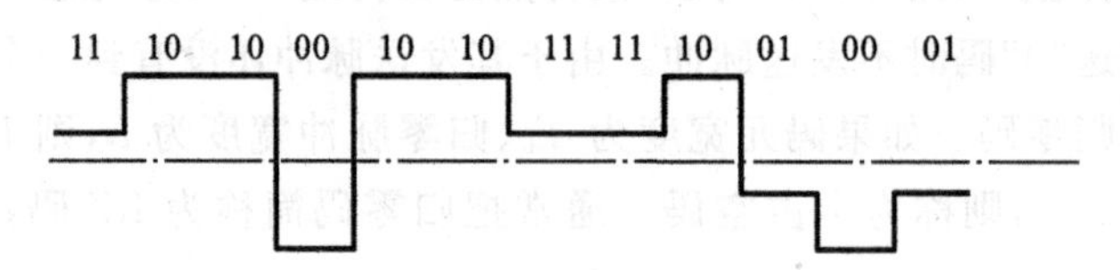

图 6-2 四电平码

多元码通常采用格雷码表示，相邻幅度电平所对应的码组之间只相差 1 bit，这样就可以减小在接收时因错误判定电平而引起的误比特率。多元码不仅用于基带传输，而且更广泛地用于多进制数字调制的传输中，以提高频带利用率。

7. 极性交替转换码(AMI 码)

AMI 码又称平衡对称码或传号交替反转码，其特点是把二进制脉冲序列中的“0”码与零电平对应，而“1”码发送极性交替的正、负电平，如图 6-3 所示。这种码型实际上是把二电平的脉冲序列变成了三电平的符号序列。

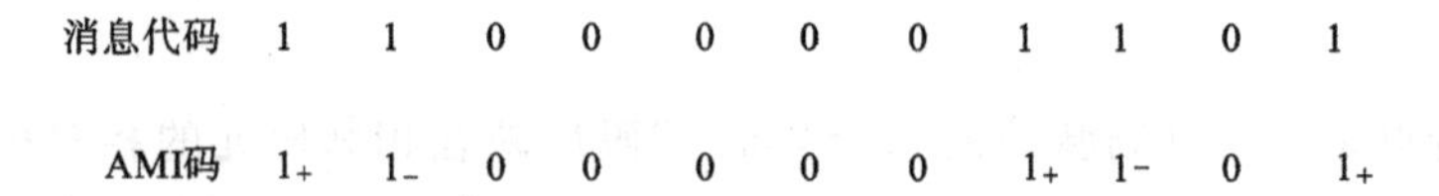

图 6-3 AMI 码

AMI 码具有以下优点。

(1) 没有直流成分,高、低频分量少,编译码电路简单,可利用极性交替这一规律观察误码情况。

(2) 如果它是 AMI-RZ 波形,接收后只要全波整流,就可变为单极性 RZ 波形,从中可以提取位同步信号。

由于 AMI 码具有这些优点,因此,它是目前最常用的码型之一。

AMI 码的缺点:当信息代码出现连“0”码时,信号的电平长时间不跳变,造成提取同步信号困难。解决连“0”码问题的有效方法之一是采用 HDB_3 码。

8. HDB_3 码

HDB_3码的全称为三阶高密度双极性码,它是对 AMI 码的一种改进,其编码规则如下。

(1) 当输入信息码的连“0”码个数不超过 3 时,仍按 AMI 码的规则编码。

(2) 当连“0”码出现 4 个及以上时,将 4 个连“0”码小段的第四个 0 变换成与其前一非 0 符号同极性的符号,称为 V 符号(即破坏点),破坏点脉冲也符合极性交替规律。

(3) 当相邻 V 符号之间有偶数个非 0 符号时,再将该小段的第一个 0 变换成 B_+ 或 B_-(平衡点),B 符号的极性与前一非零符号的极性相反。

【例 6-1】 二进制信息为 1011 [00 00] [00 00] 111 [00 00] 001,

(1) 若前一破坏点为 V_-,且它至第一个连“0”码串前有偶数个非 0 符号,则对应的 HDB_3 码为

$$1_-01_+1_-\ \boxed{1_+001_+}\ \boxed{1_-001_-}\ 1_+1_-1_+\ \boxed{0001_+}\ 001_-$$

(2) 若前一破坏点为 V_+,且它至第一个四连“0”码前有奇数个非 0 符号,则对应的 HDB_3 码为

$$1_-01_+1_-\ \boxed{0001_-}\ \boxed{1_+001_+}\ 1_-1_+1_-\ \boxed{0001_-}\ 001_+$$

由此例可知,HDB_3 码的波形不是唯一的,它与出现四连“0”码之前的状态有关。换句话说,不同的 HDB_3 码经译码后可能对应同一信息码。

HDB_3码的破坏点脉冲也符合极性交替规律,因此,HDB_3码几乎没有直流分量,低频分量也较小。

HDB_3码具有检错能力,当传输过程中出现单个误码时,破坏点序列的极性交替规律将受到破坏,因而可以在使用过程中监测传输质量。

9. 曼彻斯特码

曼彻斯特码(Manchester)又称分相码(Biphase, Split-phase)或数字双相码(Digital Diphase)。双相码是一种 1B2B 码(将 1 位二元码编成 2 位二元码),它对每个二进制代码分别利用两个不同相位的二进制新码去代替,用 10 代表“0”码,01 代表“1”码。曼彻斯特码的波形如图 6-4(a)所示。

双相码的优点是直流分量小,最长连“0”码、连“1”码为 2 个,定时信息丰富,便于实现不中断通信业务的误码监测,编译码电路简单。双相码适用于数据终端设备在短距离上的传输,在本地数据网中采用该码型作为传输码型,最高信息速率可达 10 Mbit/s。

10. CMI码

传号反转码常简称CMI码。CMI码的变换规则如表6-1所示。它用00或11代表输入信码的“1”码，00与11交替出现，也就是交替反转，用01代表输入信码的“0”码，其波形如图6-4(b)所示。

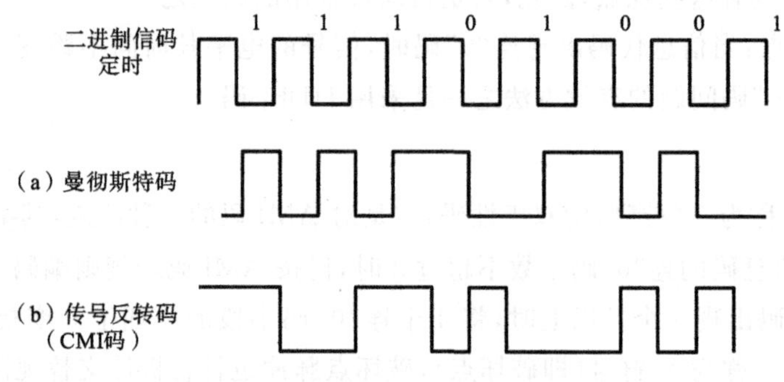

图6-4 数字双相码和CMI码的波形

表6-1 CMI码的变换规则

输入二元码	CMI码
0	01
1	00或11交替出现

CMI码没有直流分量，且有频繁出现的波形跳变，便于同步信号的提取；由波形可知，由于10为禁用码组，不会出现3个以上的连码，因此最长连“0”码和连“1”码都是3个。CMI码可以解决因极性反转而引起的译码错误(无论信道传输是否引起相位反转，CMI码都具有“当信息码为1时对应两个线路码相同、信息码为0时对应两个线路码相反”的特点)。

6.2 数字基带信号的功率谱分析

数字信号传输所要研究的主要问题是所传信号的频谱特性和信道的传输特性的匹配问题，数字基带信号通常是随机信号，不能用确定信号频率谱函数的方法来分析其频谱特性，只能用功率谱来描述它的频域特性。

6.2.1 二进制数字基带信号的功率谱分析

1. 随机脉冲序列的波形和一般表达式

1) 随机脉冲序列的波形

在数字通信中，除特殊情况(如测试信号)之外，数字基带信号通常都是随机脉冲序列，这些信号的参数取值是随机的，而且只可能取有限个离散数值。

为了使分析结论具有普遍性，可任意假设二进制随机脉冲序列“1”码的基本波形为$g_1(t)$，“0”码的基本波形为$g_2(t)$，其中$g_1(t)$和$g_2(t)$就是单个标准脉冲波形。一个比较典型的例子，如图 6-5(a)所示，图中 $g_1(t)$是宽度为 T_b的矩形脉冲，$g_2(t)$是宽度为 T_b的三角形脉冲，T_b为二进制脉冲序列的码元宽度。若设信号 $x(t)$是由 $g_1(t)$和 $g_2(t)$这样的脉冲波形组成的随机脉冲序列，每个码元间隔内的波形都是随机的，即或者是 $g_1(t)$，或者是 $g_2(t)$，则不可能知道 $x(t)$的确切波形，只能得到 $x(t)$的某一个实现，如图 6-5(b)所示。

2）随机脉冲序列的一般表达式

由于随机脉冲序列携带信息，因此每个码元间隔出现的波形具有不确定性，但是，可以用统计方法得到某个波形在码元间隔内出现的概率。为了简化分析过程，这里假设随机脉冲序列都是平稳的且具有各态历经性。实际上，在通信系统中所遇到的随机信号或噪声，大多数都具有各态历经性。

假设“1”码和“0”码出现的概率分别为 P 和$(1-P)$，且“1”码“0”码的出现统计独立，则随机脉冲序列 $x(t)$可表示为

$$x(t)=\sum_{n=-\infty}^{+\infty}x_n(t) \tag{6-1}$$

其中

$$x_n(t)=\begin{cases}g_1(t-nT_b), & \text{出现概率为 } P\\ g_2(t-nT_b), & \text{出现概率为}(1-P)\end{cases} \tag{6-2}$$

为了简化随机脉冲序列 $x(t)$的功率谱分析过程，可将随机序列 $x(t)$分解为稳态分量（平均分量）$v(t)$和交变分量 $u(t)$两个部分，即

$$x(t)=v(t)+u(t) \tag{6-3}$$

由于“1”码和“0”码出现的概率分别为 P 和$(1-P)$，因此，$x(t)$中任一码元间隔的稳态项为 $Pg_1(t)+(1-P)g_2(t)$，所以，式(6-3)中的 $v(t)$可表示为

$$v(t)=\sum_{n=-\infty}^{+\infty}[Pg_1(t-nT_b)+(1-P)g_2(t-nT_b)] \tag{6-4}$$

$v(t)$的波形如图 6-5(c)所示，可以看出，$v(t)$是一个以码元宽度 T_b为周期的周期信号（即为一个确知信号），通过对 $v(t)$的频谱进行分析，就可以知道 $x(t)$中是否有直流成分和可供提取同步信号的离散分量（特别是基波分量）。

由式(6-3)可得交变分量 $u(t)$为

$$u(t)=x(t)-v(t) \tag{6-5}$$

考虑到在任一码元间隔内 $x(t)$可能出现两种波形，一种是以概率 P 出现波形 $g_1(t)$，另一种是以概率(1-P)出现波形 $g_2(t)$，因此，在该码元内，交变分量 $u(t)$的一般式 $u_n(t)$可以表示为

$$\begin{aligned}u_n(t)&=\begin{cases}g_1(t-nT_b)-v(t)\\ g_2(t-nT_b)-v(t)\end{cases}=\begin{cases}g_1(t-nT_b)-[Pg_1(t-nT_b)+(1-P)g_2(t-nT_b)]\\ g_2(t-nT_b)-[Pg_1(t-nT_b)+(1-P)g_2(t-nT_b)]\end{cases}\\ &=\begin{cases}(1-P)[g_1(t-nT_b)-g_2(t-nT_b)], & \text{出现概率为 } P\\ -P[g_1(t-nT_b)-g_2(t-nT_b)], & \text{出现概率为}(1-P)\end{cases}\end{aligned} \tag{6-6}$$

或者写成

$$u_n(t)=a_n[g_1(t-nT_b)-g_2(t-nT_b)] \tag{6-7}$$

其中

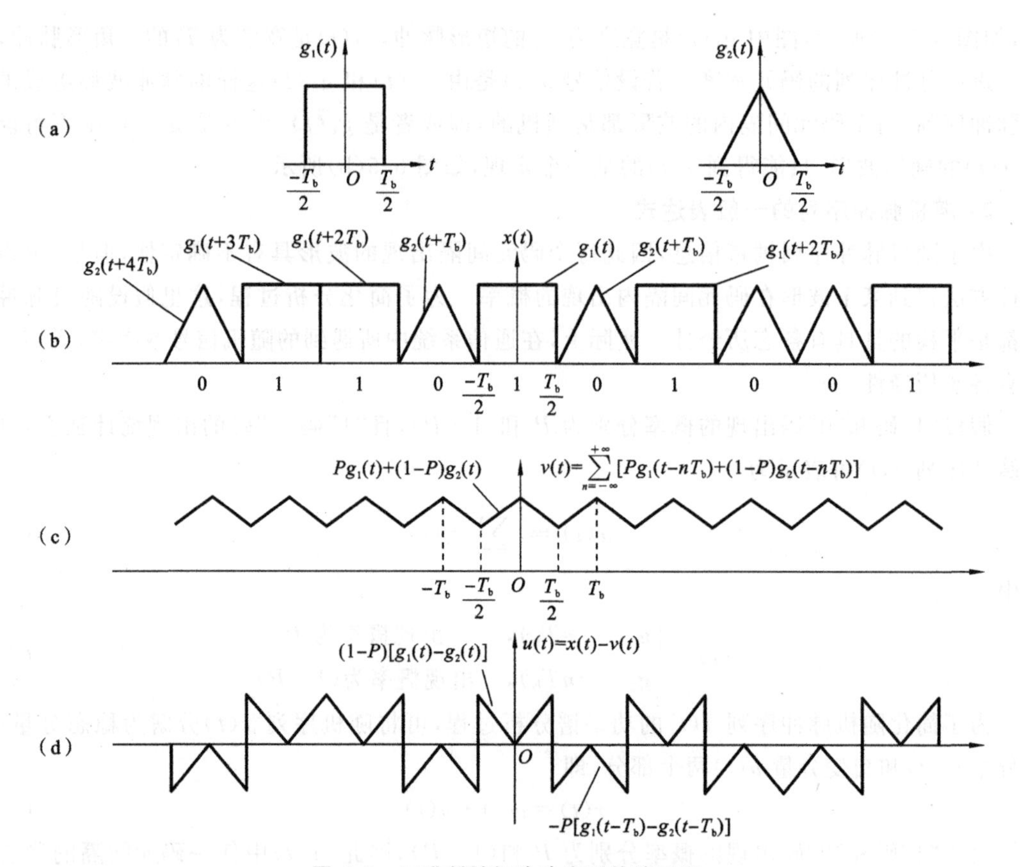

图 6-5　二进制随机脉冲序列的波形图

$$a_n=\begin{cases}(1-P), & \text{出现概率为 } P\\ -P, & \text{出现概率为}(1-P)\end{cases} \tag{6-8}$$

由此，可得到 $x(t)$ 的交变分量 $u(t)$ 的表达式为

$$u(t)=\sum_{n=-\infty}^{+\infty}u_n(t)=\sum_{n=-\infty}^{+\infty}a_n[g_1(t-nT_b)-g_2(t-nT_b)] \tag{6-9}$$

由于式(6-9)中的 a_n 为随机序列，所以 $u(t)$ 也是一个随机序列，其中不含离散频谱分量，只有连续的频谱，图 6-5(d)所示的仅是 $u(t)$ 的一个可能的实现。

2. 随机脉冲序列的功率谱

计算任意给定的脉冲随机序列的功率谱，往往需要很复杂的推导，在这里不可能进行广泛的讨论。下面将直接给出符合平稳和各态历经性条件的纯随机二元序列(某时刻发送的信号码元与以前发送的信号码元无关)的功率谱的一般表达式，并加以说明，以突出分析随机脉冲序列功率谱的物理意义。

1) 纯随机二元序列功率谱的一般表达式

由前面的分析可知，$x(t)$ 可分解为稳态分量 $v(t)$ 和交变分量 $u(t)$ 两个部分。对于其中码元周期为 T_b 的确知信号 $v(t)$，利用其傅里叶级数展开式的复指数形式，以及周期信号功率谱与振幅的关系，可推得稳态分量 $v(t)$ 的双边功率谱为

$$P_v(f)=\sum_{m=-\infty}^{+\infty}\left|f_N[PG_1(mf_N)+(1-P)G_2(mf_N)]\right|^2\delta(f-mf_N) \tag{6-10}$$

$v(t)$的单边功率谱为

$$P_v(f)=f_N^2\left|PG_1(0)+(1-P)G_2(0)\right|^2\delta(f)+2f_N^2\sum_{m=1}^{+\infty}\left|PG_1(mf_N)+(1-P)G_2(mf_N)\right|^2\delta(f-mf_N) \tag{6-11}$$

对于$x(t)$中的交变分量$u(t)$，由于它是一个功率型的随机信号，所以它的功率谱可用截短函数来求统计平均的方法，求得交变分量$u(t)$的双边功率谱为

$$P_u(f)=f_b\cdot P(1-P)\left|G_1(f)-G_2(f)\right|^2 \tag{6-12}$$

与其对应的单边功率谱为

$$P_u(f)=2f_NP(1-P)\left|G_1(f)-G_2(f)\right|^2 \tag{6-13}$$

由式(6-3)、式(6-10)和式(6-12)可得随机脉冲序列$x(t)$的双边功率谱为

$$\begin{aligned}P_x(f)=P_v(f)+P_u(f)&=f_NP(1-P)\left|G_1(f)-G_2(f)\right|^2\\&+f_N^2\left|PG_1(0)+(1-P)G_2(0)\right|^2\delta(f)\\&+f_N^2\sum_{m=-\infty}^{-1}\left|PG_1(mf_N)+(1-P)G_2(mf_N)\right|^2\delta(f-mf_N)\\&+f_N^2\sum_{m=1}^{+\infty}\left|PG_1(mf_N)+(1-P)G_2(mf_N)\right|^2\delta(f-mf_N)\end{aligned} \tag{6-14}$$

与式(6-14)相应的单边功率谱为

$$\begin{aligned}P_x(f)=2f_NP(1-P)\left|G_1(f)-G_2(f)\right|^2+f_N^2\left|PG_1(0)+(1-P)G_2(0)\right|^2\delta(f)\\+2f_N^2\sum_{m=1}^{+\infty}\left|PG_1(mf_N)+(1-P)G_2(mf_N)\right|^2\delta(f-mf_N)\end{aligned} \tag{6-15}$$

2）关于功率谱$P_x(f)$的讨论

(1) 功率谱$P_x(f)$中各符号的意义。

① f_N——码元重复频率，在数值上等于码元速率，即$f_N=1/T_b$。

② P——二元随机码中“1”码出现的概率和“0”码出现的概率均为$(1-P)$，当“1”码“0”码等概率出现时，则有$P=(1-P)=0.5$。

③ $G_1(f)$——“1”码的基本波形$g_1(t)$的频谱函数。

④ $G_2(f)$——“0”码的基本波形$g_2(t)$的频谱函数。

⑤ $\delta(f)$——单位冲激函数，定义为

$$\begin{cases}\delta(f)=\begin{cases}\infty, & f=0\\0, & f\neq 0\end{cases}\\ \int_{-\infty}^{+\infty}\delta(f)\mathrm{d}f=1\end{cases} \tag{6-16}$$

在画数字基带信号的功率谱时，单位冲激函数$\delta(f)$通常用带箭头的谱线表示。

(2) 功率谱$P_x(f)$中各组合项的物理意义。

式(6-15)所表示的数字基带信号单边功率谱一般由3个求和项组成，包括连续谱和离散谱两部分，现讨论如下。

① $2f_NP(1-P)\left|G_1(f)-G_2(f)\right|^2$是连续频谱。只要$G_1(f)\neq G_2(f)$，且信息码流中不出现全“0”码或全“1”码的情况$(P\neq 0, P\neq 1)$，这一项总是存在的。

② $f_N^2 \mid PG_1(0)+(1-P)G_2(0)\mid^2\delta(f)$表示直流成分。对于双极性码 $g_1(t)=-g_2(t)$，$G_1(0)=-G_2(0)$，此时若 $P=0.5$，就有 $PG_1(0)+(1-P)G_2(0)=0$，所以功率中不存在直流分量。

③ $2f_N^2\sum\limits_{m=1}^{+\infty}\mid PG_1(mf_N)+(1-P)G_2(mf_N)\mid^2\delta(f-mf_N)$ 是离散谱，这一项对位同频信号的提取特别重要（尤其是 f_N 成分），该项也可能不存在。例如，对于 $P=0.5$ 的双极性码（$G_1(f)=-G_2(f)$）来说，就不存在离散谱，所以不可能从中直接提取同步信号。

3）随机脉冲序列功率谱的计算

（1）单个基本脉冲波形的功率谱。

下面列出了几种常见脉冲信号的表达式和对应的功率谱，以供参考（其中均假设脉冲的幅度为 A，宽度为 τ）。

① 矩形脉冲。

对于图 6-6(a)所示的矩形脉冲，其表达式为

$$g(t)=\begin{cases}A, & |t|\leqslant\tau/2\\0, & \text{其他}\end{cases}\tag{6-17}$$

矩形脉冲 $g(t)$对应的功率谱 $G(f)$为

$$G(f)=A\tau\sin(\pi f\tau)/(\pi f\tau)=A\tau Sa(\pi f\tau)\tag{6-18}$$

它的归一化功率谱为

$$G(f)/G(0)=A\tau Sa(\pi f\tau)/(A\tau)=Sa(\pi f\tau)\tag{6-19}$$

式中，$Sa(t)=\sin t/t$ 为抽样函数，$G(0)=A\tau$。

功率谱如图 6-6(a)所示。

② 余弦脉冲。

余弦脉冲的波形如图 6-6(b)所示，其表达式为

$$g(t)=\begin{cases}A\cos(\pi t/\tau), & |t|\leqslant\tau/2\\0, & \text{其他}\end{cases}\tag{6-20}$$

$g(t)$对应的功率谱为

$$G(f)=2A\tau\cdot\cos(\pi f\tau)/[\pi(1-4f^2\tau^2)]\tag{6-21}$$

它的归一化功率谱为

$$G(f)/G(0)=\cos(\pi f\tau)/(1-4f^2\tau^2)\tag{6-22}$$

其中，$G(0)=2A\tau/\pi$。

归一化功率谱如图 6-6(b)所示。

③ 三角脉冲。

三角脉冲的波形如图 6-6(c)所示，其表达式为

$$g(t)=\begin{cases}A(1-2|t|/\tau), & |t|\leqslant\tau/2\\0, & \text{其他}\end{cases}\tag{6-23}$$

它对应的功率谱为

$$G(f)=A\tau\sin^2(\pi f\tau/2)/[2(\pi f\tau/2)^2]=A\tau Sa^2(\pi f\tau/2)/2\tag{6-24}$$

相应的归一化功率谱为

$$G(f)/G(0)=Sa^2(\pi f\tau/2)\tag{6-25}$$

式中,$G(0)=A\tau/2$。

归一化功率谱如图 6-6(c)所示。

④ 升余弦脉冲。

升余弦脉冲的波形如图 6-6(d)所示,其表达式为

$$g(t)=\begin{cases} A[1+\cos(2\pi t/\tau)]/2, & |t|\leqslant\tau/2 \\ 0, & \text{其他} \end{cases} \tag{6-26}$$

根据三角函数公式,式(6-26)可写为

$$g(t)=\begin{cases} A\cos^2(\pi t/\tau), & |t|\leqslant\tau/2 \\ 0, & \text{其他} \end{cases} \tag{6-27}$$

所以升余弦脉冲又称平方余弦脉冲,其对应的功率谱为

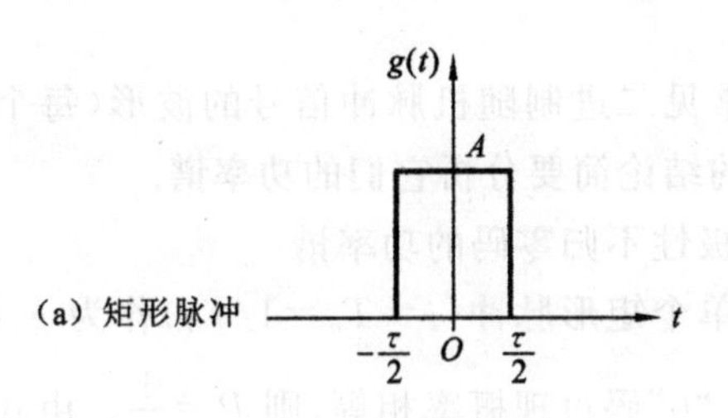

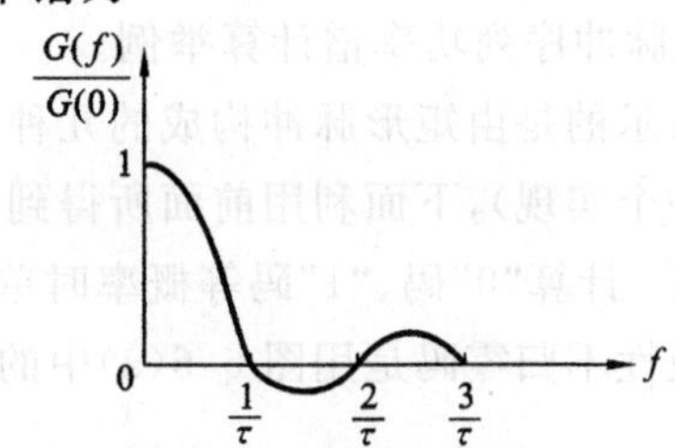

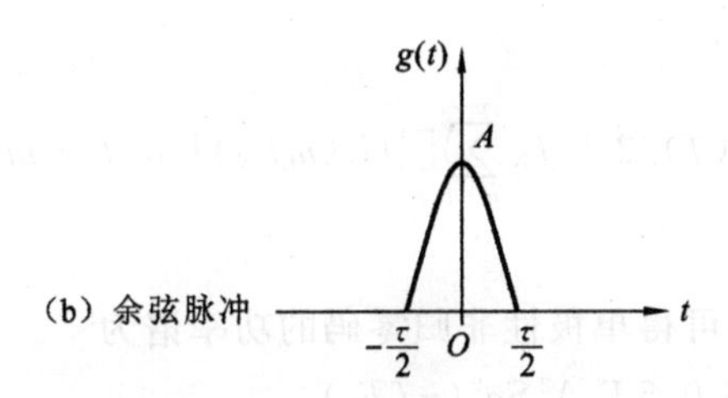

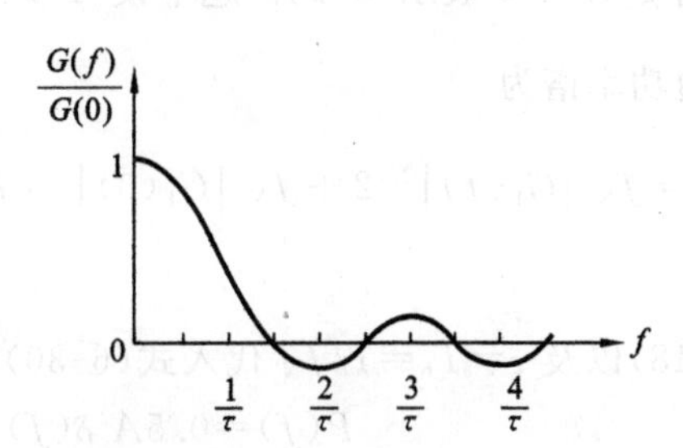

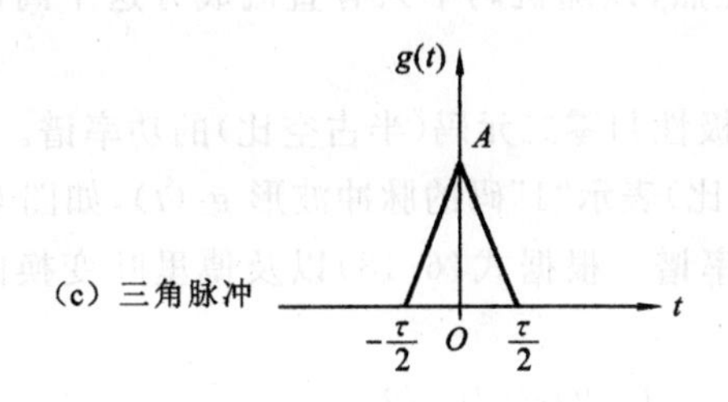

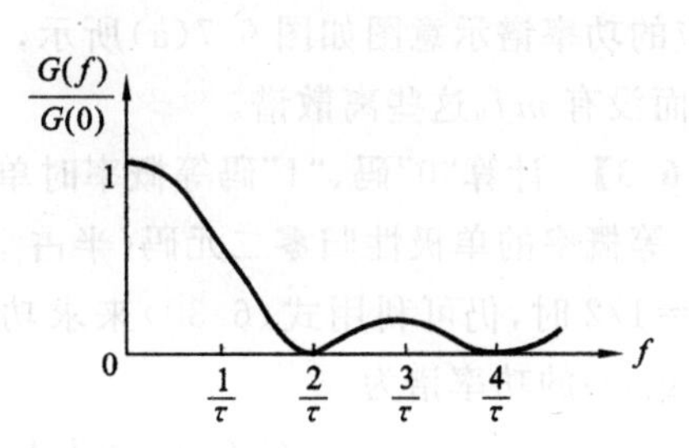

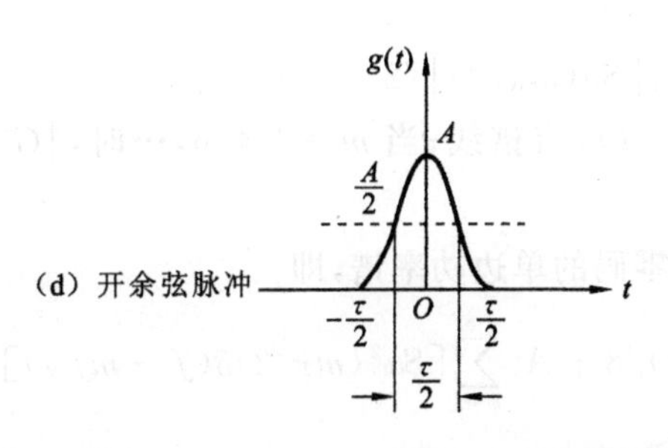

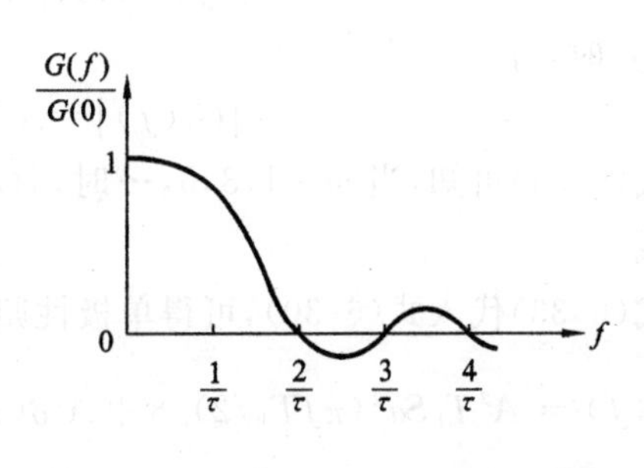

图 6-6 常见脉冲的波形和功率谱

$$G(f)=A\sin(\pi f\tau)/[2\pi f(1-f^2\tau^2)] \tag{6-28}$$

归一化功率谱为

$$G(f)/G(0)=Sa(\pi f\tau)/(1-f^2\tau^2) \tag{6-29}$$

式中，$G(0)=A\tau/2$。

归一化功率谱图如图 6-6(d)所示。

从以上分析可以看出，当频率 f 升高时，矩形脉冲的功率谱幅度近似以 f 的负一次幂减小，收敛较慢；而余弦脉冲和三角脉冲的功率谱幅度近似以 f 的负二次幂减小，收敛较快；功率谱幅度收敛最快的是升余弦脉冲，它近似以 f 的负三次幂减小，信号能量主要集中在低频部分，通常取 $B_f=2/\tau$ 为升余弦脉冲信号的带宽，由此引起的波形失真很小。在数字基带传输系统中，也常选用升余弦脉冲作为基带信号波形。

(2) 随机脉冲序列功率谱计算举例。

图 6-7 所示的是由矩形脉冲构成的几种常见二进制随机脉冲信号的波形(每个波形只是随机序列的一个实现)，下面利用前面所得到的结论简要分析它们的功率谱。

【例 6-2】 计算"0"码、"1"码等概率时单极性不归零码的功率谱。

解 单极性不归零码是用图 6-6(a)中的单个矩形脉冲($\tau=T_b=1/f_N$)作为 $g_1(t)$来表示"1"码，用 $g_2(t)=0$ 表示"0"码。题中设"1"码、"0"码再现概率相等，则 $P=\frac{1}{2}$。由式(6-15)可得其单边功率谱为

$$P(f)=f_N\,|G_1(f)|^2/2+f_N^2\,|G_1(0)|^2\cdot\delta(f)/2+f_N^2\sum_{m=1}^{+\infty}[\,|G_1(mf_N)|^2\delta(f-mf_N)]/2 \tag{6-30}$$

将式(6-18)以及 $\tau=T_b=1/f_N$ 代入式(6-30)，可得单极性非归零码的功率谱为

$$P(f)=0.5A^2\delta(f)+0.5T_bA^2Sa^2(\pi fT_b) \tag{6-31}$$

相应的功率谱示意图如图 6-7(a)所示，显然，该随机码中只有直流成分这个离散分量和连续谱，而没有 mf_b这些离散谱。

【例 6-3】 计算"0"码、"1"码等概率时单极性归零二元码(半占空比)的功率谱。

解 等概率的单极性归零二元码(半占空比)表示"1"码的脉冲波形 $g_1(t)$，如图 6-5(a)所示，当 $P=1/2$ 时，仍可利用式(6-30)来求功率谱。根据式(6-18)以及傅里叶变换的时移特性，可知 $g_1(t)$的功率谱为

$$G_1(f)=AT_bSa(\pi fT_b/2)e^{j2\pi fT_b/4}/2 \tag{6-32}$$

当 $f=mf_b$时，有

$$|G_1(f)|=AT_b\,|Sa(m\pi/2)|/2 \tag{6-33}$$

由式(6-33)可知，当 $m=1,3,5,\cdots$时，$|G_1(f)|$有谱线；当 $m=2,4,6,\cdots$时，$|G_1(f)|=0$ 没有谱线。

将式(6-33)代入式(6-30)，可得单极性归零码的单边功率谱，即

$$\begin{aligned}P(f)&=A^2T_bSa^2(\pi fT_b/2)/8+A^2\delta(f)/8+A^2\sum_{m=1}^{+\infty}[Sa^2(m\pi/2)\delta(f-mf_N)]/8\\&=A^2T_bSa^2(\pi fT_b/2)/8+A^2\sum_{m=0}^{+\infty}[Sa^2(m\pi/2)\delta(f-mf_N)]/8\end{aligned} \tag{6-34}$$

与式(6-34)对应的功率谱示意图如图 6-7(b)所示，由该图可知，在上述单极性归零码中，既有连续谱，又有直流成分，以及 mf_b 的离散谱(当 $m=1,3,5,\cdots$时)。

按照例 6-2 和例 6-3 的类似方法，还可以求出双极性不归零码和双极性归零码的功率谱，它们分别如图 6-7(c)和(d)所示(图 6-7(d)所示的实际上是 AMI 码的频谱)，不难看出，其连续谱的分布规律和特点基本上与单极性随机码的相同，这里不再重复。

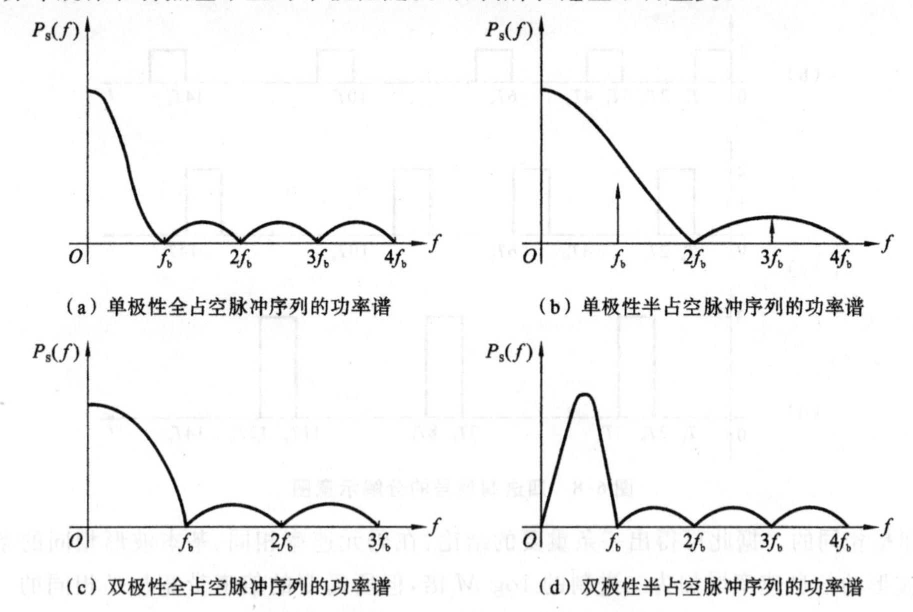

图 6-7 常用二进制随机脉冲信号的波形

6.2.2 多元数字基带信号的功率谱分析

M 进制数字基带信号有 M 个电平，直接进行频谱分析较为困难。在实际中，通常将 M 进制的数字信号序列分解为若干个时间上不重叠的二进制数字信号序列，然后分别求出这些二进制序列的功率谱，再相加，即得原 M 进制序列的功率谱。以图 6-8(a)所示的四进制波形为例，这个波形是随机脉冲序列，图 6-8 所示的只是它的一种可能情况，该脉冲序列由 0、1、2、3 等 4 个电平构成，可以把它分解为 3 个单极性二进制随机脉冲序列(0 电平的没有)。其电平分别为 1、2、3，如图 6-8(b)、(c)、(d)所示。由于在多进制同一码元间隔内，各二进制的波形只可能出现一次，所以若二进制脉冲序列电平不为 0(不论是电平 1、电平 2、电平 3)，则表示为“1”，否则表示为“0”。如果原来 4 个电平脉冲序列中各种不同码元出现的概率相等，则图 6-8(b)、(c)、(d)所示的各波形中，“1”码出现的概率均为 0.25，而“0”码出现的概率均为 0.75。将以上分解过程推广到 M 进制单极性波形，如果各种不同电平出现的概率相等，均为 $1/M$，那么 M 进制单极性波形可以由$(M-1)$个幅度分别为 $1,2,\cdots,(M-1)$、出现概率均为 $1/M$的单极性波形叠加得到。对于双极性 M 进制波形，则可以看作由 M 个电平分别为±1、±3、±5、…、$\pm(M-1)$，且出现概率均为 $1/M$ 的单极性二进制波形相加而成。

通过对上述多进制波形的分解，可知 M 进制波形可以看作是 M 个(单极性时为$(M-1)$个)时间上互不重叠的单极性二进制波形的叠加，因而其功率谱密度也是这 M 个波形的功率谱的相加。尽管相加后的功率谱结构比较复杂，但是就其信号功率谱的带宽而言，M 进制与

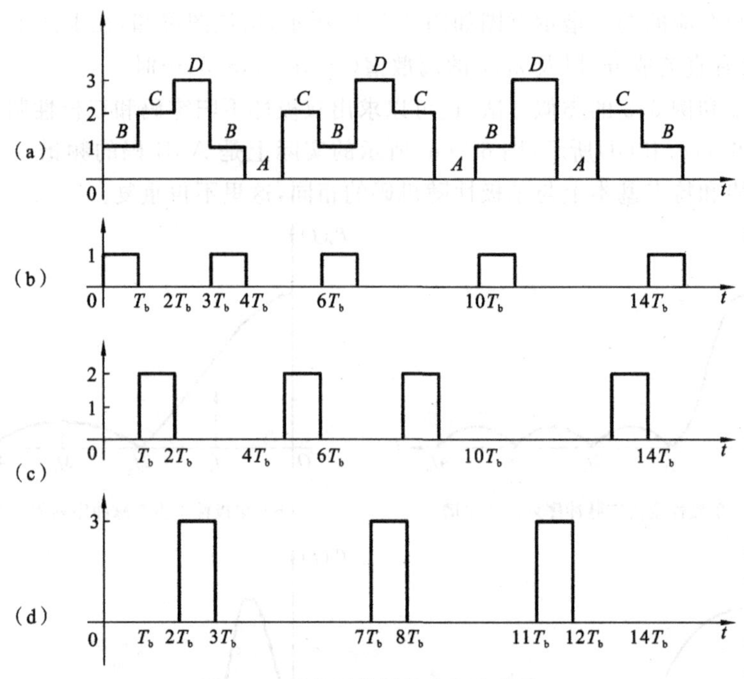

图 6-8　四进制信号的分解示意图

二进制却是相同的。据此可得出一条重要的结论：在码元速率相同、基本波形相同的条件下，M 进制波形的信息速率增加为二进制的 $\log_2 M$ 倍，但所需要的信道带宽却是相同的。因此，多进制基带传输系统的频带利用率要比二进制基带传输系统的高。

6.3　数字信号的基带传输及码间干扰

6.3.1　基带传输系统模型

1. 基带传输系统方框图

数字信号基带传输系统基本框图如图 6-9 所示，它通常由脉冲形成器、发送滤波器、信道、接收滤波器、抽样判决器、码元再生电路和同步提取电路等部分组成。

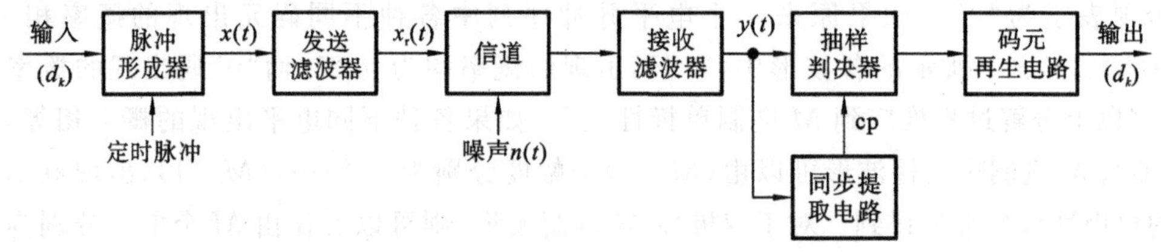

图 6-9　数字信号基带传输系统基本框图

2. 基带传输系统各部分的功能

1) 脉冲形成器

数字信号基带传输系统传输的信号通常是二进制数据序列或经模/数转换后的二进制(也

可以是多进制)脉冲序列,通常是单极性码元,如图 6-10(a)所示。从前面的分析可知,单极性码元含有直流部分,不适合在基带信道中传输。脉冲形成器的作用就是将脉冲序列$\{d_k\}$变换成比较适合在给定的基带信号道中传输的相应码型,如图 6-10(b)所示的双极性码,并提供同步定时信息。

2) 发送滤波器

脉冲形成器输出的信号 $x(t)$通常以矩形波为基础,含有丰富的高频成分,导致 $x(t)$ 频带较宽,若直接将信号送入信道传输,容易产生失真,发送滤波器可限制数字信号的发送频带,并阻止不必要的频率成分干扰相邻信道。

3) 信道

基带传输系统的信道可以是电缆等狭义信道,也可以是带调制器的广义信道。发送滤波器输出的基带信号送入信道,基带信号在传输过程中受到两个因素的影响:受到信道的影响,使信号产生畸变;被加性噪声叠加,使信号产生随机畸变。图 6-10(d)所示的是受到信道不理想等因素影响的一种可能波形。

4) 接收滤波器

基带信号在信道中传输通常会导致传输波形失真,导致在接收端输入的波形与 $x(t)$的差别较大,若直接进行抽样判决会产生较大的误判,接收滤波器的作用正是滤除混在接收信号中的带外噪声和由信道引入的噪声,对失真进行尽可能的补偿(均衡)。图 6-10(e)所示的是接收滤波器输出的受到信道不理想等因素影响的一种可能波形。

5) 抽样判决器和码元再生电路

抽样判决器的作用是对接收滤波器的输出信号,在规定的时刻(由定时脉冲控制)进行抽样,然后对抽样值进行判决,以确定各码元是“1”码还是“0”码。码元再生电路的作用是对判决器的输出“0”码、“1”码进行码型反变换,以获得输入码型相应的原脉冲序列。图 6-10(f)和 6-10(g)所示的分别是用于抽样的同步抽样冲激序列和码元再生电路的输出信号。

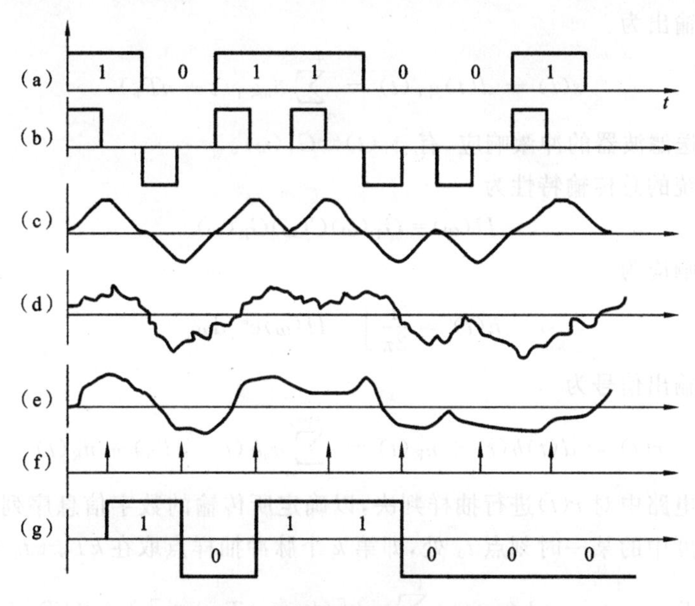

图 6-10 基带传输系统各点波形图

6）同步提取电路

与模拟信号传输不同，数字信号传输要求收发两端一定要在时间上同步工作。在图 6-10 中，发送端某一时刻发出一个码元，接收端在相应某一时刻（一般滞后一个固定时间）抽样判决后再生这个码元，这样收发端的码元就能一一对应，不会搞错。这个任务由收发定时脉冲完成，其中接收端的定时脉冲通常都是由同步提取电路产生的。

6.3.2 码间干扰

如图 6-10 所示，码元再生电路的输出信号中，第 7 个码元产生了误码，导致误码的原因是码间干扰。码间干扰（又称码间干扰或符号间的干扰）是指因数字基带传输系统的信道特性（包括发、收滤波器和信道特性）不理想引起的数字基带信号码元波形失真，从而产生前后码元波形重叠、接收端抽样判决困难的现象。

接下来讨论码间干扰导致误码的原因，首先将图 6-9 所示的基带传输系统重新画于图 6-11。

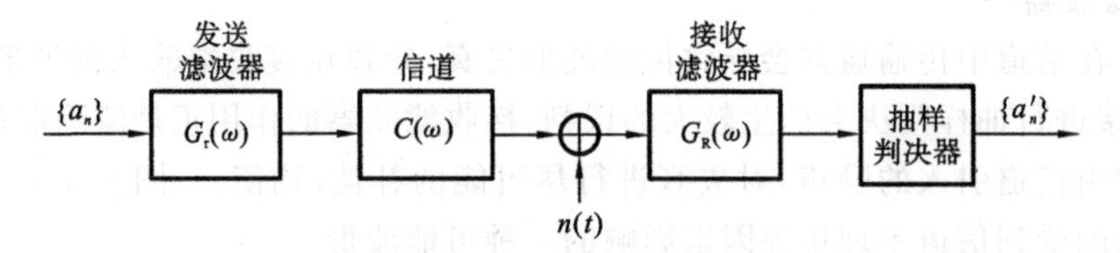

图 6-11 数字基带信号传输模型

设输入的数字信息序列为 $\{a_n\}$，a_n 的取值分别为 0、1、+1 或 −1，假设输入基带信号的脉冲序列为单位冲激序列 $\delta(t)$，其所对应的基带信号序列 $d(t)$ 为

$$d(t)=\sum_{n=-\infty}^{+\infty}a_n\delta(t-nT_b) \tag{6-35}$$

则发送滤波器的输出为

$$s(t)=d(t)g_T(t)=\sum_{n=-\infty}^{+\infty}a_n g_T(t-nT_b) \tag{6-36}$$

式中，$g_T(t)$ 为发送滤波器的冲激响应，有 $g_T(t)\Leftrightarrow G_T(\omega)$。

基带传输系统的总传输特性为

$$H(\omega)=G_T(\omega)C(\omega)G_R(\omega) \tag{6-37}$$

其单位冲激响应为

$$h(t)=\frac{1}{2\pi}\int_{-\infty}^{+\infty}H(\omega)e^{j\omega t}d\omega$$

接收滤波器输出信号为

$$r(t)=d(t)h(t)+n_R(t)=\sum_{n=-\infty}^{+\infty}a_n h(t-nT_b)+n_R(t) \tag{6-38}$$

在抽样判决电路中对 $r(t)$ 进行抽样判决，以确定所传输的数字信息序列 $\{a_n\}$。其抽样点一般取在脉冲宽度中的某一时刻点 t_0 处，即第 k 个脉冲抽样点取在 kT_b+t_0 处，抽样值为

$$r(kT_b+t_0)=a_k h(t_0)+\sum_{\substack{k=-\infty\\ n\neq k}}^{+\infty}a_n h[(k-n)T_b+t_0]+n_R(kT_b+t_0) \tag{6-39}$$

式中，第一项 $a_k h(t_0)$ 是第 k 个接收码元波形的抽样值，它是确定 a_k 的依据，是有用信息项，$h(t_0)$ 通常是 $h(t)$ 的最大值；第二项 $\sum\limits_{\substack{k=-\infty \\ n\neq k}}^{+\infty} a_n h[(k-n)T_b+t_0]$ 由无穷多项组成，它是接收信号中除第 k 个码元之外的所有其他码元响应波形在抽样时刻 $t=kT_b+t_0$ 时对其产生的干扰代数和，这就是码间干扰（简称 ISI），由于 $\{a_n\}$ 是随机变量，所以码间干扰也是一个随机变量，通常与第 k 个码元越近的码元产生的串扰越大，反之串扰越小；第三项 $n_R(kT_s+t_0)$ 是第 k 个码元抽样判决时刻噪声的瞬时值，它是一个随机变量，影响第 k 个码元的正确判决。

码间干扰和随机噪声两者都会引起判决错误，显然，当码间干扰和噪声较小时，判决一般是正确的；当码间干扰和噪声较大时就可能发生错判，码间干扰和噪声越大，错判的可能性就越大。为了减少判决错误，即降低误码率，必须最大限度地减少码间干扰和随机噪声的影响。

6.3.3 奈奎斯特准则

1. 奈奎斯特第一准则

上一小节讨论了码间干扰的存在使数字基带传输系统存在失真，那么在存在失真的条件下，如何才能使失真不危害信号的可靠传递呢？奈奎斯特研究了保证传输不失真的三种情况，得出了奈奎斯特（奈氏）第一准则、第二准则和第三准则（或分别称为第一、第二、第三无失真条件），这里仅讨论目前应用最广的奈氏第一准则。

由式(6-39)给出的表达式可得出，在不考虑噪声影响时，波形传输无失真（无码间干扰）条件为

$$\sum_{\substack{k=-\infty \\ n\neq k}}^{+\infty} a_n h[(k-n)T_b+t_0]=0 \tag{6-40}$$

有以下两种可能使上式成立。

(1) 通过各项互相抵消使等式为0。

(2) $h[(k-n)T_b+t_0]=0$，且 $k\neq n$。

由于 $\{a_n\}$ 是随机变量，要想通过各项互相抵消使码间干扰为0是不可能的，所以只能考虑对 $h(t)$ 提出要求。由于 $h(t)$ 是信道总特性的单位冲激响应，因此不可能有 $h(t)\equiv 0$。

实际中，$h(t)$ 波形有很长的“拖尾”，若让其仅在本码元的抽样时刻有最大值，在 T_b+t_0、$2T_b+t_0$、$3T_b+t_0$ 等若干码元抽样时刻上正好为0，就能消除码间干扰，也就是说，只要基带传输系统的冲激响应波形 $h(t)$ 仅在本码元的抽样时刻上有最大值，并在其他码元的抽样时刻上均为0，则可消除码间干扰。

若对 $h(t)$ 在时刻 $t=kT_b$（这里假设信道和接收滤波器所造成的延迟 $t_0=0$）抽样，则有

$$h(kT_b)=\begin{cases}1(\text{或常数}), & k=0\text{ 时}\\ 0, & k\neq 0\text{ 时}\end{cases} \tag{6-41}$$

根据无码间干扰时域条件，得到抽样无失真条件的基带传输特性应满足

$$\frac{1}{T_b}\sum_i H\left(\omega+\frac{2\pi i}{T_b}\right)=1,\quad |\omega|\leqslant\frac{\pi}{T_b} \tag{6-42}$$

或写成

$$\sum_i H\left(\omega+\frac{2\pi i}{T_b}\right)=T_b,\quad |\omega|\leqslant\frac{\pi}{T_b} \tag{6-43}$$

该条件即为奈奎斯特第一准则。对于一个给定的传输系统，该准则提供了检验其是否产生码间干扰的一种方法，该准则又称满足无码间干扰的频域条件。

式(6-42)或式(6-43)的物理意义：把传输特性在 ω 轴上以 $2\pi/T_b$ 为间隔切开，然后分段沿 ω 轴平移到 $\left(-\frac{\pi}{T_b},\frac{\pi}{T_b}\right)$ 区间内，将它们叠加起来形成一个矩形频率特性，那么它以 $\frac{1}{T_b}$ 速率传输基带信号时，无码间干扰，如图 6-12 所示。

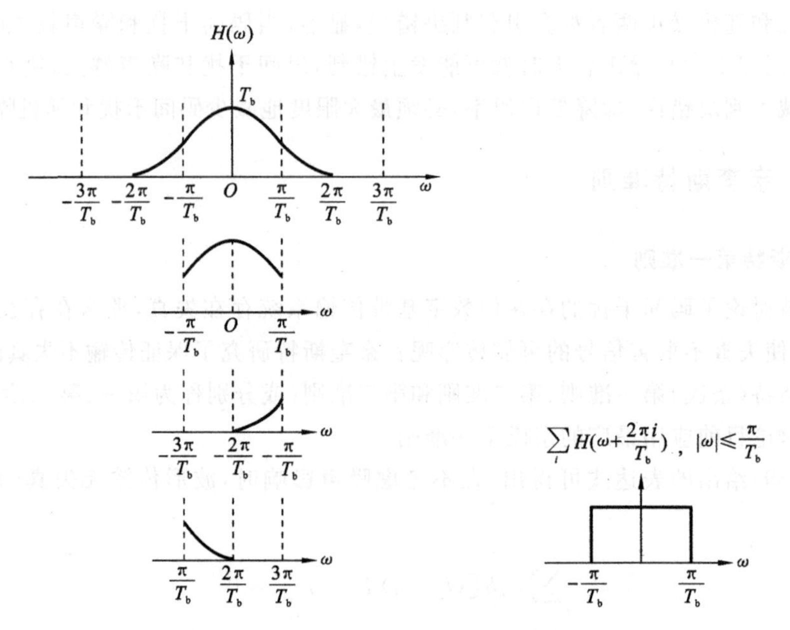

图 6-12　满足无码间干扰条件的传输特性

2. 理想基带传输系统

理想的低通滤波器，其冲激响应为

$$h(t)=Sa\left(\frac{\pi t}{T_b}\right)$$

其传输特性为

$$H(\omega)=\begin{cases} T_b(\text{或常数}), & |\omega|\leqslant\dfrac{\pi}{T_b} \\ 0, & |\omega|>\dfrac{\pi}{T_b} \end{cases}$$

如图 6-13 所示，$h(t)$ 在 $t=\pm kT_b(k\neq 0)$ 时有周期性零点，当发送序列的时间间隔为 T_b 时，正好利用了这些零点。只要接收端在 $t=kT_b$ 时间点上抽样，就能实现无码间干扰。

图 6-14 所示的是以 $\omega=\pi/T_b$ 奇对称的低通滤波器无码间干扰特性的验证。

根据上述分析，可以用更精确的语句来描述奈奎斯特第一准则：对于带宽为 $B=\frac{\omega}{2\pi}=\frac{\pi/T_b}{2\pi}=\frac{1}{2T_b}$ 的理想低通网络来说，若数字信号以 $R_B=f_N=1/T_b=2B$ 的速率传输，则在接收端

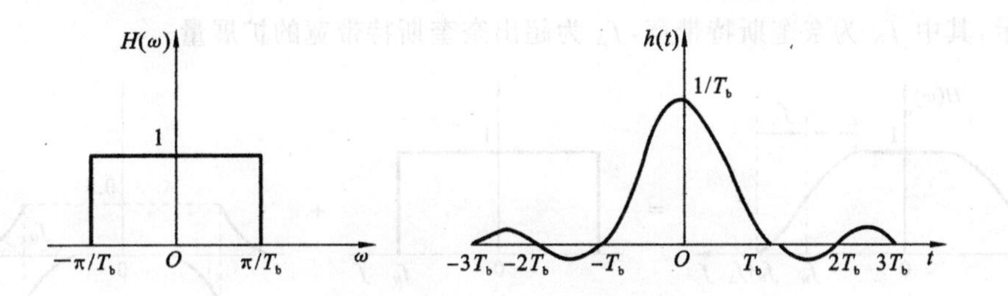

图 6-13　理想低通滤波器的传递函数及其冲激响应

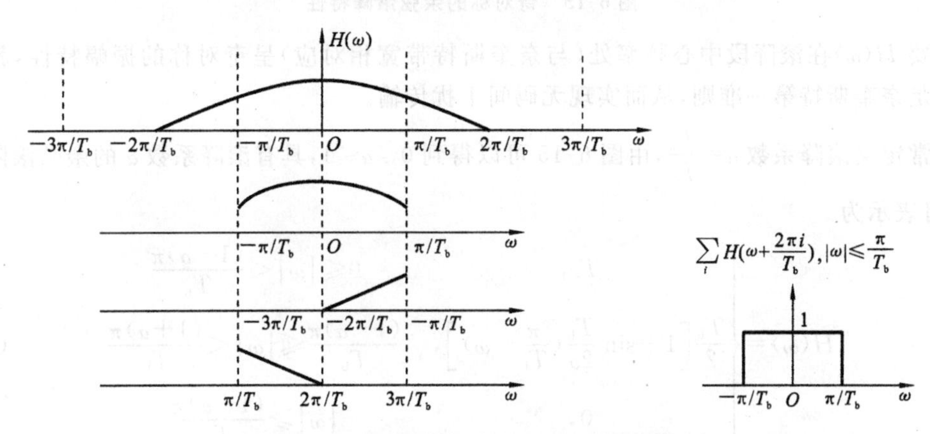

图 6-14　低通滤波器无码间干扰特性的验证

各码元波形峰值处进行抽样判决，不产生码间干扰，并可正确识别出每一个码元。此时的基带传输系统称理想基带传输系统，此时的码元速率 R_B 称奈奎斯特速率；码元间隔 $T_b=1/R_B$ 称奈奎斯特间隔；B 称奈奎斯特带宽。其中，当理想基带传输系统带宽一定的情况下，奈奎斯特速率就是实现无码间干扰理想传输的最高码元速率，奈奎斯特间隔就是无码间干扰传输的最小码元间隔；相应地，当码元速率一定时，奈奎斯特带宽就是实现无码间干扰传输的理想基带传输系统的最小带宽。如果定义系统单位频带内的信息传输速率为频带利用率，那么在这种理想情况下，系统的频带利用率为

$$\eta_f=f_N/B=f_N/(f_N/2)=2\ \mathrm{b/(s\cdot Hz)} \tag{6-44}$$

对于抽样值序列为 M 元信号，则频带利用率为 $2\log_2 M$。上面的 η_f 是在抽样值无失真条件下所能达到的最高频带利用率。

3. 几种常用的无码间干扰的传输特性

虽然理想基带传输系统在消除码间干扰、提高频带利用率、抽样判决和信噪比等方面都能达到理想要求，然而，理想传输条件实际上不可能达到，因为理想低通特性意味着有无限陡峭的过渡带，在工程上无法实现，即使获得了这种传输特性，其冲激响应波形的尾部衰减特性仍很慢，且振荡幅度较大，在得不到严格定时（抽样时刻出现偏差）时，码间干扰就可能达到很大的数值，因此理想低通系统只具有理论上的意义，但它给出了基带传输系统传输能力的极限值。

理想低通滤波器的冲激响应 $h(t)$ 衰减较慢的原因是其振幅特性 $H(f)$ 在截止频率 $f_N=1/2T_b$ 处存在突变，为使 $h(t)$ 衰减得更快，可以采用圆滑振幅特性的方法，使振幅特性在 $\pm1/2T_b$ 处呈现奇对称，这种圆滑通常称为滚降。一种常用的滚降特性是余弦滚降特性，如图

6-15 所示，其中 f_{N} 为奈奎斯特带宽，f_{Δ} 为超出奈奎斯特带宽的扩展量。

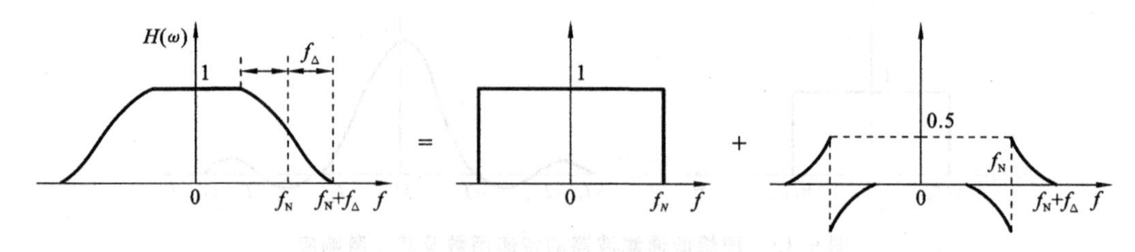

图 6-15　奇对称的余弦滚降特性

只要 $H(\omega)$在滚降段中心频率处（与奈奎斯特带宽相对应）呈奇对称的振幅特性，就必然可以满足奈奎斯特第一准则，从而实现无码间干扰传输。

通常定义滚降系数 $\alpha=\dfrac{f_{\Delta}}{f_{\mathrm{N}}}$，由图 6-15 可以得到 $0\leqslant\alpha\leqslant1$，具有滚降系数 α 的余弦滚降特性 $H(\omega)$可表示为

$$H(\omega)=\begin{cases} T_{\mathrm{s}}, & 0\leqslant|\omega|<\dfrac{(1-\alpha)\pi}{T_{\mathrm{b}}} \\ \dfrac{T_{\mathrm{b}}}{2}\left[1+\sin\dfrac{T_{\mathrm{b}}}{2\alpha}\left(\dfrac{\pi}{T_{\mathrm{b}}}-\omega\right)\right], & \dfrac{(1-\alpha)\pi}{T_{\mathrm{b}}}\leqslant|\omega|<\dfrac{(1+\alpha)\pi}{T_{\mathrm{b}}} \\ 0, & |\omega|\geqslant\dfrac{(1+\alpha)\pi}{T_{\mathrm{b}}} \end{cases} \tag{6-45}$$

对应的冲激响应为

$$h(t)=Sa\left(\frac{\pi t}{T_{\mathrm{b}}}\right)\frac{\cos\left(\dfrac{\alpha\pi t}{T_{\mathrm{b}}}\right)}{1-\left(\dfrac{2\alpha t}{T_{\mathrm{b}}}\right)^{2}} \tag{6-46}$$

为了便于比较，表 6-2 列出了几种常见的无码间干扰传输特性及相关数据。不难验证表中的 $H(f)$均满足式(6-43)的条件。根据表中的 5 种传输特性，图 6-16 给出了相应的冲激响应波形 $h(t)$（图中仅画出轴对称波形的右半部分，且以 t/T_{b} 作为时间轴），其中：曲线①为理想低通特性的 $h(t)$；曲线②为 $\alpha=0.5$ 余弦滚降特性的 $h(t)$；曲线③为 $\alpha=0.5$ 直线滚降特性的 $h(t)$；曲线④为 $\alpha=1$ 余弦滚降特性（又称升余弦特性）的 $h(t)$；曲线⑤为 $\alpha=1$ 直线滚降特性（即三角特性）的 $h(t)$。这 5 种传输特性中，升余弦特性的 $h(t)$的拖尾衰减最快，定时偏差引起码间干扰比较小，$H(f)$曲线变化比较平滑，实现比较容易，其应用最为广泛。

表 6-2　几种常用的无码间干扰传输特性及相关数据

名称和传输特性 $H(f)$	冲击响应 $h(t)$	带宽 B/Hz	频带利用率 /(B/Hz)
理想低通特性 H(f) T_b $-f_c$　O　f_c　f	$Sa(2\pi f_c t)$	$B=f_c=\dfrac{f_b}{2}$	2

续表

名称和传输特性 $H(f)$	冲击响应 $h(t)$	带宽 B/Hz	频带利用率 /(B/Hz)
余弦滚降特性	$Sa(2\pi f_c t)\cdot\dfrac{\cos(2\pi f_c t)}{1-(4\alpha f_c t)^2}$	$B=(1+\alpha)f_c=\dfrac{(1+\alpha)}{2}f_b$	$\dfrac{2}{(1+\alpha)}$
直线滚降特性	$Sa(2\pi f_c t)\cdot Sa(2\pi\alpha f_c t)$	$B=(1+\alpha)f_c=\dfrac{(1+\alpha)}{2}f_b$	$\dfrac{2}{(1+\alpha)}$
升余弦特性 $(\alpha=1)$	$\dfrac{Sa(4\pi f_c t)}{1-(4f_c t)^2}$	$B=2f_c=f_b$	1
三角特性 $(\alpha=1)$	$Sa^2(2\pi f_c t)$	$B=2f_c=f_b$	1

6.4 眼图

一个实际的基带传输系统，尽管经过了十分精心的设计，但要使其传输特性完全符合理想情况是比较困难的，甚至是不可能的。因此，码间干扰也不可能避免。由前面的讨论可知，码间干扰与发送滤波器特性、信道特性、接收滤波器特性等因素有关，因而计算由码间干扰所引起的误码率就非常困难，尤其在信道特性不能完全确知的情况下，甚至得不到一种合适的定量分析方法。在码间干扰和噪声同时存在的情况下，系统性能的定量分析，就是想得到一个近似的结果都是很不容易的，因此，通常需要采用实验的手段来估计系统的性能。

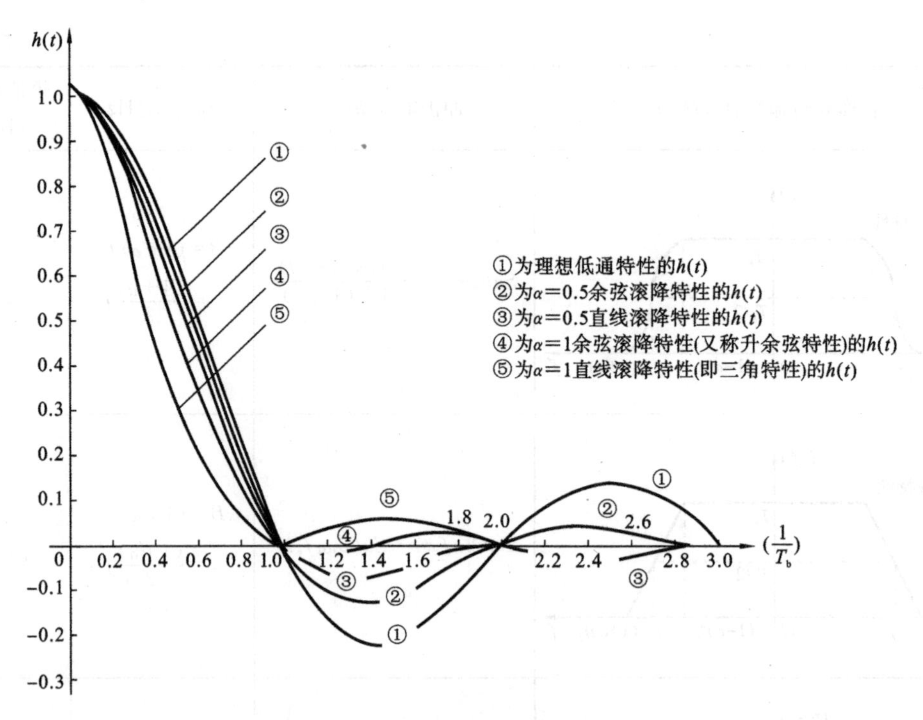

图 6-16　几种常用传输特性的 $h(t)$ 曲线

下面介绍一种能够利用实验手段方便地估计系统性能的方法。这种方法的具体做法是用一个示波器跨接在接收滤波器的输出端，然后调整示波器水平扫描周期，使其与接收码元的周期同步。这时就可以从示波器显示的图形上观察出码间干扰和噪声的影响，从而估计出系统性能的好坏。因为在传输二进制波形时，示波器上显示的这种图形很像人的眼睛，所以称为眼图，如图 6-17 所示。通过分析眼图，既可以估计系统的性能（指码间干扰和噪声的大小），也可以用此来调整接收滤波器的特性，以减小码间干扰和改善系统的传输性能。

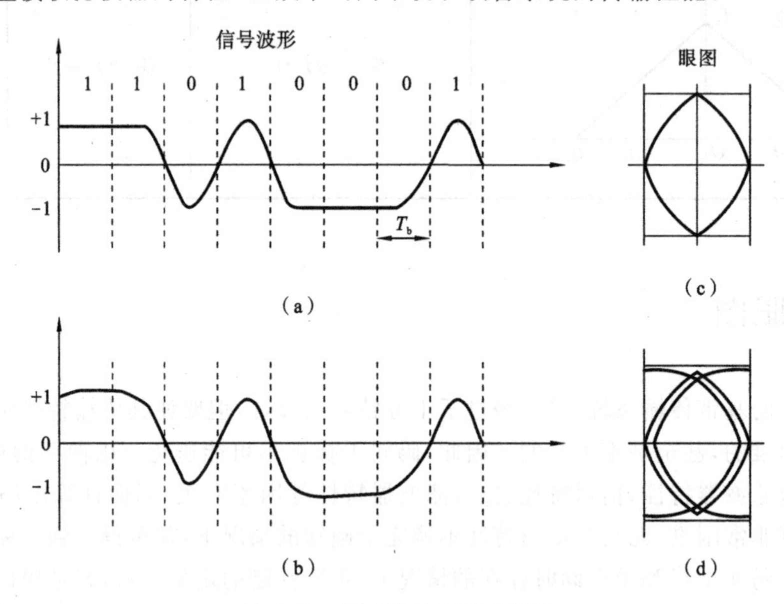

图 6-17　基带信号波形及眼图

图 6-17(a)、(b)所示的分别是不考虑噪声影响时无码间干扰和有码间干扰的基带信号波形,图 6-17(c)、(d)所示的分别是无码间干扰和有码间干扰时的眼图。可以看出,在无码间干扰和噪声的理想情况下,波形无失真,每个码元重叠在一起,最终在示波器上看到的是非常清晰且开启很大的“眼睛”。当有码间干扰时,波形出现失真,码元不完全重合,眼图的线条不再清晰。图 6-18 给出了几种情况下的眼图(图(a)所示的为无噪声无干扰时的眼图,图(b)所示的为无噪声有干扰时的眼图,图(c)所示的为有噪声有干扰时的眼图),由图 6-18(c)可知,若加上噪声的影响,眼图的线迹更加模糊不清,“眼睛”张开得更小,由于出现幅度大的噪声机会很小,在示波器上不易被发觉,因此,眼图通常只能大致估计噪声的强弱。

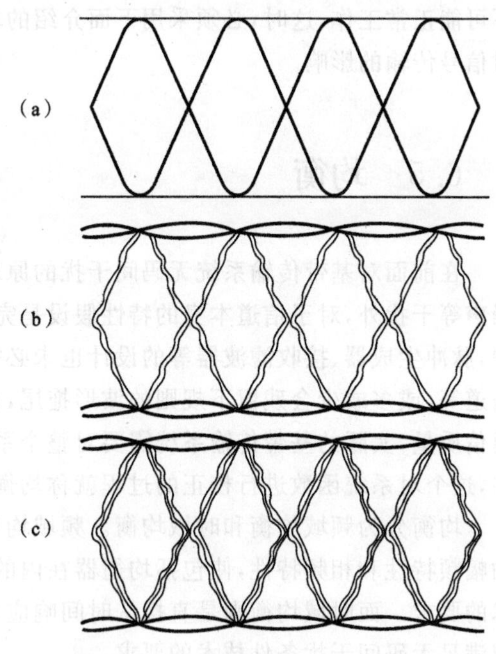

图 6-18 几种情况下的“眼图”示意图

为了较全面地描述眼图与系统性能之间的关系,可以将眼图简化为如图 6-19 所示的眼图模型,该模型从以下几个方面表现了眼图与系统性能的联系。

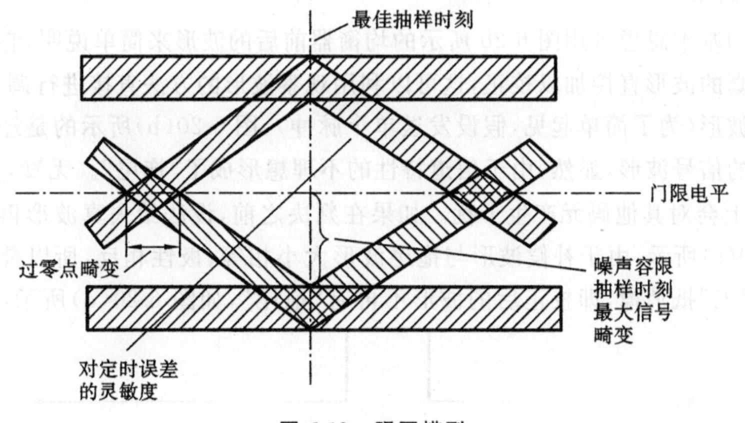

图 6-19 眼图模型

(1) 最佳抽样时刻应是眼图中“眼睛”张开最大的时刻。

(2) 对定时误差的灵敏度,由斜边斜率决定,斜率越大,对定时误差就越灵敏。

(3) 在抽样时刻,眼图阴影区的垂直宽度表示了最大信号畸变。

(4) 在抽样时刻,眼图上、下两分支离门限最近的一根线迹至门限的距离表示各相应电平的噪声容限,即若噪声瞬时值超过这个容限,就可能发生判决错误。

(5) 眼图中央的横轴位置应对应判决门限电平。

(6) 眼图左、右倾斜阴影分支与横轴相交的水平宽度称为过零点畸变。对于从信号过零点取平均来得到定时信息的接收系统来说,过零点畸变的大小对提取定时信息有重要的影响。

当基带传输系统的码间干扰很严重时,眼图中的“眼睛”张开得很小,甚至完全闭合,系统不可能正常工作，这时，必须采用下面介绍的均衡技术对码间干扰进行校正，以减小码间干扰对信号传输的影响。

6.5 均衡

在前面对基带传输系统无码间干扰的原理讨论中，除了假设是大信噪比而暂不考虑加性噪声等干扰外，对于信道本身的特性假设是完全“知道”的，并不符合实际情况。而在实际系统中，脉冲生成器、接收滤波器等的设计也未必完善，对信道特性的了解欠完善或信道属于时变信道等，或多或少会残留不规则的波形拖尾，而导致码间干扰存在。为了减小码间干扰，提高通信质量，实际的基带传输系统需要对整个系统的传递函数进行校正，使其接近无失真传输条件，这个对系统函数进行校正的过程就称均衡。实现均衡的滤波器称均衡滤波器。

均衡分为频域均衡和时域均衡。频域均衡是利用可调滤波器的频率特性去补偿实际信道的幅频特性和相频特性，使包括均衡器在内的整个系统的总频率特性满足无失真传输条件技术的要求。而时域均衡则是直接从时间响应角度考虑，使均衡器和实际传输系统的总冲激响应满足无码间干扰条件技术的要求。

考虑到频域均衡法比较直观且易于理解，频域均衡器的设计方法与一般的网络设计也基本相同，因此，下面仅介绍时域均衡的基本原理和实现方法。

1. 时域均衡原理

时域均衡的基本思想可用图 6-20 所示的均衡器前后的波形来简单说明，它是利用波形补偿的方法对失真的波形直接加以校正，这可以利用观察波形的方法直接进行调节。图 6-20(a)所示的是发送波形(为了简单起见，假设发送单个脉冲)，图 6-20(b)所示的是经过信道和接收滤波器后输出的信号波形，显然，由于信道特性的不理想形成了“拖尾”。无疑，在 $t_0 \pm T_b$，$t_0 \pm 2T_b$，…抽样点上会对其他码元产生干扰。如果在判决之前，设法给失真波形再加上一个补偿波形，如图6-20(c)所示，由于补偿波形与拖尾波形大小相等、极性相反，所以叠加后恰好把原失真波形的“尾巴”抵消掉，即校正后的波形不再有“拖尾”，如图 6-20(d)所示，消除了对其他

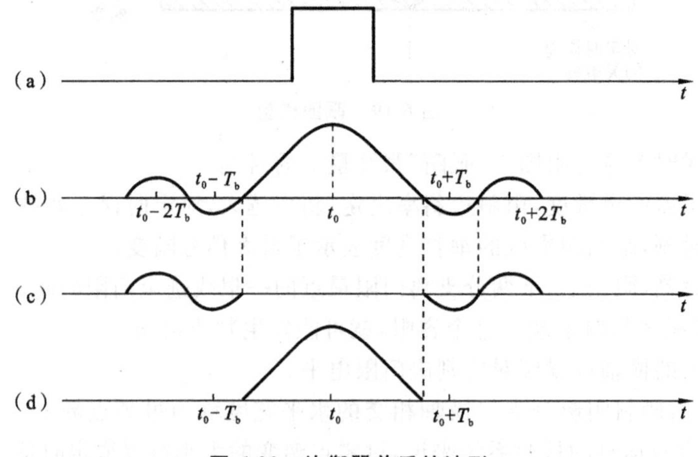

图 6-20 均衡器前后的波形

码元信号的干扰，达到了均衡的目的。

2. 均衡器抽头系数的确定

现在的问题是如何得到补偿波形。时域均衡所需要的补偿波形可由接收到的波形延迟加权来得到，目前最常用的方法是在基带信号接收滤波器之后插入一个横向滤波器，它由一条带抽头的延时线加上一些可变增益放大器组成，如图6-21所示。它共有$2N$节延迟线，每节的延迟时间等于码元宽度T_b，在各节延迟线之间引出抽头，共有$2N+1$个抽头。每个抽头的输出经可变增益（增益可正可负）放大器加权后相加输出，因此，当输入为有畸变的波形$x(t)$时，只要适当调节各个可变增益放大器的增益$C_i(i=-N,-(N-1),\cdots,-1,0,+1,\cdots,N+1,N)$，就可以使相加器输出的信号$y(t)$对其他码元波形的串扰最小，即可以对$y(t)$进行抽样并送入判决电路。

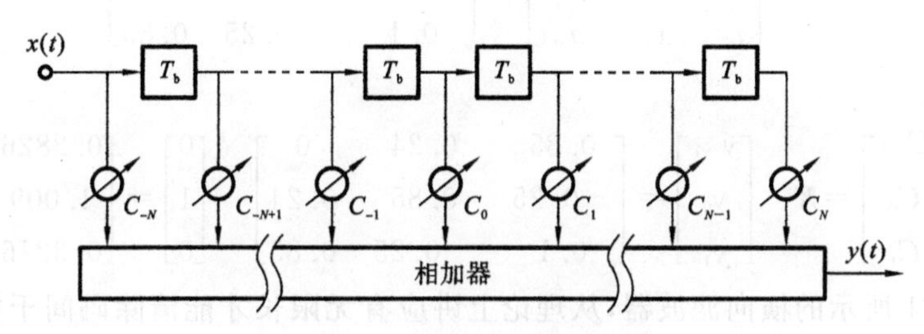

图6-21 横向滤波器构成示意图

假设有$(2N+1)$个抽头，加权系数分别为$C_{-N},C_{-N+1},\cdots,C_{N-1},C_N$，输入波形的脉冲序列为$\{x_k\}$，输出波形的脉冲序列为$\{y_k\}$，则有

$$y_k=\sum_{l=-N}^{N}C_l x_{k-l}=C_{-N}x_{k+N}+\cdots+C_{-1}x_{k+1}+C_0x_k+C_1x_{k-1}+\cdots+C_Nx_{k-N} \tag{6-47}$$

横向滤波器系数可用下式计算得到，这种计算方法称为迫零法，即

$$\boldsymbol{C}=\boldsymbol{X}^{-1}\boldsymbol{Y} \tag{6-48}$$

式中

$$\boldsymbol{C}=\begin{bmatrix}C_{-N}\\ \vdots\\ C_0\\ \vdots\\ C_N\end{bmatrix},\quad \boldsymbol{Y}=\begin{bmatrix}y_{-N}\\ \vdots\\ y_0\\ \vdots\\ y_N\end{bmatrix}=\begin{bmatrix}0\\ 0\\ \vdots\\ 0\\ 1\\ 0\\ \vdots\\ 0\end{bmatrix} \tag{6-49}$$

$$\boldsymbol{X}=\begin{bmatrix}x_0 & x_{-1} & \cdots & x_{-N} & x_{-N-1} & \cdots & x_{-2N}\\ \vdots & \ddots & \ddots & \vdots & \ddots & \ddots & \vdots\\ x_{N-1} & \cdots & x_0 & x_{-1} & \cdots & x_{-N} & x_{-N-1}\\ x_N & \cdots & x_1 & x_0 & x_{-1} & \cdots & x_{-N}\\ x_{N+1} & \cdots & x_N & x_1 & x_0 & \cdots & x_{-N+1}\\ \vdots & & \vdots & & & & \vdots\\ x_{2N} & \cdots & x_{N+1} & x_N & \cdots & x_1 & x_0\end{bmatrix} \tag{6-50}$$

式中，序列$x_{-2N},\cdots,x_{2N}$是发送端仅在0时刻发送一个码元时，接收端收到的取样序列。

【例 6-4】 已知 $x_n=\{0.0,0.24,0.85,-0.25,0.10\}$，$n=-2,-1,0,1,2$，用迫零法求 3 阶均衡器的系数。

解 3 阶均衡器的系数用矢量 $\boldsymbol{C}=[C_{-1}\quad C_0\quad C_1]^{\mathrm{T}}$ 表示。依据迫零法准则，当均衡器输入序列 x_n 时，其输出 $\boldsymbol{y}_n=[0\quad 1\quad 0]$，即

$$\begin{bmatrix} y_{-1} \\ y_0 \\ y_1 \end{bmatrix}=\boldsymbol{X}\begin{bmatrix} C_{-1} \\ C_0 \\ C_1 \end{bmatrix}=\begin{bmatrix} 0 \\ 1 \\ 0 \end{bmatrix}$$

式中，

$$\boldsymbol{X}=\begin{bmatrix} x_0 & x_{-1} & x_{-2} \\ x_1 & x_0 & x_{-1} \\ x_2 & x_1 & x_0 \end{bmatrix}=\begin{bmatrix} 0.85 & 0.24 & 0 \\ -0.25 & 0.85 & 0.24 \\ 0.1 & -0.25 & 0.85 \end{bmatrix}$$

则

$$\begin{bmatrix} C_{-1} \\ C_0 \\ C_1 \end{bmatrix}=\boldsymbol{X}^{-1}\begin{bmatrix} y_{-1} \\ y_0 \\ y_1 \end{bmatrix}=\begin{bmatrix} 0.85 & 0.24 & 0 \\ -0.25 & 0.85 & 0.24 \\ 0.1 & -0.25 & 0.85 \end{bmatrix}^{-1}\begin{bmatrix} 0 \\ 1 \\ 0 \end{bmatrix}=\begin{bmatrix} 0.2826 \\ 1.009 \\ 0.3276 \end{bmatrix}$$

对于图 6-21 所示的横向滤波器，从理论上讲应有无限长才能清除码间干扰，但在实际应用中不可能也不需要无限长，过长的滤波器不仅使制作困难，造价昂贵，而且使 C_i 很难被准确调整，实际应用时只要有一二十个抽头的滤波器就可以了，而且可用示波器观察均衡滤波器输出信号 $y(t)$ 的眼图，反复调整各个增益放大器的增益 C_i，使眼图中的“眼睛”张开到最大为止。

综上可知，实现时域均衡的中心问题是如何调节横向滤波器的各抽头增益系数，按照抽头增益的调整方式，均衡可分为手动均衡和自动均衡。其中自动均衡又可分为预置式自动均衡和自适应自动均衡。预置式自动均衡是在实际传输信息之前先传输预先规定的测试脉冲（如低重复频率的单脉冲信号），然后按迫零调整原理（迫使码间干扰为零）自动（或手动）调整抽样增益。自适应自动均衡是在传输信息期间，利用包含在信号中的码间干扰信息自动调整各抽头增益，使其逐渐减小与最佳调整值的误差。自适应自动均衡虽然实现起来比较复杂，但它能在信道特性随时变化的条件下获得最佳的均衡效果，因此很受重视，尤其随着集成技术和计算机技术的发展，自适应自动均衡技术的应用已日趋广泛。

6.6 数字基带传输仿真

6.6.1 数字基带信号波形的 Simulink 仿真

数字基带信号波形的 Simulink 仿真模型如图 6-22 所示，可以分别产生单极性归零信号与不归零信号、双极性归零信号与不归零信号，其仿真参数如表 6-3 所示。图中 Bernoulli Binary Generator 是信号源模块，该模块产生的二进制初始信号作为 Switch 模块中的控制信号，当控制信号≥0.5 时，信号输出值为 1，反之，信号输出值为 −1，合成波形即为双极性不归零信号。双极性不归零信号再作为 Switch1 模块中的控制信号，当控制信号≥0 时，信号输出

值为1,反之,信号输出值为0,合成波形即为单极性不归零信号。Pulse Generator 产生的脉冲信号与双极性不归零信号相乘得到双极性归零信号,Pulse Generator 产生的脉冲信号与单极性不归零信号相乘得到单极性归零信号。

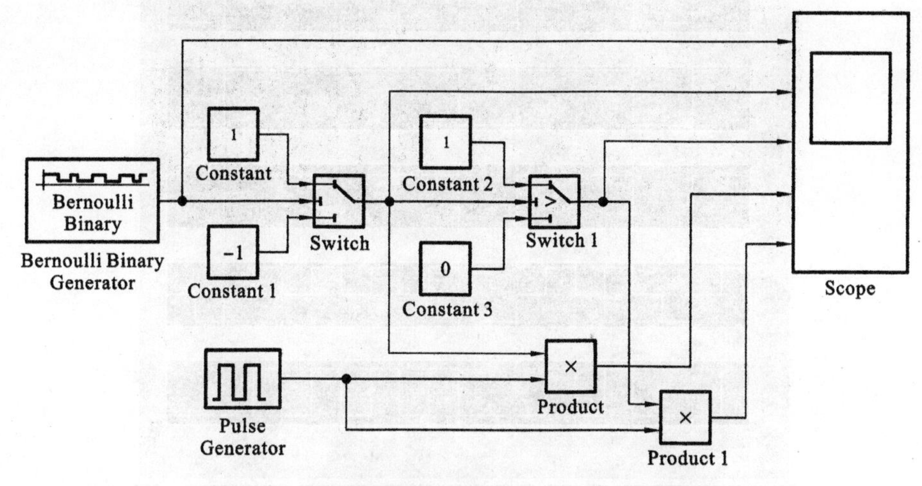

图 6-22 数字基带信号波形的 Simulink 仿真模型

表 6-3 数字基带信号波形的 Simulink 仿真参数

模块名称	参数名称	参数取值
Bernoulli Binary Generator	Probability of zero	0.3
	Initial seed	61
	Sample time	1s
Switch	Criteria for passing first in put	u2≥Threshold
	Threshold	0.5
Switch 1	Criteria for passing first in put	u2≥Threshold
	Threshold	0
Pulse Generator	Period	1s
	Pulse Width	50(% of period)

示波器仿真结果如图 6-23 所示,从上到下显示的信号波形分别是初始信号、双极性不归零信号、单极性不归零信号、双极性归零信号、单极性归零信号。

6.6.2 数字双相码的 Simulink 仿真

数字双相码的 Simulink 仿真模型如图 6-24 所示,可以产生数字双相码波形,数字双相码的 Simulink 仿真参数如表 6-4 所示。图中 Bernoulli Binary Generator 是信号源模块,该模块产生的二进制初始信号作为 Switch 模块中间的控制信号,控制信号≥0.5 时,输出 Switch 模块上端口 Pulse Generator 产生的脉冲信号;反之,输出 Switch 模块下端口 Pulse Generator 1 产生的脉冲信号,最后合成得到的波形就是数字双相码波形。

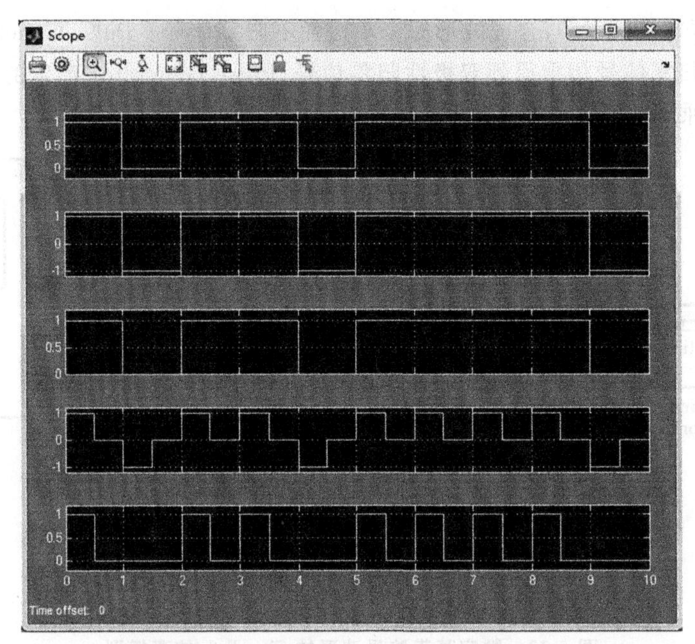

图 6-23 数字双相码的 Simulink 仿真结果

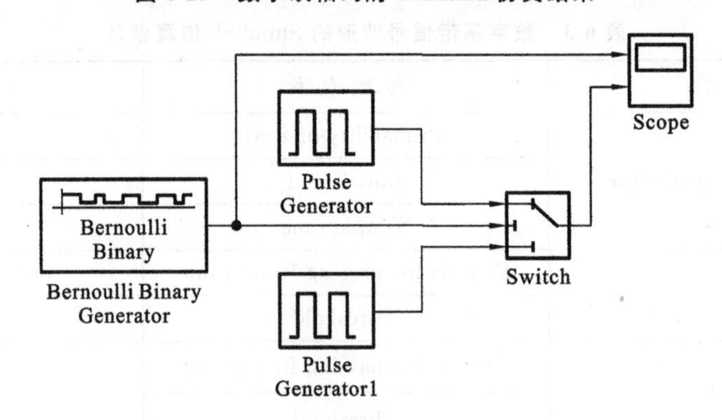

图 6-24 数字双相码的 Simulink 仿真模型

表 6-4 数字双相码的 Simulink 仿真参数

模块名称	参数名称	参数取值
Bernoulli Binary Generator	Probability of zero	0.5
	Initial seed	61
	Sample time	1s
Switch	Criteria for passing first in put	u2≥Threshold
	Threshold	0.5
Pulse Generator	Period	1s
	Pulse Width	50(% of period)
	Phase delay	0
Pulse Generator1	Period	1s
	Pulse Width	50(% of period)
	Phase delay	0.5

数字双相码的 Simulink 仿真结果如图 6-25 所示，从上到下显示的信号波形分别是：初始信号波形、数字双相码的波形。

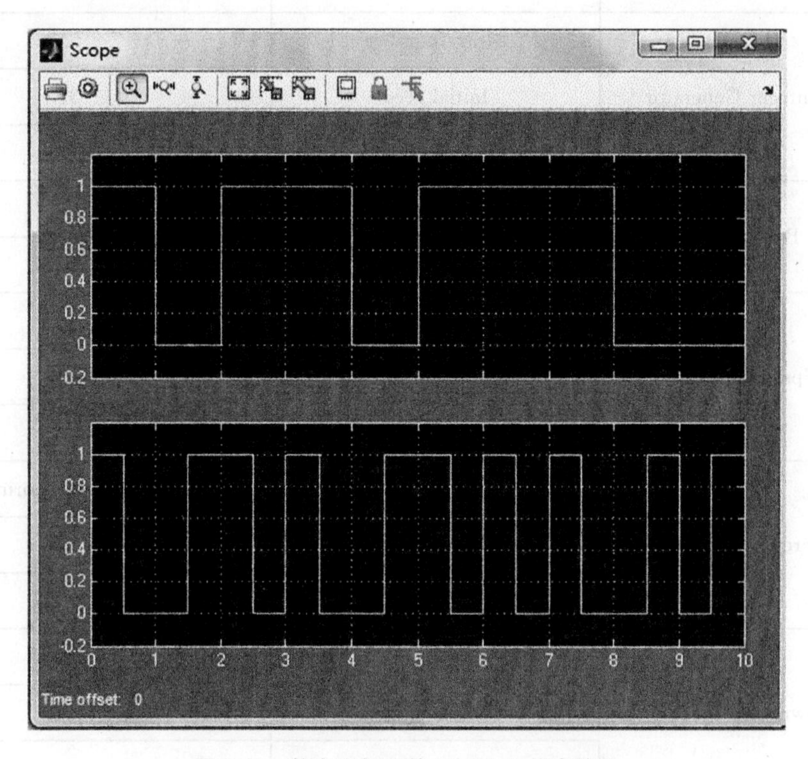

图 6-25 数字双相码的 Simulink 仿真结果

6.6.3 双极性码眼图的 Simulink 仿真

双极性码眼图的 Simulink 仿真模型如图 6-26 所示，各模块的主要参数设置见表 6-5。双极性码眼图示波器模块的各参数设置如图 6-27、图 6-28、图 6-29、图 6-30 所示。图 6-26 中，Random Integer Generator 是随机整数生成器，生成二进制的随机信号。Unipolar to Bipolar Converter 是单极性转双极性模块，可以把单极性码转换成双极性码。Upsample 模块是升速率模块，将基带信号数据的采样速率升高至 10000 Hz，其输出数据为冲激脉冲形式的数据序列。Discrete Filter 是升余弦滤波器，分母设为 1，分子系数通过 rcosine 函数计算：rcosine(1e3,1e4,'fir/normal',0.75,3)，这样，就得到了滚降系数为 0.75 的升余弦滤波器。Downsample 是下采样模块，可以降低采样速率，使输入到 Discrete-Time Eye Diagram Scope，即眼图示波器模块中的采样率为 2500 Hz。

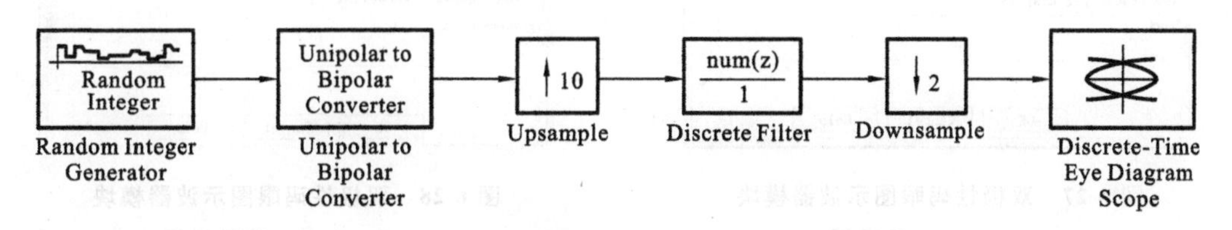

图 6-26 双极性码眼图的 Simulink 仿真模型

表 6-5 双极性码眼图的 Simulink 仿真参数

模块名称	参数名称	参数取值
Random Integer Generator	M-ary number	2
	Initial seed	37
	Sample time	1e-3
Unipolar to Bipolar Converter	M-ary number	4
	Polarity	Positive
Upsample	Upsample factor	10
	Sample offset	0
	Initial condition	0
Discrete Filter	Numerator	rcosine(1e3,1e4,'fir/normal',0.75,3)
	Denominator	1
	Sample time	−1
Downsample	Downsample factor	2
	Sample offset	0
	Initial condition	0

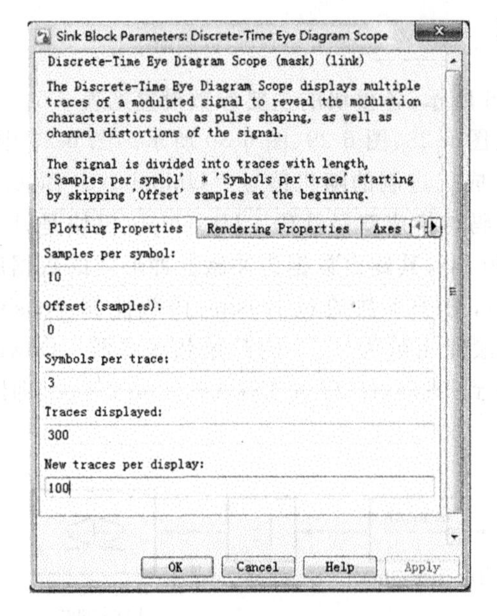

图 6-27 双极性码眼图示波器模块 Plotting 参数设置

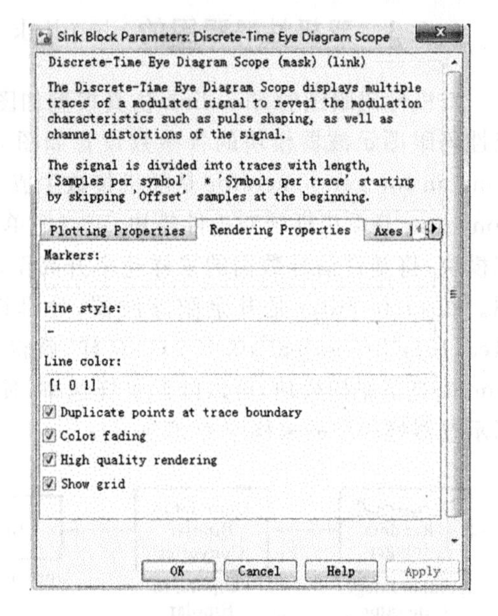

图 6-28 双极性码眼图示波器模块 Rendering 参数设置

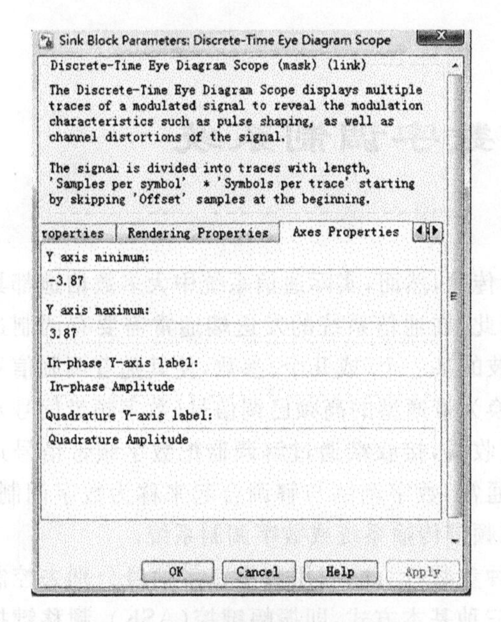

图 6-29　双极性码眼图示波器模块 Axes 参数设置

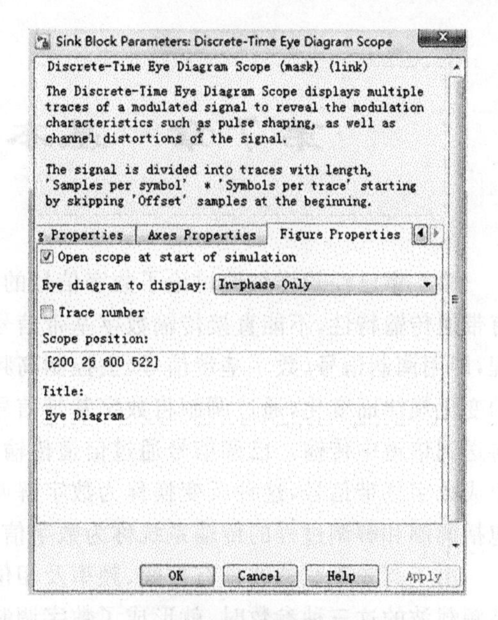

图 6-30　双极性码眼图示波器模块 Figure 参数设置

最终示波器仿真得到的双极性码眼图波形如图 6-31 所示。

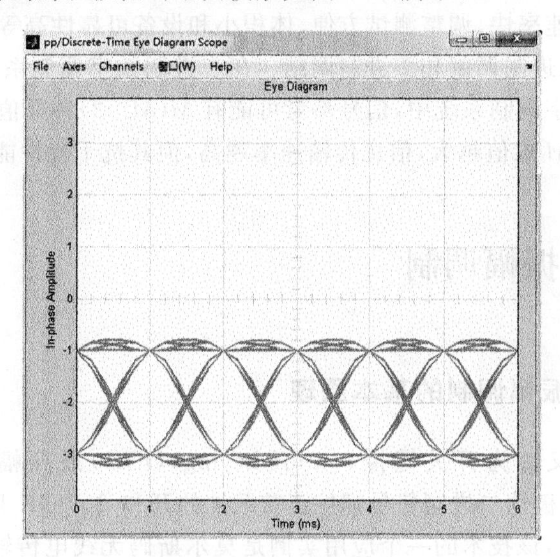

图 6-31　双极性码眼图波形

第 7 章　基本的数字调制系统

第 6 章已经较详细地讨论了数字信号的基带传输，然而，实际通信系统中大多数信道都具有带通传输特性，不能直接传输数字基带信号，因此，在通信系统的发送端通常需要有调制过程，即用调制信号（数字基带信号）去控制高频载波的某一个（或几个）参数，使其随着调制信号的变化规律而变化，通过调制将数字基带信号变换为带通型的高频已调信号（数字频带信号），再送到信道中传输。已调信号通过信道传输到接收端，接收端通过解调器把数字频带信号还原成数字基带信号，这种反变换称为数字解调。通常，数字调制与解调合起来称为数字调制，包括调制和解调过程的传输系统称为数字信号的频带传输系统或数字调制系统。

由于高频正弦载波具有振幅、频率及相位三种参数，因此，当用数字基带信号分别去控制高频载波的这三种参数时，就形成了数字调制的三种基本方式，即振幅键控（ASK）、频移键控（FSK）和相移键控（PSK）。数字频带信号的产生通常可采用模拟调制法和数字键控法两种。模拟调制法把数字基带信号当作模拟信号的特殊情况来处理，利用模拟调制器来实现数字调制。数字键控法是利用数字信号的离散取值特点键控载波，从而实现数字调制，它由数字电路来实现，具有调制变换速率快、调整测试方便、体积小和设备可靠性高等特点。

数字调制可分为二进制调制和多进制调制。在二进制数字调制系统中，信号参量只有两种取值，而在多进制数字调制系统中，信号参量可能有 $M(M>2)$ 种取值。一般而言，在码元传输速率一定的情况下，M 取值越大，信息传输速率越高，但其抗干扰性能就会越差。

7.1　二进制振幅调制

7.1.1　二进制振幅调制的基本原理

二进制振幅调制又称为开关键控（on-off keying，OOK）或振幅键控（amplitude shift keying，ASK）。根据单极性二进制信号键控正弦载波的开和关，OOK 是继模拟通信系统后首先采用的数字调制技术，该技术的一个应用实例是莫尔斯码无线电传输。模拟调幅信号是将基带信号乘以正弦载波信号得到的，如果把数字基带信号看成是模拟基带信号的特例，则二进制振幅键控（2ASK）信号可表示为

$$e(t)=s(t)\cos(\omega_c t) \tag{7-1}$$

式中，$s(t)$ 为二进制基带脉冲序列。其基带脉冲波形可以是矩形脉冲，也可以是其他波形，如升余弦波形。当 $s(t)$ 为单极性矩形脉冲序列时，其可表示为

$$s(t)=\sum_n a_n g(t-nT_s) \tag{7-2}$$

式中，$g(t)$ 是持续时间为 T_s 的矩形脉冲，而 a_n 的取值服从如下关系，即

$$a_n=\begin{cases}0, & \text{概率为 } P \\ 1, & \text{概率为}(1-P)\end{cases} \tag{7-3}$$

2ASK 信号一般可采用两种方式产生，即模拟调制法和数字键控法，其原理框图如图 7-1 所示。

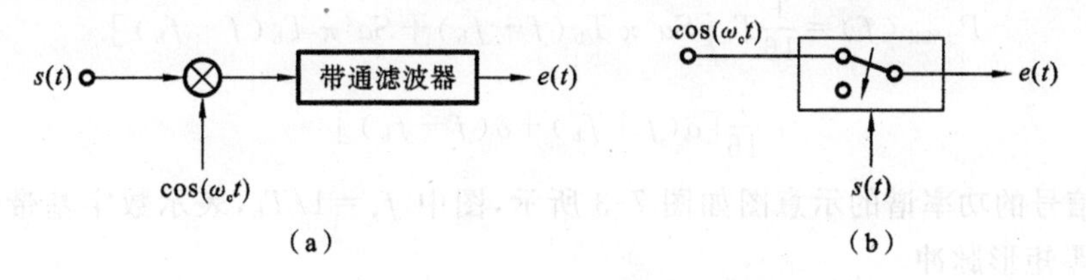

图 7-1 2ASK 信号产生原理框图

图 7-1 中，图(a)表示一般的模拟幅度调制方法，不过这里的 $s(t)$ 由式(7-2)确定；图(b)表示一种键控方法，这里的开关电路受 $s(t)$ 控制。当输入单极性矩形脉冲序列为 010010 时，产生的 2ASK 信号的波形如图 7-2 所示。为便于作图及显示，图中假定基带信号的码元宽度仅为载波信号周期的两倍，但在实际应用中，载波信号的周期要远远低于基带信号的码元宽度。

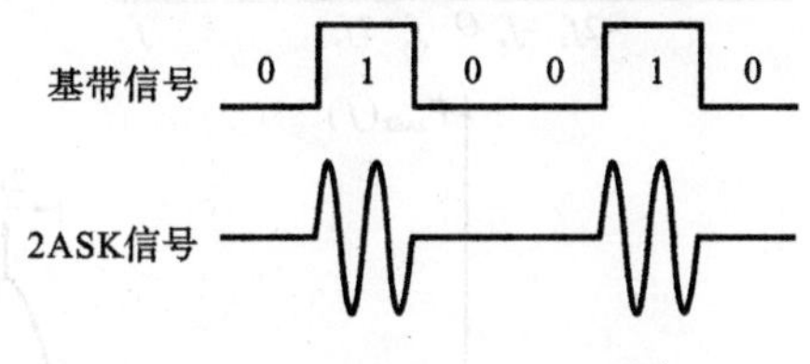

图 7-2 2ASK 信号的波形

7.1.2 2ASK 信号的功率谱与带宽

由于 2ASK 信号是随机的、功率型的信号，所以研究其频谱特性时，应该讨论它的功率谱。由式(7-1)和式(7-2)可知，一个 2ASK 信号可表示为

$$e(t)=s(t)\cos(\omega_c t)=\left[\sum_n a_n g(t-nT_s)\right]\cos(\omega_c t) \tag{7-4}$$

设 $e(t)$ 的功率谱密度为 $P_{2ASK}(f)$，$s(t)$ 的功率谱为 $P_s(f)$，则由式(7-4)可得

$$P_{2ASK}(f)=\frac{1}{4}[P_s(f+f_b)+P_s(f-f_b)] \tag{7-5}$$

因 $s(t)$ 是单极性的随机矩形脉冲序列，其功率谱 $P_s(f)$ 为

$$P_s(f)=f_sP(1-P)|G(f)|^2+f_s^2(1-P)^2\sum_{m=-\infty}^{+\infty}|G(mf_s)|^2\delta(f-mf_s) \tag{7-6}$$

式中，$G(f)$ 表示二进制序列中一个宽度为 T_b、高度为 1 的门函数 $g(t)$ 所对应的频谱函数。

根据矩形波形 $g(t)$ 的频谱特点，对于所有 $m\neq 0$ 的整数，有 $G(mf_s)=0$，所以式(7-6)可化简为

$$P_s(f)=f_sP(1-P)|G(f)|^2+f_s^2(1-P)^2|G(0)|^2\delta(f) \tag{7-7}$$

现将式(7-7)代入式(7-5)，可得

$$P_{2ASK}(f)=\frac{1}{4}f_sP(1-P)[|G(f+f_b)|^2+|G(f-f_b)|^2]$$

$$+\frac{1}{4}f_s^2(1-P)^2\left|G(0)\right|^2[\delta(f+f_b)+\delta(f-f_b)] \tag{7-8}$$

式中，$G(f)=T_bSa^2(\pi T_bf)$。

当 $P=1/2$ 时，式(7-8)可写为

$$P_{2ASK}(f)=\frac{1}{16}T_b[Sa^2\pi T_b(f+f_b)+Sa^2\pi T_b(f-f_b)]$$
$$+\frac{1}{16}[\delta(f+f_b)+\delta(f-f_b)] \tag{7-9}$$

2ASK 信号的功率谱的示意图如图 7-3 所示，图中 $f_s=1/T_b$，表示数字基带信号的基本脉冲是不归零矩形脉冲。

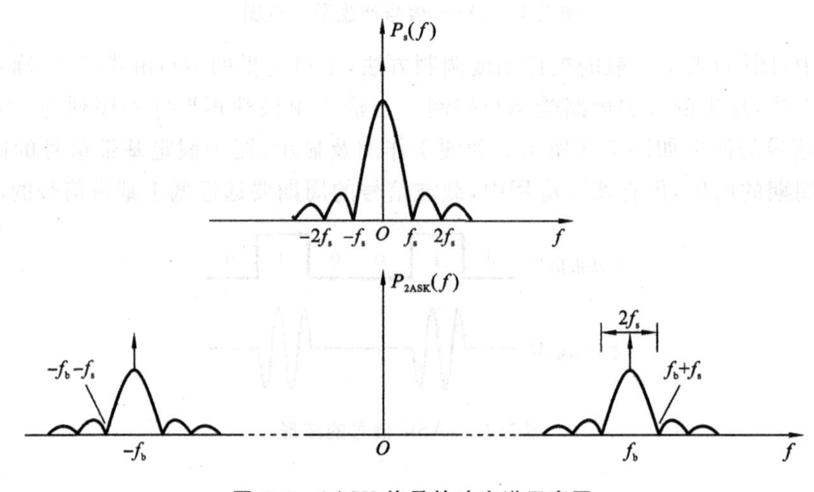

图 7-3　2ASK 信号的功率谱示意图

由图 7-3 可得如下结论。

(1) 2ASK 信号的功率谱 $P_{2ASK}(f)$ 由连续谱和离散谱两部分组成。它的连续谱取决于数字基带信号基本脉冲的频谱 $G(f)$；它的离散谱是位于 $\pm f_b$ 处的一对频域冲激函数，这意味着 2ASK 信号中存在着可作载频同步的载波频率 f_b 的成分。

(2) 2ASK 信号的带宽 B_{2ASK} 是单极性数字基带信号带宽 $B_{基}$ 的两倍，即

$$B_{2ASK}=2B_{基}=\frac{2}{T_b}=2f_s=2R_B \tag{7-10}$$

式中，R_B 为 2ASK 系统的码元速率。

所以 2ASK 系统的频带利用率为

$$\eta_B=\frac{1/T_b}{2/T_b}=\frac{1}{2}\ (\mathrm{B/Hz}) \tag{7-11}$$

2ASK 信号的主要优点是易于实现，其缺点是抗干扰能力不强，其主要应用于低速数据传输系统。

7.1.3　2ASK 信号的解调与系统误码率

1. 2ASK 信号的解调

2ASK 信号的解调方法有两种：包络解调法和相干解调法。

包络解调法的原理框图如图7-4所示，带通滤波器恰好使2ASK信号完整地通过，包络检测后，输出其包络。低通滤波器的作用是滤除高频杂波，使基带包络信号通过。抽样判决器包括抽样、判决及码元形成，有时其又称译码器。定时脉冲是很窄的脉冲，通常位于每个码元的中央位置，其重复周期等于码元的宽度。不计噪声影响，带通滤波器的输出为2ASK信号，即$y(t)=s(t)\cos(\omega_c t)$，包络检测器输出为$s(t)$，经抽样、判决后将码元再生，即可恢复出数字序列$\{a_n\}$。

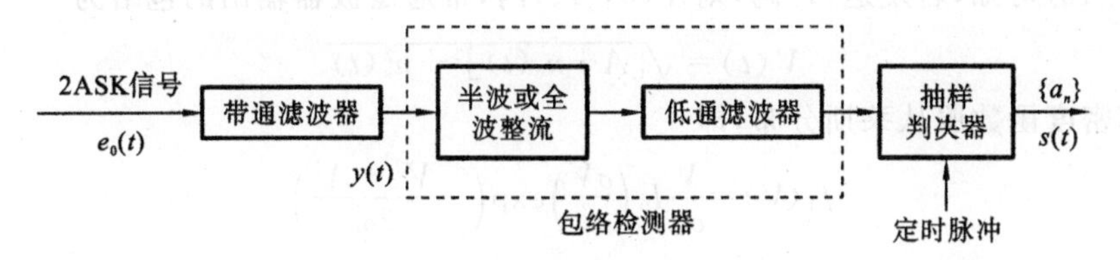

图7-4 包络解调法原理框图

相干解调法的原理框图如图7-5所示。相干解调就是同步解调，同步解调时，接收机要产生一个与发送载波同频同相的本地载波信号（同步载波或相干载波），利用同步载波与收到的2ASK信号相乘。若乘法器的输入用$y(t)$表示，则乘法器的输出$z(t)$为

$$z(t)=y(t)\cos(\omega_c t)=s(t)\cos^2(\omega_c t)=\frac{1}{2}s(t)+\frac{1}{2}s(t)\cos(2\omega_c t) \tag{7-12}$$

式中，第一项是基带信号，第二项是以$2\omega_c$为载波的成分。两者频谱相差很远，经过低通滤波器后，第二项被滤除，若低通滤波器的截止频率大于等于数字基带信号$s(t)$的最高频率分量，则低通滤波器的输出为$s(t)/2$。由于噪声影响及传输特性的不理想，低通滤波器输出波形会存在失真，经抽样判决器后即可再生出数字基带信号。

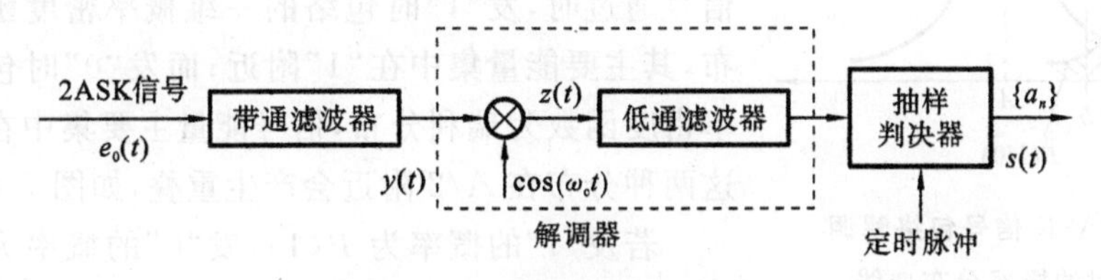

图7-5 相干解调法原理框图

假设不考虑2ASK信号经过信道传输存在的码间干扰，只考虑信道加性噪声，则它既包括实际信道中的噪声，也包括接收设备噪声折算到信道中的等效噪声。令此噪声是均值为0的高斯白噪声$n_i(t)$，它的功率谱为

$$P_n(f)=\frac{n_0}{2},\quad -\infty<f<+\infty \tag{7-13}$$

由于信道加性噪声被认为只对信号的接收产生影响，所以接收机带通滤波器输入端的有用信号为

$$u_i(t)=\begin{cases}A\cos(\omega_c t), & \text{发“1”时}\\ 0, & \text{发“0”时}\end{cases} \tag{7-14}$$

只考虑噪声时，噪声$n_i(t)$与有用信号$u_i(t)$的合成信号为

$$y_i(t)=\begin{cases}A\cos(\omega_c t)+n_i(t), & \text{发“1”时}\\ n_i(t), & \text{发“0”时}\end{cases} \tag{7-15}$$

经过带通滤波器后，有用信号被滤出，而高斯白噪声变成了窄带高斯噪声 $n(t)$，这时的合成信号为 $y(t)$。当窄带高斯白噪声信号 $n(t)=n_c(t)\cos(\omega_c t)-n_s(t)\sin(\omega_c t)$时，$y(t)$可写为

$$y(t)=\begin{cases}[A+n_c(t)]\cos(\omega_c t)-n_s(t)\sin(\omega_c t), & 发“1”时\\ n_c(t)\cos(\omega_c t)-n_s(t)\sin(\omega_c t), & 发“0”时\end{cases} \tag{7-16}$$

2. 包络解调时 2ASK 系统的误码率

由式(7-16)可知，若发送“1”码，则在$(0,\ T_s)$内，带通滤波器输出的包络为

$$V(t)=\sqrt{[A+n_c(t)]^2+n_s^2(t)} \tag{7-17}$$

其一维概率密度函数服从莱斯分布，即

$$f_1(V)=\frac{V}{\sigma_n^2}I_0\left(\frac{\sigma V}{\sigma_n^2}\right)\exp\left(-\frac{V^2+A^2}{2\sigma_n^2}\right) \tag{7-18}$$

式中，I_0为零阶贝赛尔函数，σ_n^2 为 $n(t)$的方差。

若发送“0”码，则在$(0,\ T_s)$内，带通滤波器输出的包络为

$$V(t)=\sqrt{n_c^2(t)+n_s^2(t)} \tag{7-19}$$

其一维概率密度函数服从瑞利分布，即

$$f_0(v)=\frac{V}{\sigma_n^2}\exp\left(-\frac{V^2}{2\sigma_n^2}\right) \tag{7-20}$$

式中，σ_n^2 为 $n(t)$的方差。

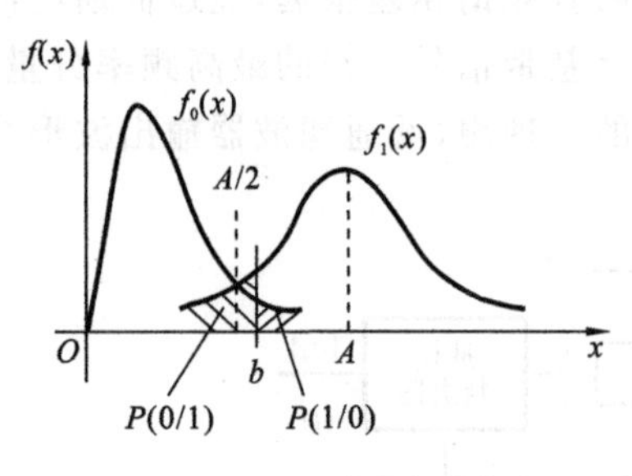

图 7-6　2ASK 信号包络解调时的概率分布曲线

包络解调时，2ASK 系统的误码率等于系统发“1”和发“0”两种情况下产生的误码率之和。假设信号的幅度为 A，信道中存在着高斯白噪声，当带通滤波器恰好让 2ASK 信号通过时，发“1”时包络的一维概率密度函数为莱斯分布，其主要能量集中在“1”附近；而发“0”时包络的一维概率密度函数为瑞利分布，信号能量主要集中在“0”附近，但这两种分布在 $A/2$ 附近会产生重叠，如图 7-6 所示。

若发“1”的概率为 $P(1)$，发“0”的概率为 $P(0)$，并且当 $P(1)=P(0)=1/2$ 时，取样判决器的判决门限电平取为 $A/2$，当包络的取样值大于 $A/2$ 时，判为“1”；当取样值小于或等于 $A/2$ 时，判为“0”。若发“1”错判为“0”的概率为 $P(0/1)$，发“0”错判为“1”的概率为 $P(1/0)$，则系统的总误码率为

$$P_e=P(1)P(0/1)+P(0)P(1/0)=\frac{1}{2}[P(0/1)+P(1/0)] \tag{7-21}$$

实际上，P_e就是图 7-6 中两块阴影面积之和的一半。采用包络解调通常是工作在大信噪比的情况下，这时可近似地得出系统误码率为

$$P_e=\frac{1}{2}\int_{-\infty}^{\frac{A}{2}}f_1(V)\mathrm{d}V+\frac{1}{2}\int_{A/2}^{+\infty}f_0(V)\mathrm{d}V=\frac{1}{2}\mathrm{e}^{-\frac{r}{4}} \tag{7-22}$$

式中，$r=A^2/(2\sigma_n^2)$表示输入信噪比。

式(7-22)表明，在 $r\gg1$ 的条件下，包络解调 2ASK 系统的误码率随输入信噪比 r 的增加，近似地按指数规律下降。

3. 相干解调时 2ASK 系统的误码率

由图 7-5 可知，当式(7-16)所示的信号 $y(t)$ 经过相干解调器的乘法器后，乘法器的输出

信号为

$$z(t)=\begin{cases}[A+n_c(t)]\cos^2(\omega_c t)-n_s(t)\cos(\omega_c t)\sin(\omega_c t), & 发“1”时\\ n_c(t)\cos^2(\omega_c t)-n_s(t)\cos(\omega_c t)\sin(\omega_c t), & 发“0”时\end{cases} \tag{7-23}$$

$z(t)$经过低通滤波器后，得

$$x(t)=\begin{cases}[A+n_c(t)], & 发“1”时\\ n_c(t), & 发“0”时\end{cases} \tag{7-24}$$

式(7-24)中未计入系数1/2，这是因为该系数可以由电路的增益加以补偿。由于$n_c(t)$是高斯过程，因此当发送“1”码时，过程$A+n_c(t)$的一维概率密度为

$$f_1(x)=\frac{1}{\sqrt{2}\pi\sigma_n}\exp\left[-\frac{(x-A)^2}{2\sigma_n^2}\right] \tag{7-25}$$

当发送“0”码时，过程$n_c(t)$的一维概率密度为

$$f_0(x)=\frac{1}{\sqrt{2}\pi\sigma_n}\exp\left[-\frac{x^2}{2\sigma_n^2}\right] \tag{7-26}$$

2ASK信号相干解调时的概率分布曲线如图7-7所示。

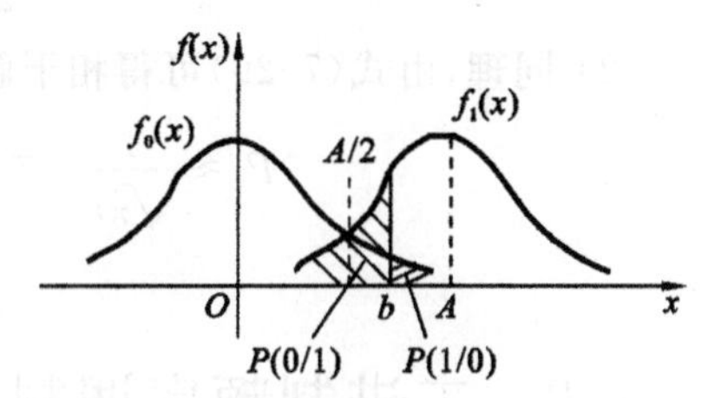

图7-7 2ASK信号相干解调时的概率分布曲线

当$P(0)=P(1)=1/2$，且判决门限选为$A/2$时，假设$x>A/2$判为“1”，$x\leqslant A/2$判为“0”，发送“1”码判为“0”的概率为$P(0/1)$，发送“0”码判为“1”的概率为$P(1/0)$，则相干解调时系统的误码率为

$$\begin{aligned}P_e &= P(1)P(0/1)+P(0)P(1/0)\\ &=\frac{1}{2}\int_{-\infty}^{\frac{A}{2}} f_1(x)\mathrm{d}x+\frac{1}{2}\int_{A/2}^{+\infty} f_0(x)\mathrm{d}x\end{aligned} \tag{7-27}$$

将式(7-25)和式(7-26)代入式(7-27)，可得

$$P_e=\frac{1}{2}\mathrm{erfc}\left(\frac{A}{2\sqrt{2}\sigma_n}\right)=\frac{1}{2}\mathrm{erfc}\left(\frac{\sqrt{r}}{2}\right) \tag{7-28}$$

式中，r表示输入信噪比，且$r=A^2/(2\sigma_n^2)$。

当输入信噪比$r\gg 1$时，式(7-28)可近似为

$$P_e\approx\frac{1}{\sqrt{\pi r}}\mathrm{e}^{-\frac{r}{4}} \tag{7-29}$$

比较式(7-29)和式(7-22)可以看出，在相同的大信噪比r下，2ASK系统相干解调时的误码率总是低于包络解调时的误码率，但两者的误码性能相差并不大。然而，包络解调不需要稳定的本地相干载波信号，所以其实现的电路要简单得多。

将2ASK系统的包络解调与相干解调相比较，可以得出以下几点结论。

(1) 相干解调比包络解调容易设置最佳判决门限电平。因为相干解调时，最佳判决门限仅是信号幅度的函数，而包络解调时，最佳判决门限是信号和噪声的函数。

(2) 当取最佳判决门限时，在输入信噪比r相同的情况下，相干解调的误码率小于包络解调的误码率；当系统误码率相同时，相干解调对信号输入信噪比的要求比包络解调的低。因此采用相干解调的2ASK系统的抗噪声性能优于采用包络解调的2ASK系统。

(3) 相干解调需要插入相干载波，而包络解调不需要。因此，包络解调的2ASK系统要比相干解调的2ASK系统简单。

【例 7-1】 设某 2ASK 信号的码元速率 $R_B = 4.8\times10^6$ B，已知接收端输入信号的幅度 $A = 1$ mV，信道中加性高斯白噪声的单边功率谱密度 $n_0 = 2\times10^{-15}$ W/Hz。试求：

(1) 采用包络解调时系统的误码率；

(2) 采用相干解调时系统的误码率。

解 (1) 因为 2ASK 信号的码元速率 $R_B = 4.8\times10^6$ B，所以接收端带通滤波器的带宽可近似为

$$B \approx 2R_B = 9.6\times10^6 (\text{Hz})$$

带通滤波器输出噪声的平均功率为

$$\sigma_n^2 = n_0 B = 1.92\times10^{-8} (\text{W})$$

解调器输入信噪比为

$$r = \frac{A^2}{2\sigma_n^2} = \frac{1\times10^{-6}}{2\times1.92\times10^{-8}} \approx 26 \gg 1$$

由式(7-22)可得包络解调时系统的误码率为

$$P_e = \frac{1}{2}e^{-\frac{r}{4}} = \frac{1}{2}e^{-\frac{2\sigma}{4}} = 7.5\times10^{-4}$$

(2) 同理，由式(7-29)可得相干解调时系统的误码率为

$$P_e \approx \frac{1}{\sqrt{\pi r}}e^{-\frac{r}{4}} = \frac{1}{\sqrt{3.1416\times2\sigma}}e^{-\frac{2\sigma}{4}} = 1.67\times10^{-4}$$

7.2 二进制频率调制

7.2.1 二进制频率调制的基本原理

二进制频率调制又称二进制频移键控，记为 2FSK。二进制频移键控是采用两个不同频率的载波来传送数字消息的，即用所传送的数字基带信号控制载波频率。数字基带信号的符号“1”对应于载频 f_1，符号“0”对应于载频 f_2，f_1 与 f_2 之间的改变是瞬间完成的。2FSK 信号的产生既可采用模拟调频法来实现，也可采用频率键控法来实现。

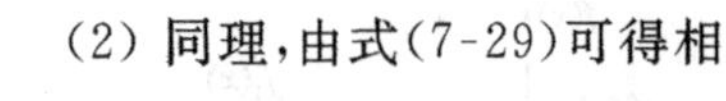

$s(t)$ → 模拟调频器 → $e(t)$

图 7-8 模拟调频法原理框图

模拟调频法是用数字信息的二进制矩形脉冲序列控制一个振荡器的某些参数，使振荡器输出信号的频率随数字基带信号的变化而变化。用此方法产生的 2FSK 信号对应着两个频率的载波，在码元转换时刻，两个载波相位能够保持连续，所以称其为相位连续的 2FSK 信号。模拟调频法虽易于实现，但频率稳定度较差，因而实际应用较少。模拟调频法原理框图如图 7-8 所示，$s(t)$表示数字信息的二进制矩形脉冲序列，$e(t)$即为 2FSK 信号。

频率键控法又称频率转换法，它用数字信息的二进制矩形脉冲序列控制电子开关，使电子开关在两个独立的振荡器之间进行转换，符号“1”对应于载频 f_1，符号“0”对应于载频 f_2，从而在输出端得到不同频率的已调信号。如果在两个码元转换时刻，前后码元的相位不连续，则产生相位不连续的 2FSK 信号，频率键控法原理框图如图 7-9 所示。

由图 7-9 可知，当数字基带信号为“1”时，正脉冲使门电路 1 接通，门电路 2 断开，输出频

率为 f_1；当数字基带信号为"0"时，负脉冲使门电路1断开，门电路2接通，输出频率为 f_2；如果产生频率为 f_1 和 f_2 的两个振荡器是独立的，则输出的2FSK信号的相位是不连续的。这种方法的特点是转换速度快、波形好、频率稳定度高、电路较简单，所以得到了广泛应用。当输入的数字基带信号为1001时，2FSK信号的波形图如图7-10所示，采用频率为 f_1 的信号代表"1"码，频率为 f_2 的信号代表"0"码。

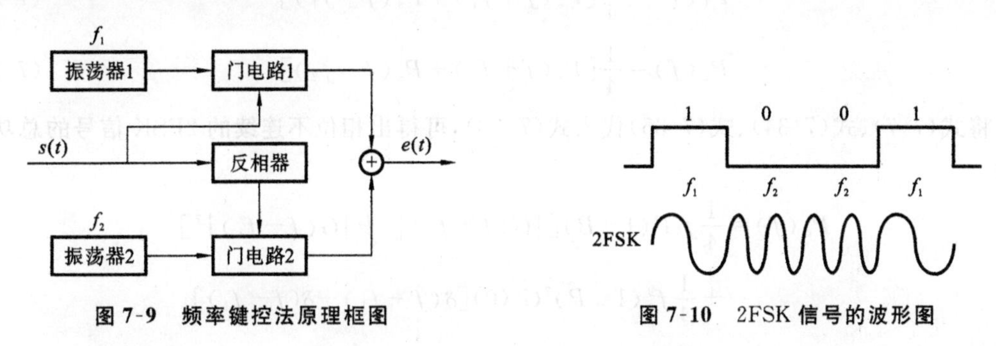

图7-9　频率键控法原理框图

图7-10　2FSK信号的波形图

假设数字基带信号 $s(t)$ 为单极性矩形脉冲序列，并采用式(7-2)表示，则2FSK信号的数学表达式为

$$e(t)=\left[\sum_n a_n g(t-nT_s)\right]\cos(2\pi f_1 t+\varphi_n)+\left[\sum_n \overline{a_n} g(t-nT_s)\right]\cos(2\pi f_2 t+\theta_n) \tag{7-30}$$

式中，$g(t)$ 为单个矩形脉冲，T_b 为脉冲宽度，φ_n、θ_n 分别为第 n 个信号码元的初相位，f_1、f_2 分别为两个载波的频率，a_n 的取值为

$$a_n=\begin{cases}0, & \text{概率为 } P\\ 1, & \text{概率为}(1-P)\end{cases} \tag{7-31}$$

$\overline{a_n}$ 是 a_n 的反码，即若 $a_n=0$，则 $\overline{a_n}=1$；反之，$a_n=1$，则 $\overline{a_n}=0$，即

$$\overline{a_n}=\begin{cases}1, & \text{概率为 } P\\ 0, & \text{概率为}(1-P)\end{cases} \tag{7-32}$$

一般地，用频率键控法得到的 φ_n、θ_n 与序号 n 无关，反映在 $e(t)$ 上，仅表现出当 f_1 与 f_2 改变时其相位是不连续的；而采用模拟调频法时，由于 f_1 与 f_2 改变时 $e(t)$ 的相位是连续的，所以 φ_n、θ_n 不仅与第 n 个信息码元有关，而且 φ_n 与 θ_n 之间也应保持一定的关系。

7.2.2　2FSK信号的功率谱密度与带宽

通常，采用模拟调频法可产生相位连续的2FSK信号，采用频率键控法可产生相位不连续的2FSK信号，因此，2FSK信号的功率谱密度也有两种情况，即相位连续的2FSK信号的功率谱和相位不连续的2FSK信号的功率谱。

模拟调频法是一种非线性调制，由此而产生的2FSK信号的功率谱不同于数字基带信号的功率谱，它不可直接通过基带信号频谱在频率轴上搬移，也不能由这种搬移后频谱的线性叠加而获得。因此，对相位连续的2FSK信号频谱的分析十分复杂，这里只对相位不连续的2FSK信号的频谱进行分析。

由图7-9可知，相位不连续的2FSK信号可视为两个2ASK信号的叠加，其中一个载波为

f_1，另一个载波为 f_2，其信号的数学表达式见式(7-30)。所以相位不连续的 2FSK 信号的功率谱可写为

$$P_0(f)=P_1(f)+P_2(f) \tag{7-33}$$

因为相位对功率谱不产生影响，可以设式(7-30)中的 φ_n、θ_n 等于 0，则

$$P_1(f)=\frac{1}{4}[P_s(f+f_1)+P_s(f-f_1)] \tag{7-34}$$

$$P_2(f)=\frac{1}{4}[P_s(f+f_2)+P_s(f-f_2)] \tag{7-35}$$

将式(7-7)、式(7-34)、式(7-35)代入式(7-33)，可得出相位不连续的 2FSK 信号的总功率谱为

$$\begin{aligned}P_0(f)=&\frac{1}{4}f_sP(1-P)[|G(f+f_1)|^2+|G(f-f_1)|^2]\\&+\frac{1}{4}f_s^2(1-P)^2G^2(0)[\delta(f+f_1)+\delta(f-f_1)]\\&+\frac{1}{4}f_sP(1-P)[|G(f+f_2)|^2+|G(f-f_2)|^2]\\&+\frac{1}{4}f_s^2(1-P)^2G^2(0)[\delta(f+f_2)+\delta(f-f_2)]\end{aligned} \tag{7-36}$$

当 $P=1/2, G(0)=T_b$ 时，信号的单边功率谱为

$$P_0(f)=\frac{T_b}{8}\{Sa^2[\pi(f-f_1)T_b]+Sa^2[\pi(f-f_2)T_b]\}+\frac{1}{8}[\delta(f-f_1)+\delta(f-f_2)] \tag{7-37}$$

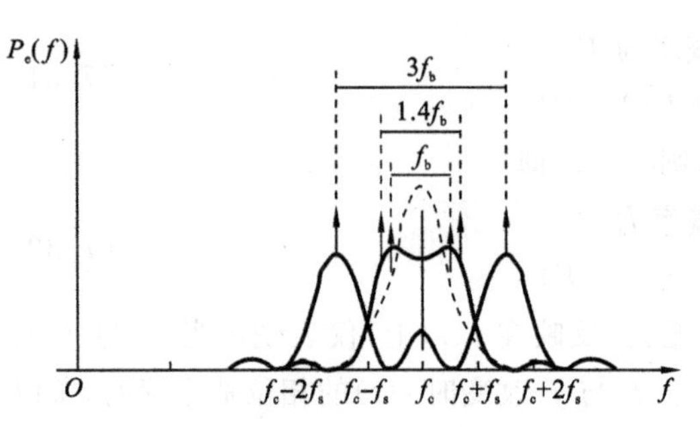

图 7-11 相位不连续的 2FSK 信号的单边功率谱曲线

相位不连续的 2FSK 信号的单边功率谱曲线如图 7-11 所示，由图可得如下结论。

(1) 相位不连续的 2FSK 信号的功率谱与 2ASK 信号的功率谱相似，同样由离散谱和连续谱两部分组成。其中，连续谱的功率谱与 2ASK 信号的相同，而离散谱是位于 $\pm f_1$、$\pm f_2$ 处的两对冲激函数，这表明 2FSK 信号含有载波 f_1、f_2 的分量。

(2) 2FSK 信号的频带宽度为

$$B_{2FSK}=|f_2-f_1|+2R_B=(2+h)R_B \tag{7-38}$$

式中，$R_B=f_s$ 为数字基带信号的带宽，$h=|f_2-f_1|/R_B$ 为偏移率(又称调制指数)。

(3) 为便于 2FSK 信号的解调，要求 2FSK 信号的两个载频 f_1、f_2 之间有足够的间隔。对于采用带通滤波器来分路的解调方法，通常取 $|f_2-f_1|=(5\sim7)R_B$。于是 2FSK 信号的带宽为

$$B_{2FSK}\approx(5\sim7)R_B \tag{7-39}$$

此时，2FSK 系统的频带利用率为

$$\eta=\frac{f_s}{B_{2FSK}}=\frac{R_B}{B_{2FSK}}=\frac{1}{5\sim7}\ (\mathrm{B/Hz}) \tag{7-40}$$

【例 7-2】 某一相位不连续的 2FSK 信号，发“1”码时的波形为 $A\cos(2000\pi t+\theta_1)$，发“0”码时的波形为 $A\cos(8000\pi t+\theta_0)$，码元速率为 600 B。试问系统的频带宽度最小为多少？

解 发“1”码时，
$$f_1=\frac{2000\pi}{2\pi}=1000\ (\mathrm{Hz})$$

发“0”码时，
$$f_2=\frac{8000\pi}{2\pi}=4000\ (\mathrm{Hz})$$

根据式(7-38)得系统的频带宽度最小为

$$B=|f_2-f_1|+2R_B=|4000-1000|+2\times600=4200\ (\mathrm{Hz})$$

7.2.3 2FSK 信号的解调与系统误码率

2FSK 信号的解调方法可分为线性鉴频法和分离滤波法两大类。线性鉴频法又可分为模拟鉴频法、过零检测法和差分检测法等；分离滤波法又可分为相干解调法、非相干解调法和动态滤波法等。通常，当 2FSK 信号的频偏 $|f_2-f_1|$ 较大时，多采用分离滤波法解调；而当 $|f_2-f_1|$ 较小时，多采用线性鉴频法解调。这里主要介绍相干解调法、非相干解调法以及过零检测法。

1. 相干解调法

相干解调法又称为同步检测法，其原理框图如图 7-12 所示，带通滤波器 1、带通滤波器 2 起信号分路作用。它们的输出分别与相应的同步相干载波相乘，分别经低通滤波器取出含基带数字信号的低频信号，滤除二倍频信号，抽样判决器在位定时脉冲到来时对两个低频信号进行比较判决，即可还原出数字基带信号。与 2ASK 系统相仿，相干解调法能提供较好的接收性能，但要求接收端能够提供具有准确频率和相位的相干参考载波信号，所以设备较为复杂。

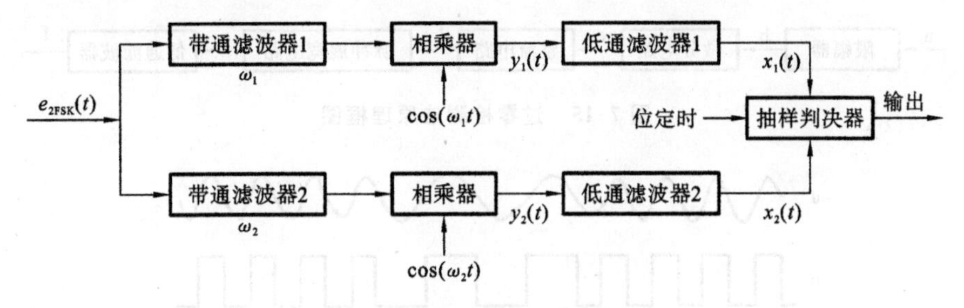

图 7-12 相干解调法原理框图

2. 非相干解调法

非相干解调法又称为包络检波法，其原理框图如图 7-13 所示，带通滤波器 1 和带通滤波器 2 起信号分路作用，分别滤出频率为 f_1 和 f_2 的高频脉冲，经包络检波器后分别取出它们的包络，两路输出同时送到抽样判决器进行比较，从而恢复出原数字基带信号。2FSK 信号非相干解调法波形如图 7-14 所示。

假设频率 f_1 代表数字信号“1”，f_2 代表数字信号“0”，则抽样判决器的判决准则为

$$s'(t)=\begin{cases}1, & \text{当}\ v_1>v_2\ \text{时}\\0, & \text{当}\ v_1<v_2\ \text{时}\end{cases}\tag{7-41}$$

式中，v_1、v_2 分别为抽样时刻两个包络检波器的输出值。

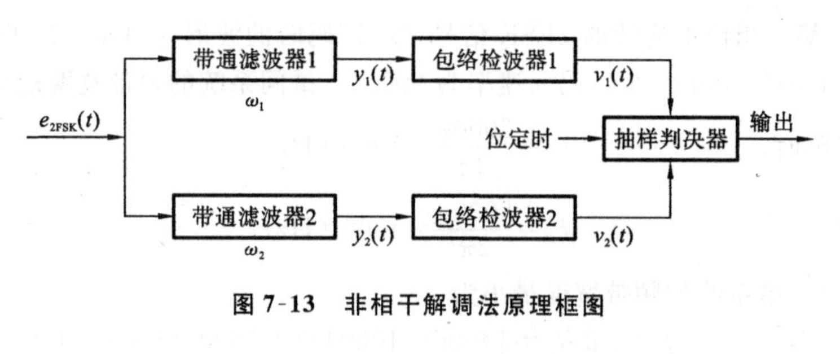

图 7-13　非相干解调法原理框图

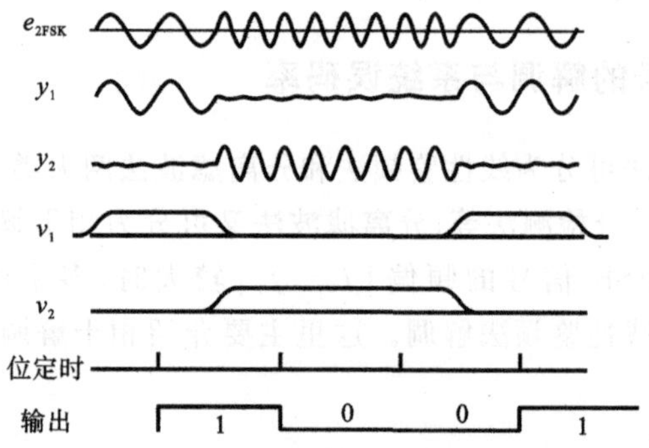

图 7-14　2FSK 信号非相干解调法波形

3. 过零检测法

过零检测法又称为零交点法或计数法，它的基本思想是利用不同频率的正弦波在一个码元间隔内过零点数目的不同，来检测已调波中频率的差异。它由限幅器、微分电路、整流电路、脉冲展宽电路、低通滤波器等组成，其原理框图如图 7-15 所示，其各点波形如图 7-16 所示。

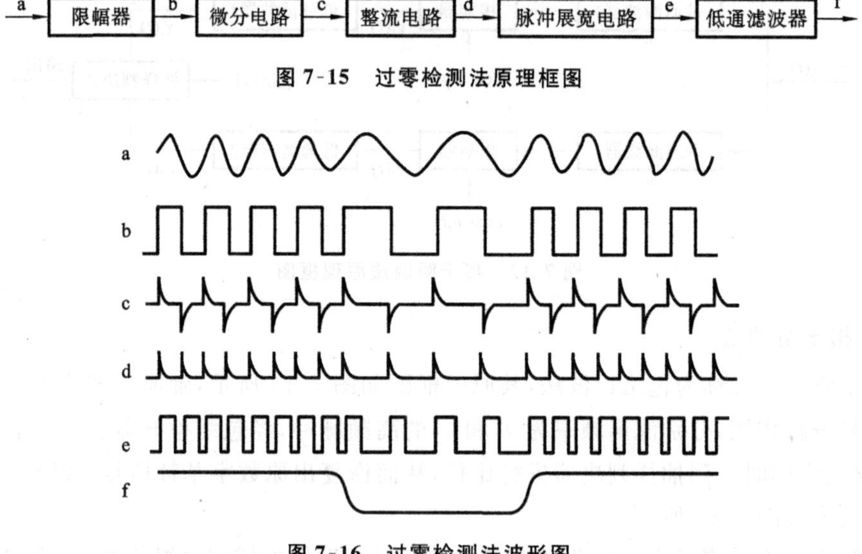

图 7-15　过零检测法原理框图

图 7-16　过零检测法波形图

限幅器将接收的数字基带信号整形为矩形脉冲，送入微分电路，得到尖脉冲(尖脉冲的个数代表过零点数)，在一个码元间隔内尖脉冲数目的多少直接反映载波频率的高低，所以只要将其展宽为具有相同宽度的矩形脉冲，经低通滤波器滤除高次谐波后，两种不同频率的信号就转换成了两种不同幅度的信号(见图7-16中 f 点的波形)，即可恢复原数字信号。

4. 2FSK 系统的误码率

与2ASK系统相对应，下面分别针对相干解调法和非相干解调法两种情况来讨论2FSK系统的抗噪声性能，推导出相应的误码率公式，并比较两者的性能。

非相干解调时，2FSK系统中的信道噪声可看作为高斯白噪声，两路带通信号分别经过各自的包络检波器检出带有噪声的信号包络 $v_1(t)$ 和 $v_2(t)$。$v_1(t)$ 对应频率 f_1 的概率密度函数：发"1"时为莱斯分布，发"0"时为瑞利分布。$v_2(t)$ 对应频率 f_2 的概率密度函数：发"1"时为瑞利分布，发"0"时为莱斯分布。漏报概率 $P(0/1)$ 是发"1"时 $v_1<v_2$ 的概率，即

$$P(0/1)=P(v_1<v_2)=\frac{1}{2}e^{-\frac{r}{2}} \tag{7-42}$$

虚报概率 $P(1/0)$ 是发"0"时 $v_1>v_2$ 的概率，即

$$P(1/0)=P(v_1>v_2)=\frac{1}{2}e^{-\frac{r}{2}} \tag{7-43}$$

因此，非相干解调时2FSK系统的误码率为

$$P_e=P(1)P(0/1)+P(0)P(1/0)=\frac{1}{2}e^{-\frac{r}{2}}[P(1)+P(0)]=\frac{1}{2}e^{-\frac{r}{2}} \tag{7-44}$$

相干解调时，2FSK系统的误码率与非相干解调时的不同之处在于带通滤波器后接有乘法器和低通滤波器，低通滤波器输出的就是带有噪声的有用信号，它们的概率密度函数均属于高斯分布。其漏报概率 $P(0/1)$ 为

$$P(0/1)=P(v_1<v_2)=\frac{1}{\sqrt{2\pi}\,\sigma_n}\int_{-\infty}^{0}e^{-(x-A)^2/2\sigma_n^2}\,dx=\frac{1}{2}\operatorname{erfc}\left(\sqrt{\frac{r}{2}}\right) \tag{7-45}$$

同理，虚报概率 $P(1/0)$ 为

$$P(1/0)=P(v_1>v_2)=\frac{1}{\sqrt{2\pi}\,\sigma_n}\int_{-\infty}^{0}e^{-(x-A)^2/2\sigma_n^2}\,dx=\frac{1}{2}\operatorname{erfc}\left(\sqrt{\frac{r}{2}}\right) \tag{7-46}$$

相干解调时2FSK系统的误码率为

$$P_e=P(1)P(0/1)+P(0)P(1/0)=\frac{1}{2}\operatorname{erfc}\left(\sqrt{\frac{r}{2}}\right)[P(1)+P(0)]=\frac{1}{2}\operatorname{erfc}\left(\sqrt{\frac{r}{2}}\right) \tag{7-47}$$

在大信噪比条件下，式(7-47)可写为

$$P_e=\frac{1}{\sqrt{2\pi r}}e^{-r/2} \tag{7-48}$$

比较式(7-48)和式(7-44)可以看出，在大信噪比条件下，2FSK的非相干解调系统和相干解调系统相比，在性能上相差很小，但采用相干解调时设备却要复杂得多。因此，在能够满足输入信噪比要求的场合时，非相干解调法比相干解调法更为常用。

由以上分析可知，2FSK系统的误码率具有以下特征。

(1) 两种解调方法均工作在最佳门限电平。

(2) 当输入信噪比 r 一定时，相干解调的误码率小于非相干解调的误码率；当系统的误码率一定时，相干解调比非相干解调对输入信号的信噪比 r 要求低。所以相干解调的2FSK

系统的抗噪声性能优于非相干解调的，但当 r 很大时，两者相差不明显。

(3) 相干解调时，需要插入两个相干载波，因此电路较为复杂，但非相干解调时无需相干载波，因而电路较为简单。一般地，大信噪比常采用非相干解调，即包络检波法，小信噪比采用相干解调法，即同步检测法。

【例 7-3】 若采用 2FSK 方式在有效带宽为 2400 Hz 的信道上传送二进制数字信息。已知 2FSK 信号的两个载波频率为 $f_1=2025$ Hz，$f_2=2225$ Hz，码元速率 $R_B=300$ B，信道输出端的信噪比为 6 dB。试求：

(1) 2FSK 信号的带宽；

(2) 采用包络检波法解调时系统的误码率；

(3) 采用同步检测法解调时系统的误码率。

解 (1) 根据式(7-38)，该 2FSK 信号的带宽为

$$B=|f_2-f_1|+2R_B=|2225-2025|+2\times 300=800\ (\text{Hz})$$

(2) 因为码元速率为 300 B，所以系统上、下支路带通滤波器 BPF_1、BPF_2 的带宽近似为 $B\approx 2R_B=600$ Hz。又因为信道的有效带宽为 2400 Hz，它是上、下支路带通滤波器 BPF_1、BPF_2 带宽的 4 倍，所以带通滤波器输出信噪比 r 比输入信噪比提高了 4 倍。又因为输入信噪比为 6 dB(即 4 倍)，所以带通滤波器的输出信噪比为 $r=16$。

根据式(7-44)，可得包络检波法解调时系统的误码率为

$$P_e=\frac{1}{2}e^{-\frac{r}{2}}=\frac{1}{2}e^{-8}=1.68\times 10^{-4}$$

(3) 同理，根据式(7-47)，可得同步检测法解调时系统的误码率为

$$P_e=\frac{1}{2}\text{erfc}\left(\sqrt{\frac{r}{2}}\right)=\frac{1}{2}\text{erfc}(\sqrt{8})=3.17\times 10^{-5}$$

7.3 二进制绝对相位调制

7.3.1 二进制绝对相位调制的基本原理

数字相位调制又称相移键控，它是利用载波相位的变化来传送数字信息的，通常可分为绝对相移键控(PSK)和相对相移键控(DPSK)两种。其中，二进制绝对相移键控记作 2PSK，二进制相对相移键控记作 2DPSK。

绝对相移键控利用载波的相位偏移来直接表示数字信息的相移方式。假设规定已调载波与未调载波同相表示数字信号“0”，与未调载波反相表示数字信号“1”，则形成的信号称为二进制绝对相移键控信号，即 2PSK 信号，其波形如图 7-17 所示，图中 $s(t)$ 为单极性数字基带信号，$s_1(t)$ 是与 $s(t)$ 对应的双极性数字基带信号。当 $s(t)=0$ 时，$s_1(t)$ 为正极性，当 $s(t)=1$ 时，$s_1(t)$ 为负极性，2PSK 信号可以视为 $s_1(t)$ 与载波相乘的结果。

若双极性数字基带信号 $s_1(t)$ 表示为

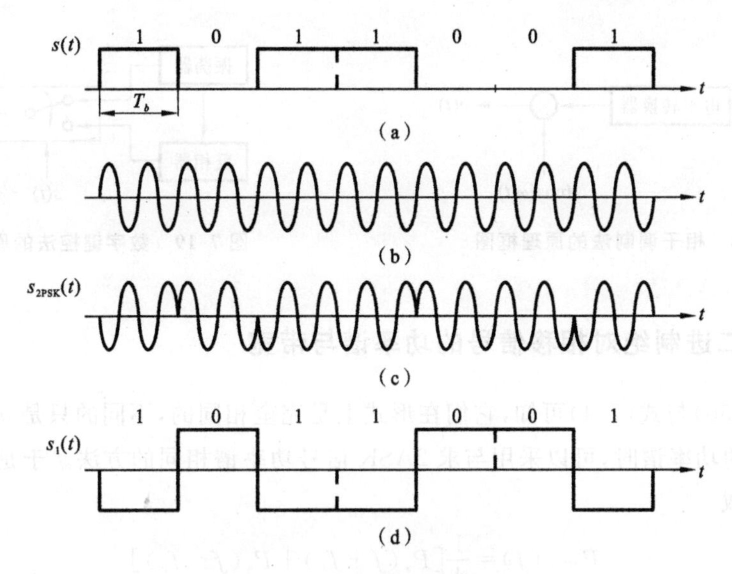

图 7-17 2PSK 信号的波形图

$$s_1(t) = \sum_n a_n g(t - nT_s) \tag{7-49}$$

则 2PSK 信号的表达式可写为

$$e(t) = s_1(t)\cos(\omega_c t) = \sum_n a_n g(t - nT_s)\cos(\omega_c t) \tag{7-50}$$

式中,$g(t)$是高度为 1、宽度为 T_b的门函数。

假设发送"0"的概率为 P,发送"1"的概率为$(1-P)$,则有

$$a_n = \begin{cases} +1, & 概率为\ P \\ -1, & 概率为(1-P) \end{cases} \tag{7-51}$$

2PSK 信号也可表示为

$$e(t) = \begin{cases} \cos(\omega_c t), & 概率为\ P \\ -\cos(\omega_c t), & 概率为(1-P) \end{cases} \tag{7-52}$$

由式(7-52)可知,当发送二进制符号"0"时,已调信号与载波同相,即相位差为 0;当发送二进制符号"1"时,已调信号与载波反相,即相位差为 π。其信息与相位的关系可表示为

$$\varphi_n = \begin{cases} 0, & 发送符号“0” \\ \pi, & 发送符号“1” \end{cases} \tag{7-53}$$

在实际应用中,一般取码元宽度 T_b为载波周期 T_c的整数倍,且载波周期要远远低于基带信号的码元宽度,但为了作图方便,一般取码元宽度 T_b等于载波周期 T_c,取未调载波的初相位为 0。

产生 2PSK 信号的方法有相干调制法和数字键控法两种。

相干调制法的原理框图如图 7-18 所示,当输入的数字基带信号是单极性时,先要采用电平转换器将其变成双极性信号,再与载波信号相乘,即可得到 2PSK 信号。

数字键控法的原理框图如图 7-19 所示,$s(t)$是单极性的数字基带信号,用 $s(t)$控制电子开关,可以选择不同相位的载波输出。当 $s(t)=0$ 时,输出 $e(t)=\cos(\omega_c t)$;当 $s(t)=1$ 时,输出 $e(t)=-\cos(\omega_c t)$。

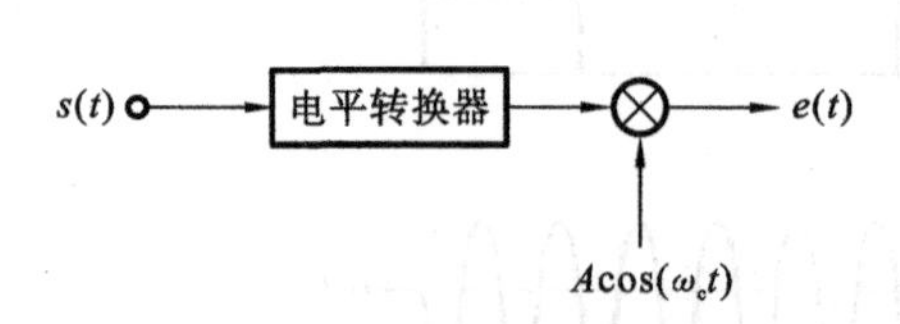

图 7-18　相干调制法的原理框图

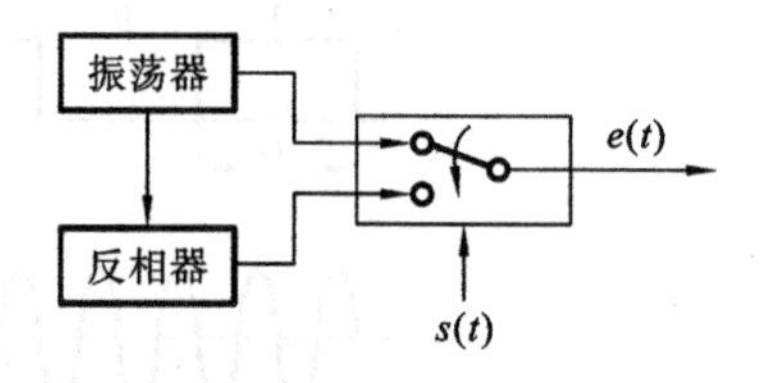

图 7-19　数字键控法的原理框图

7.3.2　二进制绝对相移信号的功率谱与带宽

比较式(7-50)与式(7-4)可知，它们在形式上是完全相同的，不同的只是 a_n 的取值。所以求 2PSK 信号的功率谱时，可以采用与求 2ASK 信号功率谱相同的方法。于是，2PSK 信号的功率谱可以写成

$$P_{2PSK}(f)=\frac{1}{4}[P_s(f+f_c)+P_s(f-f_c)] \tag{7-54}$$

由于 $s(t)$ 为双极性矩形基带信号，所以式(7-54)可写为

$$P_{2PSK}(f)=f_sP(1-P)[|G(f+f_c)|^2+|G(f-f_c)|^2]$$
$$+\frac{1}{4}f_s^2(1-2P)^2|G(0)|^2[\delta(f+f_c)+\delta(f-f_c)] \tag{7-55}$$

若双极性基带信号的"1"与"0"出现的概率相等(即 $P=1/2$)，则式(7-55)变为

$$P_{2PSK}(f)=\frac{1}{4}f_s[|G(f+f_c)|^2+|G(f-f_c)|^2] \tag{7-56}$$

又因为 $g(t)$ 的频谱 $G(f)$ 为

$$G(f)=T_sSa(\pi T_sf)$$

所以式(7-56)可写为

$$P_{2PSK}(f)=\frac{1}{4}T_s[Sa^2\pi T_s(f+f_c)+Sa^2\pi T_s(f-f_c)] \tag{7-57}$$

由以上分析可知，2PSK 信号的功率谱同样由离散谱与连续谱两部分组成，但当双极性基带信号以相等的概率(即 $P=1/2$)出现时，将不存在离散部分。同时，还可以看出，其连续部分与 2ASK 信号的连续谱基本相同(仅相差一个常数因子)，2PSK 信号的功率谱曲线如图 7-20 所示。因此，2PSK 信号的带宽也与 2ASK 信号的带宽相同，即为数字基带信号带宽 $B_{基}$ 的两倍。

$$B_{2PSK}=2B_{基}=\frac{2}{T_s}=2f_s=2R_B \tag{7-58}$$

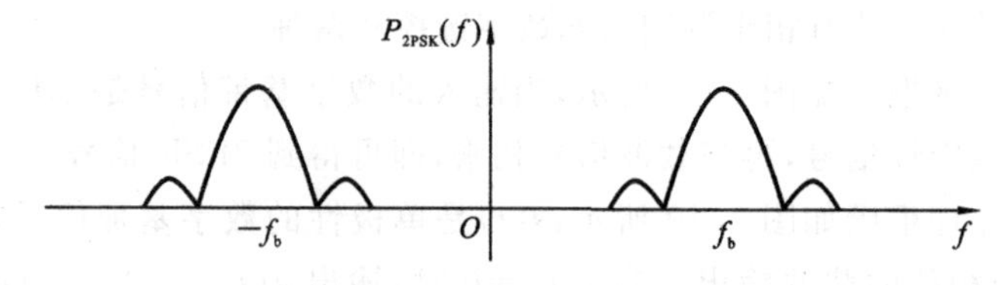

图 7-20　2PSK 信号的功率谱曲线

7.3.3 2PSK 信号的解调与系统误码率

2PSK 信号的解调不能采用分路滤波、包络检波的方法，只能采用相干解调法（又称为极性比较法），其原理框图如图 7-21 所示，其波形如图 7-22 所示。为了对接收的 2PSK 信号中的数据进行正确解调，接收机要产生一个与发送载波同频同相的本地载波信号（同步载波或相干载波），这个同步载波通常要从接收信号中提取。

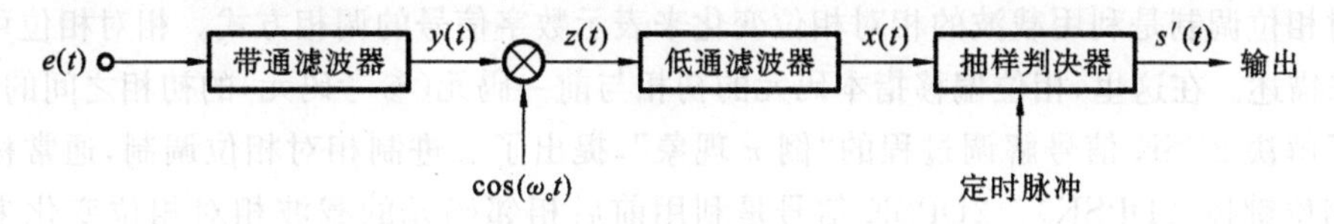

图 7-21 2PSK 信号的解调原理框图

从图 7-21 所示的相干解调系统可以看出，在一个信号码元的持续时间内，低通滤波器的输出波形可表示为

$$x(t)=\begin{cases} A+n_c(t), & \text{发送“1”码时} \\ -A+n_c(t), & \text{发送“0”码时} \end{cases} \tag{7-59}$$

当发送“1”码时，若由于噪声$n_c(t)$的影响使$x(t)$在抽样判决时刻小于 0，则接收端将“1”码误判为“0”码的错误概率P_{e1}为

$$P_{e1}=P(x<0), \quad \text{发送“1”码时} \tag{7-60}$$

同理，将“0”码误判为“1”码的错误概率P_{e2}为

$$P_{e2}=P(x>0), \quad \text{发送“0”码时} \tag{7-61}$$

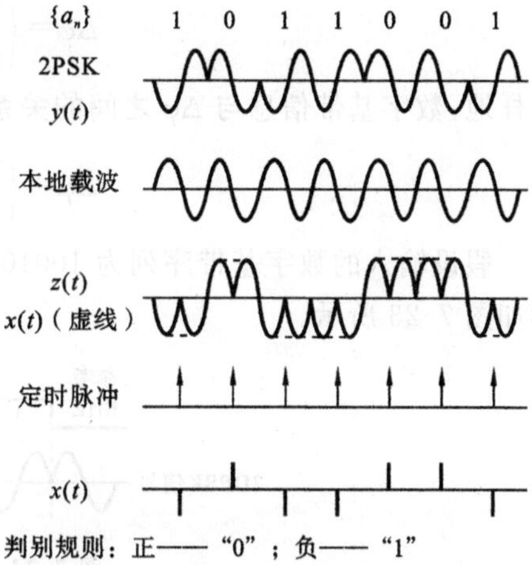

由于这时的 x 是均值为 A、方差为 σ_n^2 的正态随机变量，因此

判别规则：正—— “0”；负—— “1”

图 7-22 2PSK 信号的解调波形图

$$P_{e1}=\int_{-\infty}^{0}\frac{1}{\sqrt{2\pi}\sigma_n}e^{-(x-a)^2/2\sigma_n^2}dx=\frac{1}{2}\text{erfc}(\sqrt{r}) \tag{7-62}$$

式中，$r=a^2/2\sigma_n^2$。

因为$P_{e2}=P_{e1}$，所以 2PSK 信号采用相干检测时的系统误码率为

$$\begin{aligned} P_e&=P(1)P_{e1}+P(0)P_{e2} \\ &=\frac{1}{2}\text{erfc}(\sqrt{r})[P(1)+P(0)]=\frac{1}{2}\text{erfc}(\sqrt{r}) \end{aligned} \tag{7-63}$$

在大信噪比条件下，式(7-63)可写为

$$P_e=\frac{1}{2\sqrt{\pi r}}e^{-r} \tag{7-64}$$

在绝对调相方式中，发送端是以某一个相位作基准，然后用载波相位相对于基准相位的绝对值（0 或 π）来表示数字信号的，因而在接收端也必须有这样一个固定的基准相位作参考。如果这个参考相位发生变化（0 →π 或 π→0），则恢复的数字信号也就会发生错误（“1”→“0”或“0”→“1”），这种现象通常称为 2PSK 方式的“倒 π 现象”或“反向工作”。为了克服这种现象，实际中一般不采用 2PSK 方式，而采用相对调相 2DPSK 方式。

7.4 二进制相对相位调制

7.4.1 二进制相对相位调制的基本原理

相对相位调制是利用载波的相对相位变化来表示数字信号的调相方式。相对相位可以用相位偏移来描述。在这里,相位偏移指本码元的初相与前一码元(参考码元)的初相之间的相位差。

为了解决 2PSK 信号解调过程的"倒 π 现象",提出了二进制相对相位调制,通常称为二进制差分相位键控(2DPSK)。2DPSK 信号是利用前后相邻码元的载波相对相位变化来表示数字信息的。假设前后相邻码元的载波相位差为 $\Delta\varphi$,可定义一种数字信息与 $\Delta\varphi$ 之间的关系为

$$\Delta\varphi=\begin{cases}0, & \text{表示数字信息“0”}\\ \pi, & \text{表示数字信息“1”}\end{cases} \tag{7-65}$$

同样地,数字基带信息与 $\Delta\varphi$ 之间的关系也可表示为

$$\Delta\varphi=\begin{cases}0, & \text{表示数字信息“1”}\\ \pi, & \text{表示数字信息“0”}\end{cases} \tag{7-66}$$

假设输入的数字基带序列为 10010110,且采用式(7-65)的规律,则已调 2DPSK 信号的波形如图 7-23 所示。

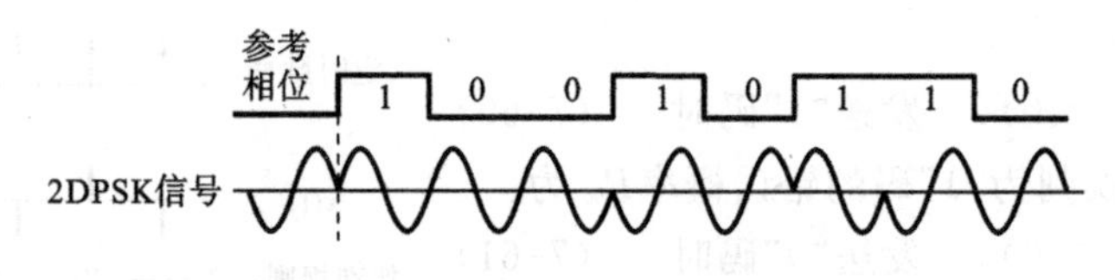

图 7-23 已调 2DPSK 信号的波形

2DPSK 信号波形除可以按式(7-65)或式(7-66)的规律绘制外,还可以将输入的原始信息作为绝对码并转换为相对码后,按式(7-53)的规律来处理。下面来讨论绝对码和相对码的概念。

绝对码是以基带信号码元的电平直接表示数字信息,如令高电平代表"1",低电平代表"0"。相对码又称差分码,指用基带信号码元的电平相对前一码元的电平有无变化来表示数字信息,如将相对电平有跳变表示"1",无跳变表示"0",由于初始参考电平有两种可能,因此相对码也有两种波形。

绝对码和相对码是可以互相转换的,实现的方法是使用模二加法器和延迟器(延迟一个码元宽度 T_b),其转换原理框图如图 7-24 所示。图 7-24(a)所示的是绝对码变成相对码的方法,称为差分编码器,完成的功能是$b_n=a_n\oplus b_{n-1}$($n-1$ 表示 n 的前一个码元)。图 7-24(b)所示的是相对码变成绝对码的方法,称为差分译码器,完成的功能是$a_n=b_n\oplus b_{n-1}$。

由于 2DPSK 信号对绝对码来说是相对移相信号,对相对码来说则是绝对移相信号,因此,只需在 2PSK 调制器前加一个差分编码器,就可产生 2DSPK 信号。同样地,2DPSK 信号的产生有两种方法,即模拟法和键控法,其原理框图如图 7-25 所示。

在图 7-25(a)中,数字基带信号 a_n经差分编码器转换为相对码 b_n,再用直接调相法产

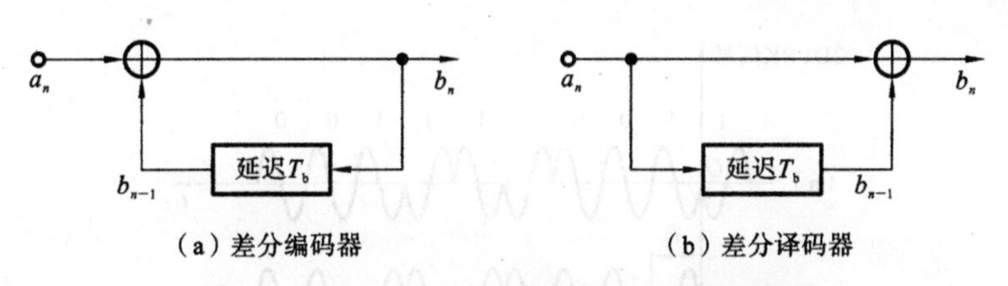

图 7-24 绝对码与相对码的互相转换原理框图

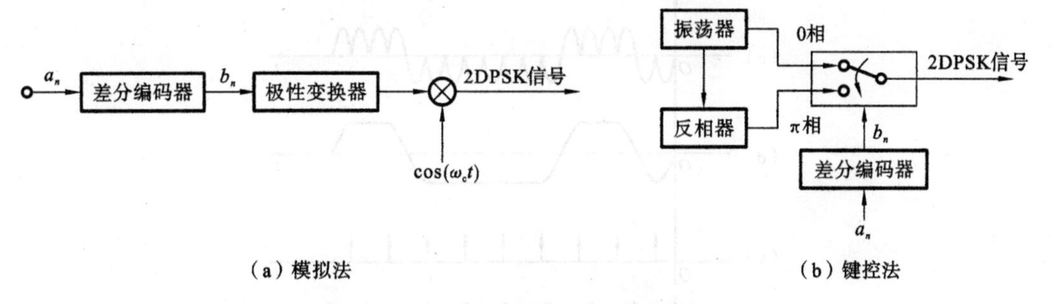

图 7-25 2DPSK 信号的产生原理框图

生 2DPSK 信号。类似地，图 7-25(b)中，差分编码器将绝对码 a_n变成相对码 b_n，然后用相对码 b_n去控制电子开关，选择 0 相载波信号与 π 相载波信号，从而产生 2DPSK 信号。

7.4.2 2DPSK 信号的功率谱与带宽

由前面的讨论可知，2DPSK 信号与 2PSK 信号就波形本身而言，它们都可以等效为双极性基带信号作用下的调幅信号。因此，2DPSK 信号和 2PSK 信号具有相同形式的表达式，所不同的是 2PSK 信号表达式中的 $s(t)$是数字基带信号，而 2DPSK 信号表达式中的 $s(t)$是由数字基带信号变换而来的差分码数字信号，即相对码。它们的功率谱是相同的，其表达式如同式(7-57)。

2DPSK 信号的带宽与 2PSK 信号的带宽相同，即$B_{2DPSK}=2\ B_{基}=2\ f_s=2\ R_B$。

7.4.3 2DPSK 信号的解调与系统误码率

2DPSK 信号的解调通常采用相位比较法和极性比较法两种。相位比较法又称为差分检测法或差分相干解调，其解调 2DPSK 信号的原理框图如图 7-26 所示。此方法不需要恢复本地载波，只需将 2DPSK 信号延迟一个码元间隔 T_b，然后与 2DPSK 信号本身相乘。相乘结果反映了码元的相对相位关系，经过低通滤波器后可直接进行抽样判决恢复出原始数字信息，而不需要差分译码。图 7-26 中各点波形如图 7-27 所示。

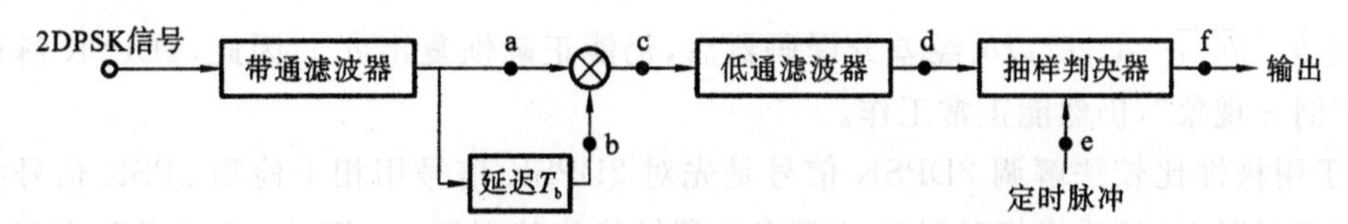

图 7-26 相位比较法解调 2DPSK 信号的原理框图

由图 7-26 可知，差分检测法解调 2DPSK 信号，在分析误码率时，由于存在信号延迟 T_b及

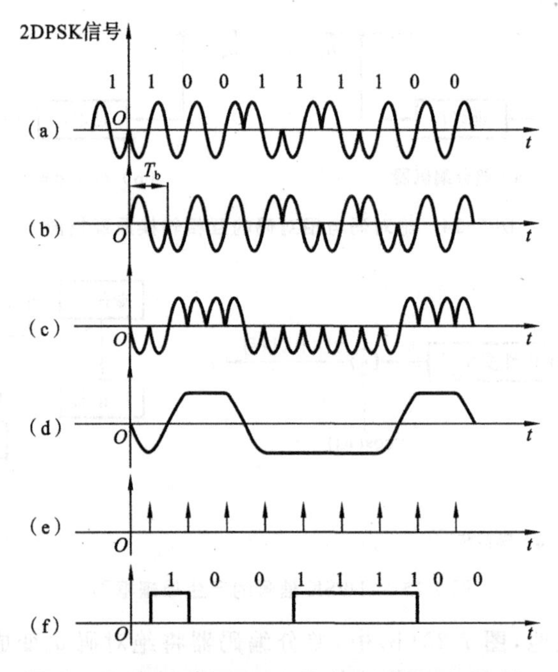

图 7-27 相位比较法解调 2DPSK 信号各点波形图

相乘的问题，因此需要同时考虑两个相邻的码元。经过低通滤波器后可以得到混有窄带高斯噪声的有用信号，判决器对这一信号进行抽样判决，判决准则：抽样值大于 0 时判“0”，抽样值小于或等于 0 时判“1”，且 0 是最佳判决电平。

发“0”时(前后码元同相)错判为 1 的概率为

$$P(1/0)=P(x>0)=\frac{1}{2}\mathrm{e}^{-r} \tag{7-67}$$

发“1”时(前后码元反相)错判为 0 的概率为

$$P(0/1)=P(x<0)=\frac{1}{2}\mathrm{e}^{-r} \tag{7-68}$$

则差分检测时 2DPSK 系统的误码率为

$$P_e=P(1)P(0/1)+P(0)P(1/0)=\frac{1}{2}\mathrm{e}^{-r} \tag{7-69}$$

2DPSK 信号的另一种解调方法是极性比较法。极性比较法由 2PSK 解调器和差分译码器组成，其解调 2DPSK 信号的原理框图如图 7-28 所示。2PSK 解调器将输入的 2DPSK 信号解调后得到相对码 b_n，再由差分译码器把相对码转换成绝对码，输出 a_n。2PSK 解调器的原理框图如图 7-21 所示。当 2PSK 解调器存在“倒 π 现象”时，其输出 b_n 变为 $\overline{b_n}$(b_n 的反码)，即 b_n 反相。由于 $\overline{b_n}\oplus\overline{b_{n-1}}=a_n$，所以 $\overline{b_n}$ 经差分译码器后，仍能正确恢复出 a_n。因此，2DPSK 解调器不会出现“倒 π 现象”，仍然能正常工作。

由于用极性比较法解调 2DPSK 信号是先对 2DPSK 信号用相干检测 2PSK 信号办法解调，得到相对码 b_n，然后将相对码通过码变换器转换为绝对码 a_n，因此，系统误码率可从两部分来考虑，如图 7-28 所示，码变换器输入端的误码率可用相干解调 2PSK 系统的误码率来表示，即采用式(7-63)表示；总的系统误码率再考虑差分译码器的误码率即可。下面来计算差

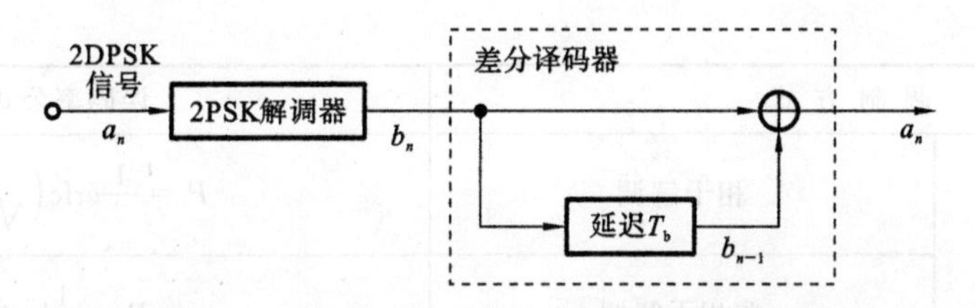

图 7-28 极性比较法解调 2DPSK 信号的原理框图

分译码器的误码率。

差分译码器将相对码变为绝对码，即通过对前后码元作出比较来判决，如果前后码元都错了，判决反而不错。所以正确接收的概率等于前后码元都错的概率与前后码元都不错的概率之和，即

$$P_s=P_eP_e+(1-P_e)(1-P_e)=1-2P_e+2P_e^2 \tag{7-70}$$

式中，P_e为 2PSK 解调器的误码率。

假设 2DPSK 系统的误码率为P'_e，则

$$P'_e=1-P_s=1-(1-2P_e+2P_e^2)=2P_e(1-P_e) \tag{7-71}$$

在信噪比很大时，P_e很小，式(7-71)可近似写为

$$P'_e\approx 2P_e=\mathrm{erfc}(\sqrt{r}) \tag{7-72}$$

式中，r为输入信噪比。

由此可见，差分译码器总是使系统误码率增加，通常认为增加1倍。

比较这两种解调方案，它们的解调波形虽然一致，都不存在相位倒置问题，但相位比较法解调电路中不需本地参考载波和差分译码，是一种经济可靠的解调方案，得到了广泛的应用。要注意的是，调制端的载波频率应设置成码元速率的整数倍。

7.5 二进制数字调制系统性能比较

与基带传输方式相似，数字频带传输系统的传输性能也可以用误码率来衡量。针对各种调制方式及不同的检测方法，二进制数字调制系统误码率公式总结如表 7-1 所示。

表 7-1 二进制数字调制系统误码率公式

调制方式		误码率公式
2ASK	相干解调	$P_e=\frac{1}{2}\mathrm{erfc}\left(\sqrt{\frac{r}{4}}\right)$
	非相干解调	$P_e\approx\frac{1}{2}\mathrm{e}^{-\frac{r}{4}}$
2PSK	相干解调	$P_e=\frac{1}{2}\mathrm{erfc}(\sqrt{r})$
2DPSK	相位比较法	$P_e=\frac{1}{2}\mathrm{e}^{-r}$
	极性比较法	$P_e\approx\mathrm{erfc}(\sqrt{r})$

续表

调制方式		误码率公式
2FSK	相干解调	$P_e=\frac{1}{2}\text{erfc}\left(\sqrt{\frac{r}{2}}\right)$
	非相干解调	$P_e=\frac{1}{2}e^{-\frac{r}{2}}$

表 7-1 中的公式是在下列条件下得到的。

(1) 二进制数字信号"1"和"0"是独立且等概率出现的。

(2) 信道加性噪声 $n(t)$ 是均值为 0 的高斯白噪声，其单边功率谱密度为 n_0。

(3) 通过接收滤波器(系统函数为 $H_R(\omega)$)后的噪声为窄带高斯噪声，其均值为 0，方差为 σ_n^2，则

$$\sigma_n^2=\frac{1}{2\pi}\int_{-\infty}^{+\infty}\frac{n_0}{2}\left|H_R(\omega)\right|^2\mathrm{d}\omega \tag{7-73}$$

(4) 没有考虑系统的码间干扰问题，或系统的码间干扰很小，可忽略不计。

(5) 当采用相干解调时，假设系统工作在同步状态，即接收端产生的相干载波的相位误差为 0。

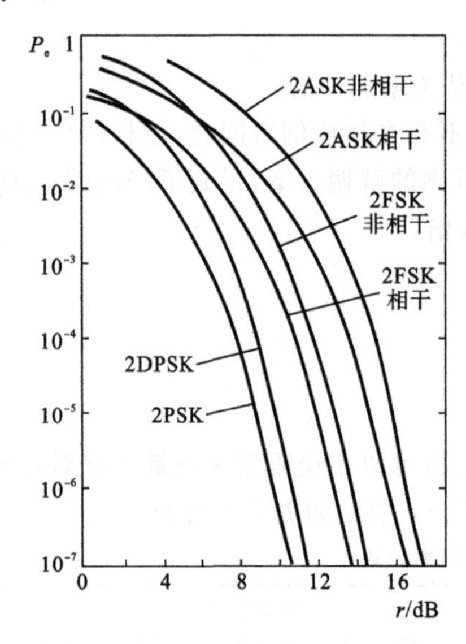

图 7-29　二进制数字调制的误码率曲线

表 7-1 中，r 代表解调器输入端的信噪比，并定义为

$$r=\frac{A^2/2}{\sigma_n^2}=\frac{A^2}{2\sigma_n^2} \tag{7-74}$$

式中，A 为输入信号的幅度，$A^2/2$ 为输入信号功率，σ_n^2 为输入噪声功率。

图 7-29 给出了各种二进制数字调制的误码率曲线。由图中曲线可知，2PSK 相干解调的抗白噪声能力优于 2ASK 和 2FSK 相干解调。在相同误码率条件下，2PSK 相干解调所要求的信噪比 r 比 2ASK 和 2FSK 的要低。

总的来说，二进制数字调制系统的误码率与信号形式(调制方式)、噪声的统计特性、解调及译码判决方式等因素有关。但无论采用何种调制方式、何种解调方法，其共同点是，输入信噪比 r 增大时，系统的误码率就降低，系统性能提高；反之，误码率增加，系统性能降低。具体表现如下。

(1) 对于同一调制方式，采用相干解调的抗噪声性能优于非相干解调。但是，随着输入信噪比 r 的增大，相干解调与非相干解调的误码率差别会减小，误码率曲线会靠拢。

(2) 相干解调时，在误码率相同的条件下，输入信噪比 r 的要求：2PSK 的输入信噪比比 2FSK 的小 3 dB，2FSK 的输入信噪比比 2ASK 的小 3 dB。

(3) 非相干解调时，在误码率相同的条件下，输入信噪比 r 的要求：2DPSK 的输入信噪比比 2FSK 的小 3 dB，2FSK 的输入信噪比比 2ASK 的小 3 dB。

(4) 2FSK 系统不需要人为设置判决门限，仅根据两路解调信号的大小作出判决；2PSK

和 2DPSK 系统的最佳判决门限电平为 0，稳定性好；2ASK 系统的最佳门限电平与信号幅度有关，当信道特性发生变化时，最佳判决门限电平会相应地发生变化，不容易设置，还可能导致误码率增加。

(5) 当码元速率相同时，2PSK、2DPSK、2ASK 系统具有相同的带宽，而 2FSK 系统的调制指数 h 通常大于 0.9，此时 2FSK 系统的传输带宽比 2PSK、2DPSK、2ASK 系统的宽，即 2FSK 系统的频带利用率最低。

(6) 接收设备中采用相干解调的设备要比采用非相干解调的复杂，所以除在高质量传输系统中采用相干解调外，一般应尽量采用非相干解调。

综上所述，2PSK 系统的抗噪声性能最好，但 2PSK 系统会出现“倒 π 现象”。因此，在选择调制解调方式时一般会选用 2DSPK 系统。如果对数据传输率要求不高（1200 bit/s 或以下），特别是在衰落信道中传送数据，则 2FSK 系统可作为首选。

7.6 多进制数字调制系统

在每个符号间隔 T_s 内，可能发送 M 种符号，且 $M=2^n$（n 为大于 1 的整数），即 M 是一个大于 2 的整数，这种调制信号称为多进制数字基带信号。用多进制（$M>2$）数字基带信号去控制载波不同参数的调制，在接收端进行相反的变换，这种过程称为多进制数字调制与解调，或简称为多进制数字调制。

多进制数字调制系统具有以下优点。

(1) 当码元速率相同时，M 进制数字调制系统的信息速率是二进制的 $\log_2 M$ 倍。

(2) 在信息速率相同的情况下，M 进制数字调制系统的频带利用率比二进制的更高。

(3) 在信息速率相同的条件下，M 进制的码元宽度是二进制的 $\log_2 M$ 倍，这样可以增加每个码元的能量和减小码间干扰的影响，提高传输的可靠性。

多进制数字调制系统的缺点：设备较复杂，判决电平多，误码率高于相应的二进制数字调制系统。

与二进制数字调制类似，当已调信号携带信息的参数分别为载波的幅度、频率或相位时，多进制数字调制包括多进制数字振幅调制、多进制数字频率调制、多进制绝对相位调制及多进制相对相位调制等。下面将分别进行介绍。

7.6.1 多进制数字振幅调制

多进制数字振幅调制又称多进制振幅键控，简写为 MASK。在 MASK 信号中，载波振幅有 M 种取值，每个符号间隔 T_s 内发送一种幅度的载波信号，其结果由多电平的随机基带矩形脉冲序列对载波信号进行振幅调制而形成，其波形图如图 7-30 所示。图中，$M=4$，图(a)所示的是四进制数字基带信号，图(b)所示的是 4ASK 信号，图(c)所示的是 4ASK 信号由 4 个不同振幅的 2ASK 信号叠加而成。

MASK 信号的功率谱与 2ASK 信号的功率谱完全相同，它是由 $M-1$ 个 2ASK 信号的功率谱叠加而成的，所以叠加后的频谱结构较为复杂，但就信号的带宽而言，MASK 信号与其分

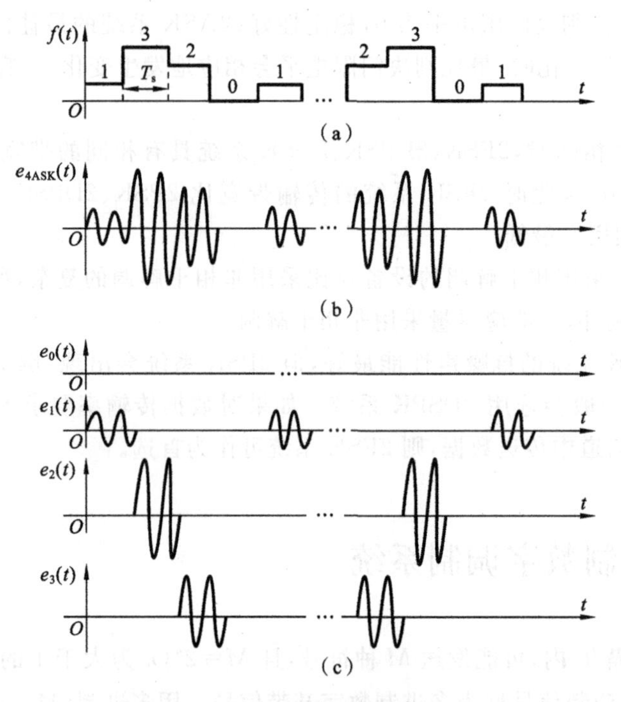

图 7-30　MASK 信号波形图($M=4$)

解的任意一个 2ASK 信号的带宽是相同的。MASK 信号的带宽可表示为

$$B_{\text{MASK}}=2\,f_{\text{s}}=\frac{2}{T_{\text{s}}} \tag{7-75}$$

式中，f_s是信号功率谱第一个零点处的频率，其值等于 M 进制数字基带信号的码元速率；T_s是其码元宽度。

当以码元速率考虑频带利用率η_{MASK}时，有

$$\eta_{\text{MASK}}=\frac{f_{\text{s}}}{B_{\text{MASK}}}=\frac{f_{\text{s}}}{2\,f_{\text{s}}}=\frac{1}{2}\ (\text{B/Hz}) \tag{7-76}$$

当以信息速率考虑频带利用率η_{MASK}时，有

$$\eta_{\text{MASK}}=\frac{k\,f_{\text{s}}}{B_{\text{MASK}}}=\frac{k\,f_{\text{s}}}{2\,f_{\text{s}}}=\frac{k}{2}\ (\text{bit/(s}\cdot\text{Hz))} \tag{7-77}$$

式中，$k=\log_2 M$。

此时的频带利用率是 2ASK 系统的 k 倍，即在信息速率相同的条件下，MASK 系统的频带利用率高于 2ASK 系统的频带利用率。

MASK 信号产生与 2ASK 信号产生的方法相同，可以利用模拟调制法实现，将发送端输入的 $k(k=\log_2 M)$位二进制数字基带信号送入一个电平变换器，变换为 M 电平的基带脉冲后再送入调制器即可。

MASK 信号的解调也与 2ASK 调制系统的相同，可采用相干解调和非相干解调两种方式。

MASK 调制系统具有以下特点。

(1) 传输效率高。与二进制相比，码元速率相同时，多进制调制的信息速率比二进制的高，它是二进制的 $k(k=\log_2 M)$倍，此时频带利用率与二进制的相同。在信息速率相同的情况

下，MASK调制系统的频带利用率是2ASK调制系统的$k(k=\log_2 M)$倍，因此，MASK调制在高信息速率的传输系统中得到应用。

(2) 抗衰落能力差。MASK信号只适合在恒参信道(如有线信道)中使用。

(3) 在接收机输入平均信噪比相等的情况下，MASK系统的误码率比2ASK系统的要高。

(4) 电平数M越大，设备越复杂。

7.6.2 多进制数字频率调制

多进制数字频率调制简称多频制，它基本上是二进制数字频率键控的直接推广。相位不连续的多频制系统的原理框图如图7-31所示。

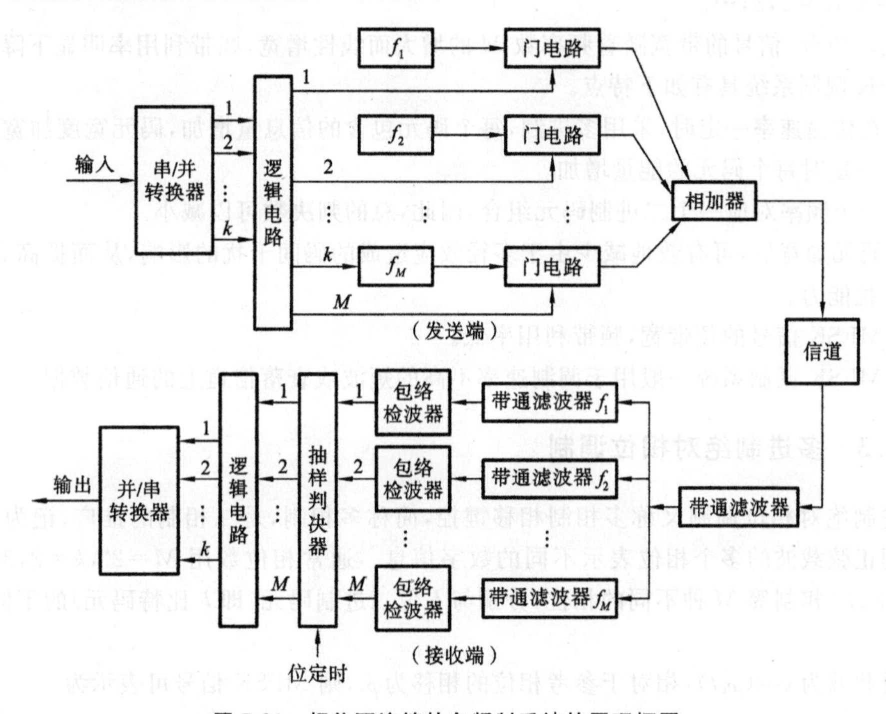

图7-31 相位不连续的多频制系统的原理框图

图7-31中的串/并转换器和逻辑电路负责把$k(k=\log_2 M)$位二进制码转换成M进制码，然后由逻辑电路控制接通开关，在每一码元时隙内只输出与本码元对应的调制频率，经相加器衔接，送出MFSK已调波形。

MFSK信号的解调器由多个带通滤波器、包络检波器、抽样判决器、逻辑电路和并/串转换器组成。M个带通滤波器的中心频率与M个调制频率相对应，这样当某个调制频率到来时，只有一个带通滤波器有信号加噪声通过，而其他的带通滤波器中输出的只有噪声。所以抽样判决器在判决时刻，要比较各带通滤波器送出的样值，选择最大者作为输出，逻辑电路再将其转换成k位二进制并行码，最后由并/串转换器转换成串行的二进制信息序列。

MFSK信号的解调也可以采用分路滤波、相干解调方式。

图7-31所示的产生MFSK信号的方法属于键控法，它产生的MFSK信号的相位不连续，可以看成由m个振幅相同、载频不同、时间上互不相容的2ASK信号叠加而成。假设MFSK

信号码元的宽度为T_s，即传输速率为$f_s=1/T_s$，则 MFSK 信号的带宽为

$$B_{MFSK}=f_m-f_1+2f_s \tag{7-78}$$

式中，f_m为 M 个载波中的最高频率，f_1为 M 个载波中的最低频率，f_s为码元速率。

假设$f_D=(f_m-f_1)/2$ 为最大频偏，则式(7-78)可表示为

$$B_{MFSK}=2(f_D+f_s) \tag{7-79}$$

若相邻载频之差等于$2f_s$，即相邻频率的功率谱主瓣刚好互不重叠，此时，MFSK 信号的带宽及频带利用率分别表示为

$$B_{MFSK}=2Mf_s \tag{7-80}$$

$$\eta_{MFSK}=\frac{kf_s}{B_{MFSK}}=\frac{k}{2M} \tag{7-81}$$

式中，$M=2^k$，$k=2,3,\cdots$。

可见，MFSK 信号的带宽随着频率数 M 的增大而线性增宽，频带利用率明显下降。

MFSK 调制系统具有如下特点。

(1) 在传输速率一定时，采用多进制，每个码元包含的信息量增加，码元宽度加宽，因而在信号电平一定时每个码元的能量增加。

(2) 一个频率对应一个二进制码元组合，因此，总的判决数可以减小。

(3) 码元加宽后，可有效地减少由于多径效应造成的码间干扰的影响，从而提高衰落信道下的抗干扰能力。

(4) MFSK 信号的频带宽，频带利用率低。

(5) MFSK 调制系统一般用于调制速率不高的短波或衰落信道上的通信数据。

7.6.3 多进制绝对相位调制

多进制绝对相位调制又称多相制相移键控，简称多相制，是二相制的推广，记为 MPSK。它是利用正弦载波的多个相位表示不同的数字信息。通常相位数用 $M=2^k$，$k=2,3,\cdots$来计算，有 4、8、16 相制等 M 种不同的相位，分别与 k 位二进制码元(即 k 比特码元)的不同组合相对应。

假设载波为 $\cos(\omega_c t)$，相对于参考相位的相移为φ_n，则 MPSK 信号可表示为

$$e(t)=\sum_n g(t-nT_s)\cos(\omega_c t+\varphi_n) \tag{7-82}$$

式中，$g(t)$是高度为 1、宽度为T_s的门函数；φ_n由式(7-83)确定，即

$$\varphi_n=\begin{cases}\theta_1, & 概率为P_1\\ \theta_2, & 概率为P_2\\ \quad\vdots & \\ \theta_M, & 概率为P_M\end{cases} \tag{7-83}$$

式中，$P_1+P_2+\cdots+P_M=1$。

一般在 $0\sim2\pi$ 范围内等间隔划分相位的，因此，相邻相移的差值为 $\Delta\theta=2\pi/M$。

假设$a_n=\cos\varphi_n$，$b_n=\sin\varphi_n$，则式(7-82)可写为

$$e(t)=\left[\sum_n a_n g(t-nT_s)\right]\cos(\omega_c t)-\left[\sum_n b_n g(t-nT_s)\right]\sin(\omega_c t) \tag{7-84}$$

由式(7-84)可知，MPSK 信号可等效为两个正交载波进行多电平双边带调制所得信号之

和，给 MPSK 信号的产生提供了理论依据。多进制调相常用的有 4PSK、8PSK、16PSK 等。它的应用使系统的有效性大大提高。

MPSK 信号可以用矢量图来描述，如图 7-32 所示。用矢量表示各相信号时，其相位偏移存在两种形式，图中，虚线为基准位（参考相位），参考相位表示载波的初相，各相位值都是对参考相位而言的，正为超前，负为滞后。两种相位配置形式都采用等间隔的相位差来区分相位状态，即 M 进制的相位间隔为 $2\pi/M$，这样造成的平均差错概率最小。矢量图中通常以相位为 0 载波相位作为参考矢量，如图 7-32 中分别画出 $M=2$、$M=4$ 及 $M=8$ 等 3 种情况的矢量图。当采用相对移相时，矢量图所表示的相位为相对相位差。因此，图中将基准相位用虚线表示，在相对移相中，这个基准相位也就是前一个调制码元的相位。对同一种相位调制也可能有不同的方式，如图 7-32(a)和(b)所示的方式。例如，四相制可分为 $\pi/2$ 相移系统和 $\pi/4$ 相移系统。

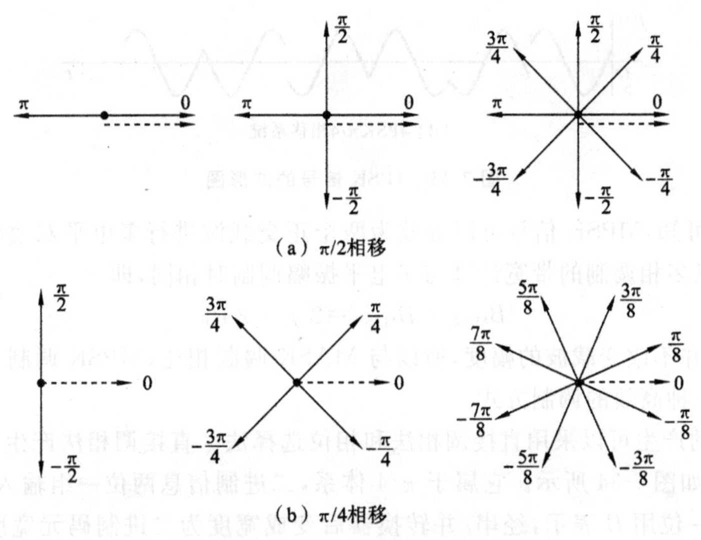

图 7-32　MPSK 信号矢量图

下面讨论常用的四相制绝对相移（4PSK）调制信号的波形图。

四相制是用载波的 4 种不同相位来表征 4 种数字信息的。首先将二进制变为四进制，将二进码元的每两个比特编为一组，可以有 4 种组合（00，10，01，11），然后用载波的 4 种相位来分别表示它们。由于每一种载波相位代表两个比特信息，所以每个四进制码元又称为双比特码元。双比特码元与载波相位的对应关系如表 7-2 所示。4PSK 信号的波形图如图 7-33 所示。

表 7-2　双比特码元与载波相位的对应关系

双 比 特 码		$\pi/2$ 相移系统	$\pi/4$ 相移系统
0	0	0	$-3\pi/4$
1	0	$\pi/2$	$-\pi/4$
1	1	π	$\pi/4$
0	1	$-\pi/2$	$3\pi/4$

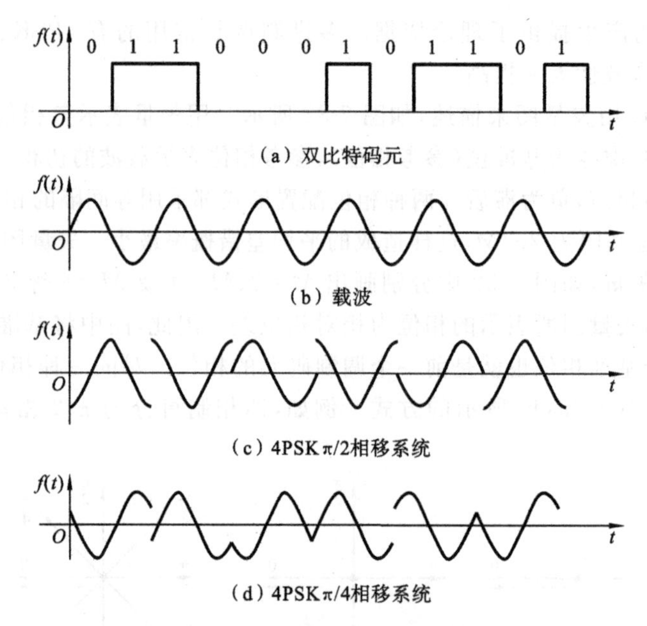

图 7-33　4PSK 信号的波形图

由式(7-84)可知，MPSK 信号可以等效为两个正交载波进行多电平双边带调幅所产生的已调波之和，所以多相调制的带宽计算与多电平振幅调制时相同，即

$$B_{\mathrm{MPSK}}=B_{\mathrm{MASK}}=2f_{\mathrm{s}}=2R_{\mathrm{B}} \tag{7-85}$$

因为调相时并不改变载波的幅度，所以与 MASK 调制相比，MPSK 调制大大提高了信号的平均功率，是一种高效的调制方式。

4PSK 信号的产生可以采用直接调相法和相位选择法。直接调相法产生 4PSK 信号的原理框图及矢量图如图 7-34 所示。它属于 π/4 体系，二进制信息两位一组输入，双比特的前一位用 A 表示，后一位用 B 表示，经串/并转换器后变成宽度为二进制码元宽度 2 倍的并行码（A、B 码元在时间上是对齐的）；然后经单/双极性变换器分别进行极性变换，把单极性码变成双极性码；再分别与互为正交的载波相乘，两路乘法器输出的信号是互相正交的双边带调制信号，其相位与各路码元的极性有关，分别由 A、B 码元决定，经相加电路后输出两路的合成波形。若要产生 4PSK 信号的 π/2 体系，只需适当改变相移网络就可实现。

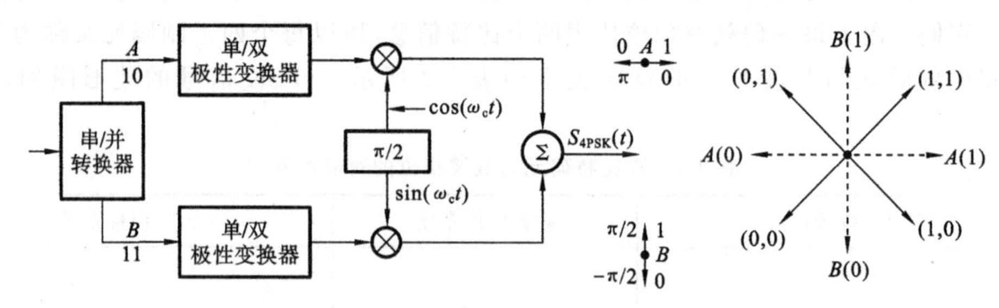

图 7-34　直接调相法产生 4PSK 信号的原理框图及矢量图

相位选择法指直接用数字信号选择所需相位的载波以产生 M 相制信号。相位选择法产生 4PSK 信号的原理框图如图 7-35 所示。图中，四相载波发生器分别输出调相所需的 4 种不同相位的载波。按照串/并转换器输出的双比特码元，逻辑选相电路输出相应的载波，然后经

带通滤波器滤除高频分量。显然,这种方法比较适合于载频较高的场合,此时,带通滤波器可以做得很简单。

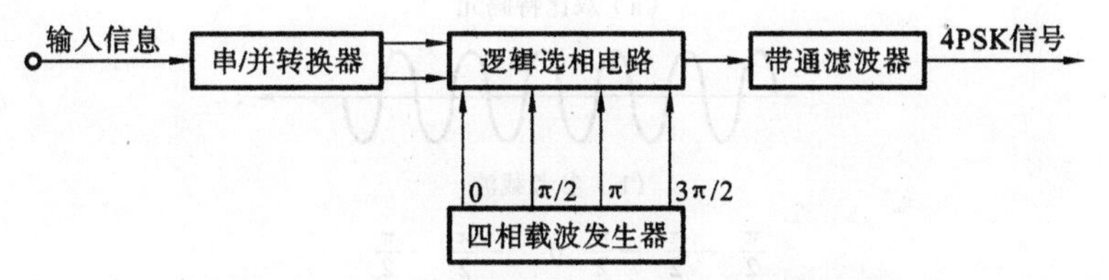

图7-35 相位选择法产生4PSK信号的原理框图

与2PSK信号的解调类似,4PSK信号也可以采用相干正交解调法(极性比较法)解调,其原理框图如图7-36所示。四相绝对移相信号可以看成是两个正交2PSK信号的合成,可采用与2PSK信号类似的解调方法进行解调。在同相支路和正交支路分别设置两个相关器,用两个正交的相干载波分别对两路2PSK进行相干解调,然后经并/串转换器将解调后的并行数据恢复成原始数据信息。

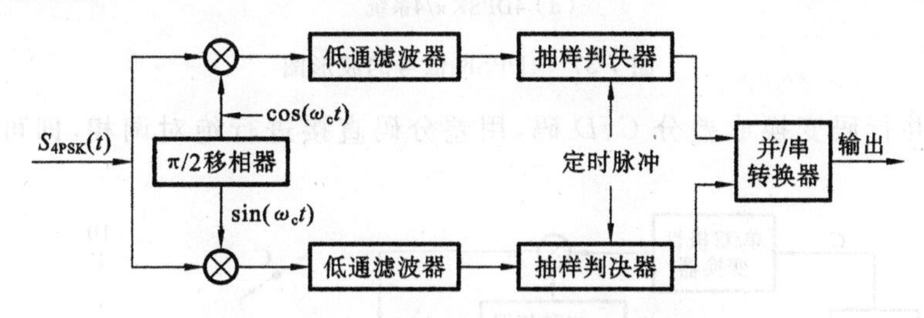

图7-36 4PSK信号的相干正交解调原理框图

7.6.4 多进制相对相位调制

MPSK仍然同2PSK一样,在接收机解调时相干载波的相位不确定性使得解调后的输出信号可能反相,即出现“倒π现象”。为了克服这种缺点,在实际通信中通常采用多进制相对相位调制系统。

1. 4DPSK信号的波形

四相相对相位调制又称四相相对相移键控,是利用前后码元之间的相对相位变化来表示数字信息的。若以前一码元相位作为参考,并令$\Delta\varphi$作为本码元与前一码元相位的初相差,双比特码元对应的相位差$\Delta\varphi$的关系仍由表7-2确定。4DPSK信号的波形如图7-37所示。

2. 4DPSK信号的产生与解调

在讨论2PSK信号调制时,为了得到2DPSK信号,可以先将绝对码变换成相对码,然后用相对码对载波进行绝对相移。4DPSK也可先将输入的双比特码经码变换后变为相对码,用双比特的相对码再进行四相绝对相移,所得到的输出信号即为四相相对相移信号。4DPSK信号的产生基本上与4PSK方式的相同,仍可采用调相法和相位选择法,只是这时需将先输入信号由绝对码转换成相对码。

在直接调相的基础上加码变换器,就可产生4DPSK信号,其原理框图及矢量图如图7-38所示。它可产生π/2体系的4DPSK信号,单/双极性变换的规律与4PSK方式的相反,相移网络也与4PSK的不同,其目的是要形成矢量图。其基本原理是先把串行二进制码变换为并行

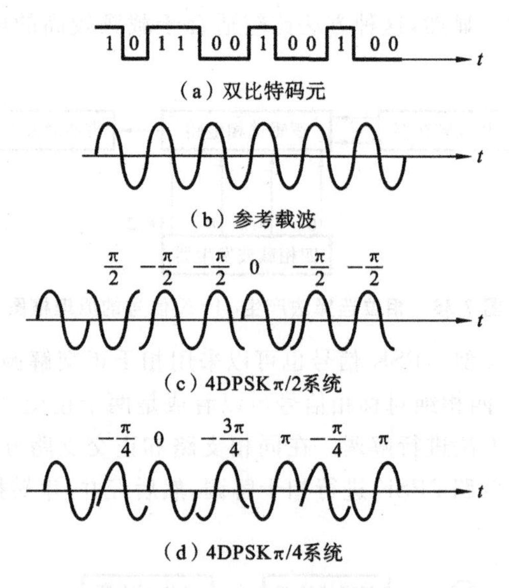

(a) 双比特码元

(b) 参考载波

(c) 4DPSKπ/2系统

(d) 4DPSKπ/4系统

图 7-37　4DPSK 信号的波形图

A、B 码，再把并行码变换成差分 C、D 码，用差分码直接进行绝对调相，即可得到 4DSPK 信号。

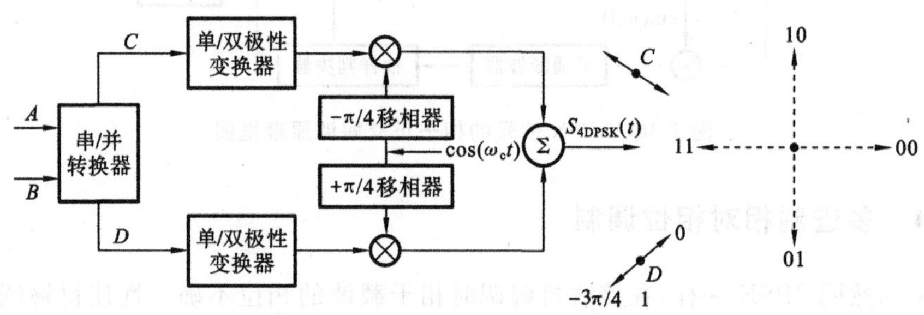

图 7-38　产生 4DPSK 信号的原理框图及矢量图

码型变换的原理是，设 $\Delta\varphi_n$ 为差分码元与前一个已调码元之间的相位差，输入 A_nB_n，得到的差分码 C_nD_n 应相对于前一个已调码元 $C_{n-1}D_{n-1}$ 发生相位变化 $\Delta\varphi_n$，满足某一相位配置体系。假设 $C_{n-1}D_{n-1}=00$，下一组 $A_nB_n=10$ 到来时，按照 π/2 体系相位配置，这个 $A_nB_n=10$ 要求产生 π/2 的相移变化，则 C_nD_n 就要对应于 $C_{n-1}D_{n-1}$ 产生 π/2 的相移，所以 $C_nD_n=10$；当又一组 $A_{n+1}B_{n+1}=01$ 到来时，按照 π/2 体系相位配置关系，$\Delta\varphi_n$ 应该发生 −π/2 的相移变化，则 $C_{n+1}D_{n+1}$ 相对于 $C_nD_n=10$ 的相位变化应当为 −π/2，所以 $C_{n-1}D_{n-1}=00$。依此类推，就可产生所有的相对码，完成码变换的功能。

图 7-38 所示的电路中，若逻辑选相电路还能完成码变换的功能，相位选择法也可产生 4DPSK 信号。

多进制相对相位调制的优点就在于它能够克服载波相位模糊的问题。因为多相制信号的偏移是相邻两码元相位的偏差，所以解调过程同样可采用相干解调和差分译码的方法。4DPSK 信号的解调可参照 2DPSK 信号的差分检测法，用两个正交的相干载波，分别检测出两个分量 A 和 B，然后还原成二进制双比特串行数字信号。4DPSK 信号（π/2 体系）的差分正交解调原理框图如图 7-39 所示。由于相位比较法比较的是前后相邻两个码元载波的初相，因而通过图7-39中的延迟器和移相器以及相干解调就完成了$\pi/2$体系信号的差分正交解调的过程，且这种电路仅对载波频率数值是码元速率数值整数倍的4DPSK信号有效。

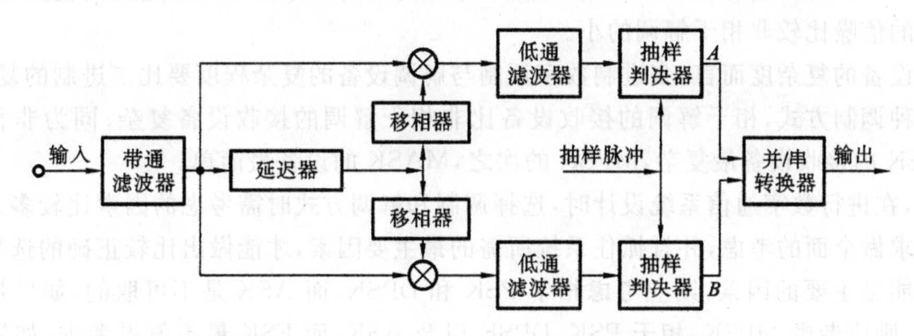

图7-39 4DPSK信号的差分正交解调原理框图

7.6.5 多进制数字调制系统的性能比较

多进制数字调制系统主要采用非相干解调的MFSK、MDPSK和MASK。一般在信号功率受限，而带宽不受限的场合多用MFSK；在功率不受限的场合用MDPSK；在信道带宽受限，而功率不受限的恒参信道用MASK。

MASK系统中，在相同的误码率P_e条件下，电平数M越多，则需要信号的有效信噪比就越高；反之，有效信噪比就可能下降。在M相同的情况下，双极性相干解调的抗噪声性能最好，单极性相干解调的性能次之，单极性非相干解调的性能最差。虽然MASK系统的抗噪声性能比2ASK的差，但其频带利用率高，是一种高效的传输方式。

MASK系统中相干解调和非相干解调时的误码率P_e均与信噪比及进制数M有关。在进制数M一定的条件下，信噪比越大，误码率就越小；在信噪比一定的条件下，M值越大，误码率也越大。MFSK与MASK、MPSK比较，随着M的增大，其误码率增大得不多，但其频带占用宽度将会增大，频带利用率降低。另外，对于相干解调与非相干解调的性能比较，在M相同的条件下，相干解调的抗噪声性能优于非相干调解的。但是，随着M的增大，两者之间的差距将会有所减小，而且在M相同的条件下，随着信噪比的增加，两者性能将会趋于同一极限值。由于非相干解调易于实现，因此，实际中非相干MFSK的应用多于相干MFSK的应用。

在多相调制系统中，M相同时，相干解调MPSK系统的抗噪声性能优于差分检测MDPSK系统的抗噪声性能。在相同误码率的条件下，M值越大，差分移相比相干移相在信噪比上损失得越多，M很大时，这种损失约为3 dB。但是，由于MDPSK系统无相位模糊问题，且接收端设备没有MPSK的复杂，因而其实际应用比MPSK的多。多相制的频带利用率高，是一种高效传输方式。

多进制数字调制系统的误码率是平均信噪比及进制数M的函数。当M一定时，平均信噪比增大时，误码率减小，反之增大；当平均信噪比一定，M增大时，误码率增大。可见，随着进制数M的增大，系统的抗干扰性能降低。

在多进制数字调制系统中，系统的码元速率和信息速率可以表示为$R_b=\log_2 MR_B$。在相同的信息速率条件下，多进制数字调制系统的频带利用率低于二进制的。

当信道严重衰落时，通常采用非相干解调或差分相干解调，因为这时在接收端不易得到相干解调所需的相干载波信号。当发射机有严格的功率限制时，如卫星通信中，卫星上的转发器的输出功率受到电能的限制。从宇宙飞船上传回遥测数据时，飞船所载有的电能和产生功率的能力都是有限的。这时可考虑采用相干解调，因为在传码率及误码率给定的情况下，相干解调所要求的信噪比较非相干解调的小。

对于设备的复杂度而言，多进制数字调制与解调设备的复杂程度要比二进制的复杂得多。对于同一种调制方式，相干解调的接收设备比非相干解调的接收设备复杂；同为非相干解调时，MDPSK 的接收设备最复杂，MFSK 的次之，MASK 的设备最简单。

总之，在进行数字通信系统设计时，选择调制和解调方式时需考虑的因素比较多。只有对系统的要求做全面的考虑，并且抓住系统所需的最主要因素，才能做出比较正确的选择。如果抗噪声性能是主要的因素，则应考虑相干 PSK 和 DPSK，而 ASK 是不可取的；如果带宽是主要的因素，则应考虑 MPSK、相干 PSK、DPSK 以及 ASK，而 FSK 最不值得考虑；如果设备的复杂性是最重要的因素，则非相干方式比相干方式更为适宜。目前，在高速数据传输中，4PSK、相干 PSK 及 DPSK 用得较多；而在中、低速数据传输中，特别是在衰落信道中，相干 2FSK 用得较为普遍。

本章介绍了振幅键控(ASK)、频移键控(FSK)、相移键控(PSK)等基本的数字调制与解调方式。由于数字频带传输系统采用不同的数字调制与解调方式，因而其具有不同的性能。在实际应用时，应根据系统设计的具体要求及侧重点选择合适的数字调制与解调方式。

振幅键控是最早应用的数字调制方式，它是一种线性调制系统。其优点是设备简单、频带利用率较高，缺点是抗噪声性能差，而且它的最佳判决门限与接收机输入信号的振幅有关，因而不易使抽样判决器工作在最佳状态。

频移键控是数字通信中一种重要的调制方式。其优点是抗干扰能力强，缺点是占用频带较宽，尤其是多进制调频系统，频带利用率很低。目前主要应用于中、低速数据传输系统中。

相移键控分为绝对相移和相对相移两种。绝对相移在解调时有相位模糊的缺点，因而在实际中很少采用。相对相移不存在相位模糊的问题，相对相移的实现通常是先进行码变换，即将绝对码转换为相对码，然后对相对码进行绝对相移。相对相移信号的解调过程是进行相反的变换，即先进行绝对相移解调，然后再进行码变换，最后恢复出原始信号。相移键控是一种高传输效率的调制方式，其抗干扰能力比振幅键控和频移键控的都强，因此在高、中速数据传输中得到了广泛应用。

7.7 二进制数字调制与解调的 Simulink 仿真

7.7.1 2ASK 信号调制与解调的 Simulink 仿真

2ASK 信号调制与解调的 Simulink 仿真模型如图 7-40 所示，其仿真参数设置如表 7-3 所示。本例中由 Pulse Generator 模块产生的基带信号与 Sine Wave 产生的正弦载波相乘，即得 ASK 调制信号。再采用相干解调法对 ASK 调制信号进行解调，将 ASK 调制信号与 Sine Wave1 产生的正弦同步载波信号相乘，经过低通滤波器 Digital Filter Design 模块和采样判决器 Relay 模块后即可再生出数字基带信号。

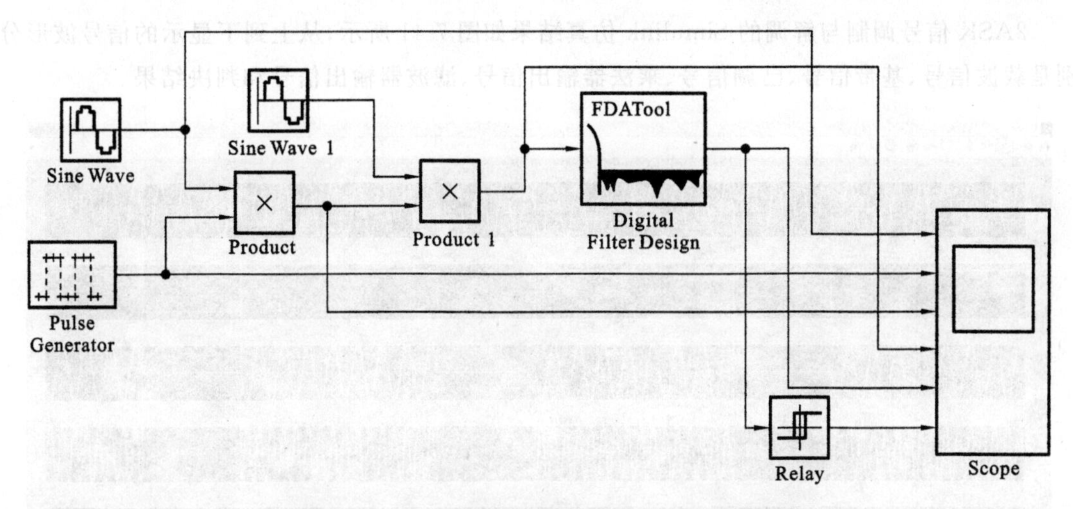

图 7-40　2ASK 信号调制与解调的 Simulink 仿真模型

表 7-3　2ASK 信号调制与解调的 Simulink 仿真参数

模块名称	参数名称	参数取值
Sine Wave	Frequency	8×pi
	Sample time	0.01
Sine Wave 1	Frequency	8×pi
	Sample time	0.01
Pulse Generator	Amplitude	1
	Period	3
	Pulse Width	3
	Sample time	1
Digital Filter Design	Response type	Lowpass
	Design Method	Butterworth
	Filter Order	Minimum order
	Density factor	30
	Fs	480
	Fpass	8
	Fstop	25
Relay	Switch on point	0.3
	Switch off point	0.3
	Output when on	1
	Output when off	0
	Sample time	−1

2ASK 信号调制与解调的 Simulink 仿真结果如图 7-41 所示，从上到下显示的信号波形分别是载波信号、基带信号、已调信号、乘法器输出信号、滤波器输出信号和判决结果。

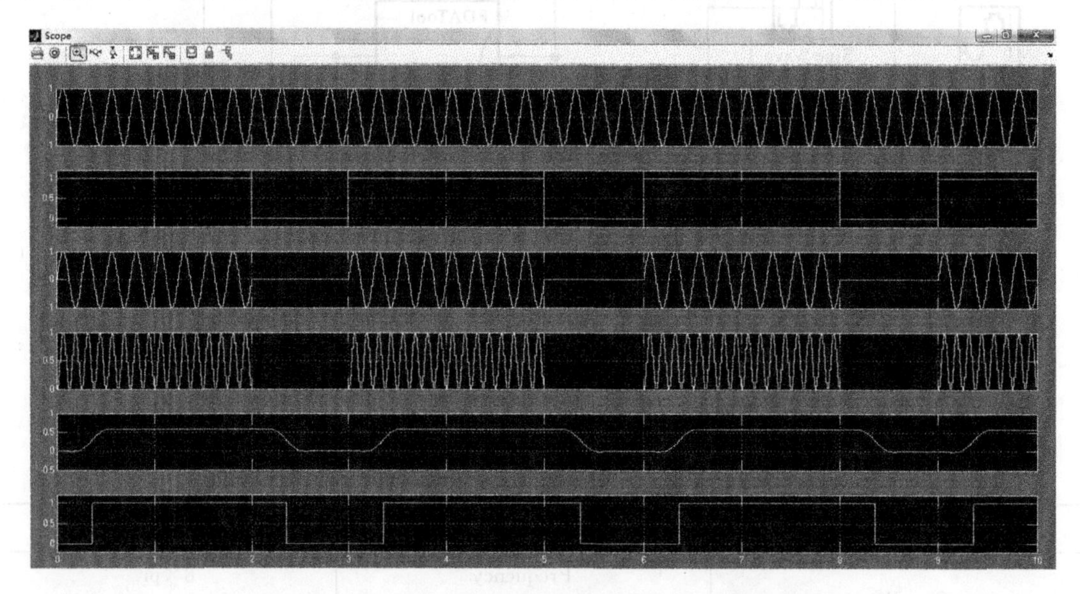

图 7-41　2ASK 信号调制与解调的 Simulink 仿真结果

7.7.2　2FSK 信号调制与解调的 Simulink 仿真

2FSK 信号调制与解调的 Simulink 仿真模型如图 7-42 所示，其参数设置如表 7-4 所示。本例中 Bernoulli Binary Generator 模块产生的基带信号控制 Switch 开关模块，使输出端得到不同频率的 2FSK 调制信号。带通滤波器 Analog Filter Design 和 Analog Filter Design 2 的输出分别与相应的 Sine Wave 模块和 Sine Wave 1 模块产生的同步相干载波信号相乘；再分别经过低通滤波器 Analog Filter Design 1 模块和 Analog Filter Design 3 模块取出含基带数字信号的低频信号，滤除二倍频信号；再经过采样判决器 Relational Operator 模块对两个低频信号进行比较判决，即可解调得到数字基带信号。

2FSK 信号调制与解调的 Simulink 仿真结果如图 7-43 所示，从上到下显示的信号波形分别是基带信号、2FSK 信号、上支路解调信号、下支路解调信号、比较判决结果。

7.7.3　2PSK 信号调制与解调的 Simulink 仿真

2PSK 信号调制与解调的 Simulink 仿真模型如图 7-44 所示，用两个反相的载波信号进行调制，其中 Sin Wave 和 Sin Wave 1 是反相的载波，Bernoulli Binary Generator 产生的正弦波信号经过 Unipolar to Bipolar Converter 转换后作为信号源，2PSK 信号调制与解调的 Simulink 仿真参数设置如表 7-5 所示。

2PSK 信号调制与解调的 Simulink 仿真结果如图 7-45 所示，从上到下显示的信号波形分别是基带信号、2PSK 解调信号、2PSK 调制信号。

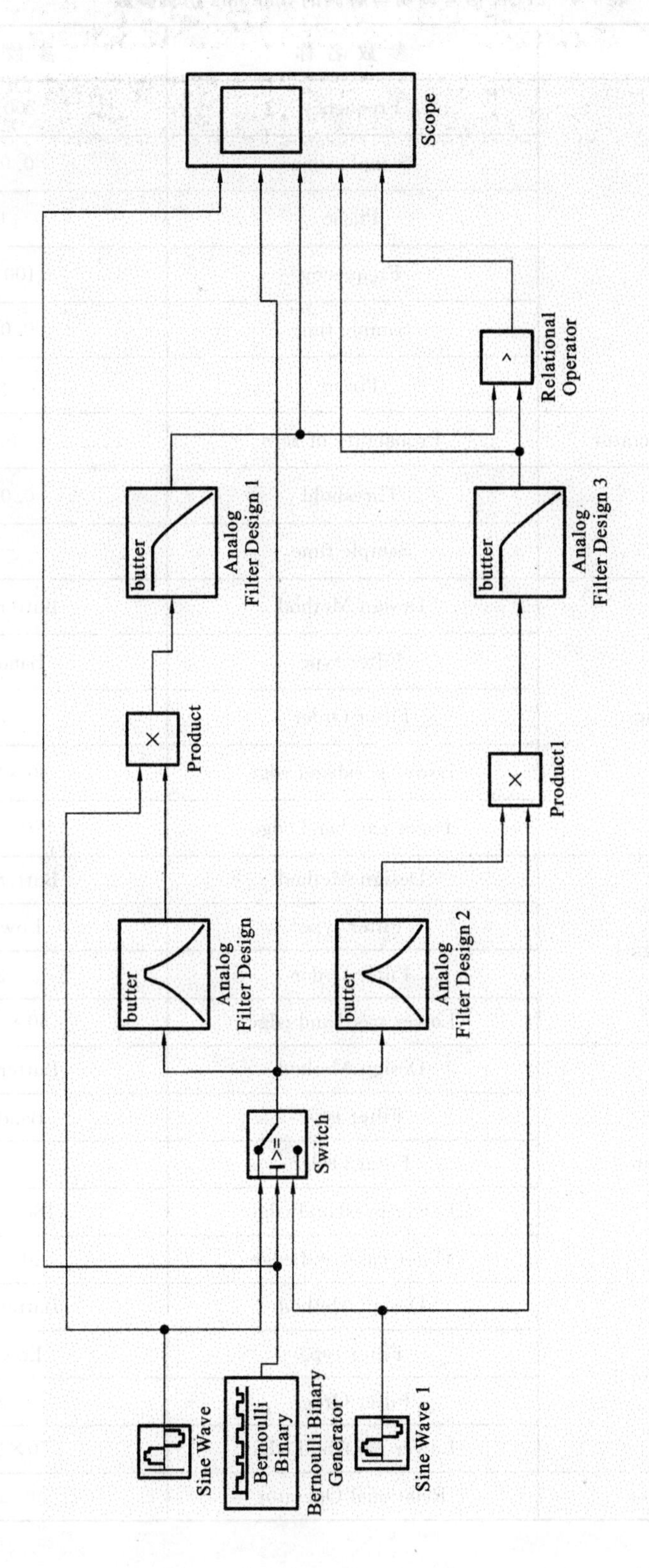

图 7-42 2FSK信号调制与解调的Simulink仿真模型

表 7-4　2FSK 信号调制与解调的 Simulink 仿真参数

模块名称	参数名称	参数取值
Sine Wave	Frequency	200×pi
	Sample time	0.0001
	Phase	0
Sine Wave 1	Frequency	400×pi
	Sample time	0.0001
	Phase	pi
Bernoulli Binary Generator	Probability of zero	0.5
Switch	Threshold	0.0001
	Sample time	−1
Analog Filter Design	Design Method	Butterworth
	Filter type	Bandpass
	Filter Order	3
	Lower passband edge	80×2×pi
	Higer passband edge	120×2×pi
Analog Filter Design 1	Design Method	Butterworth
	Filter type	Lowpass
	Filter Order	3
	Lower passband edge	50×2×pi
Analog Filter Design 2	Design Method	Butterworth
	Filter type	Bandpass
	Filter Order	3
	Lower passband edge	180×2×pi
	Higer passband edge	220×2×pi
Analog Filter Design 3	Design Method	Butterworth
	Filter type	Lowpass
	Filter Order	3
	Lower passband edge	50×2×pi
Relational Operator	Relational Operator	>

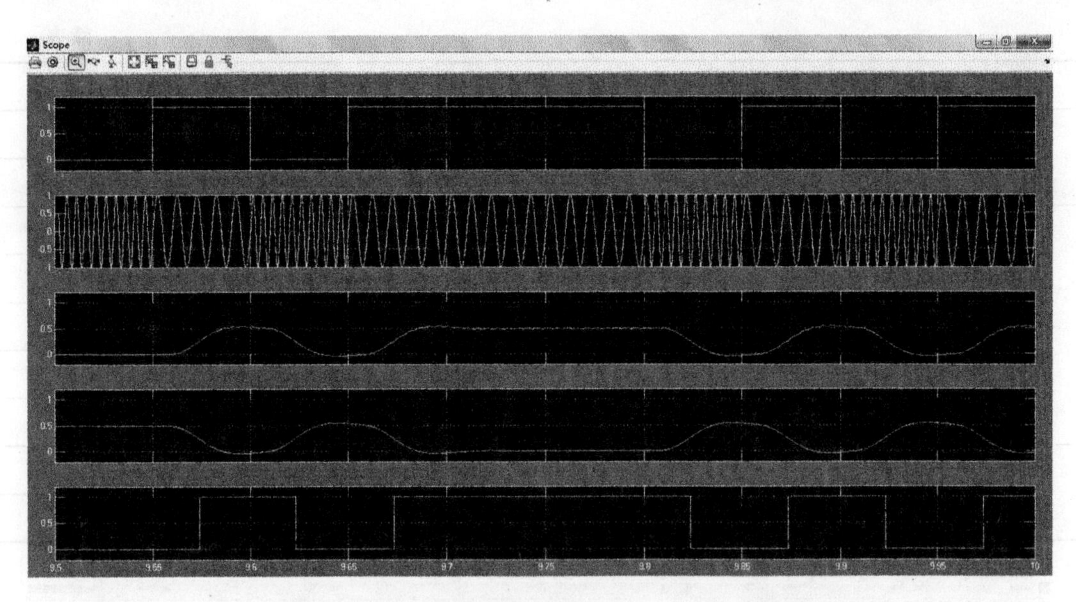

图 7-43　2FSK 信号调制与解调的 Simulink 仿真结果

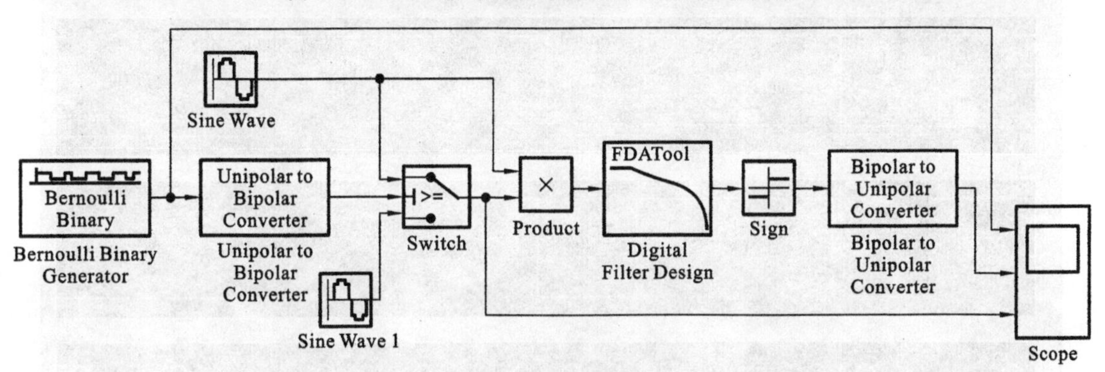

图 7-44　2PSK 信号调制与解调的 Simulink 仿真模型

表 7-5　2PSK 信号调制与解调的 Simulink 仿真参数

模块名称	参数名称	参数取值
Sine Wave	Frequency	2×pi
	Sample time	0.01
	Phase	0
Sine Wave 1	Frequency	2×pi
	Sample time	0.01
	Phase	pi
Bernoulli Binary Generator	Probability of zero	0.5
Switch	Threshold	0.0001
	Sample time	−1

续表

模块名称	参数名称	参数取值
Unipolar to Bipolar Converter	M-ary number	2
	Polarity	Positive
Digital Filter Design	Response type	Lowpass
	Design Method	Butterworth
	Filter Order	10
	Fs	10
	Fc	1
Bipolar to Unipolar Converter	M-ary number	2
	Polarity	Positive

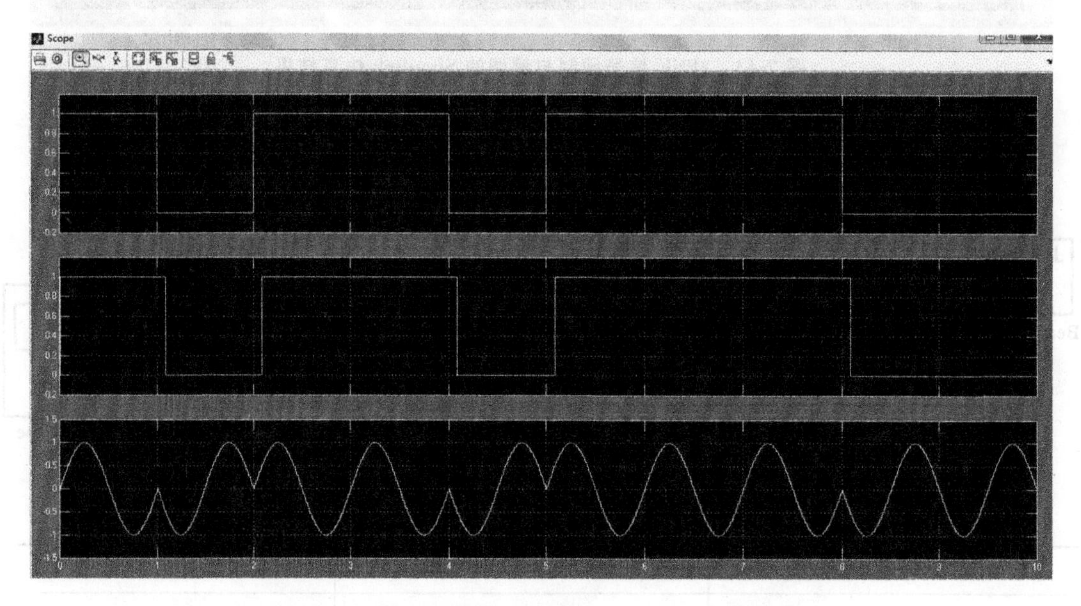

图 7-45 2PSK 信号调制与解调的 Simulink 仿真结果

第8章　信道编码与差错控制

8.1　概述

因为数字信号在传输过程中会受到噪声和干扰的影响，所以信号传输到接收端后可能发生错误判决，即产生误码。通常，设计数字通信系统，应从合理地选择调制制度、解调方式以及发送功率等方面考虑降低传输的误码率，若仍然难以满足要求，则应考虑采取差错控制措施。

从差错控制角度，根据加性干扰引起的错码分布规律，信道可以分为随机信道、突发信道和混合信道三类。在随机信道中，错码的出现是随机的，错码之间是统计独立的，如由正态分布白噪声引起的错码就具有这种性质。在突发信道中，错码成串集中出现，在短时间内出现大量错码，而在这些短促的时间段之间则是较长的无错码区间。产生突发错码的原因主要是脉冲干扰和信道中的衰落现象。混合信道指既存在随机错码又存在突发错码，且对两者都不能忽略的信道。不同类型的信道应采用不同的差错控制技术。常用的差错控制方法主要有以下几种。

(1) 检错重发(automatic repeat request，ARQ)。如图 8-1 所示的检错重发示意图，发送端发送的是检错码，接收端在接收到的码元中检测到有错码时，利用反向信道通知发送端，要求发送端重发，直到正确接收为止。检错重发方式需要具备双向信道。

(2) 前向纠错(forward error correction，FEC)。如图 8-2 所示的前向纠错示意图，发送端发送的是纠错码，接收端根据接收到的码元不仅能够发现错码，还能纠正错码，使错码恢复其正确的取值。这种方法不需要反向信道，不会因反复重发而产生时延，实时性较好，但是与检错重发相比，需要加入更多的差错控制码元，其纠错设备比较复杂。

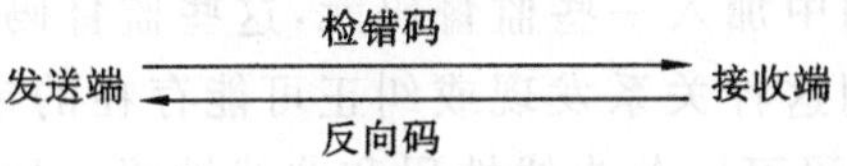

检错码
发送端　　　　接收端
反向码

图 8-1　检错重发示意图

纠错码
发送端　　　　接收端

图 8-2　前向纠错示意图

(3) 检错删除。如图 8-3 所示的检错删除示意图，与检错重发方式类似，发送端发送的也是检错码，但是接收端在收到的码元中检测到有错码时，并不要求重发，而是将收到的码元删除。这种方法只适用于少数特定的系统，删除部分接收码元不影响应用。这种方法会给接收端带来一些损失，但却能够及时接收后继的码元。

(4) 反馈校验。如图 8-4 所示的反馈校验示意图，发送端发送的是没有加入任何差错控制码元的信息码，接收端则将收到的信息码原封不动地转发给发送端。发送端将其与原发送码元逐一比较，若发现不同，则认为接收端收到的码元有错，发送端再重发。这种方式的原理和设备都很简单，需要具备双向信道，但是因为每个码元都至少需要占用两次传输时间，所以传输效率很低。

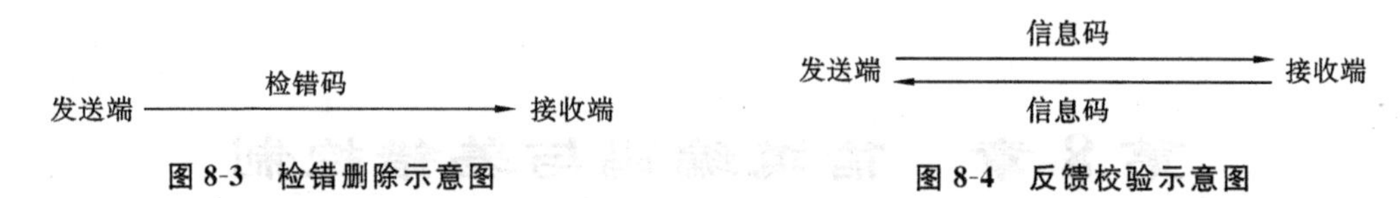

图 8-3　检错删除示意图　　图 8-4　反馈校验示意图

以上几种差错控制方法可以结合使用。例如，纠错和检错通常结合使用，当接收端收到少量错码并有能力纠正时，可以采用前向纠错技术；当接收端收到较多错码无法纠正时，可以采用检错重发技术。纠错和检错结合使用的方法称为混合纠错。

在上述几种差错控制方法中，前三种都提到在接收端需要识别有无错码，那么，接收端根据什么来识别错码呢？事实上，信息码元序列是随机序列，接收端是无法预知的，也无法识别其中有无错码。为了解决这个问题，数字通信系统通常需要信道编码器和译码器。

信道编码是指为了克服信道中的噪声和干扰，发送端根据一定的规律在发送的信息码元中人为地加入一些必要的监督码元，接收端能够利用这些监督码元与信息码元的监督规律，发现和纠正误码，从而降低信息码元传输的误码率，保证通信系统的可靠性。信道编码的目的是试图以最少的监督码元为代价，在满足系统有效性的前提下，尽可能提高数字通信系统的可靠性。信道编码又称差错控制编码或纠错编码。

对于信道编码而言，不同的编码方法，有不同的检错或纠错能力。有的编码方法只能检错，不能纠错。所谓检错，即检测到有错码，是指在一组接收到的码元中知道有一个或一些错码，但是并不知道应该如何纠正错码。所谓纠错，即纠正错码，是指在一组接收到的码元中不仅知道有一个或一些错码，而且能够纠正错码。二进制系统中，若发现有错码，但是不知道哪个码错了，这就是检错；若还能知道是哪个码错了，就可以纠错了，只需要把错码“0”改为“1”或者将错码“1”改为“0”就可以了。由此可见，检错码不一定能纠错，而纠错码则一定能检错。一般来说，增加的监督码元越多，纠检错的能力就越强。

8.2　纠错编码的基本原理

在纠错编码中，发送端在传输的信息码元序列中加入一些监督码元，这些监督码元与信息码元之间有确定的关系，使接收端有可能利用这种关系发现或纠正可能存在的错码。根据信息码元和监督码元之间的函数关系，纠错编码可以分为线性码和非线性码。如果函数关系是线性的，即满足一组线性方程式，则称为线性码，反之称为非线性码。根据信息码元和监督码元之间的约束方式，纠错编码可以分为分组码和卷积码。分组码中的监督码元仅与本组的信息码元有关，而卷积码中的监督码元不仅与本组的信息码元有关，而且与前面若干组的信息码元有关。根据纠错编码的功能，纠错编码可以分为检错码和纠错码。检错码以检错为目的，不一定能纠错；而纠错码以纠错为目的，一定能检错。通常将监督码元数和信息码元数之比称为冗余度，冗余度越高，则纠错编码的纠检错能力就越强，下面通过一个例子来进行说明。

如表 8-1 所示的天气编码示例，假设用由 3 位二进制数构成的码组来表示天气，一共有 $2^3=8$ 种不同的组合，可以表示 8 种不同的天气。其中任何一个码组在传输中若发生一个或多个错码，就会变成另一个信息码组，接收端无法发现错误。例如，发送端发送的信息码元是

“000”,表示的信息是“晴”,在传输过程中由于噪声的影响产生了一个错码,接收端收到的是“100”,接收端就会认为发送端发送的信息是“雪”。显然,这时就出现了信息传输错误。

表 8-1 天气编码示例

信息码元	全用	用 4 种	用 2 种	信息码元	全用	用 4 种	用 2 种
000	晴	晴	晴	100	雪		
001	云			101	霜	阴	
010	阴			110	雾	雨	
011	雨	云		111	雹		雨

在这 $2^3=8$ 种不同的组合中,若只选用其中 4 种来传送天气,如表 8-2 所示的信息位和监督位示例,选“000”表示“晴”、“011”表示“云”、“101”表示“阴”、“110”表示“雨”,这 4 个码组则称为许用码组,其余 4 个码组则不允许使用,称为禁用码组。这种编码方式虽然只能传送 4 种不同的天气,但是却具备了一定的检错能力。例如,发送端发送的信息码元是“000”,表示的信息是“晴”,若传输至接收端产生了 1 个错码,则接收码组将变成“100”或“010”或“001”,这 3 个码组都属于禁用码组,接收端发现收到的是禁用码组时,就认为收到了错码。这表明接收端能够检测出 1 个错码。若传输时产生了 3 个错码,“000”将变成了“111”,后者也是禁用码组,接收端也能发现收到的码组有错。所以这种编码方法能够帮助接收端发现 1 个或 3 个错码。但若是一个码组中出现了 2 个错码,接收端就无法发现了,因为这时任何一个许用码组产生 2 个错码后,都会变成另一个许用码组,接收端将无法分辨。需要指出的是,这种编码方法只能检测错码,却不能纠正错码。如当接收码组为禁用码组“100”时,接收端无法判断是哪一个码发生了错误,因为晴、阴、雨三者错了一个都将变成“100”。

表 8-2 信息位和监督位示例

	信息位	监督位
晴	00	0
云	01	1
阴	10	1
雨	11	0

在这 $2^3=8$ 种不同的组合中,若只选用其中 2 种来传送天气,如表 8-1 所示,选“000”表示“晴”、“111”表示“雨”,这种编码方式虽然只能传送 2 种不同的天气,但其纠检错能力却有所增强,能够检测出 2 个以下错码,或能够纠正 1 个错码。如当收到禁用码组“100”时,若仅有 1 个错码,则接收端可以判断出发送端发送的信息是“晴”,正确的码组是“000”,所收到的码组的最高位是一个错码。因为当只有 1 个错码时,禁用码组“100”只可能由“000”出错变化而来,另一个许用码组“111”发生任何一个错码时都不会变成“100”这种形式。但是,这时假定错码数不超过 2 个,则存在两种可能性:“000”错 1 个和“111”错 2 个都可能变成“100”,这时就只能检测出存在错码而无法纠正错码了。

由上面的例子可以看出,当采用 3 位二进制数进行编码时,最多可以表示 8 种不同的信息,这时 3 个码元都是信息码元,没有监督码元,这种编码方法的编码效率为 1,达到了最高值，冗余度则为0。但是这种编码方法没有任何的纠检错能力。如表8-2所示的信息位和监督位示例，若采用3位二进制编码表示4种不同的信息，前两位二进制码用来表示4种信息，称为信息码元或信息位，后一位二进制码就是监督码元，也称监督位。这种编码方法就具备了一定的检错能力。若3位二进制编码仅用来表示2种不同的信息，每个码组由1位信息码元和2位监督码元组成，这种编码方法的纠检错能力就更强一些，但是冗余度较大，编码效率较低。由此可见，增加编码方法的冗余度，可以提高其纠检错能力。

将信息码分组，为每组信息码附加若干监督码的编码，称为分组码。在分组码中，监督码元仅监督本码组中的信息码元。分组码一般表示为(n,k)，其中，n表示整个码组的码元总数，又称码组的长度，简称码长；k表示每个码组中信息码元的数目，显然，$n-k=r$是每个码组中的监督码元的数目。通常将分组码的结构规定为如图8-5所示的一般结构，前k个是信息位，后面附加r个监督位。

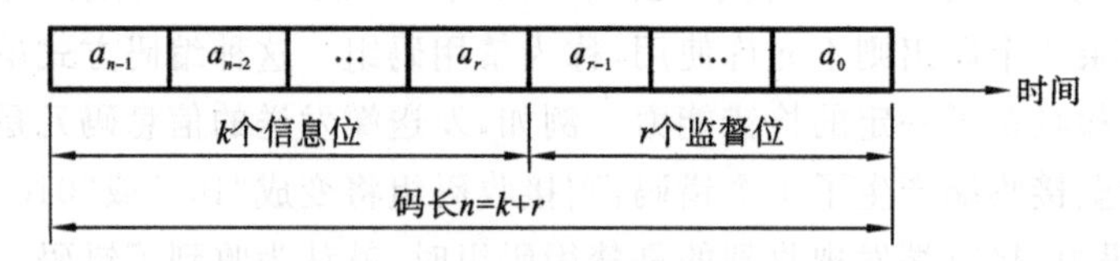

图8-5　分组码的一般结构

简单来说，分组码是对每段k个长的信息码元以一定的规则增加r个监督码元，组成长为n的码组。在二进制情况下，每组分组码一共有2^n个不同的组合，但只用来表示2^k个不同的信息，相应地可以得到2^k个不同的许用码组，其余2^n-2^k个组合就是禁用码组。

通过纠错编码来提高通信系统的可靠性，是以降低有效性为代价换来的。一般采用编码效率R来衡量有效性，$R=k/n$，即编码效率等于码组中信息码元的个数与码组长度的比值。对纠错编码而言，一般总希望检错和纠错能力尽量强，编码效率尽量高，编码规律尽量简单。实际应用要根据具体指标要求，保证系统有一定的纠检错能力和编码效率，并且易于实现。

在分组码中，非零码元的数目称码组的重量，简称码重。码重其实就等于码组中“1”的个数，例如，码组“10110”的码重$w=3$。

两个等长码组之间对应位取值不同的数目称这两个码组的距离，简称码距，也称汉明(Hamming)距离。例如，“11000”与“10011”之间的距离$d=3$。需要强调的是，码距这一概念存在于两个长度相等的码组之间，若两个码组的长度不相等，则它们之间没有码距可言。在一个码组集合中，任意两个码组之间距离的最小值称为该码组集合的最小距离，用d_0表示。表8-2所示的编码中，最小码距$d_0=2$。最小码距是分组码的一个重要参数，它是衡量分组码纠检错能力的重要依据。下面对最小码距d_0和分组码纠检错能力之间的关系进行具体分析。

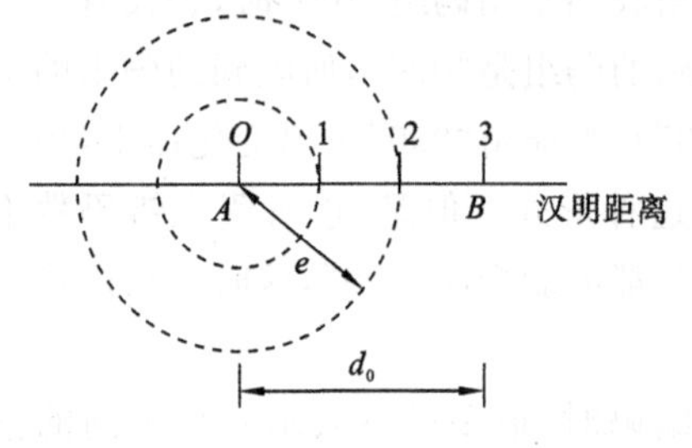

图8-6　码距等于3的两个码组

(1) 若要能在码组内检测e个随机错误，则要求最小码距$d_0 \geq e+1$。

如图8-6所示的码距等于3的两个码组，一个码组集合的最小码距为3，假设码组A与码组B距离最近，则它们之间的码距就是3。也就是说，码组A与码组B之间有3个对应位置的取值不同，若码组A中同时出现3个错码，则码组A就有可能变成另一个许用码组B。

现在假设码组 A 位于 O 点，若码组 A 中发生1个错码，则这个出错的码组将位于以 O 点为圆心、以1为半径的圆上，且其位置不会超出此圆。若码组 A 中发生2个错码，则其位置不会超出以 O 点为圆心、以2为半径的圆。因为最小码距为3，所以位于这2个圆上的所有码组都必然是禁用码组，接收端可以据此判断出收到的码组有错。由此可见，当码组 A 发生2个以下错码时，不可能变成另一个许用码组，所以此时能检测出的错码个数为2。

同理，若一个编码集合的最小码距为 d_0，则将能检测 (d_0-1) 个错码。也就是说，若要求能够检测出 e 个错码，则最小码距 $d_0 \geqslant e+1$。

(2) 若要能在码组内纠正 t 个随机错误，则要求最小码距 $d_0 \geqslant 2t+1$。

如图8-7所示的码距等于5的两个码组，码组 A 和码组 B 之间的距离为5，码组 A 或码组 B 若发生不多于2个错码，则其位置均不会超出以原位置为圆心、半径为2的圆，这两个圆是不重叠的。这就意味着，在错码不多于2个的情况下，码组 A 和码组 B 的错码空间没有任何的交集，若接收码组落于以 A 为圆心的圆上，就可以判断出发送端发送的是码组 A；若落于以 B 为圆心的圆上，就判断为码组 B，这就能够纠正2个错码了。

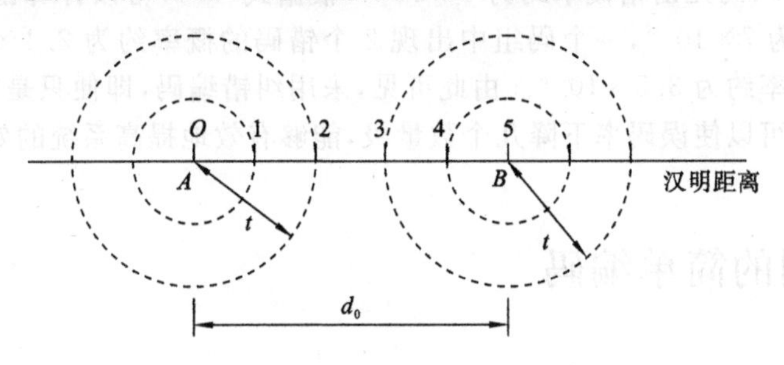

图8-7 码距等于5的两个码组

若码组 A 的错码达到3个，这个出错的码组将位于以 O 为圆心、以3为半径的圆上，这与码组 B 错2个错码的范围重叠了，接收端会判断为码组 B，从而发生错判。因此，当最小码距 $d_0=5$ 时，最多能纠正2个错码。一般来说，若要纠正 t 个错码，则最小码距 $d_0 \geqslant 2t+1$。

按照上述两条规则，若一个码组集合的最小码距 $d_0=5$，如果工作在检错模式，则最多能检测4个错码；如果工作在纠错模式，则最多能纠正2个错码。但是，这并不意味着这种编码能在纠正2个错码的同时检测4个错码。例如，若码组 A 错了3个，就会进入码组 B 的纠错范围，被误认为是码组 B 错了2个造成的结果，从而被错"纠"为 B。这就是说，上述检错公式和纠错公式不能同时运用。

(3) 若要能在码组内纠正 t 个错码的同时检测 $e(e \geqslant t)$ 个错码，则要求最小码距 $d_0 \geqslant t+e+1$。

如图8-8所示的码距等于 $t+e+1$ 的两个码组，如果需要在可以纠正 t 个错码的同时，能够检测 e 个错码，这就要求码组 A 在发生 e 个错码之后，不能落入码组 B 的纠错范围。也就是说，码组 A 错 e 个码后的错码范围与码组 B 纠 t 个错码的纠错范围之间，必须保证两者的距离至少等于1，不然码组 A 的错码将有可能落入码组 B 的纠错范围，从而发生错误的"纠正"。因此，如果要求在码组内纠正 t 个错码的同时检测 $e(e \geqslant t)$ 个错码，则最小码距 $d_0 \geqslant t+e+1$。

这种将纠错和检错相结合的工作方式简称纠检结合。这种工作方式是自动在纠错和检错之间转换的。当错码数量少时，系统按前向纠错方式工作，可以节省重发时间，提高传输效率；当错码数量多时，系统按反馈校验方式工作，可以降低系统的总误码率，提高系统的可靠性。

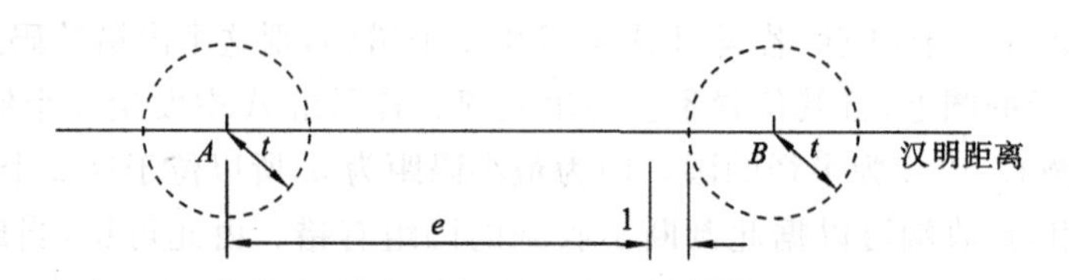

图 8-8　码距等于 $t+e+1$ 的两个码组

这种纠检结合的工作方式适用于大多数时间内错码数量少、少数时间内错码数量多的情况，如前面介绍过的突发信道。

下面简单介绍一下纠错编码所起到的作用。假设在二进制随机信道中，发送“0”和发送“1”时出错的概率相等，都等于 P，且 $P\ll 1$，则在编码长度为 n 的码组中恰好发生 r 个错码的概率为

$$p_n(r)=C_n^r P^r(1-P)^{n-r}\approx\frac{n!}{r!(n-r)!}P^r \tag{8-1}$$

若码组长度为 7，码元出错概率约为 1×10^{-3}，根据式(8-1)可以计算出：一个码组中出现 1 个错码的概率约为 7×10^{-3}，一个码组中出现 2 个错码的概率约为 2.1×10^{-5}，一个码组中出现 3 个错码的概率约为 3.5×10^{-8}。由此可见，采用纠错编码，即便只是检测或纠正码组中的 1～2 个错误，也可以使误码率下降几个数量级，能够有效地提高系统的效率。

8.3　常用的简单编码

8.3.1　奇偶监督码

奇偶监督码是在信息码元的后面附加一个监督码元，使得整个码组中“1”的个数是奇数或偶数。也就是说，奇偶监督码是一种特殊的 $(n,n-1)$ 系统分组码，每个码组只有 1 个监督码元，码元为奇数或偶数。奇偶监督码分为奇数监督码和偶数监督码两种。

在偶数监督码中，无论信息位有多少，监督位均只有 1 位，它使整个码组中“1”的数目为偶数，即满足

$$a_{n-1}\oplus a_{n-2}\oplus\cdots\oplus a_0=0 \tag{8-2}$$

式中，a_0 为监督位，其他位为信息位，“$\oplus$”表示“模 2 和”。

接收端则按照式(8-2)求“模 2 和”，若计算结果为“1”，则说明存在错码；若结果为“0”，则认为无错码。

奇数监督码与偶数监督码相似，监督位也只有 1 位，它使整个码组中“1”的数目为奇数，即满足

$$a_{n-1}\oplus a_{n-2}\oplus\cdots\oplus a_0=1 \tag{8-3}$$

显然，奇偶监督码能够检测奇数个错码，若一个码组中发生偶数个错码，这种编码就无法检测出来，误认为是正确的。奇偶监督码一般适用于检测随机错误。

8.3.2　二维奇偶监督码

二维奇偶监督码又称方阵码。如图 8-9 所示，它是把码组长度相等的若干组奇偶监督码

排成矩阵，每一码组写成一行，然后按列的方向增加第二维监督位。

$$\begin{matrix} a_{n-1}^1 & a_{n-2}^1 & \cdots & a_1^1 & a_0^1 \\ a_{n-1}^2 & a_{n-2}^2 & \cdots & a_1^2 & a_0^2 \\ \cdots & \cdots & & \cdots & \\ a_{n-1}^m & a_{n-2}^m & \cdots & a_1^m & a_0^m \\ c_{n-1} & c_{n-2} & \cdots & c_1 & c_0 \end{matrix}$$

图 8-9 二维奇偶监督码

图 8-9 所示的最右侧一列，$a_0^1, a_0^2, \cdots, a_0^m, c_0$ 分别为每一行奇偶监督码的监督位。图 8-9 所示的最下方一行，$c_{n-1}, c_{n-2}, \cdots, c_1, c_0$ 分别为按列进行第二次奇偶监督编码所增加的监督位。虽然每行的监督位不能检测出本行中的偶数个错码，但是有可能通过按列方向的 c_{n-1}，$c_{n-2}, \cdots, c_1, c_0$ 等监督位检测出来。只在按行方向和按列方向都有偶数个错码时，二维奇偶监督码才不能检测出来。例如，恰好位于矩形四角的 4 个错码就无法检测出来。

二维奇偶监督码不仅可以用来检错，有时还可以用来纠正一些错码。例如，只在一行中有奇数个错码时，可以通过横向和纵向的监督位来确定错码的位置，从而实现纠错。

二维奇偶监督码的检错能力较强，且具备一定的纠错能力，一般适用于检测突发错码。因为突发错码常常成串出现，随后有较长一段无错区间，所以在某一行中出现多个错码的几率较大，适合用二维奇偶监督码来纠检错。

8.3.3 恒比码

恒比码中每个码组所含有的“1”的数目相同，所以“1”的数目与“0”的数目之比保持恒定。这种码在检测时，接收端只要计算收到的码组中“1”的数目是否对，就知道有无错码了。

恒比码的主要优点是编译码简单，适用于传输电传机或其他键盘设备产生的字母和符号，不适用于传输来自信源的二进制随机数字序列。

8.4 线性分组码

线性分组码具有两个重要特性：第一，任意许用码组之和（模 2 和）仍然是一个许用码组，这是线性分组码的封闭性；第二，线性分组码的最小码距等于码组中非零码的最小重量。在线性分组码中，信息码元和监督码元之间是用线性方程联系起来的。

8.3 节介绍的奇偶监督码就是一种简单的线性分组码，以偶数监督码为例，其信息位和监督位满足式(8-2)所示的代数关系。接收端在译码时，根据式(8-4)计算校正子 S，即

$$S = a_{n-1} \oplus a_{n-2} \oplus \cdots \oplus a_0 \tag{8-4}$$

式(8-4)称为监督关系式。S 称校正子，也称校验子、伴随式，若 $S=0$，接收端就认为没有错码；若 $S=1$，就认为有错码。在奇偶监督码中，由于只有一个监督位，相应的就只有一个监督关系式，只能计算出一位校正子，S 只有两种取值，取“0”或者取“1”，所以只能代表有错和无错这两种信息，不能指出错码的位置。也就是说，这种奇偶监督码具备了一定的检错能力，但是不能用来纠错。

在分组码(n,k)中，码长为 n，信息位数为 k，则监督位数 $r=n-k$。根据 r 个监督位可以得

到 r 个监督关系式，计算出 r 个校正子。这 r 个校正子一共有 2^r 种可能的取值，其中一种取值用来表示“正确”，其余 2^r-1 种取值则可以用来指示 2^r-1 种错误。对于 1 位错码来说，这就意味着可以指示出 2^r-1 个错码位置。如果满足 $2^r-1\geqslant n$，则可能构造出能够纠正 1 位或 1 位以上错码的线性码分组码。

假设在分组码 (n,k) 中，信息位数 $k=4$，若需要纠正 1 位错码，则必须满足 $2^r-1\geqslant 4+r$，监督位数 $r\geqslant 3$，若取 $r=3$，则 $n=k+r=7$，构成的分组码一般称为(7,4)码。如果用 a_6，a_5，…，a_0 表示这 7 个码元，其中 a_6、a_5、a_4、a_3 表示信息位，a_2、a_1、a_0 表示监督位，用 S_1、S_2 和 S_3 表示通过 3 个监督关系式计算得到的校正子，则 S_1、S_2 和 S_3 的取值与错码位置的对应关系可以假定为如表 8-3 所示的关系。需要指出的是，校正子和错码位置的对应关系并不是唯一的，可以按需求作出不同的规定，表 8-3 所示的对应关系只是一个例子，下面以此为例来讲解线性分组码的原理。

表 8-3　校正子和错码位置的关系示例

$S_1S_2S_3$	错码位置	$S_1S_2S_3$	错码位置
001	a_0	101	a_4
010	a_1	110	a_5
100	a_2	111	a_6
011	a_3	000	无错码

由表 8-3 可知，当 3 位校正子 $S_1S_2S_3$ 为“000”时，表示没有错码，校正子为“001”～“111”则分别表示 1 位错码位于 $a_0\sim a_6$。当且仅当 1 位错码的位置在 a_2、a_4、a_5 或 a_6 时，校正子 S_1 为 1，否则 S_1 为 0；当且仅当 1 位错码的位置在 a_1、a_3、a_5 或 a_6 时，校正子 S_2 为 1，否则 S_2 为 0；当且仅当 1 位错码的位置在 a_0、a_3、a_4 或 a_6 时，校正子 S_3 为 1，否则 S_3 为 0。由此可以推出用来计算校正子的监督关系式，即

$$\begin{cases}S_1=a_6+a_5+a_4+a_2\\S_2=a_6+a_5+a_3+a_1\\S_3=a_6+a_4+a_3+a_0\end{cases}\tag{8-5}$$

式(8-5)中的“+”表示“模 2 和”，是“⊕”的简写。在本章后面，除非特别指出，此类式子中的“+”都是指“模 2 和”。

当校正子 $S_1S_2S_3$ 为“000”时，表示码组中没有错码，即满足

$$\begin{cases}a_6+a_5+a_4+a_2=0\\a_6+a_5+a_3+a_1=0\\a_6+a_4+a_3+a_0=0\end{cases}\tag{8-6}$$

此时将式(8-6)进行移项运算，可以得到监督位 a_2、a_1、a_0 的计算关系式，即

$$\begin{cases}a_2=a_6+a_5+a_4\\a_1=a_6+a_5+a_3\\a_0=a_6+a_4+a_3\end{cases}\tag{8-7}$$

在这一(7,4)码中，a_6、a_5、a_4、a_3 是信息位，其取值是随机的，取决于发送端编码时所要传输的信息，a_2、a_1、a_0 是监督位，其取值是根据相应的信息位按照式(8-7)计算得出的。接收端

收到码组后，先根据式(8-5)所示的监督关系式计算出校正子 $S_1S_2S_3$，再参照表 8-3 判断错码的具体情况。例如，若接收码组为 0000011，按式(8-5)计算可得 $S_1S_2S_3$ 为“011”，查表可知 1 个错码发生在 a_3 位。

按上述方法构造的能够纠正单个错码的线性分组码称为汉明码。在(n,k)汉明码中，码长 $n=2^r-1$，信息位数 $k=2^r-1-r$，其编码效率为

$$R=\frac{k}{n}=\frac{2^r-1-r}{2^r-1}=1-\frac{r}{2^r-1}=1-\frac{r}{n} \tag{8-8}$$

码长 n 越大，r/n 就越小，编码效率就越接近 1。因此，汉明码是一种高效码。

下面将在上述汉明码例子的基础上，介绍线性分组码的一般原理。先把式(8-6)补写完整，即

$$\begin{cases}1\cdot a_6+1\cdot a_5+1\cdot a_4+0\cdot a_3+1\cdot a_2+0\cdot a_1+0\cdot a_0=0\\1\cdot a_6+1\cdot a_5+0\cdot a_4+1\cdot a_3+0\cdot a_2+1\cdot a_1+0\cdot a_0=0\\1\cdot a_6+0\cdot a_5+1\cdot a_4+1\cdot a_3+0\cdot a_2+0\cdot a_1+1\cdot a_0=0\end{cases} \tag{8-9}$$

式(8-9)可以改写成如下矩阵形式，即

$$\begin{bmatrix}1110100\\1101010\\1011001\end{bmatrix}\begin{bmatrix}a_6\\a_5\\a_4\\a_3\\a_2\\a_1\\a_0\end{bmatrix}=\begin{bmatrix}0\\0\\0\end{bmatrix} \tag{8-10}$$

令 $\boldsymbol{H}=\begin{bmatrix}1110100\\1101010\\1011001\end{bmatrix}$，$\boldsymbol{A}=[a_6\ a_5\ a_4a_3\ a_2\ a_1a_0]$，“T”表示矩阵转置，则式(8-10)可以简写为

$$\boldsymbol{H}\cdot\boldsymbol{A}^{\mathrm{T}}=\boldsymbol{0}^{\mathrm{T}}\quad 或者\quad \boldsymbol{A}\cdot\boldsymbol{H}^{\mathrm{T}}=\boldsymbol{0} \tag{8-11}$$

$\boldsymbol{H}$ 称为监督矩阵，它的行数等于监督关系式的数目，也等于监督位的数目 r。$\boldsymbol{H}$ 每一行中“1”的位置表示相应码元之间存在监督关系。例如式(8-10)中，$\boldsymbol{H}$ 的第一行为“1110100”，表示监督位 a_2 是由信息位 a_6、a_5、a_4 之和决定的。显然，若监督矩阵 $\boldsymbol{H}$ 确定了，则编码时监督位和信息位的关系也就完全确定了。接收端在收到码组后，只需将收到的码组与监督矩阵 $\boldsymbol{H}$ 相乘，就可以计算出校正子。根据式(8-10)，只有在接收码组完全正确时，校正子才会是全 0。若计算得到的校正子不是全 0，则表示收到的码组中有错码。由此可见，监督矩阵 $\boldsymbol{H}$ 可以用来帮助接收端“监督”收到的码组是否有错。

$\boldsymbol{H}$ 矩阵可以分成两部分。

$$\boldsymbol{H}=\begin{bmatrix}1110 & \vdots & 100\\1101 & \vdots & 010\\1011 & \vdots & 001\end{bmatrix}=[\boldsymbol{PI}_r] \tag{8-12}$$

式中，$\boldsymbol{P}$ 为 $r\times k$ 阶矩阵，$\boldsymbol{I}_r$ 为 $r\times r$ 阶单位方阵。

具有$[\boldsymbol{PI}_r]$形式的 $\boldsymbol{H}$ 矩阵一般称为典型监督矩阵。

类似地，将用于计算监督位的式(8-7)补写完整为

$$\begin{cases} a_2=1\cdot a_6+1\cdot a_5+1\cdot a_4+0\cdot a_3 \\ a_1=1\cdot a_6+1\cdot a_5+0\cdot a_4+1\cdot a_3 \\ a_0=1\cdot a_6+0\cdot a_5+1\cdot a_4+1\cdot a_3 \end{cases} \tag{8-13}$$

式(8-13)可以改写成如下矩阵形式，即

$$\begin{bmatrix} a_2 \\ a_1 \\ a_0 \end{bmatrix}=\begin{bmatrix} 1 & 1 & 1 & 0 \\ 1 & 1 & 0 & 1 \\ 1 & 0 & 1 & 1 \end{bmatrix}\begin{bmatrix} a_6 \\ a_5 \\ a_4 \\ a_3 \end{bmatrix}=\boldsymbol{P}\begin{bmatrix} a_6 \\ a_5 \\ a_4 \\ a_3 \end{bmatrix} \tag{8-14}$$

令 $\boldsymbol{Q}=\boldsymbol{P}^{\mathrm{T}}$，$\boldsymbol{Q}$ 为一个 $k\times r$ 阶矩阵，则式(8-14)可以改写为

$$[a_2\ a_1\ a_0]=[a_6\ a_5\ a_4\ a_3]\boldsymbol{Q} \tag{8-15}$$

这表示，当信息位确定后，将信息位组成行矩阵乘以矩阵 $\boldsymbol{Q}$ 就可以得到监督位。

如果在矩阵 $\boldsymbol{Q}$ 的左边加上1个 $k\times k$ 阶单位方阵，就构成了一个新的矩阵 $\boldsymbol{G}$，称为生成矩阵，即

$$\boldsymbol{G}=[\boldsymbol{I}_k\boldsymbol{Q}]=\begin{bmatrix} 1000 & \vdots & 111 \\ 0100 & \vdots & 110 \\ 0010 & \vdots & 101 \\ 0001 & \vdots & 011 \end{bmatrix} \tag{8-16}$$

当信息位确定后，如式(8-17)所示，将信息位组成行矩阵乘以生成矩阵 $\boldsymbol{G}$ 就可以得到整个码组，“生成矩阵”因此得名，即

$$\boldsymbol{A}=[a_6\ a_5\ a_4\ a_3\ a_2\ a_1\ a_0]=[a_6\ a_5\ a_4\ a_3]\boldsymbol{G} \tag{8-17}$$

一般将具有$[\boldsymbol{I}_k\boldsymbol{Q}]$形式的生成矩阵称为典型生成矩阵。如果分组码的生成矩阵 $\boldsymbol{G}$ 确定，则该分组码的编码方法也就完全确定。根据典型生成矩阵 $\boldsymbol{G}$ 得出的码组 $\boldsymbol{A}$ 中，信息位的位置在前，监督位附加于其后，这种形式的码称为系统码。

在实际的通信过程中，由 n 个码元构成的发送码组 $\boldsymbol{A}$ 在传输中可能由于干扰等因素而发生误码，因此接收端收到的码组就可能与 $\boldsymbol{A}$ 不相同，即接收端收到了错误的码组。假设接收端收到的码组为 $\boldsymbol{B}=[b_{n-1}\ b_{n-2}\ \cdots\ b_2\ b_1 b_0]$，则发送码组与接收码组之间的差值为

$$\boldsymbol{B}-\boldsymbol{A}=\boldsymbol{E}(\text{模 }2)=[e_{n-1}\ e_{n-2}\ \cdots\ e_2\ e_1\ e_0] \tag{8-18}$$

这其实就是传输过程中产生的错码行矩阵，一般称为“错误图样”。在式(8-18)中，有

$$e_i=\begin{cases} 0, & b_i=a_i \\ 1, & b_i\neq a_i \end{cases} \quad (i=0,1,\cdots,n-1)$$

若 $e_i=0$，表示该接收码元无错；若 $e_i=1$，则表示该接收码元有错。如果接收到的码组 $\boldsymbol{B}$ 没有误码，与码组 $\boldsymbol{A}$ 完全一样，则错误图样 $\boldsymbol{E}$ 将是一个全0的行矩阵。式(8-18)也可以改写为

$$\boldsymbol{B}=\boldsymbol{A}+\boldsymbol{E}(\text{模 }2) \tag{8-19}$$

例如，若发送码组 $\boldsymbol{A}=[1000111]$，错误图样 $\boldsymbol{E}=[0000100]$，则接收码组 $\boldsymbol{B}=[1000011]$。

接收端在解码时，是根据收到的码组通过式(8-11)来计算校正子的，即

$$\boldsymbol{S}=\boldsymbol{B}\boldsymbol{H}^{\mathrm{T}}=(\boldsymbol{A}+\boldsymbol{E})\boldsymbol{H}^{\mathrm{T}}=\boldsymbol{A}\boldsymbol{H}^{\mathrm{T}}+\boldsymbol{E}\boldsymbol{H}^{\mathrm{T}}=\boldsymbol{E}\boldsymbol{H}^{\mathrm{T}} \tag{8-20}$$

式(8-20)表明，校正子 $\boldsymbol{S}$ 和错误图样 $\boldsymbol{E}$ 之间有确定的线性变换关系，计算出校正子后，在

一定的纠错范围内，就可以利用校正子 $\boldsymbol{S}$ 来指示错码的位置。下面通过一个例子对此作出进一步说明。

【例 8-1】 假设一(7,4)线性分组码的监督矩阵 $\boldsymbol{H}=\begin{bmatrix}1&1&0&1&0&0\\0&1&1&0&1&0\\1&0&1&0&0&1\end{bmatrix}$，接收端收到 3 个码组，分别为 $\boldsymbol{B}_1=[011101]$，$\boldsymbol{B}_2=[101011]$，$\boldsymbol{B}_3=[000011]$，请验证这 3 个接收码组是否正确，若有错，且假设只有 1 个错码，请指出错码的位置。

解 首先计算校正子 $\boldsymbol{S}$：

$$\boldsymbol{S}_1=\boldsymbol{B}_1\boldsymbol{H}^{\mathrm{T}}=[0\ 0\ 0]$$

$$\boldsymbol{S}_2=\boldsymbol{B}_2\boldsymbol{H}^{\mathrm{T}}=[1\ 0\ 1]$$

$$\boldsymbol{S}_3=\boldsymbol{B}_3\boldsymbol{H}^{\mathrm{T}}=[0\ 1\ 1]$$

根据校正子 $\boldsymbol{S}$ 的计算结果就可以判断出，接收到的码组 $\boldsymbol{B}_1$ 是正确的，接收到的码组 $\boldsymbol{B}_2$ 和 $\boldsymbol{B}_3$ 中有错码。

接着就可以借助式(8-20)来判断错码的位置。因为 $\boldsymbol{S}=\boldsymbol{E}\boldsymbol{H}^{\mathrm{T}}$，且 $\boldsymbol{S}_2=[101]$，对应于监督矩阵 $\boldsymbol{H}$ 的第一列，所以错误图样 $\boldsymbol{E}_2=[100000]$，表示码组 $\boldsymbol{B}_2$ 的最高位 b_5 是错码，正确的码组应该是 $\boldsymbol{B}_2=[001011]$。

同理，因为 $\boldsymbol{S}_3=[011]$，对应于监督矩阵 $\boldsymbol{H}$ 的第三列，所以错误图样 $\boldsymbol{E}_3=[001000]$，表示码组 $\boldsymbol{B}_3$ 的第四位 b_3 是错码，正确的码组应该是 $\boldsymbol{B}_3=[001011]$。

【例 8-2】 设某线性分组码的生成矩阵为 $\boldsymbol{G}=\begin{bmatrix}1&0&0&1&0&1\\0&1&0&1&1&0\\0&0&1&0&1&1\end{bmatrix}$，

(1) 试求其监督矩阵 $\boldsymbol{H}$，确定(n,k)中的 n 和 k；

(2) 写出监督位的关系式以及该线性分组码的所有许用码组；

(3) 求最小码距 d_0。

解 (1) 由给出的生成矩阵可得

$$\boldsymbol{Q}=\begin{bmatrix}1&0&1\\1&1&0\\0&1&1\end{bmatrix}$$

$\boldsymbol{P}$ 矩阵为 $\boldsymbol{Q}$ 矩阵的转置，得

$$\boldsymbol{P}=\boldsymbol{Q}^{\mathrm{T}}=\begin{bmatrix}1&1&0\\0&1&1\\1&0&1\end{bmatrix}$$

因此，监督矩阵为

$$\boldsymbol{H}=[\boldsymbol{P}\boldsymbol{I}_r]=\begin{bmatrix}1&1&0&1&0&0\\0&1&1&0&1&0\\1&0&1&0&0&1\end{bmatrix}$$

由生成矩阵可知，此时 $n=6$，$k=3$。

(2) 线性分组码的监督关系由其监督矩阵 $\boldsymbol{H}$ 来确定，根据式(8-11)有

$$\begin{bmatrix}1&1&0&1&0&0\\0&1&1&0&1&0\\1&0&1&0&0&1\end{bmatrix}\begin{bmatrix}a_5\\a_4\\a_3\\a_2\\a_1\\a_0\end{bmatrix}=\begin{bmatrix}0\\0\\0\end{bmatrix}$$

计算上式可得监督关系式

$$\begin{cases}a_2=a_5\oplus a_4\\a_1=a_4\oplus a_3\\a_0=a_5\oplus a_3\end{cases}$$

将信息码依次代入式(8-17)，即可得到该分组码的所有许用码组为

[000000]，[001011]，[010110]，[011101]，[100101]，[101110]，[110011]，[111000]。

(3) 除全0码外，以上许用码组中码组的最小重量为3，因此最小码距 $d_0=3$。

8.5 循环码

8.5.1 循环码原理

循环码是一种比较特殊的线性分组码，其纠检错能力较强，且编解码设备都不是太复杂。循环码除了具有线性码的一般性之外，还具有循环性，即循环码中任一码组循环左移一位或者右移一位后，仍然是该循环码中的一个码组。一般来说，若 $(a_{n-1}\,a_{n-2}\cdots a_0)$ 是循环码的一个码组，则循环移位后的码组 $(a_{n-2}\,a_{n-3}\cdots\,a_0\,a_{n-1})$，$(a_{n-3}\,a_{n-4}\cdots\,a_{n-1}\,a_{n-2})$，…，$(a_0\,a_{n-1}\cdots\,a_2\,a_1)$ 也是该编码中的码组。

如果把一个长为 n 的循环码中的每个码元看作是一个多项式的系数，就可以用码多项式 $T(x)$ 来表示该码组，即

$$T(x)=a_{n-1}x^{n-1}+a_{n-2}x^{n-2}+\cdots+a_1x+a_0 \tag{8-21}$$

例如，码组"1011100"可以表示为

$$T(x)=1\cdot x^6+0\cdot x^5+1\cdot x^4+1\cdot x^3+1\cdot x^2+0\cdot x+0=x^6+x^4+x^3+x^2 \tag{8-22}$$

在码多项式中，x 只是起到标记码元位置的作用，因此无需关注 x 的具体取值。

按模运算是码多项式运算中的一种重要运算。若任意一个多项式 $F(x)$ 被一个 n 次多项式 $N(x)$ 除，得到商式 $Q(x)$ 和一个次数小于 n 的余式 $R(x)$，即

$$F(x)=N(x)Q(x)+R(x) \tag{8-23}$$

则可以写为

$$F(x)\equiv R(x)\quad(\text{模 }N(x)) \tag{8-24}$$

在多项式的按模运算中，码多项式的系数仍按模2运算，即系数只有"0"和"1"两种取值。例如，x^3 被 (x^3+1) 除，得到余项为1，所以有

$$x^3\equiv 1\quad(\text{模}(x^3+1)) \tag{8-25}$$

类似地，因为

$$\begin{array}{r} x \\ x^3+1\,\overline{)\,x^4+x^2+1} \\ \underline{x^4+x\quad} \\ x^2+x+1 \end{array}$$

所以有

$$x^4+x^2+1 \equiv x^2+x+1 \quad (模(x^3+1)) \tag{8-26}$$

需要指出的是，在模 2 运算中，加法运算和减法运算的结果是一样的，一般用加法代替减法，所以得到的余项是 x^2+x+1，而不是 x^2-x+1。

在循环码中，若 $T(x)$是一个长为 n 的许用码组，则 $x^iT(x)$在按模 x^n+1 运算下，也是该编码中的一个许用码组，即若

$$x^iT(x) \equiv T'(x) \quad (模(x^n+1)) \tag{8-27}$$

则 $T'(x)$也是该编码中的一个许用码组。一个长为 n 的循环码，其对应的码多项式必然是按模 x^n+1 运算的一个余式。

对于分组码而言，如果其生成矩阵 $\boldsymbol{G}$ 确定了，则该分组码的编码方法也就完全确定了，只需将信息位组成行矩阵乘以生成矩阵 $\boldsymbol{G}$ 就可以得到整个码组。下面讨论一下循环码的生成矩阵。

在循环码中，一个(n,k)码共有 2^k 个不同的码组。其中，除了全“0”码组外，不可能出现连续 k 位均为“0”的码组，否则，在经过若干次循环移位后将得到一个 k 位信息位全为“0”，但监督位不全为“0”的一个码组，这与线性码的属性相违背。所以在(n,k)循环码中，连“0”的长度最多只能有$(k-1)$位。

假设用 $g(x)$表示一个前 $k-1$ 位都为 0、第 k 位不为 0 的循环码组，即

$$g(x)=a_{n-k}x^{n-k}+a_{n-k-1}x^{n-k-1}+\cdots+a_0 \tag{8-28}$$

式中，$g(x)$必须是一个常数项不为“0”的$(n-k)$次多项式。这是因为如果常数项为“0”，则该码组循环右移一位后，将得到连续 k 位均为“0”的码组，这在循环码中是不可能出现的。这个$(n-k)$次多项式 $g(x)$就称为循环码的生成多项式，一旦确定了 $g(x)$，则整个$(n,\ k)$循环码就确定了。由码组的循环特性可知，$g(x)$，$x\,g(x)$，$x^2\,g(x)$，…，$x^{k-1}g(x)$都是码组，而且这 k 个码组是线性无关的，可以用来构成此循环码的生成矩阵 $\boldsymbol{G}$，即

$$\boldsymbol{G}(x)=\begin{bmatrix} x^{k-1}g(x) \\ x^{k-2}g(x) \\ \vdots \\ xg(x) \\ g(x) \end{bmatrix} \tag{8-29}$$

假设输入的信息码元是 $m_{k-1}\,m_{k-2}\cdots\,m_0$，则相应的码多项式为

$$T(x)=(m_{k-1}m_{k-2}\cdots m_0)\boldsymbol{G}(x)=(m_{k-1}x^{k-1}+m_{k-2}x^{k-2}+\cdots+m_0)g(x) \tag{8-30}$$

显然，所有码多项式 $T(x)$都可以被生成多项式 $g(x)$整除，同时，任一次数不大于 $k-1$ 的多项式乘 $g(x)$都是码多项式。

由式(8-30)可知，任意一个循环码的码多项式 $T(x)$都是生成多项式 $g(x)$的倍式，因此可以写为

$$T(x)=h(x)g(x) \tag{8-31}$$

同时,生成多项式 $g(x)$本身也是一个码组,所以 $x^k g(x)$在模(x^n+1)运算下也是一个码组,因此可以得到

$$\frac{x^k g(x)}{x^n+1}=Q(x)+\frac{T(x)}{x^n+1} \tag{8-32}$$

式(8-32)左端的分子和分母都是 n 次多项式,所以商式 $Q(x)=1$,因此式(8-32)可以写为

$$x^k g(x)=x^n+1+T(x) \tag{8-33}$$

将式(8-31)代入式(8-33),移项可得

$$x^n+1=x^k g(x)+h(x)g(x)=g(x)[x^k+h(x)] \tag{8-34}$$

式(8-34)表明,生成多项式 $g(x)$应该是 x^n+1 的一个 $n-k$ 次因子,这就是寻找循环码的生成多项式的方法。下面以 $n=7$ 为例来说明。

$$(x^7+1)=(x+1)(x^3+x^2+1)(x^3+x+1) \tag{8-35}$$

如果要求得(7, 3)循环码的生成多项式 $g(x)$,就应从式(8-35)中找到一个 $n-k=4$ 次的因子,可以有两种选择,即

$$(x+1)(x^3+x^2+1)=x^4+x^2+x+1 \tag{8-36}$$

$$(x+1)(x^3+x+1)=x^4+x^3+x^2+1 \tag{8-37}$$

式(8-36)和式(8-37)都可作为(7, 3)循环码的生成多项式。当然,选用的生成多项式不同,产生的循环码码组也不相同。

8.5.2 循环码的编、解码方法

在进行循环码编码时,首先要根据给定的(n, k)值选定生成多项式 $g(x)$,即从(x^n+1)的因子中选一个$(n-k)$次多项式作为 $g(x)$。由于所有码多项式 $T(x)$都可以被 $g(x)$整除,根据这一原则,就可以对给定的信息位进行编码,具体的编码步骤如下。

(1) 用 x^{n-k} 乘以 $m(x)$。

$m(x)$为信息码对应的多项式,其次数小于 k。用 x^{n-k} 乘以 $m(x)$,实际上就是在信息码后附加上$(n-k)$个“0”。

例如,信息码为“101”,它对应的码多项式 $m(x)=x^2+1$。当 $n-k=7-3=4$ 时,$x^{n-k}m(x)=x^4(x^2+1)=x^6+x^4$,它相当于“1010000”,即在原来的信息码“101”后面加上了 4 个 0。

(2) 用 $g(x)$除 $x^{n-k}m(x)$。

用 $g(x)$除 $x^{n-k}m(x)$,可得

$$\frac{x^{n-k}m(x)}{g(x)}=Q(x)+\frac{r(x)}{g(x)} \tag{8-38}$$

式中,$Q(x)$为商式,$r(x)$为余式。

(3) 将 $x^{n-k}m(x)$与余式 $r(x)$相加。

将 $x^{n-k}m(x)$与余式 $r(x)$相加,可得到该循环码组所对应的码多项式 $T(x)$,即

$$T(x)=x^{n-k}m(x)+r(x) \tag{8-39}$$

因为 $m(x)$的次数小于 k,则 $x^{n-k}m(x)$的次数必定小于 n。将 $r(x)$和 $x^{n-k}m(x)$相加,其实就是将余式 $r(x)$作为监督位加在信息位之后,得到相应的码多项式为 $T(x)$。

【例 8-3】 已知一(7,3)循环码的生成多项式为 $g(x)=x^4+x^2+x+1$，若发送的信息码元为“110”，请写出所对应的码多项式。

解 信息码“110”对应的信息码多项式为 $m(x)=x^2+x$，因为 $n-k=7-3=4$，所以得到多项式 $x^{n-k}m(x)=x^{7-3}m(x)=x^6+x^5$。

用生成多项式 $g(x)$ 除 $x^{n-k}m(x)$，可得

$$\frac{x^{n-k}m(x)}{g(x)}=\frac{x^6+x^5}{x^4+x^2+x+1}=x^2+x+1+\frac{x^2+1}{x^4+x^2+x+1}$$

求得的余式 $r(x)=x^2+1$。

所以该循环码组所对应的码多项式为

$$T(x)=x^{n-k}m(x)+r(x)=x^6+x^5+x^2+1$$

对应的循环码组是“1100101”，前 3 位“110”是信息位，后 4 位“0101”是监督位。

图 8-10 所示的是(7,3)循环码编码器示意图，该编码器的核心部分是由移位寄存器构成的除法器。当信息位 m 输入时，开关 S 倒向下方，输入的信息码元一边输出，一边送入移位寄存器进行除法运算。当信息位 m 输完后，开关 S 转向上方，移位寄存器中的除法余项依次输出，作为监督码元跟在信息码元后面，构成整个循环码码组。表 8-4 列出了(7.3)循环码编码过程。

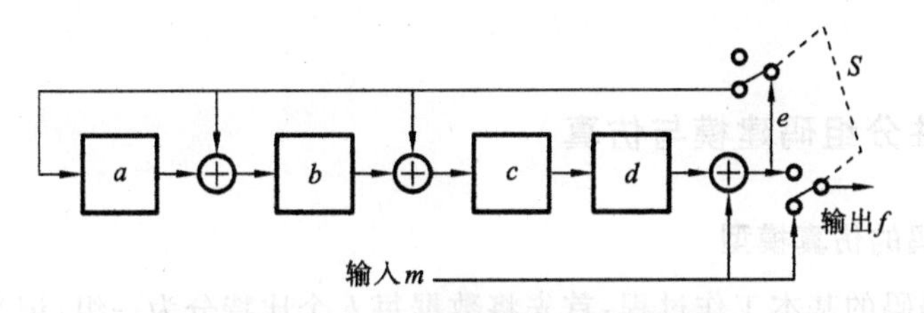

图 8-10 (7,3)循环码编码器示意图

表 8-4 (7,3)循环码编码过程示例

	m	a	b	c	d	e	f
初始状态	0	0	0	0	0	0	0
输出信息位	1	1	1	1	0	1	1
	1	1	0	0	1	1	1
	0	1	0	1	0	1	0
输出监督位	0	0	1	0	1	0	0
	0	0	0	1	0	1	1
	0	0	0	0	1	0	0
	0	0	0	0	0	1	1

根据循环码的编码原理可知，循环码的任意一个码多项式 $T(x)$ 都应该能被生成多项式 $g(x)$ 整除，所以接收端收到码组 $R(x)$ 后，只需要将接收码组 $R(x)$ 除以原生成多项式 $g(x)$，根据计算结果来判断是否有错码。当传输中未发生错误时，接收码组与发送码组相同，即 $R(x)=T(x)$，所以接收码组 $R(x)$ 必定能被 $g(x)$ 整除；若码组在传输中发生错误，则 $R(x)\neq T(x)$，$R(x)$ 被 $g(x)$ 除时可能除不尽而有余项。因此，接收端可以根据余项是否为零来判断接

收码组中是否有错码。

需要指出的是，有错码的接收码组也有可能被 $g(x)$ 整除，这时的错码就不能通过上述方法检测出来了。这种错误称为不可检错误。不可检错误中的误码数量已经超过了这种编码的检错能力，一般说来，不可检错误发生的概率是很低的。

【例 8-4】 某一(15,7)循环码的生成多项式为 $g(x)=x^8+x^7+x^6+x^4+1$，若接收端收到的码组为 100000000100011，试问接收端是否认为该码组有错码？

解 码组“100000000100011”所对应的码多项式为 $x^{14}+x^5+x+1$，因为所有的码多项式都应该能被生成多项式 $g(x)$ 整除，即

$$\frac{T(x)}{g(x)}=\frac{x^{14}+x^5+x+1}{x^8+x^7+x^6+x^4+1}=x^6+x^5+x^3+\frac{x^7+x^6+x^3+x+1}{x^8+x^7+x^6+x^4+1}$$

因此当不能整除时，接收端就认为收到的码组有错码。

显然，该码组对应的 $T(x)$ 不能被生成多项式 $g(x)$ 整除，余项为 $x^7+x^6+x^3+x+1$，所以接收端认为该码组有错码。

8.6 MATLAB/Simulink 信道编码建模与仿真

8.6.1 线性分组码建模与仿真

1. 线性分组码的仿真模型

线性分组码编码的基本工作过程：首先将数据每 k 个比特分为一组，记为 m，称为信息组；然后将长度为 k 的信息组通过一个 $k\times n$ 的生成矩阵 $\boldsymbol{G}$ 进行映射运算（编码），得到一个长度为 n 比特的码字 c_i，这样得到的分组码为 (n,k) 码，即

$$c_i=m\boldsymbol{G}$$

采用编码的基带传输系统 Simulink 的线性分组码仿真模型如图 8-11 所示。图中信源模块为伯努利二进制信号发生器（Bernoulli Binary Generator）。二进制线性编码器（Binary Linear Encoder）根据生成矩阵 $\boldsymbol{G}$ 进行线性分组码编码，二进制线性编码器的输入信号是一个长度为 k 的行矢量，生成矩阵 $\boldsymbol{G}$ 是一个 k 行 n 列的矩阵，编码后形成长度为 n 的行矢量。经过编码的序列送入二进制对称信道（Binary Symmetric Channel）进行传输，该信道是具有误码概率的二进制平衡信道。在接收端，二进制线性译码器（Binary Linear Decoder）对信号进行译码，二进制线性译码器对输入的 n 列行矢量进行解码，得到原始的长度为 k 的二进制信号。解码后的序列和信源序列送入误码率计算器（Error Rate Calculation）模块进行比较，统计接收端的误码率。用误码率计算器得到的误码率可以用显示器显示，也可以送入 MATLAB 工作空间，以便作图。

2. 线性分组码的参数设置

系统仿真模型中各个模块的线性分组码的参数设置如表 8-5 所示。本例中将传输数据分成 4 bit 一组，经过生成矩阵进行变换，将数据长度变为 7 bit 一组的数据，解码后再还原为原来的4 bit 一组的数据。传输信道的差错率设为 5%。

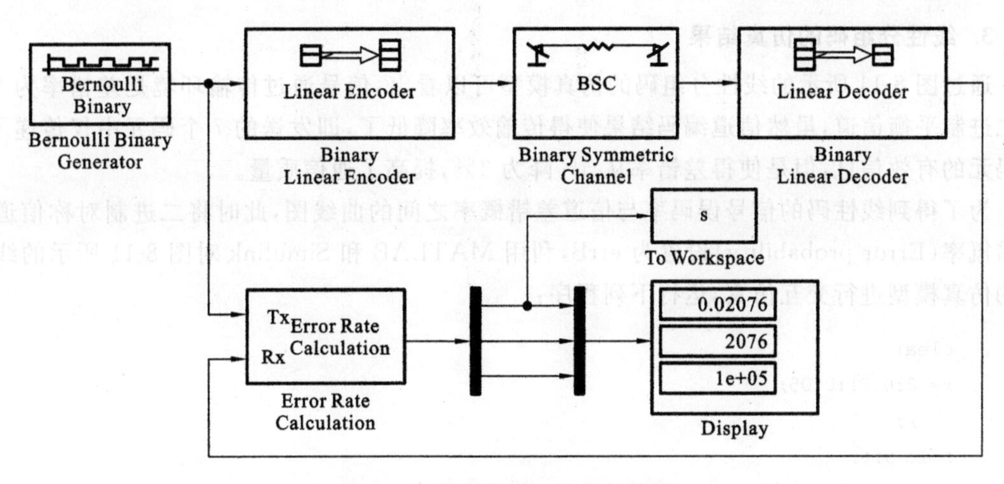

图 8-11 线性分组码的仿真模型

表 8-5 线性分组码的参数设置

模块名称	参数名称	参数取值
Bernoulli Binary Generator（伯努利二进制信号发生器）	Probability of zero	0.5
	Initial seed	10000
	Sample time	1
	Frame-based output	Checked
	Samples per frame	4
Binary Linear Encoder（二进制线性编码器）	Generator matrix	[[1 1 0;0 1 1;1 1 1;1 0 1]eye(4)]
Binary Symmetric Channel（二进制对称信道）	Error probability	0.05
	Initial seed	2137
Binary Linear Decoder（二进制线性译码器）	Generator matrix	[[1 1 0;0 1 1;1 1 1;1 0 1]eye(4)]
	Decoding table	0
Error Rate Calculation（误码率计算器）	Receive delay	0
	Computation delay	0
	Computation mode	Entire frame
	Output data	port
To Workspace（工作空间）	Variable name	s
	Limit data points to last	inf
	Decimation	1
	Save format	Array
	Sample time	−1

3. 线性分组码的仿真结果

通过图 8-11 所示的线性分组码的仿真模型可以看出，信号通过传输环境是差错率为 5% 的二进制平衡信道，虽然信道编码结果使得传输效率降低了，即发送的 7 个码元中仅传递了 4 个码元的有效信息，但是使得差错率从 5%降为 2%，提高了通信质量。

为了得到线性码的信号误码率与信道差错概率之间的曲线图，此时将二进制对称信道的差错概率(Error probability)设置为 errB，利用 MATLAB 和 Simulink 对图 8-11 所示的线性码的仿真模型进行交互仿真，运行下列程序：

```
clear
x= 0:0.01:0.05;
y= x;
hold off;
for i= 1:length(x)
     errB=x(i);
     sim('linearencode');
y(i)=mean(s);
end
plot(x,y);
hold on
grid on;
xlabel('信道误码率');
ylabel('接收端误码率 Pe');
```

图 8-12 是线性分组码交互仿真的结果。通过对图中的曲线进行分析，可以看出使用线性分组码进行信道编码后，差错率明显下降。

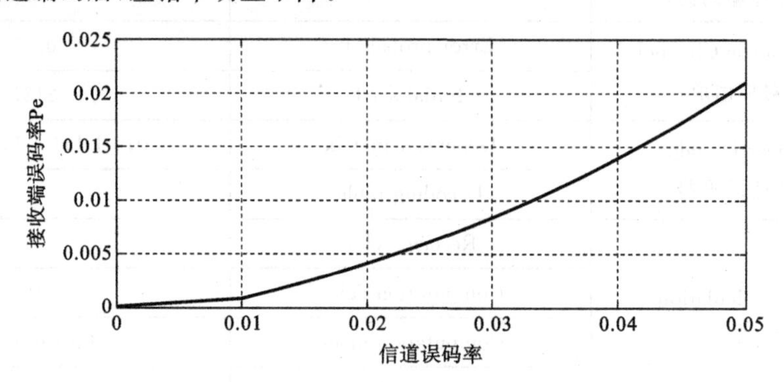

图 8-12　线性分组码交互仿真的结果

8.6.2　循环码建模与仿真

1. 循环码的仿真模型

采用基带传输系统 Simulink 的循环码仿真模型如图 8-13 所示。图中的信源与图8-11 中的信源一样，是伯努利二进制信号发生器。信源产生的信号经过二进制循环编码器(Binary Cyclic Encoder)编码后，送入二进制对称信道中进行传输。在接收端循环码译码器(Binary

Cyclic Decoder)对信号进行译码，译码后的序列和信源序列输入误码率计算器(Error Rate Calculation)模块进行比较，统计误码率。

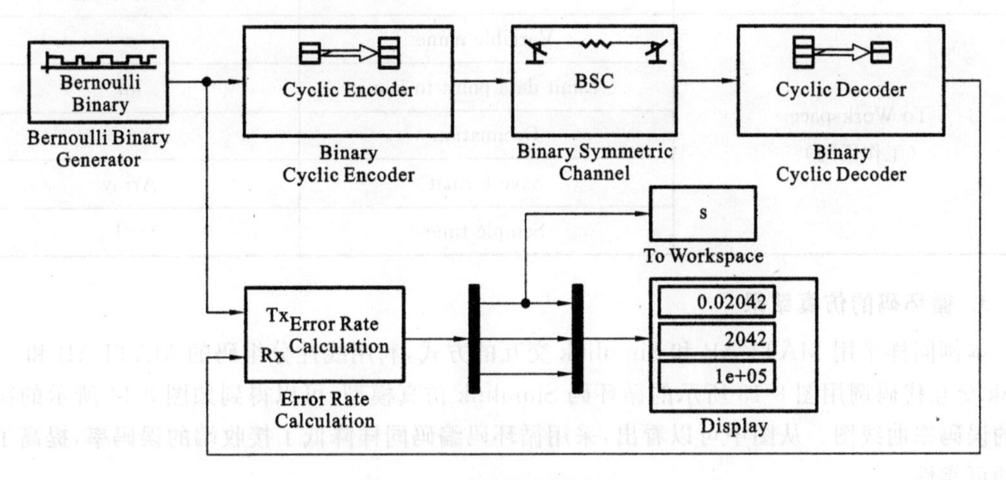

图 8-13　循环码的仿真模型

2. 循环码的参数设置

系统仿真模型中各个模块的循环码参数设置如表 8-6 所示。伯努利二进制信号发生器产生采样时间为 1 s 的二进制信号，二进制循环编码器(Binary Cyclic Encoder)的参数设置为(7,4)循环码。编码后序列送入差错概率为“errB”的二进制平衡信道。

表 8-6　循环码的参数设置

模 块 名 称	参 数 名 称	参 数 取 值
Bernoulli Binary Generator (伯努利二进制信号发生器)	Probability of zero	0.5
	Initial seed	10000
	Sample time	1
	Frame-based output	Checked
	Samples per frame	4
Binary Cyclic Encoder (二进制循环编码器)	Codeword length N	7
	Message length K	4
Binary Symmetric Channel (二进制对称信道)	Error probability	errB
	Initial seed	2137
Binary Cyclic Decoder (循环码译码器)	Codeword length N	7
	Message length K	4
Error Rate Calculation (误码率计算器)	Receive delay	0
	Computation delay	0
	Computation mode	Entire frame
	Output data	port

续表

模块名称	参数名称	参数取值
To Workspace（工作区间）	Variable name	s
	Limit data point to last	inf
	Decimation	1
	Save format	Array
	Sample time	−1

3. 循环码的仿真结果

本例同样采用MATLAB和Simulink交互的方式，利用线性分组码的MATLAB和Simulink交互代码调用图8-13所示的循环码Simulink仿真模型，可以得到如图8-14所示的循环码的误码率曲线图。从图中可以看出，采用循环码编码同样降低了接收端的误码率，提高了系统的可靠性。

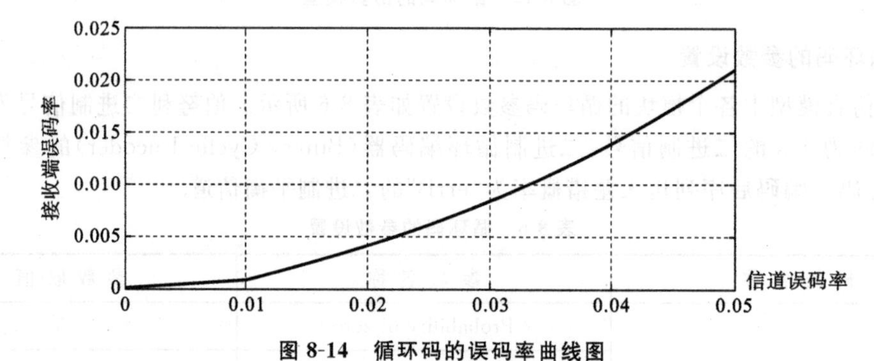

图8-14 循环码的误码率曲线图

第9章　同步原理

在通信系统中，同步是一个非常重要的问题。通信系统能否有效、可靠地工作，很大程度上依赖于有无良好的同步系统，同步系统性能的好坏将直接影响通信的质量。

当采用同步解调或相干解调时，接收端必须提供一个与发送端载波同频同相的相干载波，这就需要载波同步。数字通信系统若要从接收信号中恢复出原始的基带数字信号，就需要对接收码元波形在特定的时刻进行抽样判决。要产生与发送码元的重复频率和相位一致的定时脉冲序列就需要位同步。数字通信中的信息数字流，总是用若干码元组成一个“字”、用若干“字”组成一个“句”。因此，在接收这些数字流时，同样也必须知道这些“字”“句”的起止时刻。在接收端产生与“字”“句”起止时刻相一致的定时脉冲序列，就被称为“字”同步和“句”同步，统称为群同步或帧同步。此外，在有多个用户的通信网中，为了保证各用户之间可靠地进行数据交换，还必须实现网同步，使得整个通信网有一个统一的时间节拍标准。

本章主要介绍载波同步、位同步、群同步的原理和方法。

9.1　载波同步

载波同步是指接收端从接收信号中获取与调制载波同频同相的相干载波的过程，这个过程又称载波提取。

载波提取通常有两种方法：外同步法和自同步法。发送端发送专门的同步信息，接收端把这个专门的同步信息检测出来作为同步信号的方法，称为外同步法。发送端不发送专门的同步信息，接收端设法从接收到的信号中提取同步信息的方法，称为自同步法。

9.1.1　插入导频法

插入导频法是在已调信号频谱中额外插入一个低功率的线谱（此线谱对应的正弦波称为导频信号），在接收端利用窄带滤波器把它提取出来，经过适当处理形成接收端的相干载波。

插入导频法主要用于接收信号频谱中没有离散载波分量，或者即使含有一定的载波分量，也很难从接收信号中分离出来的情况。例如，抑制载波的DSB信号、单边带（SSB）信号和2PSK信号本身都不含有载波；残留边带（VSB）信号虽含有载波分量，但很难从已调信号的频谱中把它分离出来。对于这些信号的载波提取，可以采用插入导频法。下面以双边带信号为例，介绍如何在发送端插入导频以及如何在接收端实现载波提取。

由于导频与信号一起传输，插入导频的位置应该选在信号频谱为零的地方，这样可以避免信号的频谱与导频的频谱重叠。通常令插入的导频与加于调制器的载波正交，这样接收端易于解调。双边带信号在载波频率 f_c 处的频谱为0，因此可以直接在 f_c 处插入导频信号，抑制载波双边带调制的插入导频法频谱如图9-1所示。插入的导频并不是加于调制器的载波信号，而是将该载波信号移相90°后的“正交载波”，插入导频法发送端原理如图 9-2 所示。

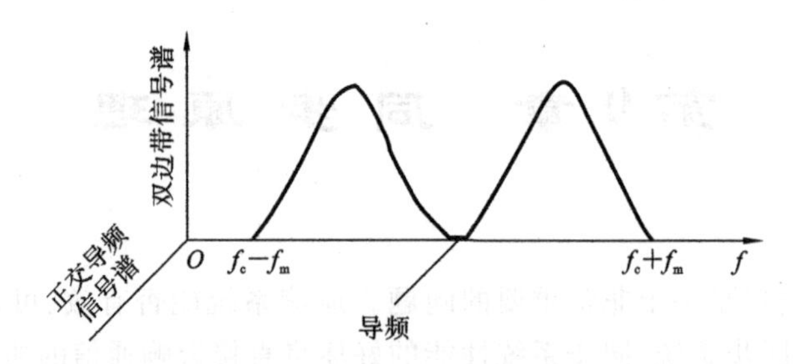

图 9-1　抑制载波双边带调制的插入导频法频谱

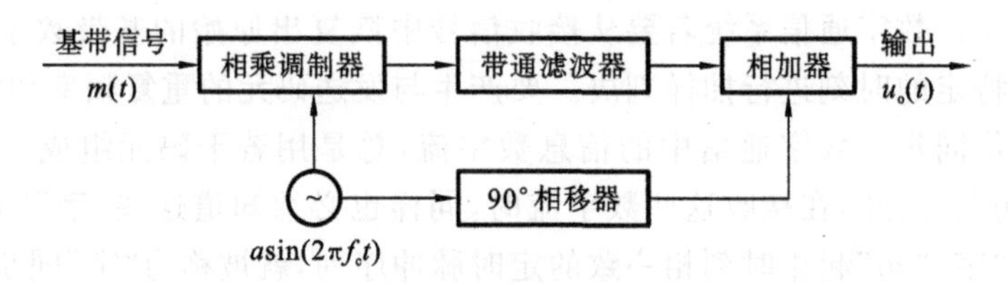

图 9-2　插入导频法发送端原理

假设基带信号为 $m(t)$，且 $m(t)$ 无直流信号，由振荡器产生被调载波 $a\sin(2\pi f_c t)$，调制器采用相乘调制器，插入的导频信号由被调载波经过90°相移器获得，为 $-a\cos(2\pi f_c t)$，可得输出信号为

$$u_o(t)=am(t)\sin(2\pi f_c t)-a\cos(2\pi f_c t) \tag{9-1}$$

假设发端输出信号在信道中无失真传输，则接收端用一个中心频率为 f_c 的窄带滤波器就可取得导频信号，再将它90°移相，就可得到与调制载波同频同相的信号 $\sin(2\pi f_c t)$，插入导频法接收端框原理如图 9-3 所示。

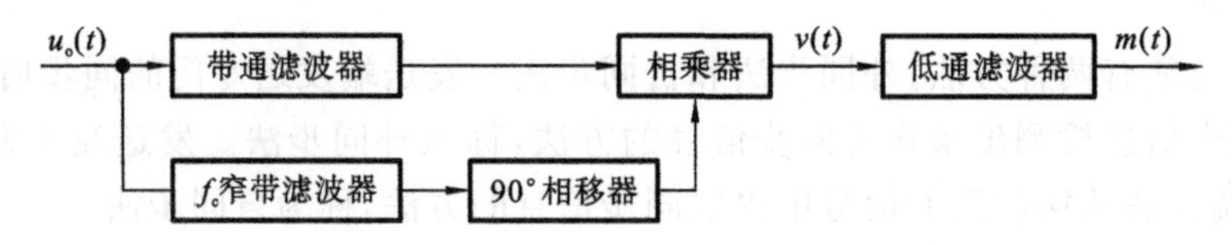

图 9-3　插入导频法接收端框原理

图 9-3 中相乘器的输出信号为

$$\begin{aligned}v(t)&=u_o(t)\sin(2\pi f_c t)=am(t)\sin^2(2\pi f_c t)-a\cos(2\pi f_c t)\sin(2\pi f_c t)\\&=\frac{a}{2}m(t)-\frac{a}{2}m(t)\cos(2\times 2\pi f_c t)-\frac{a}{2}\sin(2\times 2\pi f_c t)\end{aligned} \tag{9-2}$$

由式(9-2)可知，该信号经低通滤波器后，就可恢复出 $m(t)$ 信号。

9.1.2　直接法

某些信号虽然本身不包含载波分量，但对其进行某些线性变换以后，就可以直接从中提取出载波分量来。直接法指对于没有载波分量的信号进行非线性变换，再通过滤波、频率分解与合成等处理后，从中获得载波分量。用直接法实现载波同步的具体方法有多种，下面介绍常用的三种方法：平方变换法、平方环法和同相正交环法。

1. 平方变换法

以没有载波分量的2PSK信号为例，假设信道传输无失真，在接收端接收到的2PSK信号表示为

$$s(t)=m(t)\cos(2\pi f_c t) \tag{9-3}$$

式中，$m(t)$为双极性数字基带信号。

先对该信号作平方变换，得到

$$s^2(t)=m^2(t)\cos^2(2\pi f_c t)=\frac{1}{2}m^2(t)+\frac{1}{2}m^2(t)\cos(2\times 2\pi f_c t) \tag{9-4}$$

由式(9-4)可知，经平方运算后，信号的第二项包含有$2f_c$频率分量，因此可以用窄带滤波器将此分量滤出，再经过一个二分频器，就可以获取载频。平方变换法提取载频的原理如图9-4所示。

2. 平方环法

为了改善平方变换法的性能，将平方变换法中的$2f_c$窄带滤波器改为锁相环，就变成了平方环法，平方环法提取载频原理如图9-5所示。由于锁相环具有良好的跟踪、窄带滤波和记忆功能，因此，平方环法比平方变换法具有更好的性能，其得到了更为广泛的应用。

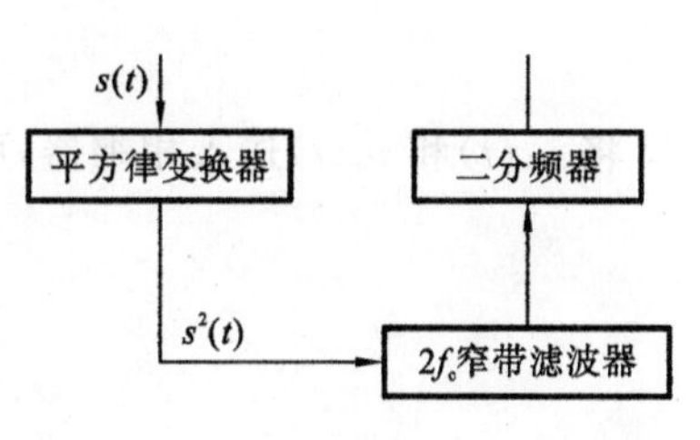

图9-4 平方变换法提取载频原理

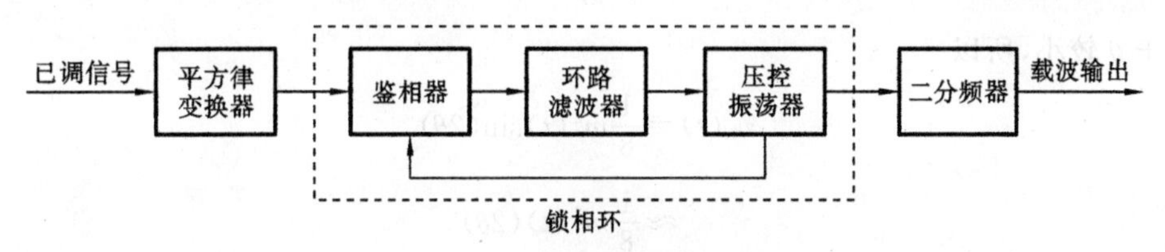

图9-5 平方环法提取载频原理

3. 同相正交环法

在平方环法中，压控振荡器工作在$2f_c$频率上，当f_c很高时，实现$2f_c$振荡器对技术要求很高。为了解决这个问题，人们提出了科斯塔斯环法，也称同相正交环法。

同相正交环法提取载波，所用的压控振荡器的工作频率为载波频率f_c，不需要预先进行平方处理，并且可以直接得到输出解调信号。同相正交环法提取载频的原理如图9-6所示。

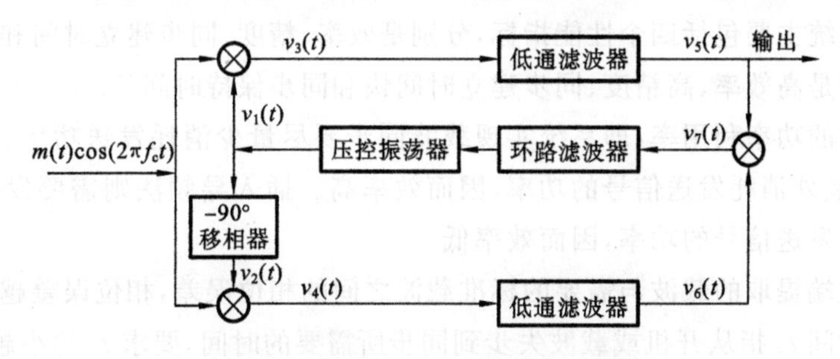

图9-6 同相正交环法提取载频原理

设输入信号为抑制载波双边带信号$m(t)\cos(2\pi f_c t)$，在压控振荡器锁定后输出为$v_1(t)=$

$\cos(2\pi f_c t+\theta)$，θ 为锁相环的剩余相位误差，其通常很小，经过 $-90°$ 的相移器后得到

$$v_2(t)=\cos(2\pi f_c t+\theta-90°)=\sin(2\pi f_c t+\theta) \tag{9-5}$$

$$\begin{aligned} v_3(t)&=m(t)\cos(2\pi f_c t)\cos(2\pi f_c t+\theta) \\ &=\frac{1}{2}m(t)[\cos\theta+\cos(4\pi f_c t+\theta)] \end{aligned} \tag{9-6}$$

$$\begin{aligned} v_4(t)&=m(t)\cos(2\pi f_c t)\sin(2\pi f_c t+\theta) \\ &=\frac{1}{2}m(t)[\sin\theta+\sin(4\pi f_c t+\theta)] \end{aligned} \tag{9-7}$$

$v_3(t)$ 和 $v_4(t)$ 分别经过低通滤波器后，可得

$$\begin{cases} v_5(t)=\dfrac{1}{2}m(t)\cos\theta \\ v_6(t)=\dfrac{1}{2}m(t)\sin\theta \end{cases} \tag{9-8}$$

将 $v_5(t)$ 和 $v_6(t)$ 送入相乘器，可得

$$\begin{aligned} v_7(t)&=v_5(t)v_6(t) \\ &=\frac{1}{4}m^2(t)\sin\theta\cos\theta \\ &=\frac{1}{8}m^2(t)\sin(2\theta) \end{aligned} \tag{9-9}$$

由于 θ 较小，所以

$$\begin{aligned} v_7(t)&=\frac{1}{8}m^2(t)\sin(2\theta) \\ &\approx\frac{1}{8}m^2(t)(2\theta) \\ &=\frac{1}{4}m^2(t)\theta \end{aligned} \tag{9-10}$$

$v_7(t)$ 经过环路滤波器后控制压控振荡器输出信号，使稳态相位误差减小到很小，此时 $v_1(t)=\cos(2\pi f_c t+\theta)$ 就是需要提取的载频。

9.1.3 载波同步系统的性能指标

载波同步系统主要包括四个性能指标，分别是效率、精度、同步建立时间和同步保持时间。载波同步追求的是高效率、高精度、同步建立时间快和同步保持时间长。

效率指系统的功率利用率，即系统实现载波同步要尽量少消耗发送功率。直接法不需要发送端配合，不额外消耗发送信号的功率，因而效率高。插入导频法则需要发送端配合，插入导频要占用部分发送信号的功率，因而效率低。

精度指接收端提取的载波与需要的标准载波之间的相位误差，相位误差越小，精度越高。

同步建立时间 t_s 指从开机或载波失步到同步所需要的时间，要求 t_s 越小越好。

同步保持时间 t_c 指载波同步建立后，若同步信号消失，系统还能维持同步的时间，显然 t_s 越大越好。

9.2 位同步

位同步也称码元同步或比特同步。在数字通信系统中，发送端按照确定的时间顺序，逐个传输数字脉冲序列中的各个码元。接收端在接收每个码元时，必须在正确的抽样判决时刻才能正确判决发送端所发送的码元。因此，接收端需要产生一个码元定时脉冲序列，而且这个序列的重复频率和相位必须与发送的数字脉冲序列的一致，这个码元定时脉冲序列称位同步脉冲或码元同步脉冲。

实现位同步脉冲的方法有外同步法和自同步法两种。

9.2.1 外同步法

如果基带信号是随机的二进制不归零脉冲序列，则该信号本身不包含位同步信息，为获取位同步信号，可在基带信号中插入位同步导频信号，这种方法称插入导频法，也称外同步法。

插入导频法的基本原理：在基带信号频谱的零点 $f_b=1/T$ 处，插入所需的导频信号，在接收端，用中心频率为 $f_b=1/T$ 的窄带滤波器，从解调后的基带信号中提取位同步信号。

在数字通信系统中，数字基带信号一般都采用不归零的矩形脉冲，并以此对高频载波做各种调制。解调后得到的也是不归零的矩形脉冲，码元速率为 f_b，码元宽度为 T，如图 9-7(a)所示，基带信号的功率谱在 f_b 处为 0，根据插入导频法基本原理，可以在 f_b 处插入位定时导频信号。

如果将基带信号先进行相关编码，经相关编码后的功率谱如图 9-7(b)所示，可以看出，应该在$\frac{f_b}{2}$处插入位定时导频，接收端取出$\frac{f_b}{2}$后，经过二倍频即可得到 f_b。

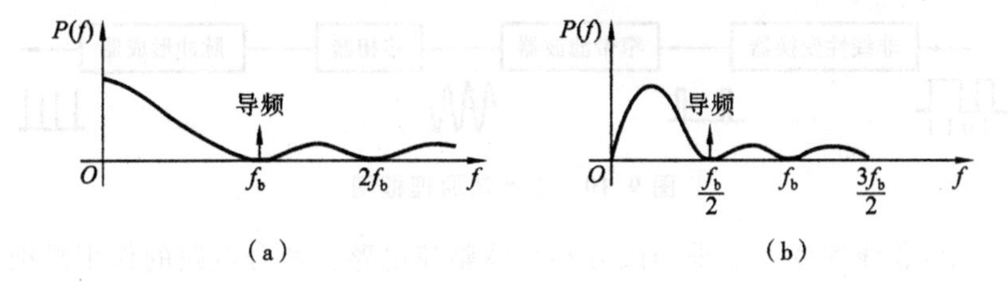

图 9-7 基带信号的功率谱特性

发送端插入位定时导频的原理如图 9-8 所示。发送端插入的导频为$\frac{f_b}{2}$，将编码后所得的信号与位定时导频相加后才对载波进行调制。接收端位定时导频提取的原理如图 9-9 所示，接收端在解调后设置了$\frac{f_b}{2}$窄带滤波器。移相、倒相和相加电路是为了从信号中消去插入导频，使进入取样判决器的基带信号没有插入导频。这样做是为了避免插入导频对取样判决的影响。此外，由于窄带滤波器取出的导频为$\frac{f_b}{2}$，图 9-9 中的微分全波整流器起到了倍频的作用，产生与码元速率相同的位定时信号 f_b。图 9-9 中的两个移相器都是用于消除由窄带滤波器等引起的相移的。

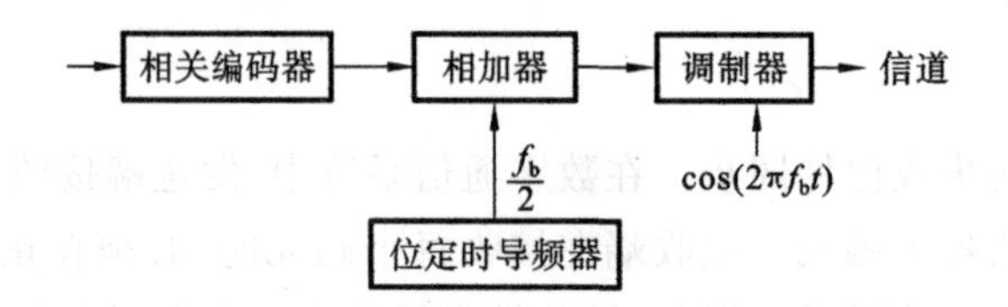

图 9-8　发送端插入位定时导频的原理

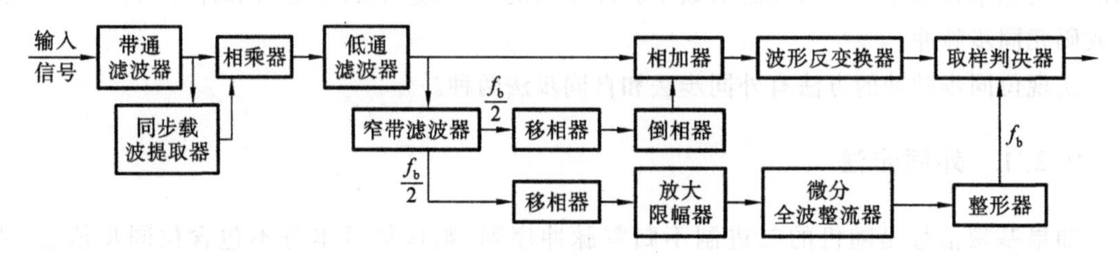

图 9-9　接收端位定时导频提取的原理

9.2.2　自同步法

自同步法类似于载波同步的直接法，发送端不发送专门的同步信息，接收端设法从接收到的信号中提取同步信息。实现自同步法的方法有滤波法和锁相环法两种。

1. 滤波法

在数字通信系统中，常用的基带信号，如不归零的二进制数字基带信号，功率谱中不含有离散的位同步信号分量，因而不能直接从其中滤出位同步信号，但是只要对基带信号做一些非线性变换，将信号变成单极性归零码，就可利用窄带滤波器滤出位同步信号分量，这种方法称为非线性变换滤波法，图 9-10 所示的为滤波法原理框图。

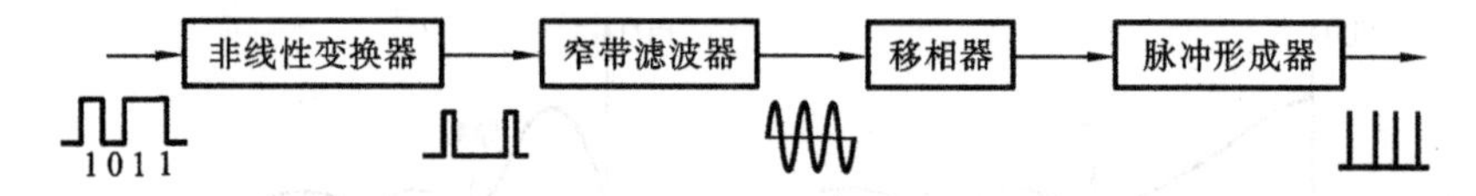

图 9-10　滤波法原理框图

在图 9-10 中，非线性变换器采用微分和全波整流电路。微分电路的作用是把不归零码变为归零码，全波整流电路的作用是将双极性信号变为单极性信号。这里整流输出的波形与归零脉冲的形状不一样，但它同样包含有位同步离散分量。图 9-11 所示的是微分整流非线性处理过程和位同步信号提取过程的波形图，图(a)～(c)所示的分别是给出的接收基带信号及其经过微分、整流后的波形，图(d)所示的是经过窄带滤波和移相后的波形，图(e)是经过脉冲整形后的位同步信号脉冲。

2. 锁相环法

采用锁相环电路来提取位同步信号的方法称为锁相环法。由于数字通信常采用数字式锁相，因此，这里仅介绍用典型的数字式锁相环法提取位同步的原理。

锁相环法是利用接收到的信号与本地产生的信号在鉴相器中进行相位比较后，用两者的相位差调整本地信号相位以达到两者频率一致的方法。位同步数字锁相的基本原理就是在接收端利用鉴相器比较接收码元和本地产生的位同步信号的相位，若两者相位不一致（超前或滞后），鉴相器就产生误差信号去调整位同步信号的相位，直至获得精确的位同步信号为止。

如图 9-12 所示，锁相环由鉴相器、n 次分频器、控制电路和高稳定度振荡器（晶振及整形电路）组成。鉴相器把经过零检测（限幅、微分）和单稳电路产生的窄脉冲（接收码元）与由高稳定振荡器产生的经过整形的 n 次分频后的位同步脉冲进行比较，若准确同步，则加到鉴相器的位同步信号相位保持不变；若位同步信号相位滞后，控制器使晶振及整形电路输出序列添加一个脉冲，经 n 次分频后的位同步信号相位就前移；若位同步信号相位超前，控制器使晶振及整形电路输出序列扣除一个脉冲，经 n 次分频后的位同步信号相位就后移，以调整位同步脉冲的相位。

锁相环能跟踪接收信号的相位变化，由于数字锁相环具有这一良好性能，因此其在数据传输的同步提取中得到了广泛的应用。

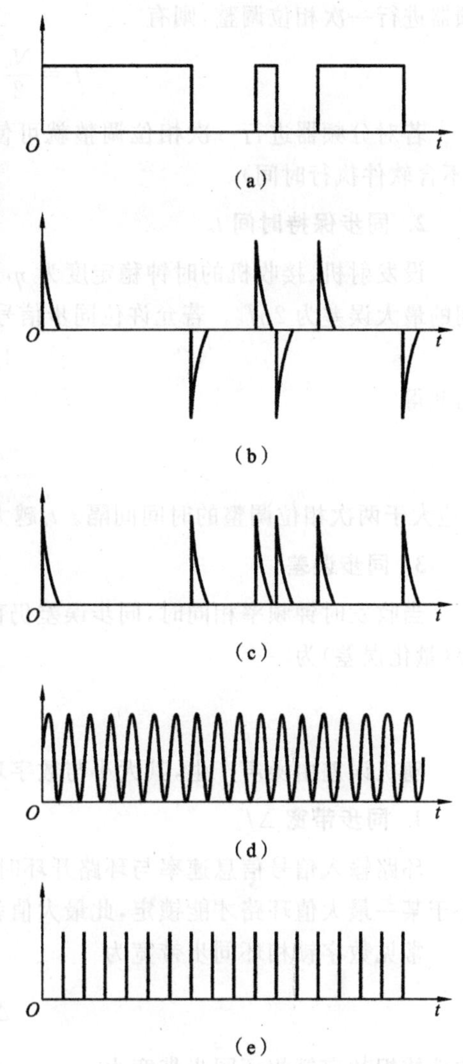

图 9-11 非线性变换滤波法原理波形

9.2.3 位同步系统的性能指标

位同步系统的性能指标除了效率以外，还有同步建立时间、同步保持时间、同步误差（精度）和同步带宽等。下面介绍数字锁相环位同步系统的性能指标。

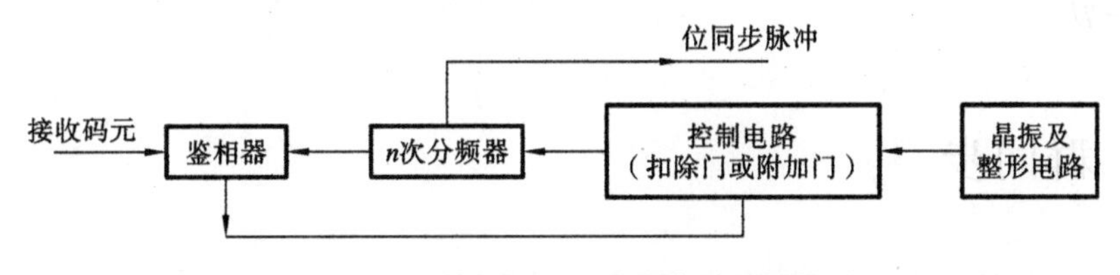

图 9-12 锁相环提取位同步原理框图

1. 同步建立时间 t_s

最大起始相差为 π 或 $-\pi$，若分频器相位调整量为每次 $\frac{2\pi}{N_0}$（如常见的数字锁相环），则最多需调整 $\frac{N_0}{2}$ 次就可以进入锁定状态。设鉴相器在两个码元内工作 1 次，且工作 m 次后，才对分

频器进行一次相位调整，则有

$$t_s=\frac{N_0}{2}\times 2mT_s=mN_0T_s \tag{9-11}$$

若对分频器进行一次相位调整就可使环路锁定（如快速捕捉数字锁相环），则 $t_s=2mT_s$（不含软件执行时间）。

2. 同步保持时间 t_c

设发射机、接收机的时钟稳定度为 η，则分频器输出信号频率与环路输入信号信息速率之间的最大误差为 $2\eta f_s$。若允许位同步信号的最大相位误差为 $2\pi\varepsilon$，则

$$4\eta f_s\pi t_c=2\pi\varepsilon \tag{9-12}$$

由此得

$$t_c=\frac{\varepsilon}{2\eta f_s} \tag{9-13}$$

t_c应大于两次相位调整的时间间隔。t_c越大，允许连“1”码或连“0”码越长。

3. 同步误差

当收发时钟频率相同时，同步误差仍存在，这种同步误差由量化误差和噪声产生。稳态误差（量化误差）为

$$\varphi_{emax}=\frac{2\pi}{N_0} \tag{9-14}$$

随机误差由噪声产生，其大小与数字环路滤波器有关。

4. 同步带宽 Δf_s

环路输入信号信息速率与环路开环时输出位同步信号频率之间有一定差值，此差值必须小于某一最大值环路才能锁定，此最大值就是环路的同步带宽。

常见数字锁相环同步带宽为

$$\Delta f_s=\frac{f_s}{2N_0m} \tag{9-15}$$

快速捕捉数字锁相环同步带宽为

$$\Delta f_s=\frac{f_s}{2m} \tag{9-16}$$

Δf_s应大于 $2\eta f_s$。

9.3 群同步

数字通信一般是以一定数量的码元组成“字”或“句”，即组成“群”进行传输。群同步（又称帧同步）的主要任务就是从接收码元中识别群的“开始”和“末尾”时刻。实现群同步的方法分为外同步和自同步两种。外同步是在数字信息流中插入一些特殊码组作为每群的头尾标记，接收端根据这些特殊码组的位置就可以实现群同步。自同步不需要外加的特殊码组，它类似于载波同步和位同步中的直接法。本节主要介绍通过插入特殊码组来实现群同步的方法，插入特殊码组法又分为集中插入法和分散插入法。

9.3.1 集中插入法

集中插入法指在每群的开头集中插入群同步码组的方法。这种用于群同步的码组$\{x_1, x_2, x_3, \cdots, x_n\}$是非周期序列或有限序列，在求自相关函数时，除了在时延$j \neq 0$的情况下，序列中只有部分元素参加相关运算，其表达式为

$$R(j) = \sum_{i=1}^{n-j} x_i x_{i+j} \tag{9-17}$$

这种非周期性的自相关函数称为局部自相关函数。用作群同步码组的特殊码组要求具有尖锐单峰性的局部自相关函数。目前常用的群同步码组是巴克码。

巴克码是一种具有特殊规律的二进制码组。对于一个长度为n的马克码码组$\{x_1, x_2, x_3, \cdots, x_n\}$，码元$x_i$只能取值$+1$或$-1$，其局部自相关函数为

$$R(j) = \sum_{i=1}^{n-j} x_i x_{i+j} = \begin{cases} n & (j = 0) \\ 0, +1, -1 & (0 < j < n) \end{cases} \tag{9-18}$$

根据式(9-18)给出的条件，目前已找到的巴克码码组如表9-1所示。

表9-1 巴克码码组

位数 n	码 序 列	二进制表示
2	＋＋；－＋	11;01
3	＋＋－	110
4	＋＋＋－；＋＋－＋	1110;1101
5	＋＋＋－＋	11101
7	＋＋＋－－＋－	1110010
11	＋＋＋－－－＋－－＋－	11100010010
13	＋＋＋＋＋－－＋＋－＋－＋	1111100110101

以$n=7$为例，根据式(9-18)可计算出巴克码的局部自相关函数为

$$j = 0, \quad R(0) = \sum_{i=1}^{7} x_i x_i = x_1^2 + x_2^2 + x_3^2 + x_4^2 + x_5^2 + x_6^2 + x_7^2 = 7$$

$$\begin{aligned} j = 1, \quad R(1) &= \sum_{i=1}^{6} x_i x_{i+1} = x_1 x_2 + x_2 x_3 + x_3 x_4 + x_4 x_5 + x_5 x_6 + x_6 x_7 \\ &= 1 + 1 - 1 + 1 - 1 - 1 = 0 \end{aligned}$$

$$\begin{aligned} j = 2, \quad R(2) &= \sum_{i=1}^{5} x_i x_{i+2} = x_1 x_3 + x_2 x_4 + x_3 x_5 + x_4 x_6 + x_5 x_7 \\ &= 1 - 1 - 1 - 1 + 1 = -1 \end{aligned}$$

$$\begin{aligned} j = 3, \quad R(3) &= \sum_{i=1}^{4} x_i x_{i+3} = x_1 x_4 + x_2 x_5 + x_3 x_6 + x_4 x_7 \\ &= -1 - 1 + 1 + 1 = 0 \end{aligned}$$

同理可求出$j=4,5,6,7$以及$j=-1,-2,\cdots,-7$时的局部自相关函数，并绘出如图9-13所示的7位巴克码的局部自相关函数曲线图。

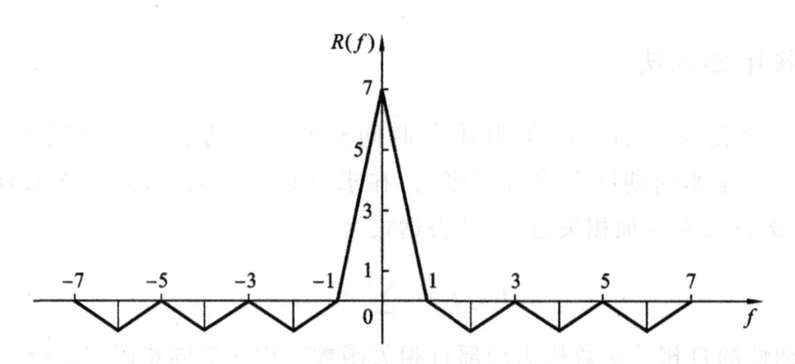

图 9-13　7 位巴克码的局部自相关函数曲线图

现仍以 7 位巴克码为例来说明巴克码的提取电路。由于信息码元序列是串行输入的，所以可以利用移位寄存器把码组转换为并行输出，又由于巴克码具有尖锐单峰性，所以可以利用相加器将并行输出结果相加，输出结果为 7，即为巴克码码组，否则为其他码。7 位巴克码识别器如图 9-14 所示，移位寄存器由 7 个 D 触发器实现，判决门限电平可设为“＋6”，7 位巴克码的最后一位 0 进入识别器，识别器输出一个同步脉冲表示群的开头，巴克码识别器的输入、输出波形如图 9-15 所示。

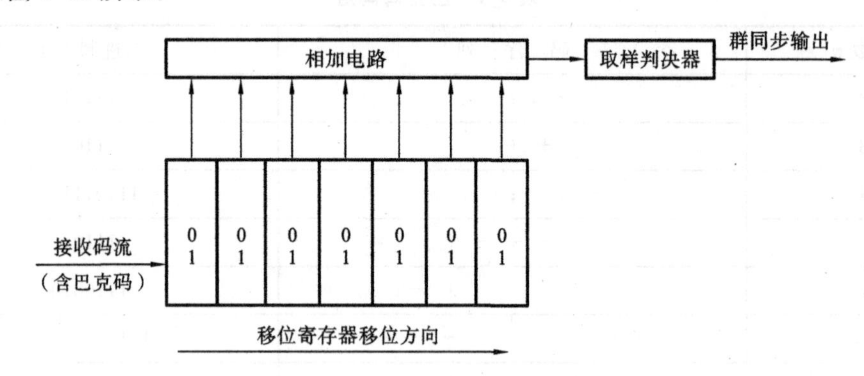

图 9-14　7 位巴克码识别器

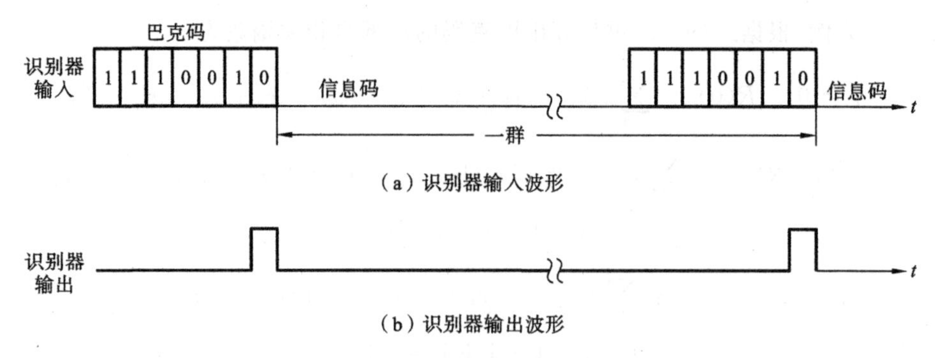

图 9-15　巴克码识别器的输入、输出波形

9.3.2　分散插入法

分散插入法又称间隔式插入法，这种方法将用于群同步的特殊码组分散地插入信息码元序列中，其原理如图 9-16 所示。在图 9-16 中，发送端将特殊码组的各个代码分别插入到不同

的数据群中。在接收端，为了找到群同步的位置，需要按照特殊码组码元插入数据群中的周期 P 进行搜索，若在规定数目的所有搜索周期内，在间隔为 P 的位置上，得到与群同步码组相同的码组，则认为该位置就是群同步码组的位置。

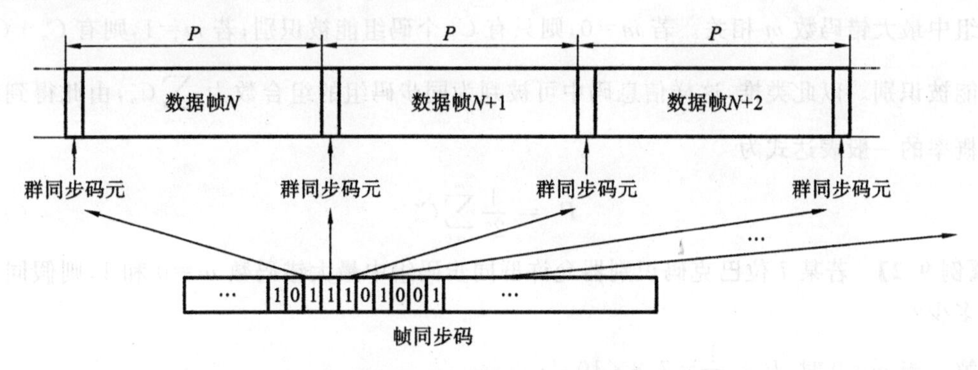

图 9-16 分散插入法原理

9.3.3 群同步系统的性能指标

对于群同步系统，要求其尽可能地在较短的时间内建立同步，并且在群同步建立后应该有较强的抗干扰能力。通常用漏同步概率 P_1、假同步概率 P_2 和同步平均建立时间 t_s 三个性能指标来表示同步性能的好坏。

1. 漏同步概率

由于受干扰的影响，接收的同步码组中可能出现一些错误码元，从而使识别器漏识已发出的同步码组，出现这种情况的概率称为漏同步概率，记为 P_1。漏同步概率与群同步的插入方式、群同步码的码组长度、系统的误码概率及识别器电路和参数选取等均有关系。

假设数字通信系统的误码率为 P，7 位码中 1 个码元也不错的概率为 $(1-P)^7$，因此判决电平为 6 时的漏同步概率为 $P_1=1-(1-P)^7$。若为了减少漏同步，将判决门限改为 4，此时容许在群同步码组中有 1 个错码，则出现 1 个错码的概率为 $C_7^1P^1\ (1-P)^{7-1}$，漏同步概率为 $P_1=1-[(1-P)^7+C_7^1P^1\ (1-P)^{7-1}]$。

设群同步码组的码元数目为 n，判决器允许群同步码组最大错码数为 m，则漏同步概率 P_1 的一般表达式为

$$P_1=1-\sum_{r=0}^{m}C_n^rP^r\ (1-P)^{n-r} \tag{9-19}$$

【例 9-1】 假设某 7 位巴克码识别器的系统误码率为 1×10^{-3}，在 $m=0$ 和 1 时，漏同步概率为多少？

解 由式(9-19)得

当 $m=0$ 时，$P_1=1-(1-1\times10^{-3})^7\approx7\times10^{-3}$；

当 $m=1$ 时，$P_1=1-(1-1\times10^{-3})^7-7\times10^{-3}\times(1-1\times10^{-3})^6\approx2.1\times10^{-5}$。

2. 假同步概率

假同步是指信息的码元中出现与同步码组相同的码组，这时信息码会被识别器误认为是同步码，从而出现假同步信号。发生这种情况的概率称为假同步概率，记为 P_2。假同步概率

P_2是信息码元中能判为同步码组的组合数与所有可能的码组数之比。

设二进制信息码中“1”“0”码等概率出现，即 $P(0)=P(1)=0.5$，则由该二进制码元组成 n 位码组的所有可能的码组数为 2^n 个，而其中能被判为同步码组的组合数也与判决器允许群同步码组中最大错码数 m 相关。若 $m=0$，则只有 C_n^0 个码组能被识别；若 $m=1$，则有 $C_n^0+C_n^1$ 个码组能被识别。以此类推，这样信息码中可被判为同步码组的组合数为 $\sum_{r=0}^{m} C_n^r$，由此得到的假同步概率的一般表达式为

$$P_2=\frac{1}{2^n}\sum_{r=0}^{m} C_n^r \tag{9-20}$$

【例 9-2】 若某 7 位巴克码识别器允许群同步码组中最大错码数 $m=0$ 和 1，则假同步概率为多少？

解 当 $m=0$ 时，$P_2=\frac{1}{2^7}=7.8\times10^{-3}$；

当 $m=1$ 时，$P_2=\frac{1}{2^7}(1+7)=6.3\times10^{-2}$。

3. 同步平均建立时间

对于集中插入法，假设漏同步和假同步都不出现，在最不利的情况下，实现群同步最多需要一群的时间。设每群的码元数为 N(其中 n 位为群同步码)，每码元的时间宽度为 T，则一群的时间为 NT。在建立同步过程中，若出现一次漏同步，则建立时间要增加 NT；若出现一次假同步，建立时间也要增加 NT。因此，帧同步的平均建立时间为

$$t_s\approx(1+P_1P_2)NT \tag{9-21}$$

由于集中插入同步的平均建立时间比较短，因而其在数字传输系统中被广泛应用。

9.4 MATLAB/Simulink 平方环法载波同步建模与仿真

1. 同相正交环法载波同步仿真模型

根据调幅原理构建一个 AM 调制与解调系统，采用同相正交环法恢复同步载波，实现相干解调。同相正交环法载波同步仿真模型如图 9-17 所示。

系统仿真步进设计为固定的 1×10^{-6} s，仿真时间设置为 8e−3。

图中使用乘法器 Product 模块实现调制信号与载波相乘，输出 AM 调幅信号，其调制信号是振幅为 1 V、频率为 1 kHz 的正弦波，其载波频率为 10 kHz。已调信号送入信道噪声方差为 0.01 的 AWGN 信道进行传输。

接收端将接收信号分两路与 VCO 输出的信号进行鉴相，并通过低通滤波器解调输出，低通滤波器是二阶巴特沃斯滤波器，其截止频率为 1 kHz。VCO 输出信号的振幅为 1 V，中心频率设为 10.15 kHz，压控振荡器灵敏度设置为 1000 Hz/V。VCO 输出信号的 90°移相是通过希尔伯特变换来完成的。由于希尔伯特变换是在离散时间域中实现的，所以 VCO 的输出信号首先需要通过零阶保持器 Zero-Order Hold 采样来进行离散化，采样时间间隔设置为系统仿真步进，即 1×10^{-6} s。希尔伯特变换是通过解析信号模块 Analytic Signal 来实现的，该模

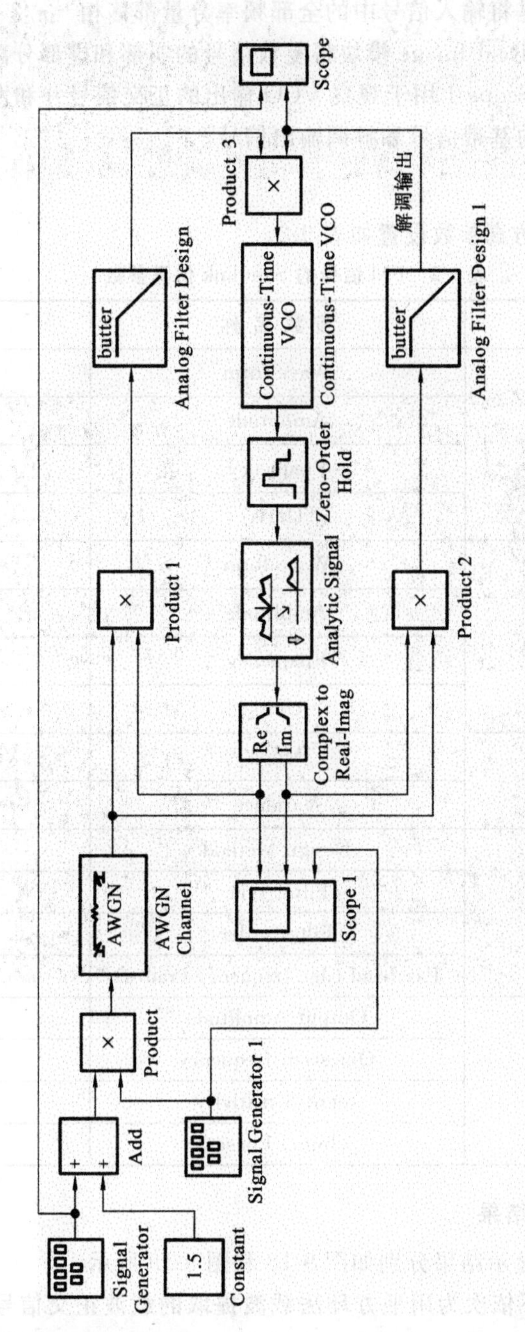

图 9-17 同相正交环法提取同步载波仿真模型

块的输出信号是一个复信号 $y(t)$，其实部为输入信号 $x(t)$、虚部为输入信号的希尔伯特变换 $\hat{x}(t)$，即

$$y(t)=x(t)+j\hat{x}(t)$$

希尔伯特变换的功能是将输入信号中的全部频率分量都移相 $-\pi/2$ 后的合成信号作为输出。最后利用 Complex to Real-Image 模块将复数信号的实部和虚部分离出来，得到一对相互正交的正弦输出。示波器 Scope 1 用于观察 VCO 输出的正交信号并和发送载波进行对比，示波器 Scope 用来对比发送的基带信号和解调输出信号。

2. 同相正交参数设置

FM 信号的 Simulink 仿真参数设置如表 9-2。

表 9-2 FM 信号的 Simulink 仿真参数

模块名称	参数名称	参数取值
Signal Generator	Wave form	Sine
	Amplitude	1
	Frequency	1000
	Units	Hertz
Signal Generator 1	Wave form	Sine
	Amplitude	1
	Frequency	10000
	Units	Hertz
AWGN Channel	Mode	Variance from mask
	Variance	0.01
Analog Filter Design/ Analog Filter Design 1	Design Method	Butterworth
	Filter type	Lowpass
	Filter order	2
	Passband edge frequency (rad/s)	1000×2×pi
Continuous-Time VCO	Output Amplitude	1
	Quiescent frequency	10150
	Input Sensitivity	1000
	Initial Phase	0

3. 同相正交环法仿真结果

仿真执行后两示波器显示结果分别如图 9-18 和图 9-19 所示。

在图 9-18 中，从上到下依次为用平方环法载波提取的载波正交信号、恢复的载波信号以及发送的载波信号，由图可知，恢复的载波与发送的载波接近反相，如果改变 VCO 的初始相位值可以使他们接近同相，这就是环路输出载波的相位模糊现象。

在图 9-19 中，第一个为原始的基带信号，第二个为解调输出信号，由图可知，经过相干解调后能够恢复出原始基带信号。

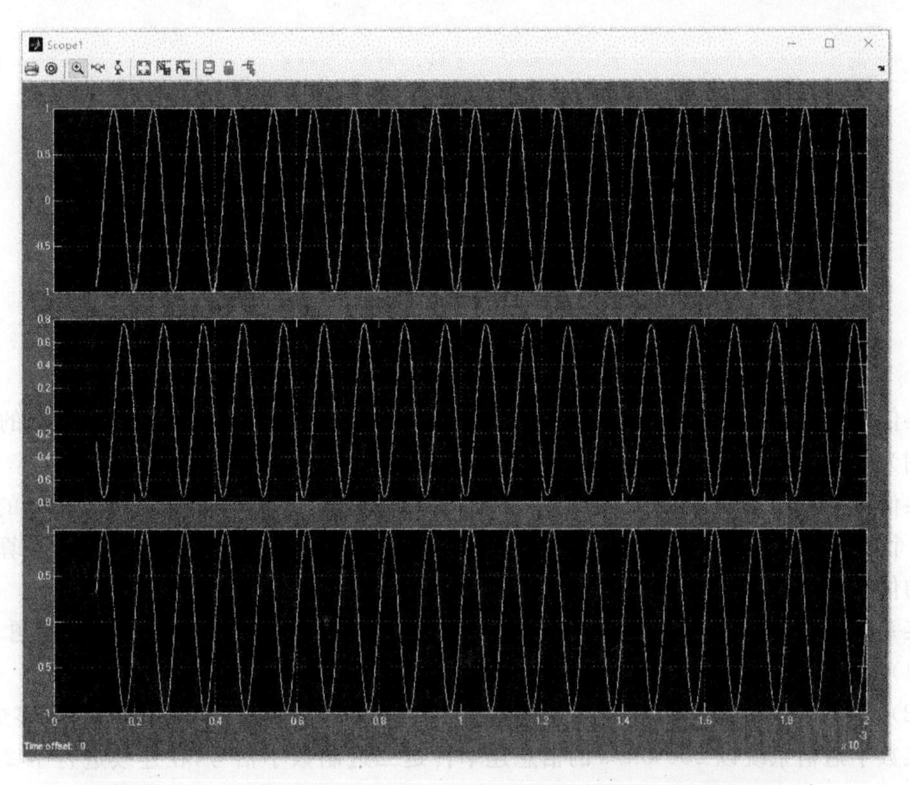

图 9-18　VCO 输出的载波正交信号、恢复的载波信号和发送的载波信号

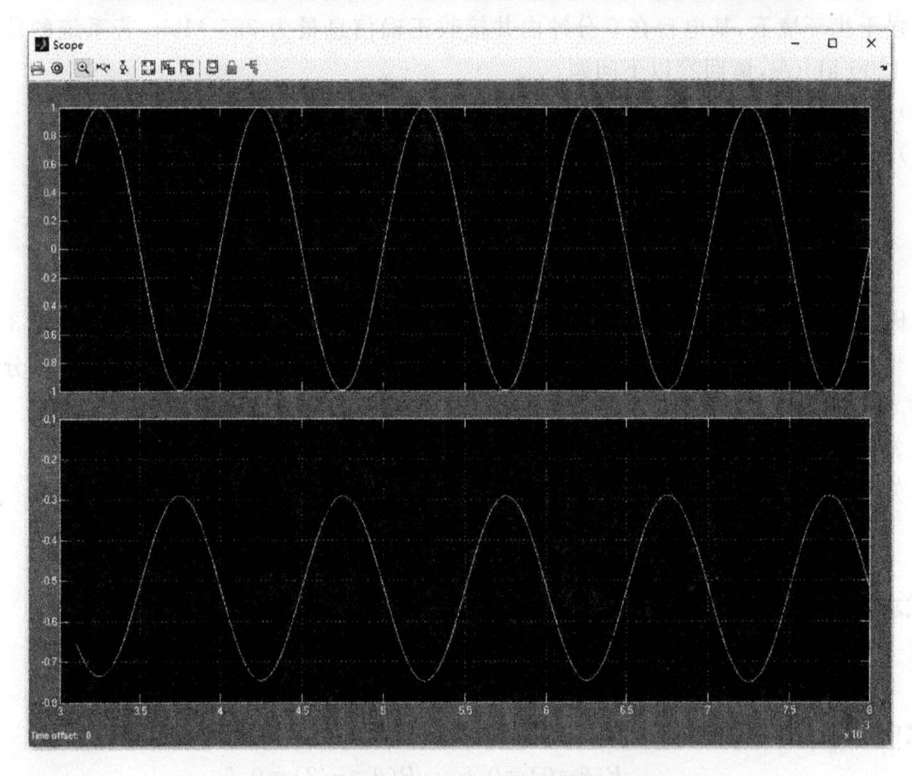

图 9-19　原始的基带信号和解调输出信号

习题部分

第1章 习　题

1-1 某信源的符号集由 A、B、C、D 4 个符号组成，每个符号独立出现，各符号出现的概率分别为 1/2、1/4、1/8、1/8，试求该信源的平均信息量。

1-2 某信源的符号集由 20 个符号组成，每个符号独立出现，其中出现概率同为 1/8 的符号有 4 个，其余 16 个符号出现的概率均为 1/32，若系统每秒发出 1000 个符号，试计算该系统的信息传输速率。

1-3 某系统发送二进制数字信号，在 2 分钟内共发出 72000 个码元，请回答以下问题。

(1) 系统的码元速率和信息速率各为多少？

(2) 若码元宽度不变，改为发送八进制数字信号，则码元速率和信息速率各为多少？

1-4 某数字通信系统以 200 bit/s 的信息速率传送二进制数字信号，在连续进行了 2 小时的误码测试后，发现了 15 bit 的错误，问该系统的误码率为多少？

1-5 在强干扰环境下，某电台在 5 分钟内共接收正确信息量为 355 Mbit，若系统的信息速率为 1200 kbit/s，请回答以下问题。

(1) 试问系统的误信率是多少？

(2) 若具体指出系统传送的是四进制数字信号，则系统的码元速率是多少？

第2章 习　题

2-1 某班学生的成绩以 5 分制计，其中成绩为 5 分的占 10%，为 4 分的占 30%，为 3 分的占 45%，为 2 分的占 10%，为 1 分的占 5%。试求出成绩的概率 $P(x)$ 和画出概率分布函数 $F(x)$ 的曲线。

2-2 已知某均值为 0 的高斯随机变量，其方差为 $\sigma_X^2=4$，求 $X>2$ 的概率为多少？

2-3 已知瑞利分布为

$$p(x)=\frac{2x}{b}\exp\left(\frac{x^2}{b}\right),\quad x\geqslant 0$$

试求其数学期望和方差。

2-4 设一个随机过程 $X(t)$ 可以表示成

$$X(t)=2\cos(2\pi t+\theta)$$

式中，θ 是一个离散随机变量，它具有如下概率分布：

$$P(\theta=0)=0.5,\quad P(\theta=\pi/2)=0.5$$

试求 $E[X(t)]$ 和 $R_X(0,1)$。

2-5 设 $X_1(t)$ 和 $X_2(t)$ 是两个统计独立的平稳随机过程，其相关函数分别为 $R_{X1}(\tau)$ 和 $R_{X2}(\tau)$，试求 $X(t)=X_1(t)X_2(t)$ 的自相关函数。

2-6 已知信号 $X(t)$ 的傅里叶变换为 $X(f)=\mathrm{Sa}(\pi f)$，试求信号 $X(t)$ 的自相关函数。

2-7 已知一平稳随机过程 $X(t)$ 的自相关函数是以 2 为周期的周期函数：

$$R(\tau)=1-|\tau|,\quad -1<\tau<1$$

试求 $X(t)$ 的功率谱并画出其曲线。

2-8 设输入信号 $x(t)=\begin{cases}\exp(-t/\tau), & t\geqslant 0\\ 0, & t<0\end{cases}$，将该信号加到如图题 2-8 所示的滤波器上，$RC=\tau$。试求其输出信号 $y(t)$ 的能量谱密度。

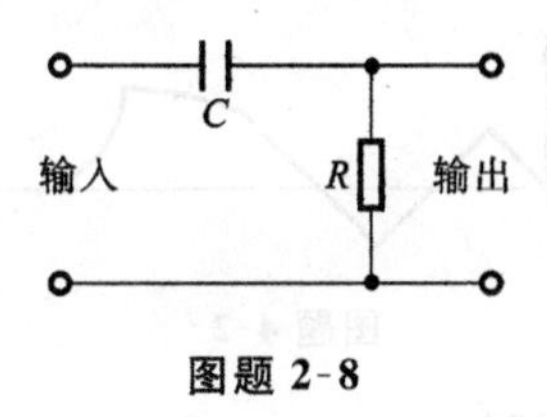

图题 2-8

第3章 习 题

3-1 设恒参信道可用如图题 3-1 所示的线性二端口网络来等效。试求它的传输函数 $H(\omega)$，并说明信号通过该信道时会产生哪些失真？

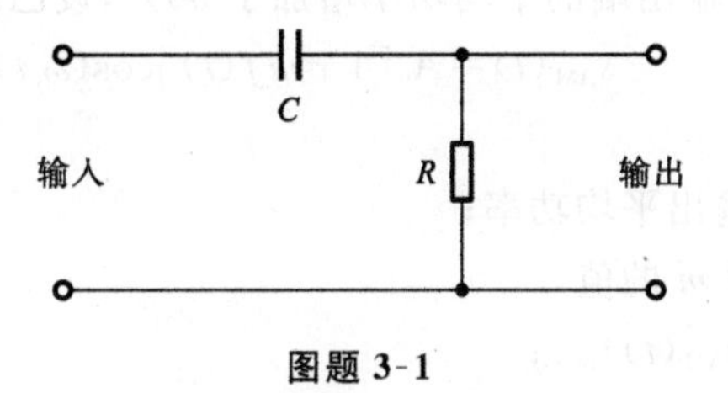

图题 3-1

3-2 某高斯白噪声信道具有 6.5 MHz 的带宽，若信道中信号功率与噪声功率谱密度之比为 45.5 MHz，试求其信道容量。

3-3 已知信道带宽为 1000 Hz，信道中的接收信噪比为 30 dB，信源字符的平均信息量为 4 bit，求：

(1) 信道容量；

(2) 最大码元速率。

3-4 计算机终端通过电话信道传输数据，电话信道带宽为 3.4 kHz。

(1) 若信道的接收信噪比为 30 dB，则该信道的信道容量是多少？

(2) 若最大信息传输速率为 6800 bit/s，试求所需的最小信噪比为多少？

3-5 某一待传输的图片含有 100 万个像素，为了很好地重现图片，需要 32 个亮度电平。假设所有这些亮度电平是独立的且等概率出现的，试计算每秒传送 5 张图片所需的信道带宽（设信道中的接收信噪比为 30 dB）。

第4章 习 题

4-1 已调信号的表达式如下：

(1) $\cos(200\pi t)\cos(800\pi t)$；

(2) $[2+\cos(100\pi t)]\cos(1000\pi t)$。

试分别画出它们的频谱图。

4-2 根据图题4-2所示的调制信号波形，试画出DSB及AM信号的波形图，并比较它们分别通过包络检波器后的波形差别。

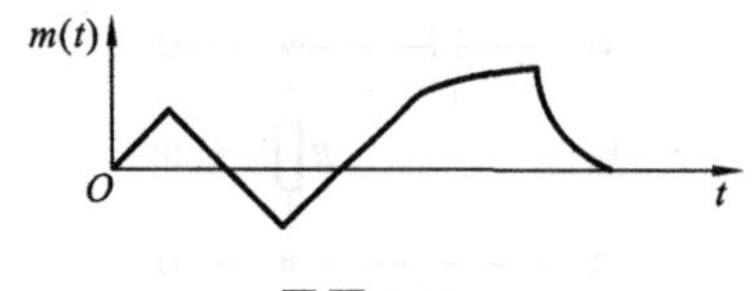

图题 4-2

4-3 对基带信号 $m(t)$ 进行DSB调制，$m(t)=\cos(\omega_1 t)+2\cos(2\omega_1 t)$，$\omega_1=2\pi f_1$，$f_1=500$ Hz，载波幅度为1，载波频率为5000 Hz。试求：

(1) 写出该DSB信号的表达式；

(2) 计算并画出该DSB信号的频谱；

(3) 确定已调信号的平均功率。

4-4 调幅发射机在500 Ω无感电阻上的未调功率为100 W，而当以5 V峰值的单频调制信号进行调幅调制时，测得输出端的平均功率增加了50%，设已调信号可表示为

$$s_{AM}(t)=A_0[1+mf(t)]\cos(\omega_c t)$$

试求：

(1) 每个边带分量的输出平均功率；

(2) $s_{AM}(t)$ 的表达式中 m 的值；

(3) 已调波的最大值 $s_{AM}(t)|_{max}$；

(4) $f(t)$ 的峰值减至2 V时的输出总平均功率。

4-5 已知调制信号 $m(t)=\cos(1200\pi t)+\cos(4000\pi t)$，载波为 $\cos(10^4\pi t)$，试分别画出DSB信号和SSB信号的频谱图。

4-6 设角度调制信号 $s(t)=A\cos[\omega_0 t+200\cos(\omega_m t)]$。

(1) 若 $s(t)$ 为FM波，且 $K_F=4$，试求调制信号 $f(t)$；

(2) 若 $s(t)$ 为PM波，且 $K_P=4$，试求调制信号 $f(t)$；

(3) 求最大频率偏移 $\Delta\omega_{max}|_{FM}$ 及最大相位偏移 $\varphi(t)_{max}|_{PM}$。

4-7 将幅度为4 V、频率为1 kHz的正弦调制波形输入调频灵敏度为50 Hz/V的FM调制器中，试问：

(1) 最大频率偏移是多少？

(2) 调频指数是多少？

4-8 某调制系统如图题4-8所示，为了在输出端同时分别得到 $f_1(t)$ 及 $f_2(t)$，试确定接收端的 $c_1(t)$ 及 $c_2(t)$。

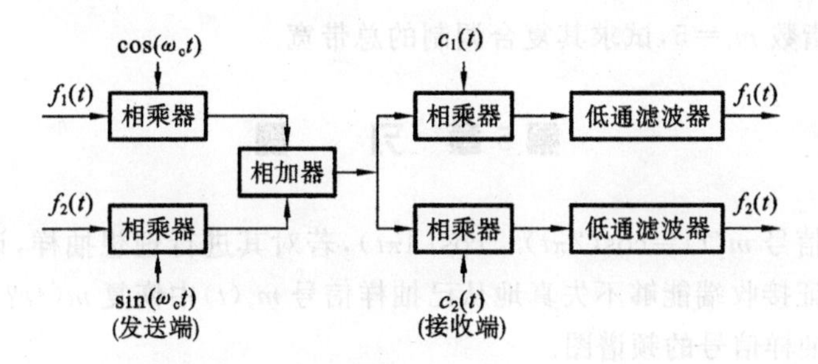

图题 4-8

4-9 将调幅波通过残留边带滤波器产生残留边带信号。若此滤波器的传输函数 $H(\omega)$ 如图题 4-9 所示（斜线段为直线）。当调制信号为 $m(t)=A[\sin(100\pi t)+\sin(6000\pi t)]$ 时，试确定所得残留边带信号的表达式。

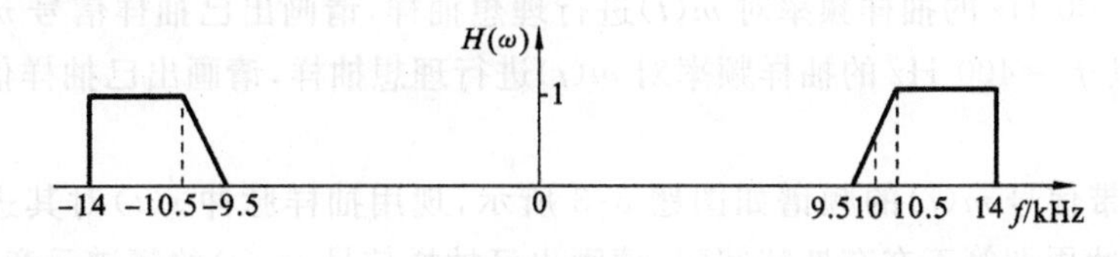

图题 4-9

4-10 设有 1 GHz 的载波，受 10 kHz 的正弦信号调频，最大频率偏移为 8 kHz，试求：

（1）信号的近似带宽；

（2）调制信号幅度加倍时的带宽；

（3）调制信号频率加倍时的带宽。

4-11 若角度调制信号由下式描述：

$$s(t)=10\cos[2\pi\times10^8 t+10\cos(2\pi\times10^3 t)]$$

试确定以下各值：

（1）已调信号的功率；

（2）最大相位偏移；

（3）最大频率偏移；

（4）已调信号的近似带宽。

（5）判断该已调信号是 FM 波还是 PM 波。

4-12 在 50 Ω 的负载上有一个角度调制信号，其时间函数为

$$s(t)=10\cos[10^8\pi t+3\sin(2\pi\times10^3 t)]\ \text{V}$$

求信号的总平均功率、最大频率偏移和最大相位偏移。

4-13 对 3 路频率为 0.3～4 kHz 的话音信号进行频分复用、传输，求采用下列方式传输时的最小带宽。

（1）AM；

（2）DSB；

（3）SSB；

（4）VSB（$B_{\text{VSB}}\approx1.25B_{\text{SSB}}$）。

4-14 10 路话音信号采用 SSB/FM 复合调制，话音信号的最高频率为 4 kHz，防护频带为 0.5

kHz，调频指数 $m_f=5$，试求其复合调制的总带宽。

第5章 习 题

5-1 已知一基带信号 $m(t)=\cos(2\pi t)+\cos(4\pi t)$，若对其进行理想抽样，请问如何选择抽样频率才能保证接收端能够不失真地从已抽样信号 $m_s(t)$ 中恢复 $m(t)$？若抽样间隔取0.2 s，请画出已抽样信号的频谱图。

5-2 已知一低通信号 $m(t)$ 的频谱为

$$M(f)=\begin{cases}1-\dfrac{|f|}{200}, & |f|<200\ \text{Hz}\\ 0, & \text{其他}\end{cases}$$

若以 $f_s=300$ Hz 的抽样频率对 $m(t)$ 进行理想抽样，请画出已抽样信号 $m_s(t)$ 的频谱示意图；若以 $f_s=400$ Hz 的抽样频率对 $m(t)$ 进行理想抽样，请画出已抽样信号 $m_s(t)$ 的频谱示意图。

5-3 已知一基带信号 $m(t)$ 的频谱如图题 5-3 所示，现用抽样脉冲 $s(t)$ 对其进行自然抽样，$s(t)$ 的脉冲周期等于奈奎斯特间隔，请画出已抽样信号 $m_s(t)$ 的频谱示意图。

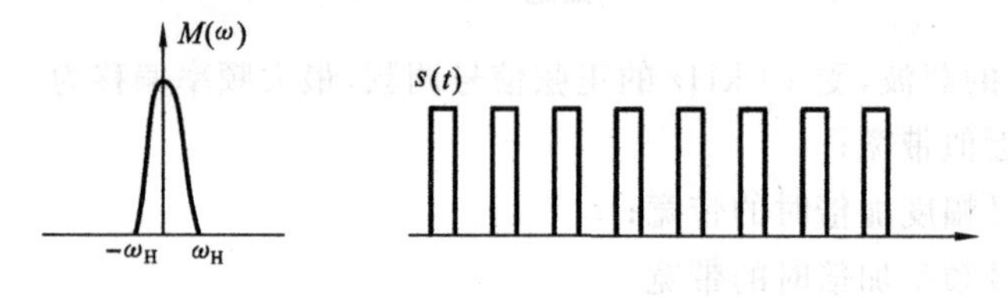

图题 5-3

5-4 假设信号 $m(t)=9+A\cos(\omega t)$，其中 $A\leqslant 10$ V，若以 40 个电平对 $m(t)$ 进行均匀量化，请确定所需要的二进制码组的位数 N 和量化间隔 Δv。

5-5 已知模拟信号抽样值的概率密度 $P(x)$ 如图题 5-5 所示，如果按 4 电平进行均匀量化，试计算信号与量化噪声的功率之比；如果按 8 电平进行均匀量化，请确定量化间隔和量化电平。

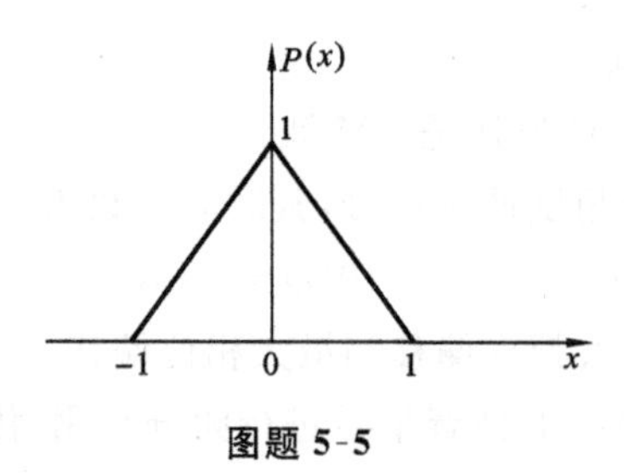

图题 5-5

5-6 在 PCM 系统中，采用 A 压缩律 13 折线压缩特性进行压缩，编码器为逐次比较型，最小量化间隔为 1Δ，已知抽样值为 −95Δ，试求其 PCM 码组，并计算量化误差。

5-7 在采用 A 压缩律 13 折线压缩特性的 PCM 系统中，接收端收到的码组为“01010011”，最小量化间隔为 1Δ，段内码用自然二进制码，请问译码器输出为多少个量化单位？量化误差为多少？

5-8 某数字通信系统传输二路 A 压缩律 PCM 数字语音信号，帧周期为 125 μs，不考虑帧同步码、信令码等因素，求该系统的信息速率；若用二进制数字基带系统传输此信号，则需要的最小信道带宽是多少？若改用 2DPSK 系统传输此信号，求需要的最小信道带宽。

5-9 一模拟信号被抽样、量化编码为 PCM 信号，量化电平级数为 128 级，且另加 1 位极性码，若该 PCM 信号在滚降系数 $\alpha=1$、带宽 $B=24$ kHz 的信道中传输，则通过该信道的码元传输速率是多少？模拟信号的最高频率是多少？

5-10 若对 12 路语音信号（每路信号的最高频率均为 4 kHz）进行抽样和时分复用，将所得脉冲用 PCM 基带系统传输，信号占空比为 1，若抽样后信号按 8 级量化，求 PCM 信号谱零点带宽及最小信道带宽；若抽样后信号按 128 级量化，求 PCM 信号谱零点带宽及最小信道带宽。

第 6 章　习　　题

6-1 数字信号序列有哪几种基本形式？定性画出它们的功率谱。

6-2 什么是码间干扰？码间干扰产生的原因是什么？有什么不好的影响？应该怎样消除或减小码间干扰？

6-3 设随机二进制序列中的 0 和 1 分别由 $g(t)$ 和 $-g(t)$ 组成，它们出现的概率分别为 P 及 $(1-P)$，试回答以下问题。

(1) 求其功率谱密度和功率；

(2) 若 $g(t)$ 为如图题 6-3(a)所示波形，T_b 为码元宽度，问该序列是否存在离散分量 $f_N=1/T_b$？

(3) 若 $g(t)$ 改为图题 6-3(b)，回答题(2)所问。

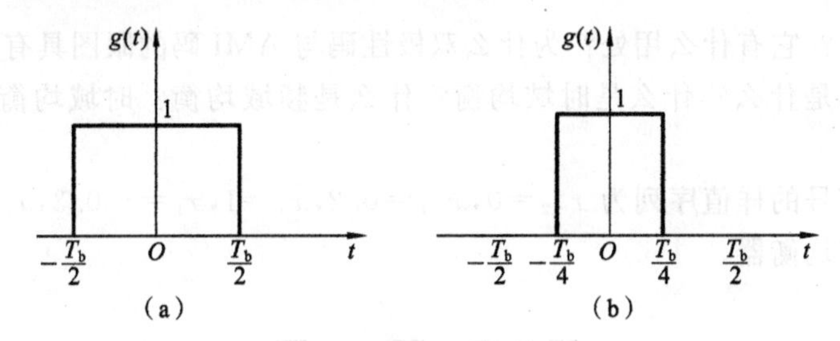

图题 6-3

6-4 设二进制符号序列为 10011100，试以矩形脉冲为例，分别画出相应的单极性波形、双极性波形、单极性归零波形、双极性归零波形、二进制差分波形及四电平波形。

6-5 设二进制符号序列为 110010，试以矩形脉冲为例，分别画出相应的曼彻斯特码和 CMI 码波形。

6-6 AMI 码和 HDB_3 码是怎样构成的？它们各有什么优缺点？

6-7 已知信息代码为 1000001100001010000011，画出相应的 AMI 码、HDB_3 码波形。

6-8 试画出数字基带传输系统的方框图和各点波形，并简要说明各部分的作用。

6-9 奈奎斯特第一准则的含义是什么？满足奈奎斯特第一准则时，数字信号的传输速率是多少？

6-10 什么叫奈奎斯特带宽？此时的频带利用率是多大？

6-11 理想低通信道的截止频率为 4 kHz，若发送信号采用二电平基带信号，求无码间干扰的最高信息速率？

6-12 设基带传输系统的发送滤波器、信道和接收滤波器的总传输特性如图题 6-12 所示，其中 $f_1=2$ MHz，$f_2=3$ MHz。试确定该系统无码间干扰传输时的最高码元速率和频带利用率。

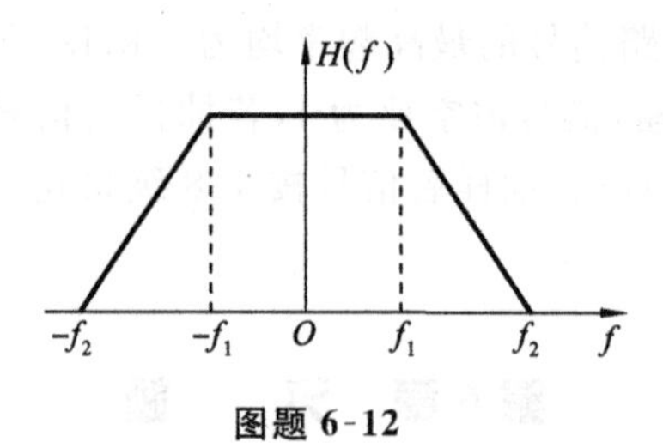

图题 6-12

6-13 设某传输系统具有如下带通特性：

$$H(\omega)=\begin{cases}\dfrac{T}{2}, & \dfrac{\pi}{T}\leqslant|\omega|\leqslant\dfrac{2\pi}{T}\\ 0, & \text{其他}\end{cases}$$

(1) 求该系统的冲激响应函数；

(2) 对该频谱特性采用分段叠加后，检验其是否符合理想低通滤波器的特性？

(3) 该系统的最高码元传输速率是多少？

6-14 设滚降系数为 $\alpha=0.5$ 的升余弦滚降无码间干扰基带传输系统的输入信号是八进制码元，其码元速率为 $R_B=1200$ B，求此基带传输系统的截止频率、频带利用率及信息传输速率。

6-15 什么叫眼图？它有什么用处？为什么双极性码与 AMI 码的眼图具有不同的形状？

6-16 均衡的作用是什么？什么是时域均衡？什么是频域均衡？时域均衡怎样改善系统的码间干扰？

6-17 已知输入信号的样值序列为 $x_{-2}=0, x_{-1}=0.2, x_0=1, x_1=-0.3, x_2=0.1$。试设计 3 抽头的迫零均衡器。

第 7 章　习　题

7-1 已知某 2ASK 系统的码元传输速率为 1000 B，所用的载波信号为 $A\cos(4\pi t\times10^6 t)$。

(1) 设所传送的数字信息为 011001，试画出相应的 2ASK 信号波形图；

(2) 求 2ASK 信号的带宽。

7-2 若采用 2ASK 方式传送二进制数字信息，已知信息速率为 2×10^6 bit/s，接收端解调器输入信号的幅度 $A=0.04$ mV，信道中加性高斯白噪声的单边功率谱密度为 $n_0=6\times10^{-18}$ W/Hz。试求：

(1) 采用包络解调时系统的误码率；

(2) 采用相干解调时系统的误码率。

7-3 设某 2FSK 系统的码元传输速率为 1000 B，已调信号的载波频率为 1000 Hz 或

2000 Hz，

(1) 设所传送的数字信息为 101011，试画出相应的 2FSK 信号波形图；

(2) 求 2FSK 信号的带宽。

7-4 设某 2FSK 系统在电话信道 600～3000 Hz 范围内传送低速二元数字信号，且规定 $f_1=2025$ Hz 代表空号，$f_2=2225$ Hz 代替传号，若信息速率 $R_b=300$ bit/s，接收端输入信噪比要求为 6 dB，求：

(1) FSK 信号带宽；

(2) 利用相干接收时的误比特率；

(3) 非相干接收时的误比特率，并与(2)的结果比较。

7-5 已知二元序列为 101100100，画出以下情况 2ASK、2FSK、2PSK 信号的波形图：

(1) 载波频率为码元速率的 2 倍；

(2) 载波频率为码元速率的 1.5 倍。

7-6 已知二元序列为 110010，采用 2DPSK 调制，载波周期等于码元宽度，

(1) 若采用相对码调制方案，设计发送端方框图，画出相对码和 2DPSK 信号的波形；

(2) 画出接收端方框图，并画出个点波形(假设信道不限带)。

7-7 已知发送载波幅度 $A=10$ V，在 4 kHz 带宽的电话信道中分别利用 ASK、FSK 及 PSK 系统进行传输，信道衰减为 1 dB/km，$n_0=10^{-8}$ W/Hz，若采用相干解调，试求：当误比特率都确保在 1×10^{-5} 时，各种传输方式分别传送多少公里？

7-8 采用 8PSK 调制传输 4800 bit/s 数据，

(1) 最小理论带宽是多少？

(2) 若传输带宽不变，而数据率加倍，则调制方式应作何改变？

(3) 若调制方式不变，而数据率加倍，为达到相同误比特率，发送功率应作何变化？

7-9 设八进制 FSK 系统的频率配置使得功率谱主瓣恰好不重叠，求传码率为 200 B 时系统的传输带宽及信息速率。

7-10 传码率为 200 B 的八进制 ASK 系统的带宽和信息速率。如果采用二进制 ASK 系统，其带宽和信息速率又为多少？

7-11 若 PCM 信号采用 8 kHz 抽样，有 128 个量化级构成，则此种脉冲序列在 30/32 路时分复用传输时，占有理想基带信道带宽是多少；若改为 ASK、FSK 和 PSK 传输，带宽又各是多少？

第 8 章 习　题

8-1 在通信系统中采用差错控制的目的是什么？常用的差错控制方法有哪些？各有什么优缺点？

8-2 设有一(n,k)线性分组码，若要求它能纠正 3 个随机错误，则其最小码距应该是多少？若要求它能纠正 2 个随机错误，同时能检测 3 个随机错误，则其最小码距应该是多少？

8-3 码组(10110)的码重为多少？与码组(01100)之间的距离为多少？

8-4 已知两个码组为“0000”和“1111”，若用于检错，请问最多能检出几位错码？若用于纠错，最多能纠正几位错码？若同时用于检错和纠错，能检测和纠正几位错码？

8-5 已知某线性分组码的监督矩阵为 $\boldsymbol{H}=\begin{bmatrix}1&1&1&0&1&0&0\\1&1&0&1&0&1&0\\1&0&1&1&0&0&1\end{bmatrix}$，请求出其生成矩阵 $\boldsymbol{G}$。若接收端收到 3 个码组，分别为：$\boldsymbol{B}_1=[0111011]$，$\boldsymbol{B}_2=[1001011]$，$\boldsymbol{B}_3=[1000011]$，请验证这 3 个接收码组是否正确，若有错，且假设只有一位错码，请指出错码的位置。

8-6 已知一线性分组码的生成矩阵为 $\boldsymbol{G}=\begin{bmatrix}1&0&0&1&1&1&0\\0&1&0&0&1&1&1\\0&0&1&1&1&0&1\end{bmatrix}$，请列出其所有许用码组，并求其监督矩阵。

8-7 已知一(15,5)循环码的生成多项式为 $g(x)=x^{10}+x^8+x^5+x^4+x^2+x+1$，请写出消息码 $m(x)=x^4+x+1$ 所对应的码多项式。

8-8 若(7,3)循环码的生成多项式为 $g(x)=x^4+x^2+x+1$，求生成矩阵 $\boldsymbol{G}$ 和监督矩阵 $\boldsymbol{H}$；若接收码组为 1111100，试问是否有错？

第9章　习　题

9-1 已知单边带信号 $S_{\mathrm{SSB}}(t)=f(t)\cos(\omega_0 t)+\hat{f}(t)\sin(\omega_0 t)$，若采用与 DSB 导频插入相同的方法，试证明接收端可正确解调；若发送端插入的导频是调制载波，试证明解调输出中也含有直流分量。

9-2 同步正交环法提取载波电路如图题 9-2 所示，设压控振荡器输出信号为 $\cos(\omega_c t+\theta)$，输入已调信号为抑制载波的双边带信号 $m(t)\cos(\omega_c t)$，分别求 v_1、v_2、v_3、v_4、v_5、v_6、v_7 的数学表达式。

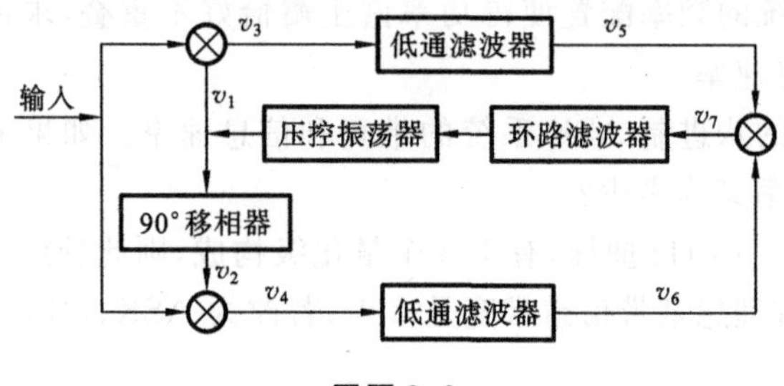

图题 9-2

9-3 画出用科斯塔环法(同相正交法)实现载波同步的框图，并简单说明其工作原理。

9-4 画出 7 位巴克码(1110010)的识别器，并简述巴克码识别器的工作原理。

9-5 若 7 位巴克码(1110010)的前后全为“1”序列，试计算识别器中相加器的输出值，并画出其波形。

9-6 对于某传输速率为 1 kbit/s 的一个数字通信系统，设其误码率 $P_e=1\times10^{-5}$，群同步采用集中插入法，同步码组的位数为 7，试计算：

(1) $m=0$ 时的漏同步概率和假同步概率；

(2) $m=1$ 时的漏同步概率和假同步概率。

参考文献

[1] 王福昌,熊兆飞,黄本雄,等. 通信原理[M]. 北京:清华大学出版社,2006.

[2] 孙学军. 通信原理[M]. 3版. 北京:电子工业出版社,2011.

[3] 段吉海,黄智伟. 基于CPLD/FPGA的数字通信系统建模与设计[M]. 北京:电子工业出版社,2004.

[4] 南利平,李学华,张晨燕,等. 通信原理简明教程[M]. 2版. 北京:清华大学出版社,2007.

[5] 达新宇,陈树新,王瑜,等. 通信原理教程[M]. 北京:北京邮电大学出版社,2004.

[6] 徐文燕. 通信原理[M]. 北京:北京邮电大学出版社,2008.

[7] 曹志刚,钱亚森. 现代通信原理[M]. 北京:清华大学出版社,2006.

[8] 刘颖,王春悦,赵蓉,等. 数字通信原理与技术[M]. 北京:北京邮电大学出版社,1999.

[9] 郝建军,尹长川,刘丹谱,等. 通信原理考研指导[M]. 2版. 北京:北京邮电大学出版社,2006.

[10] 李白萍. 通信原理常见题型解析及模拟题[M]. 西安:西北工业大学出版社,2002.

[11] 王兴亮. 数字通信原理与技术[M]. 西安:电子科技大学出版社,2000.

[12] 罗新民,薛少丽,田琛,等. 现代通信原理[M]. 2版. 北京:高等教育出版社,2008.

[13] 樊昌信. 通信原理教程[M]. 2版. 北京:电子工业出版社,2008.

[14] 黄葆华,沈忠良,张宝富,等. 通信原理基本教程[M]. 北京:机械工业出版社,2008.

[15] 吴资玉,韩庆文,蒋阳,等. 通信原理[M]. 北京:电子工业出版社,2008.

[16] 蒋青,于秀兰. 通信原理[M]. 2版. 北京:人民邮电出版社,2008.

[17] 沈越泓,高媛媛,魏以民,等. 通信原理[M]. 2版. 北京:机械工业出版社,2008.

[18] 曹雪虹,杨洁,童莹. MATLAB/System View通信原理实验与系统仿真[M]. 北京:清华大学出版社,2015.

[19] 杨发权. MATLAB通信系统建模与仿真[M]. 北京:清华大学出版社,2015.

[20] 张水英,许伟强. 通信原理及MATLAB/Simulink仿真[M]. 北京:人民邮电出版社,2012.